模块化集成建筑（MiC）

大连中心裕景

成都东安湖体育场

大开口空间索膜结构屋盖

地下筒仓式车库建造

中央援建北大屿山医院香港感染控制中心

德阳文德国际会展中心

特大型脚手架结构设计和施工

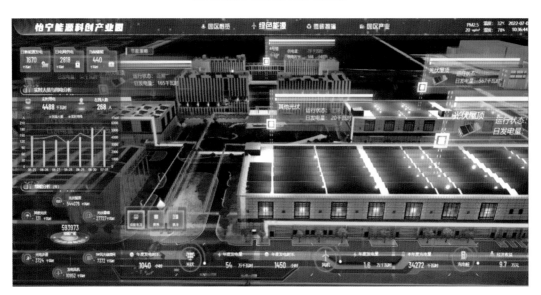

基于边缘计算的建筑物联网平台

乌梁素海流域山水林田湖草沙一体化保护和系统治理

杭州萧山国际机场

聊城兴华路跨徒骇河大桥

郑大一附院郑东新区医院

南京江北新区市民中心

沈阳市府恒隆广场

昆明交通枢纽基坑工程

成都凤凰山足球场

张家界大峡谷玻璃桥

舟岱大桥

一种内爬塔式起重机不倒梁爬升方法

多塔式起重机集中管控

中建集团科学技术奖获奖成果 **集锦**

2023 年度

中国建筑集团有限公司　编

中国建筑工业出版社

图书在版编目（CIP）数据

中建集团科学技术奖获奖成果集锦. 2023年度 / 中
国建筑集团有限公司编. — 北京：中国建筑工业出版社，
2024.3

ISBN 978-7-112-29662-0

Ⅰ. ①中… Ⅱ. ①中… Ⅲ. ①建筑工程-科技成果-
汇编-中国-2023 Ⅳ. ①TU-19

中国国家版本馆CIP数据核字（2024）第055427号

本书为中国建筑集团2023年度科学技术成果的集中展示，是科技最新成果的饕餮盛宴。中
建的非凡实力、中建人智慧的碰撞跃然纸上，中建的高超技艺、科技之美在图文中流淌。本书
涵盖了大连中心裕景、成都东安湖体育场、中央援建北大屿山医院香港感染控制中心、德阳文
德国际会展中心等热点项目。主要内容包括：模块化集成建筑（MiC）关键技术研究与应用；
轻型及多功能大跨度钢结构的设计建造关键技术与应用；基于5G的塔式起重机智能远程控制技
术研究与应用；大跨空间索面悬索桥精益建造关键技术及应用；复杂超高层建筑结构设计和施
工技术创新与应用等。

本书供建筑企业借鉴参考，并可供建设工程施工人员、管理人员使用。

责任编辑：郭　栋
责任校对：赵　力

中建集团科学技术奖获奖成果集锦

2023年度
中国建筑集团有限公司　编
＊
中国建筑工业出版社出版、发行（北京海淀三里河路9号）
各地新华书店、建筑书店经销
北京鸿文瀚海文化传媒有限公司制版
北京中科印刷有限公司印刷
＊
开本：880毫米×1230毫米　1/16　印张：26¾　插页：4　字数：861千字
2024年5月第一版　2024年5月第一次印刷
定价：**118.00元**
ISBN 978-7-112-29662-0
　　　（42672）

中建集团科学技术奖获奖成果集锦（2023 年度）
编辑委员会名单

主　　编：张兆祥

副 主 编：戴立先　张晶波　周鹏华

编　　辑：何　瑞　孙喜亮　黄轶群　刘晓升　魏衍龙

　　　　　吴振军　刘　琳　郭　钢　崔浩然　向文秘

　　　　　冯程远　朱　彤　刘　倩　周晨光　蒋星宇

目　录

科技进步奖

一等奖

二等奖

技术发明奖

金奖

银奖

科技创新团队

科技进步奖

一等奖

模块化集成建筑（MiC）关键技术研究与应用

完成单位： 中建海龙科技有限公司、中海建筑有限公司、哈尔滨工业大学（深圳）、安徽建筑大学、广东海龙建筑科技有限公司、安徽海龙建筑工业有限公司、中国建筑国际集团有限公司

完成人： 张宗军、欧进萍、赵宝军、王 琼、王晓光、孟 辉、陈 东、张柏岩、丁 桃、任 刚、张 勇、黎 俊、张 振、杨 超、陈 昊

一、立项背景

国家大力推进新型建筑工业化，推广装配式建筑。但目前装配式建筑仍以结构构件为主，具有集成化程度低、质量难以控制、工业化优势不明显等问题。模块化集成建筑是预制装配式建筑高度发展的结果，具有高度集成、建造效率高、绿色低碳等技术特点，是当前装配式建筑工业化、集成化水平最高，最适合推动建筑工业化转型升级的技术路径之一。

国外对模块化建筑研究较早，在低多层建筑中应用模块化集成建造已较为普遍。但是，国外的高层模块化建筑，主要建在非抗震区，抗震区的为低、多层，尤其是国内外均缺乏高层地震区混凝土模块建筑的研究。

相比之下，国内模块化建筑起步较晚，主要集中在以集装箱为代表的低多层钢结构模块化集成建筑，工业生产体系较弱，生产安装工艺精度不高，且现有模块集成度低，限制了规模应用，发展较为缓慢。

我国是一个多地震国家，现有国外模块化集成建筑技术不能满足国内抗震设防的要求；同时，我国严格坚持节约用地制度，需要通过提高建筑高度提高土地利用率，而现有的国内模块化集成建筑技术在国内基本只能在低多层中应用，无法突破高层应用限制。

基于以上背景，项目组决定通过研究和发展模块化建造方式，建立符合中国抗震设防实际需要且能在高层建筑中应用的模块化集成建筑技术体系，并大力推广应用。

二、详细科学技术内容

1. 新型抗震钢结构模块集成建筑结构体系及设计方法

创新成果一：新型钢结构模块与模块间抗震连接节点

创新研发了 3 种适用于不同建筑高度的新型钢结构模块化集成建筑连接节点，开发建立了相应的节点设计分析及结构设计方法，形成了三种新型钢结构模块抗震结构体系。包括采用纯干式连接节点（HL-JJ-01 螺杆套筒节点）的低多层结构体系（图 1）；采用半刚接灌浆节点（HL-GJ-01 灌浆节点）的多高层结构体系（图 2）和采用刚接灌浆节点（HL-GJ-02 灌浆节点）的高层结构体系（图 3）。

图 1　低多层结构体系

代表项目：深圳坝光国际酒店

图 2　多高层结构体系

代表项目：深圳中学新增电梯项目

图 3　高层结构体系

代表项目：烟台莱山酒店项目

灌浆节点取消了定位锥，通过增设插件与灌浆的方式，极大地提高了模块连接节点的抗侧、抗拔能力，使模块建筑具备了良好的抗震性能。其中，高层结构体系使用的 HL-GJ-02 灌浆节点是国内首次实现刚接、等强的钢结构模块化建筑节点，具有良好延性，依靠该节点，首次在国内将钢结构叠箱-支撑框架体系应用于高烈度区高层建筑。

创新成果二：钢结构模块化建筑结构构造和设计方法

依据静力弹塑性分析和弹塑性时程分析结果，建立了标准化钢结构模块化建筑结构体系抗震设计方法，形成了钢结构模块化集成建筑设计标准图集（图4）。在多高层建筑中，在钢结构模块化箱体侧面研究和应用了柔性支撑（图5）。在不占用箱体空间的同时，提升了箱体的整体抗侧力。

图4　钢结构模块化集成建筑设计标准图集　　图5　柔性支撑

2. 新型抗震混凝土结构模块集成建筑结构体系及设计方法

创新成果一：低多层混凝土模块-堆叠框架结构体系及设计方法

设计了新型混凝土模块干式螺杆套筒式连接节点（图6），形成了新型混凝土模块-堆叠框架结构抗震体系，并建立了相应的设计方法（图7）。该体系可实现现场免模板、免支撑、无（少）湿作业施工，适用于15m（4层）低多层框架结构宿舍、别墅、临时用房等。

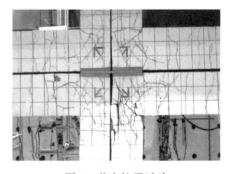

图6　混凝土模块干式螺杆套筒式连接节点　　图7　节点抗震试验

创新成果二：高层混凝土模块-剪力墙体系及设计方法

在传统剪力墙结构的基础上，不拆解承重构件，将建筑拆分为多个混凝土模块化箱模单元，形成了高层混凝土模块-剪力墙体系，并建立了相应的设计方法，建筑高度最高可达150m，首次实现了高层混凝土模块集成建筑在地震区的应用（图8）。

模块化箱模单元是将模板（梁模、墙模等）、轻质隔墙、底板等非受力构件和叠合顶板（预制层）集成为一体，在工厂制作成箱体的混凝土模块单元，在结构设计时是非受力的空间功能单元，现场落位安装后即形成主体结构现浇的免拆模板，主体结构（所有承重和抗侧的剪力墙、连梁等构件）仍为现浇（图9）。

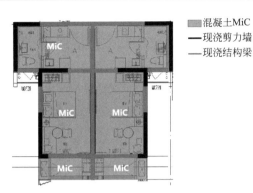

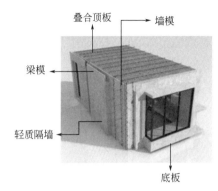

图 8　新型混凝土模块-剪力墙体系示意图　　　　图 9　模块单元各部分组成示意图

3. 模块集成建筑 建筑、结构、装修、设备一体化集成技术

创新成果一：基于 DfMA 理念的模块产品标准化设计技术

为方便生产及现场施工，应用 DfMA（Design for Manufacturing and Assembly，面向制造和装配的产品设计）理念，建立模块产品标准化手册，形成模块单元标准化产品序列，研究专用模块间的功能关联和空间互换性，实现统筹规划、集约设计，提高项目的模块单元标准化程度，节约设计资源，提高整体设计效率（图 10、图 11）。

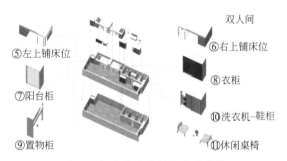

图 10　装配式收纳系统

来源：《中建海龙装配式装修概述》

图 11　标准化小学教室产品模块

来源：《MiC 标准化产品手册》

创新成果二：基于 BIM 的模块化集成建筑全过程正向设计技术

采用 BIM 技术正向并行协同设计，提高设计效率和质量，实现面向模块集成建筑项目的全过程、全专业、设计和深化模型整合，保证项目的可建性。同时，自主开发了模块单元产品参数化设计软件，提高设计效率 50% 以上，实现模块单元一体化集成的目的，标准层工厂集成率至高可达 90%（图 12、图 13）。

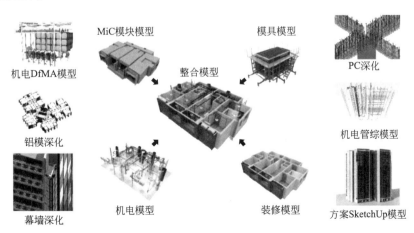

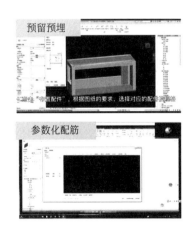

图 12　面向 MiC 项目的全过程、全专业、设计和深化模型整合　　　图 13　模块单元参数化设计软件

创新成果三：基于 3D 虚幻引擎的 BIM 设计协同管理平台

针对传统 BIM 软件项目级模型协同承载能力不足的问题，基于 3D 虚幻引擎建立了 BIM 设计协同管理平台，可实现全专业全过程协同管理（图14）。

图 14 项目级 BIM 设计协同管理平台

4. 高精度模块单元自动化生产成套技术

创新成果一：钢结构和混凝土结构模块单元标准化生产和检测工艺

形成模块单元标准化生产工艺流程和各环节工艺质量检测标准，建立样板引路制度，确保生产质量；采用在工厂试拼装房内进行调平试拼装的生产方式，完成管线预埋、墙地面装饰装修等工序，确保拼接部分的一致性，提升了制造精度（图15、图16）。

图 15 工厂拼箱调平　　　　　　　　　　　　　　　　图 16 拼箱装饰装修

创新成果二：毫米级钢结构模块单元定位生产方式

通过设计应用机械轨道独立坐标系统、设置高精度定位锥和在工厂预先堆叠精确定点，开发了毫米级钢结构模块单元定位生产方式，工业级毫米级公差取代传统建筑的厘米级误差，可实现高品质装修工厂集成，确保施工偏差在 1mm 范围内（图17～图19）。

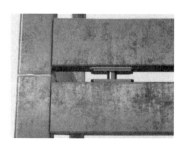

图 17 机械轨道独立坐标系统　　　　图 18 高精度定位锥　　　　图 19 工厂预先堆叠精确定点

创新成果三：模块单元生产制造 MOM（智能化制造运营管理）平台

项目组开发了适用于模块单元生产制造的 MOM（智能化制造运营管理）平台，可实现辅助决策，物料控制、线上质检闭环等功能，解决生产管理无序，管理数字化程度弱等问题（图20～图23）。

图20　MES在线生产协同，辅助决策

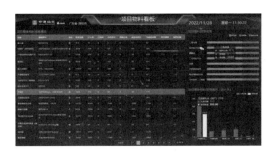

图21　WMS线边库物料精准扣减，自动控制

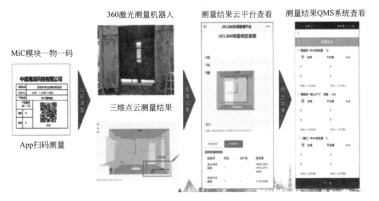

图22　QMS点云激光测量、线上成套质检闭环

图23　EAM自动化装备运行保障管理

创新成果四：钢结构模块单元自动化生产线和混凝土模块单元立体模具

建立了钢结构模块单元自动化生产线，自动化率达到60%，可实现每48min生产一台钢结构模块单元；设计开发了适用于混凝土模块单元生产的立体模具，实现了复杂三维构件生产，提高了生产效率（图24、图25）。

图24　钢结构模块单元自动化生产线

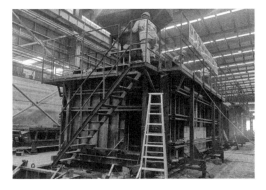

图25　混凝土模块单元生产立体模具

5. 钢结构和混凝土结构模块集成建筑建造全过程成套技术

创新成果一：钢结构和混凝土结构模块单元标准化施工流水工艺

形成标准化施工作业流程SOP和作业指导书，提高了施工安装精度，减少误差积累（图26、图27）。

创新成果二：模块单元专用吊装系统和精准落位装置

研发了专用支撑架和平衡吊装系统，确保模块单元运输和吊装的稳定性；设置就位引导和微调装置实现模块精准快速落位，解决了混凝土模块单元重量大且偏心，调平困难且施工精度要求高等难题，确保超大超重模块的稳定、精准安装（图28、图29）。

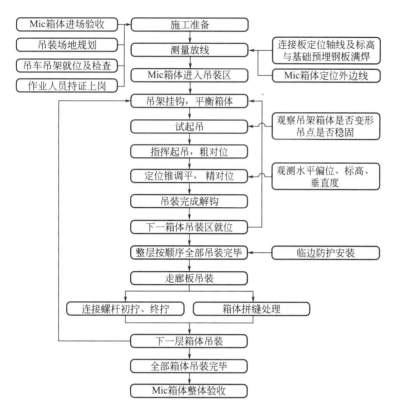

图26 钢结构模块集成建筑标准化施工流程

图27 吊装作业指导书

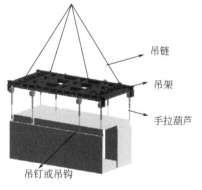

图28 平衡吊装系统

图29 就位引导和微调装置

三、发现、发明及创新点

本项目属于复合（集成）型创新，主要创新点如下：

创新点1：发明了新型高层钢结构模块集成建筑体系灌浆节点，首次实现刚接、等强的抗震连接性能，突破了国内钢结构模块化建筑在高层建筑中的应用瓶颈。

创新点2：研发了可满足国内抗震设防要求的高层混凝土模块-剪力墙体系，首次在国内将混凝土模块集成建筑体系应用于高烈度区高层建筑。

创新点3：开发了模块单元产品参数化设计软件，并基于虚幻引擎建立了项目级BIM设计协同管理平台，使得模块集成建筑设计效率提高50%以上。

创新点4：建立了预先堆叠精确定点的生产方式，实现了毫米级钢结构模块单元精准生产，确保施工偏差在1mm范围内。

创新点 5：开发了适用于模块化单元生产和制造的 MOM（智能化制造运营管理）平台，解决了模块单元生产管理无序，管理数字化程度弱等问题。

创新点 6：发明了专用支撑架和平衡吊装系统，设置就位引导和微调装置，保障了超重偏心模块单元运输、吊装的稳定性，实现模块精准快速落位。

本项目研发应用过程中，共主编地方标准 2 项、地标图集 2 项、团体标准 3 项，获得国家发明专利 8 项、实用新型 64 项、外观设计专利 2 项、香港专利 3 项、软件著作权 2 项，发表科技论文 25 篇，科技成果丰硕，应用效果明显。

四、与当前国内外同类研究、同类技术的综合比较

较国内外同类研究、技术的先进性在于以下 5 点：

1）采用纯干式连接节点的钢结构低多层模块集成建筑结构体系和低多层混凝土模块-堆叠框架结构体系，具备可拆卸，可二次利用特点，二次利用率可达 70%，施工速度快，可节约 80% 的工期。

2）采用刚接灌浆节点的钢结构高层模块集成建筑结构体系，首次实现模块间竖向节点连接的等强刚接，施工速度快，可节约 70% 的工期，最高建筑适用高度可达 100m。

3）高层混凝土模块-剪力墙体系，实现了高层混凝土模块集成建筑在地震区的应用，最高适用高度可达 150m，施工速度快，可节约 60% 的工期。

4）基于 BIM 的模块化集成建筑全过程正向设计技术，可提高设计效率 50% 以上，并实现标准层工厂集成率高达 90%。

5）自动化生产技术结合毫米级模块单元定位生产方式，可实现高品质装修工厂集成，确保钢结构模块集成建筑施工偏差在 1mm 范围内。

本技术通过国内外查新，查新结果为：在所检国内外文献范围内，未见有相同报道。

五、第三方评价、应用推广情况

1. 第三方评价

2022 年 10 月 13 日，本项目经院士为组长的专家组鉴定，成果总体达到国际先进水平，其中高层混凝土模块-剪力墙体系达到国际领先水平。

2022 年 11 月 18 日，"模块化集成建筑（MiC）关键技术研究与应用"入选中国施工企业管理协会"2022 年工程建设十大新技术"名单。

2023 年 2 月，"模块化集成建筑（MiC）设计、生产与应用关键技术"成功入选中国科学技术协会 2022 年"科创中国"系列榜单绿色低碳领域先导技术榜。

2. 推广应用

模块化集成建筑技术拥有多元化的应用场景和广阔的市场前景，现已成功应用到酒店、公寓、学校、医院、住宅和展馆等多品类产品中去，成功应用了 70 个项目，约 415 万平方米。典型项目案例有：中央援港-北大屿山感染控制中心（境外鲁班奖）、深圳坝光国际酒店（深圳市重大应急抢险工程）、深圳龙华樟坑径地块项目（国内首个高层混凝土模块集成建筑、国内最高（99.7m）的混凝土模块集成建筑）和山东烟台莱山滨海健康驿站项目（国内最高（77.7m）的钢结构模块集成建筑）。

六、社会效益

项目成果具有高效率、高质量、绿色低碳和节材省工的四大优势。较传统建造方式，模块化集成建筑将大量现场工作转移到工厂内完成，借助自动化机械设备和智慧制造系统，可缩短现场施工工期 60% 以上，减少施工过程中约 25% 的材料浪费、70% 的建筑垃圾和 30% 的能源消耗，是一种对环境友好的建造方式，有利于提升建筑业的生产力、安全性及可持续性，技术优势明显，环境效益显著。此外，部分模块化集成建筑技术具备可拆卸、可重复利用的技术优势，可减少重复建设，极大地降低建筑全生命周期的碳排放，契合绿色节能建筑理念，促进可持续发展；且其快速建造的特性，对于应急响应工程意义重大。

因此，作为一种先进的建筑工业化的生产建造方式，模块化集成建筑对建筑业转型升级具有重大意义，社会效益巨大。

轻型及多功能大跨度钢结构的设计建造关键技术与应用

完成单位：中国建筑西南设计研究院有限公司、同济大学、东南大学、重庆大学、中建八局第二建设有限公司、中建八局西南建设工程有限公司、贵州钢绳股份有限公司、浙江大学

完成人：冯　远、周绪红、向新岸、张其林、罗　斌、贺孝宇、许　贤、李永明、刘火明、张　彦、廖理安、邱　添、苗良田、殷玉来、罗晓群

一、立项背景

随着社会经济发展，大跨度的大型公共建筑需要更丰富、更高效、更轻质的结构体系，尤其在大量标志性公共建筑设计长期被国外技术占据的背景下，自主创新的高性能大跨度钢结构体系、国产化关键材料及高效高精度建造技术的研发迫在眉睫。近年来地震、极端气温等自然灾害频发，作为应急避难场所的大型公共建筑，其动态性能跟踪、运维安全预警及长期服役性能评估等监测需求日益迫切。项目组在重大工程需求的牵引下，在国家科技支撑计划、国家重点研发计划、国家自然科学基金等项目的支持下，历经 20 年，产学研深度结合，通过结构体系创新、理论与方法研究、建造与制造研发、监测与装置研发，取得了系统性、引领性成果，并成功应用于第 31 届世界大运会体育场馆和大量重大工程项目。

二、详细科学技术内容

1. 创建了轻型及多功能大跨度钢结构的多种新形式，提出相应的优化设计方法

创新成果一：提出了多种全柔性结构，发明了预载回弹高效找力方法

首创了大开口索穹顶结构，将索穹顶结构应用范围拓展到非封闭建筑；提出了金属屋面索穹顶结构，实现了金属屋面与索穹顶结构的新组合形式；提出了两支点索网-斜拱互承结构，实现了大空间、超轻盈的建筑；发明了索穹顶结构的预载回弹找力方法。其应用见图 1。

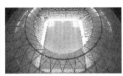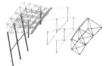

成都凤凰山足球场(全球首例大开口索穹顶)

雅安天全体育馆(全国首例全刚性屋面索穹顶)

成都音乐公园剧场(首例索网-斜拱互承屋盖)

图 1　创新成果一及应用

创新成果二：提出了多种刚柔性大跨度钢结构，发展了刚柔性结构找形理论

首创了大开口索承网格结构，解决了大开口刚柔性结构中部缺失带来的力流中断和刚度削弱的受力难题；提出了仿生网格结构、柱面弦支巨型网格结构和斜拉下穿索承巨型网格结构，解决了超大规模计算单元快速分析难题；建立了大开口索承网格拓扑优化方法，实现了满足受力性能和建筑形体要求的结构高效建构。其应用见图2。

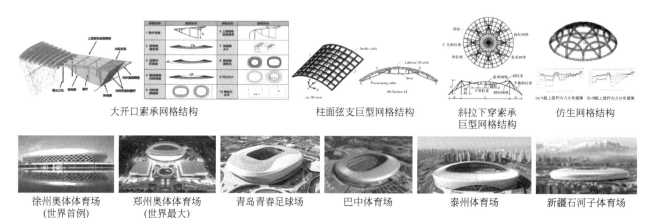

图2 创新成果二及应用

创新成果三：研发了多种重载屋盖大跨度钢结构，提出了基于抗倒塌机制的直接设计方法和基于构件分类的抗震性能化设计方法

研发了空腹外环网格大跨度重载结构，实现了300m长高空展厅；研发了弧形巨型桁架重载大跨度结构，实现了82m跨度高空展厅，且兼作索承网格屋盖支承；研发了巨型空腹网壳重载大悬挑结构，实现了悬挑32m的高空展厅；建立了节点破坏和构件强非线性行为的高精度数值分析模型，实现了大跨度钢结构的高抗连续倒塌性能和抗震性能。其应用见图3。

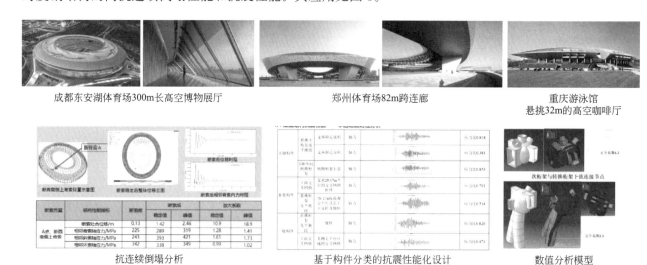

图3 创新成果三及应用

2. 研发了全柔性和刚柔性大跨度钢结构成套建造技术

创新成果一：研发了高耐久、高承压、高强度、大规格的密封钢丝绳制造成套技术

发明了大规格钢丝绳制造方法及装置，研发了高强度镀锌铝稀土合金抗腐蚀密封钢丝绳；开发了国内首个异形钢丝尺寸一体化密闭索三维可视化模拟设计软件。实现了大规格密封钢丝绳的全国产化制造。主持国际标准 *Steel wire ropes Requirements* ISO 2408：2017 的修编，实现了我国钢绳主导国际标准零的突破（图4）。

| 二维仿真设计 | 三维仿真设计 | 生产参数确定 | 疲劳试验 | 最小破断力试验 | 蠕变试验曲线 | 国际标准 |

大规格密封钢丝绳

图 4　创新成果一

创新成果二：研发了系列高性能索结构的试验、建造装置

发明了拉索-索夹组装件抗滑移承载力的试验方法，实现了索夹抗滑移性能精确测定；发明了拉索防解锁连接装置，解决了索膜分离式屋面系统在非对称荷载作用下索体钢丝逆纹扭转松弛解锁的难题；发明了拉索轴向与扭转性能试验装置，解决了钢绞线拉索的轴向和扭转性能同步测试的难题（图 5）。

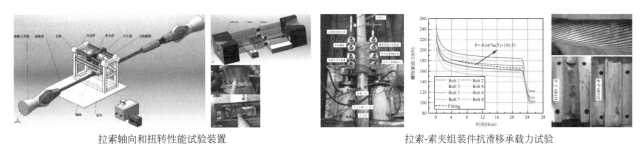

拉索轴向和扭转性能试验装置　　　　　　　　　　拉索-索夹组装件抗滑移承载力试验

图 5　创新成果二

创新成果三：提出了索结构非线性成形过程最优控制方法，研发了全柔性和刚柔性结构的高效预应力张拉成套建造技术

建立了群索分批张拉的非线性优化控制模型和以全局路径无碰撞高空姿态为目标的多阶段优化控制模型，实现了其成形过程的最优控制；发明了大开口索穹顶的交替牵引张拉方法和牵引下层索网整体提升张拉方法，解决了大开口索穹顶结构的力形联合控制难题；研发了大开口索承网格结构的"柔索-刚环"索力转换式整体预应力建立技术，实现了大开口索承网格结构的高精度建造（图 6）。

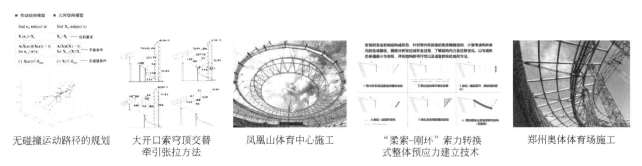

| 无碰撞运动路径的规划 | 大开口索穹顶交替牵引张拉方法 | 凤凰山体育中心施工 | "柔索-刚坏"索力转换式整体预应力建立技术 | 郑州奥体体育场施工 |

图 6　创新成果三

3. 建立了大跨度钢结构全寿命周期性态监测快速评估技术体系

创新成果一：研发了多种高精度大跨度钢结构监测设备

发明了基于扭转模态超声导波圆管轴向应力测量装置和基于真空压力无损测量的膜面预张力测量仪，实现了既有大跨空间建筑构件高精度无损检测；研发了基于 EM 磁通量的柔索索力监测传感器，解决了大跨度全柔性和刚柔性结构的索力精确测量难题（图 7）。

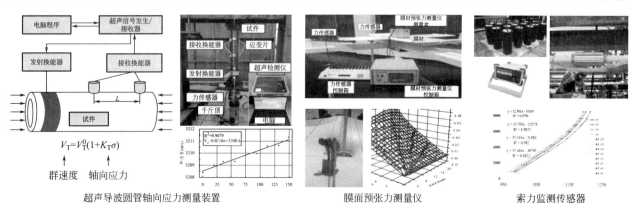

超声导波圆管轴向应力测量装置　　　膜面预张力测量仪　　　索力监测传感器

图7　多种高精度大跨度钢结构监测设备

创新成果二：研发了海量监测数据高效处理技术

研发了大跨度钢结构监测数据实时采集、水印标识、存储集成技术，解决了实时监测场景下多源数据的乱序问题；建立了动态扩展的监测数据实时处理和分析平台，实现了海量监测数据的高并发、低延迟采集和在线并行计算；提出了针对环境干扰的模态识别和数字标签的算法，实现了在线实时监测数据的预处理清洗；提出了基于测点空间相关性和温度相关性的监测数据插补方法，解决了高精度数据插补难题（图8）。

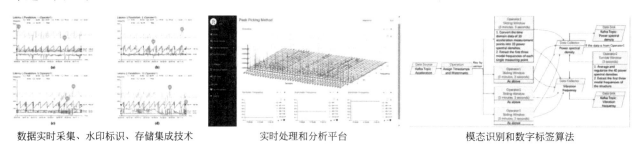

数据实时采集、水印标识、存储集成技术　　　实时处理和分析平台　　　模态识别和数字标签算法

图8　海量监测数据高效处理技术

创新成果三：建立了结构性能状态评估方法，研发了多终端无缝兼容远程实时监测和快速安全评估系统

建立了大跨度钢结构环境-结构耦合动力参数评估方法及全生命周期随机荷载作用下的结构性能状态评估方法，解决了复杂工况下大跨度钢结构静态与动态响应精确识别的难题；提出了基于协方差驱动的改进随机子空间识别法，实现了结构模态的实时快速识别；开发了基于云存储与物联网的大跨度钢结构运维安全管控综合信息系统，实现了大跨度钢结构在温度、地震等作用下多终端无缝兼容的远程实时监测和快速安全评估。其应用见图9。

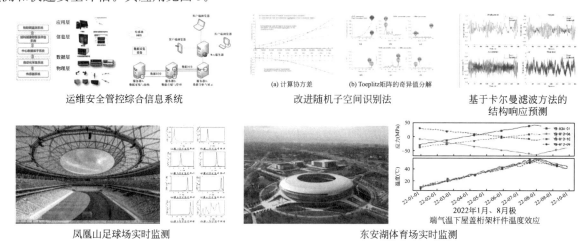

运维安全管控综合信息系统　　　改进随机子空间识别法　　　基于卡尔曼滤波方法的结构响应预测

凤凰山足球场实时监测　　　东安湖体育场实时监测　　　2022年1月、8月极端气温下屋盖桁架杆件温度效应

图9　结构性能状态评估

三、发现、发明及创新点

1）首创了大开口索穹顶结构，将索穹顶结构应用范围拓展到非封闭建筑；提出了金属屋面索穹顶结构，实现了金属屋面与索穹顶结构的新组合形式；提出了两支点索网-斜拱互承结构，解决了单层索网与双曲弹性边界的力形耦合难题；发明了索穹顶结构的预载回弹找力方法，解决了非对称索穹顶的预应力分布确定难题。

2）首创了大开口索承网格结构，解决了大开口刚柔性结构中部缺失带来的力流中断和刚度削弱的受力难题；提出了仿生网格结构、柱面弦支巨型网格结构和斜拉下穿索承巨型网格结构，解决了超大规模计算单元快速分析难题。

3）提出了基于各类抗连续倒塌机制的直接设计方法及基于构件分类的抗震性能化设计方法，实现了大跨度钢结构的高抗连续倒塌性能和抗震性能。

4）发明了大规格钢丝绳制造方法及装置；开发了国内首个异形钢丝尺寸一体化密闭索三维可视化模拟设计软件。实现了大规格密封钢丝绳的全国产化制造

5）发明了拉索-索夹组装件抗滑移承载力的试验方法，实现了索夹抗滑移性能精确测定；发明了拉索防解锁连接装置，解决了索膜分离式屋面系统索体钢丝逆纹扭转松弛解锁的难题；发明了拉索轴向与扭转性能试验装置，解决了钢绞线拉索的轴向和扭转性能同步测试的难题。

6）提出了基于改进遗传算法的多目标优化方法和基于双向快速扩展随机树算法的无碰撞高空姿态控制路径全局搜索方法，解决了全柔性及刚柔性大跨度结构成形路径的碰撞预测与高效规划难题；发明了大开口索穹顶的交替牵引张拉方法和牵引下层索网整体提升张拉方法，实现了高效率张拉建造。

7）发明了基于扭转模态超声导波圆管轴向应力测量装置和基于真空压力无损测量的膜面预张力测量仪，解决了无初始标定条件下构件绝对应力的准确测量难题。

8）提出了针对环境干扰的模态识别和数字标签的算法，实现了在线实时监测数据的预处理清洗；提出了基于测点空间相关性和温度相关性的监测数据插补方法，解决了高精度数据插补难题。

9）提出了基于协方差驱动的改进随机子空间识别法，实现了结构模态的实时快速识别；提出了基于时间序列模型和扩展卡尔曼滤波算法的结构加速度响应预测方法，提出了结构模态识别的改进贝叶斯方法，显著提高了结构振动频率和阻尼比参数的识别精度。

四、与当前国内外同类研究、同类技术的综合比较

较国内外同类研究、技术的先进性在于以下六点：

1）大开口索穹顶结构（全柔性），适用于非封闭式建筑，首次应用，最大跨度 230m（较刚性结构节省用钢量 60% 以上）。

2）大开口索承网格结构（刚柔性），适用于非封闭式建筑，2011 年首次提出并应用，跨度 258m（较刚性结构节省用钢量 25% 以上）。

3）大跨度全金属屋面索穹顶结构用钢量 22.4kg/m² （金属屋面网格结构用钢量约 60～70kg/m²）。

4）牵引下层索网整体提升和张拉大开口索穹顶的施工方法：只牵引下层索，牵引与张拉共用设备，免周转工装建立预应力。节约工装数量 50%，缩短张拉工期 25%。

5）群索无碰撞控制路径全局搜索方法可考虑构件之间的碰撞问题。

6）大规格锌铝稀土合金镀层密封钢丝绳：首次实现国产化，供货周期 2 个月。

7）扭转模态超声导波圆管轴向应力测量装置：直接测量钢圆管的轴向应力绝对值，适用于既有建筑的绝对应力测量。

8）大跨度建筑结构监测大数据实时采集、水印标识、存储集成技术：基于流式数据，支持在线并行计算，大幅提高海量实时数据处理和分析效率。

本技术通过国内外查新，查新结果为：在所检国内外文献范围内，未见有相同报道。

五、第三方评价、应用推广情况

1. 第三方评价

（1）2023 年 5 月，四川工信科技技术评估有限责任公司在成都组织召开了《高性能大跨度空间索结构建筑的设计建造关键技术与应用》科技成果评价会。以院士为主任委员和副主任委员的评价委员会一致认为："成果总体达到国际先进水平，其中高性能大跨度空间索结构多种创新形式及其建造技术达到国际领先水平。"2020 年 6 月 12 日，深圳市土木建筑学会组织评价"模块化传染病应急医院建造技术"，整体达到国际领先水平。

（2）2021 年 4 月，河南省汇智科技发展有限公司在郑州组织召开了《超大跨径大开口索承网格结构关键技术及应用》科技成果评价会。以院士为组长的评价委员会一致认为：成果总体达到国际先进水平，其中"大开口索承网格结构体系""可伸缩、可转动"的可调 V 形支撑技术达到国际领先水平。

（3）瑞士工程院某院士大篇幅引用并介绍了项目组在柔性结构位形控制方面的研究成果，并肯定了"提出的路径方法可以避免索杆结构在形态改变过程中发生干扰与碰撞"。

2. 推广应用

关键技术成果在国内外多个重大工程中推广应用，截至 2022 年底，已累计应用于 200 余项大跨度建筑的设计、建造和监测中。工程类型涵盖体育场馆、机场航站楼、高铁站房、会展中心和博物馆等多种建筑类型，在东南亚和中东地区的中大型交通枢纽建筑中得到推广应用，国际影响力日益提高。见图 10。

常州体育馆(设计金奖)　　重庆奥体体育场(设计金奖)　　重庆奥体游泳馆(设计铜奖)

郑州奥体体育场　天全体育馆　重庆渝北体育馆　银川植物园　镇江体育场　徐州奥体　成都自然博物馆　郑州奥体游泳馆

成都火车东站　镇江会展中心　贵州铜仁体育场　重庆江北T3航站楼　青岛胶东机场　临沂体育场　成都天府机场　洛阳奥体

常州体育场　成都双流机场　青岛体育馆　青岛游泳馆　泰州体育场　伊拉克纳西里耶国际机场　柬埔寨金边新国际机场

图 10　推广应用

六、社会效益

促进和引领了建筑行业进步，为大跨度钢结构的设计建造提供了更丰富的体系选择；轻型化结构体系为大跨度建筑实现双碳目标起到了良好的示范作用；依托项目成果，设计建造了一大批大型体育场馆建筑。成都凤凰山体育中心足球场、郑州市奥林匹克体育中心、东安湖体育场项目分别被央视"新闻联播""朝闻天下"栏目、人民网、新华社、搜狐网、新浪新闻等多家媒体报道。

首次提出的大开口索穹顶结构及大开口索承网格结构体系，与刚性网格相比分别节材 60％和 25％

以上，具有良好的环境效益。具有代表性的成都凤凰山体育中心专业足球场项目，采用大开口索穹顶结构体系，共计节约钢材 3400t，相当于降低碳排放量 6222t；郑州市奥林匹克体育中心体育场项目，采用大开口索承网格结构体系，共计节约钢材 1360t，相当于降低碳排放量 2488t。

通过本项目的技术创新，为推动建筑行业的技术进步与产业升级，为建筑业的高质量、可持续发展提供了重要保障。

基于5G的塔机智能远程控制技术研究与应用

完成单位：中建三局集团有限公司、中建三局第一建设工程有限责任公司、中建三局总承包建设有限公司、中建三局集团北京有限公司

完成人：张　琨、王开强、李　迪、张　维、胡正欢、余地华、许立山、李　剑、位尚万、陈厚泽、赵翼鸿、田府洪、黄　雷、洪　健、郑锦涛

一、立项背景

建筑行业是我国国民经济的重要物质生产部门和支柱产业之一。随着社会、经济、环境等因素的发展和变化，建筑施工行业面临着全新的挑战：人口红利消失，人员老龄化，劳动力资源减少，年轻人从事相关工作意愿低；行业利润率下降，日益提高的管理和成本要求，需要从粗放式转向精细化管理模式；高危作业环境需要改善，越来越高的质量、环保、安全要求，机器设备缺乏生命周期管理。建造装备作为建筑领域重要组成部分，决定了建筑行业的整体水平。其中，塔式起重机（本篇简称塔机）作为建筑行业中被广泛应用的垂直运输机械，已经成为现代施工中必不可少的关键设备。然而，传统塔机作业仍然存在环境差、风险高、司机利用率低、管理模式粗放等问题，具体如下：

（1）作业环境恶劣：塔机司机作业前后需攀爬塔机耗时费力，高空作业空间、功能受限导致作业环境不友好，影响身心健康；

（2）安全风险高：获取信息受限导致作业风险高，同时塔机司机在作业过程中突发疾病或者塔机发生倒塌等事故时，司机的人身安全无法得到保障；

（3）司机利用率低：群塔作业时，单人单机作业。

（4）管理模式粗放：塔机的运行维护保养，缺乏有效的数字化管理手段。

近年来，传统塔机与信息技术相结合取得了一定的发展，能够实现数据采集等功能；然而，塔机操作方式并没有完全改变，作业人员仍只能在高空操作单台塔机，作业环境恶劣、作业效率低等问题仍旧突出，如何通过与先进信息技术深度融合，实现塔机智能远程控制、多机综合管控、安全运维等，改善作业人员作业环境，提升作业效率，提高安全性能，仍是行业内亟待解决的关键共性问题。同时，国家陆续出台多项规划、政策，支持加快培育新时代建筑产业工人，鼓励、引导建筑业向智能化方转变，在住房和城乡建设部发布的建筑业发展规划的通知中明确指出推广智能塔机等智能化工程装备。课题从以上问题出发，进行课题研究并开展推广应用。

二、详细科学技术内容

1. 塔机全要素实时感知与传输系统

创新成果一：多源数据信息采集系统

识别远程操控及运维信息需求，针对塔机行动数据、作业环境视频监测构建多源采集系统，实现施工场塔机作业数据的精确感知（图1）。

创新成果二：低时延高可靠性远程通信组网技术

组建适应施工现场复杂环境的远程通信网络，通过边缘云（MEC）技术及远程控制数据多重校验机保证塔机远程通信质量。基于公共5G基站或设置5G专属基站，通过优先调度、锁定等方式实现远程通信网络优化配置。基于边缘云技术，将塔机关键信息通信服务进行"下沉"，不经过骨干网和互联

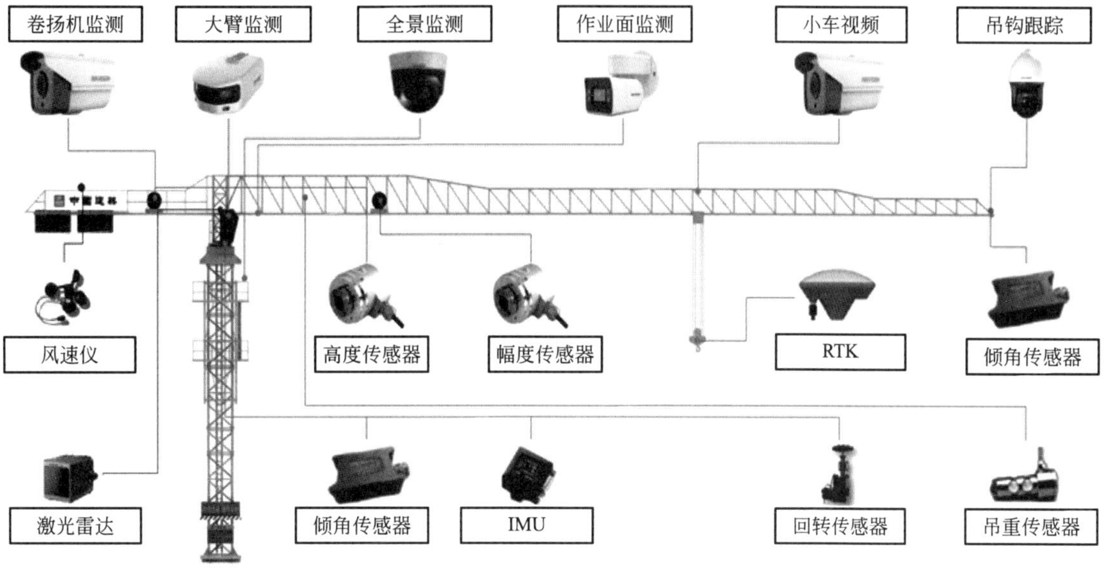

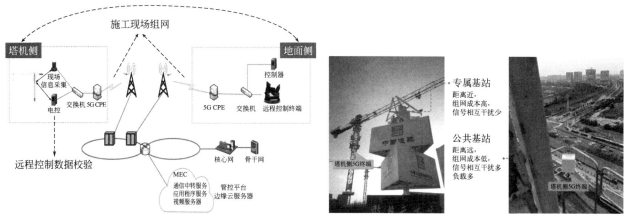

图 1 塔机侧多源数据采集

网，满足塔机远程操作对时延敏感的需要。开发适用于塔机远控的通信数据多重校验机制，通过设置校验字、设备编号、时间戳及生命计数器等校验信息，保证通信的高可靠性。当通信异常时，塔机自动停车。见图 2、图 3。

图 2 远程通信网络 　　　　　　　　图 3 5G 基站对比

2. 多信息融合智能远程控制技术

创新成果一：通用化远程控制系统

开发通用化塔机远程控制系统，包括地面端控制系统和塔机侧控制系统，实现远程指令实时可靠地操控现场塔机。在地面侧设计多功能操作台，集成各种设备，满足操作指令发送和信息交互的功能；同时，设计通用化的塔机侧网关，成为塔机侧电控系统和远程控制系统的桥梁，对于不同的塔机，分别采用硬接线控制方式和数字通信的方式，满足塔机执行机构控制的要求（图 4）。

创新成果二：多源数据融合交互技术

通过集成优化以及有针对性的人性化配置，将传感器信息、视频信息、碰撞信息、诊断信息、故障信息、标定信息等分层次地有效反馈给操作人员，同时不仅通过视觉、声音的方式反馈现场状态，设计体感座椅操作端，通过体感的方式还原塔机侧前俯后仰、左倾右倾、360°旋转的状态。见图 5、图 6。

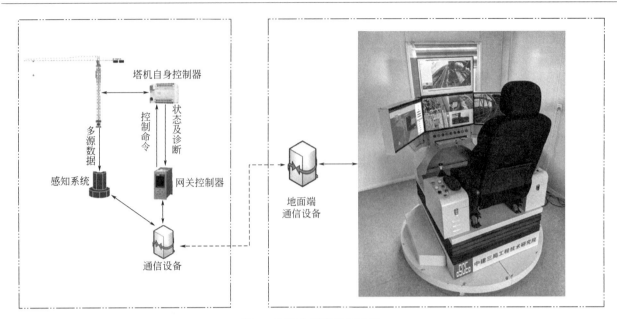

图 4　通用化远程控制系统

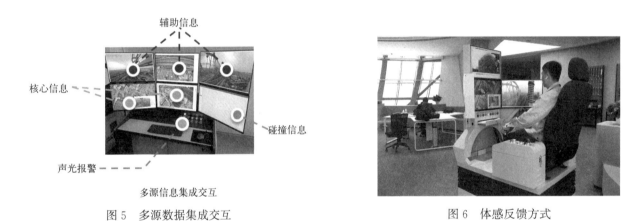

图 5　多源数据集成交互　　　　　　　　　　　图 6　体感反馈方式

创新成果三：多信息自主推送技术

开发多信息自主推送技术，通过有效信息自动提取避免信息过多带来的干扰，同时通过差值、方向、颜色、百分比等多种形式自动对操作人员进行到位提示和安全提示。见图 7、图 8。

图 7　监控有效信息自动提炼

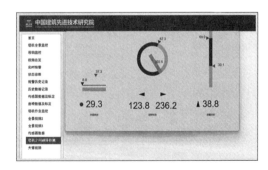

图 8　差值自动提示

创新成果四：基于三维重建的塔机智能防碰撞技术

针对施工现场复杂环境，基于三维重建技术构建塔机及周边环境的数字模型及监控系统，结合塔机大臂的旋转，对整个场景进行扫描实现底图创建，同时结合吊钩位置信息和扫描信息识别出吊装物体，并生成吊物轮廓的最优包围盒，实时虚拟吊物在三维模型中的位置从而获取碰撞信息，实现吊装过程中吊物碰撞信息的智能实时监控。见图 9、图 10。

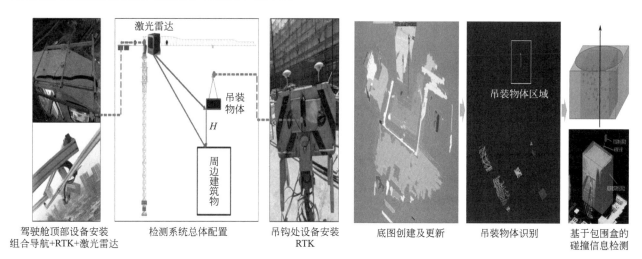

图 9　检测系统配置　　　　　　　　　　　图 10　碰撞信息检测处理流程

3. 多塔机集约化管控方式

创新成果一：多机灵活接入集中控制技术

开发集中管控平台部署在边缘云服务上，状态数据、控制数据、媒体流数据的转发控制采用模块化设计，保证多台塔机、多个操作端的灵活接入。操作端既可以集中布置在操作中心，实现集中作业，也可以分散配置在单独的操作室，灵活开展作业。见图 11、图 12。

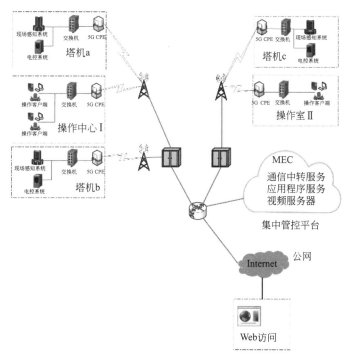

图 11　多台塔机多个操作端接入

创新成果二：吊装作业任务高效匹配

在对工地、塔机、操作人员综合管理的基础上，开发吊装任务工单系统。任务工单系统的服务功能部署在集中管控平台上，可以通过客户端进行任务操作，系统则以工单的形式将任务分配到对应塔机操作人员。通过指定分配和群发分配相结合的工单调度系统，实现吊装作业任务的有效分配。见图 13、图 14。

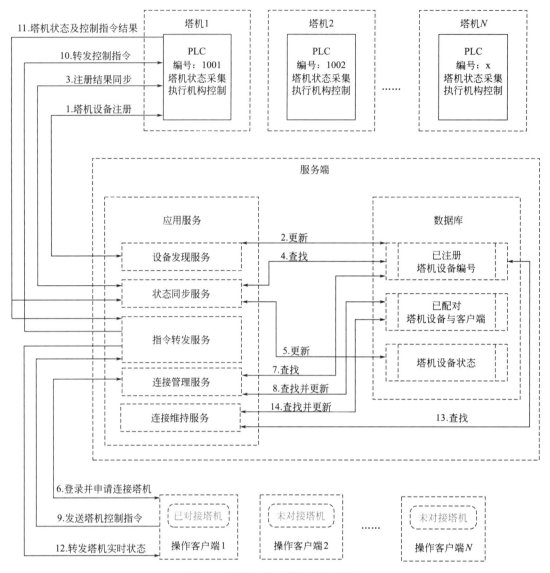

图 12　控制和状态数据转发流程

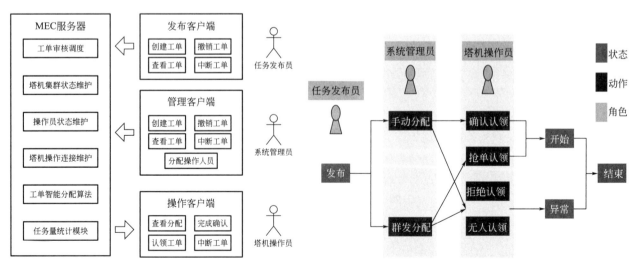

图 13　任务工单系统功能图　　　　　　　图 14　吊装作业任务工单系统处理流程

创新成果三：塔机健康监控技术

通过塔机健康状态分类，挖掘反映塔机结构状态的固有特性，实现塔机结构健康状态实时监测。同时搭建塔机全生命周期数据样本库，构建预测模型，实现塔机多时间尺度、多概率的故障预测。见图 15、图 16。

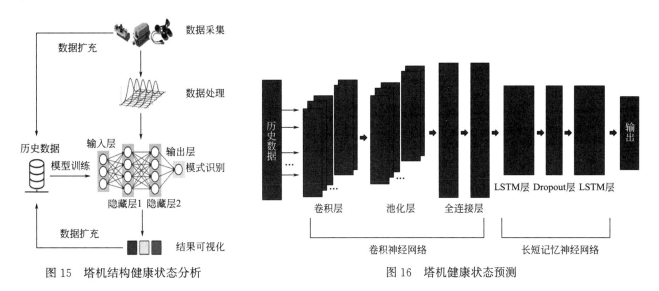

图 15　塔机结构健康状态分析　　　　　　　　　　图 16　塔机健康状态预测

三、发现、发明及创新点

1）率先构建基于 5G 边缘云的塔机控制远程通信系统：基于 5G 边缘云技术实现塔机侧和地面端低时延高可靠性远程通信，优化网络配置实现远程控制数据传输时延低于 100ms，通过多重校验机制保证远程控制数据的准确性。

2）高效、安全的多信息融合智能远程控制：研发了高效、安全的塔机远程控制技术，通过多源数据融合交互、多信息自主推送实现了高效的人机协同，采用三维重建技术构建塔机及周边工作环境的数字模型及监控系统，行业内首次实现装物体三维碰撞信息的智能实时监控，提高了安全性能。

3）行业首创多塔机集控作业方式：研发了多塔机多任务群控技术，实现多台塔机、多个操作端的快速灵活接入和高效综合管控，行业内首次实现多台塔机远程集控吊装作业，提高运行水平。

四、与当前国内外同类研究、同类技术的综合比较

与国内外同类塔机控制技术相比，技术的先进性在于远程通信组网、远程控制技术、集中管控技术等方面：

1）基于边缘云技术组建远程通信网络，保证低时延性和高可靠性，满足塔机远程吊装作业时延敏感性的要求；同时，基于 5G 通信，首次在实际项目实现塔机异地吊装作业。

2）研发多信息融合远程控制技术，实现高效、安全的远程吊装作业，提高作业效率 15%，缩短作业工期，采用三维重建技术构建塔机工作场景数字模型，行业内首次实现吊物三维碰撞信息智能实时监控，提高安全性能。

3）全球首次在建筑施工现场实现多台塔机常态化集控吊装作业，单人分时能够操控多台塔机，提升全项目周期司机利用率，减少人员投入 30% 以上。

五、第三方评价、应用推广情况

1. 第三方评价

2022 年 11 月，经湖北省科技信息研究院查新检索中心完成科技查新，《基于 5G 的塔机远程控制系

统》技术要点，在所检国内外文献范围内，未见有相同的报道。

2023 年 6 月 4 日，由中国建筑集团有限公司组织，经院士及多位相关领域专家评价一致认为，本技术成果总体达到国际领先水平。

2. 推广应用

从 2020 年 11 月在北京大兴国际机场临空经济区发展服务中心项目室内远程控制塔机首次试吊成功以来，已在武汉光谷科学岛科创中心、天津环湖医院、上海张江康桥绿洲等多个工程项目成功应用，并在多个重要场合进行展示，取得了良好的经济与社会效益，其中：

1) 大兴国际机场临空经济区发展服务中心项目，该项目打造全球首个 SA 独立组网的 5G 智慧工地，以此为基础对 5 号塔机进行远程控制改造，在行业内首次实现施工现场室内远程控制塔机的实际吊装作业，使用情况良好。

2) 湖北广电传媒大厦项目，是国家广电总局批准的中部地区第一个国家级广播影视内容媒体基地的核心板块、湖北省最大公建项目。以该项目 2 号塔机为载体，实现塔机远程吊装作业，行业内首次利用城市公共 5G 基站在施工现场完成实际远程吊装作业，行业内采用体感座椅操作终端。

3) 光谷科技金融产业园项目总建筑面积 62809.58m²，主楼建筑地上 19 层、地下 3 层，建筑高度 88.65m。该项目一共使用了两台塔机，都完成了智能远程控制改造，行业内首次实现单个项目多台塔机集中远程控制。利用三维重建技术构建塔机工作场景的数字模型及监控系统，实现吊装过程中吊装物体三维碰撞信息的自适应实时监控。

4) 光谷科学岛科创中心一期项目，总用地面积 71609.14m²，总建筑面积 145429.11m²，共配置 5 台塔机。利用集中管控技术，全球首次实现项目全部 5 台塔机的集控远程吊装作业。

六、社会效益

针对塔机高空操控环境差、风险高、功效低等问题，研发基于 5G 的塔机智能远程控制技术，将单台塔机高空就地操作变革为地面室内环境群塔集中管控，颠覆传统的作业模式，从根本上改变了塔机操作人员的工作环境，避免操作人员的人身伤害，打造产业白领，提升整个作业过程的安全性能，提高设备运维水平。研究成果亮相世界 5G 大会、中国国际服贸会等多个重要场合；同时，受到了央视等多家权威媒体的专题报道，获得社会各界的广泛关注和好评。2023 年五一期间，在央视"新闻直播间"五一特别节目"美好生活，劳动创造"中进行了报道。通过研究成果在施工现场的推广应用引领行业发展，打造新时代建筑产业化工人，紧跟践行国家关于智能建造的总体方针，有力地支撑了施工现场数字化、智能化转型升级，具有重大的社会效益。

大跨空间索面悬索桥精益建造关键技术及应用

完成单位： 中国建筑第六工程局有限公司、天津城建设计院有限公司、中铁大桥勘测设计院集团有限公司、中建桥梁有限公司

完成人： 王殿永、韩振勇、高　璞、霍学晋、马　亮、黄小龙、王东绪、王秀艳、汤洪雁、周俊龙、王　伟、郭　坤、王泽岸、刘　康、李　飞

一、立项背景

桥梁作为百年建筑对城乡环境影响重大，成为民众关注的焦点。空间索面悬索桥兼具跨越能力强、造型优美等优势，深受工程建设者关注和青睐。然而，每个桥位都有其独有的地理、历史、人文、景观等客观存在，实现美术、艺术与科学、技术的完美融合，空间索面悬索桥精益建造面临众多难题。

在此背景下，课题组以大量工程项目为依托，通过十余年产-学-研协同攻关，以桥梁更好地服务于人民高品质生活需求为目标，基于"以人为本"的思想，致力于桥梁新技术、新工艺的开发，围绕大跨空间索面悬索桥新方案、非线性分析理论及设计理论的研发、软件与平台的开发、结构与构造研发、施工技术的创新、推广应用等展开攻关，取得"设计方案及分析理论→结构构造与施工工艺→施工方法与控制技术→工程应用"的全链条创新成果，大幅提升了大跨空间索面悬索桥的精益建造水平，拓展了桥梁工程的内涵及外延，助力提升城乡环境，拓展民众幸福生活空间。

二、详细科学技术内容

1. 桥梁创新方案及非线性分析方法

1) 瞄准"人民群众高品质生活需求"，创新桥梁结构体系，基于融合设计理念，提出系列大跨空间索面悬索桥新方案，并应用于工程实践，建成一批有重大国际、国内影响力的地标性桥梁工程。部分桥梁创新体系及特色见表1。

基于融合设计理念的大跨空间索面悬索桥新方案　　　　　　　　　　　表1

方案	体系示意图	融合设计理念的关键要素
独塔空间缆索半自锚式悬索桥		1. 海河漕运文化演绎"沽水船影"桥梁方案，呼应人文历史。 2. 因地制宜地首创独塔空间缆索半自锚式悬索桥体系。 3. 空间缆索流畅自然的线条更具亲和力。 4. 下悬人行系统避免人车相互干扰，提供亲水平台，照顾不同人群需求，拓展公众生活空间
空间索面异形悬索桥		1. 根据地形地貌、地质条件设计空间索面异形悬索桥，融于环境，实现"大象无形"的设计意图。 2. 兼具景区行人通行、游览、蹦极、溜索、舞台功能。 3. 群山环绕、云雾缥缈，踏上若隐若现的玻璃桥，恍如隔世、超脱山水之外，天桥合一，以渡天下之人

续表

方案	体系示意图	融合设计理念的关键要素
双塔三跨空间索面组合梁自锚式悬索桥	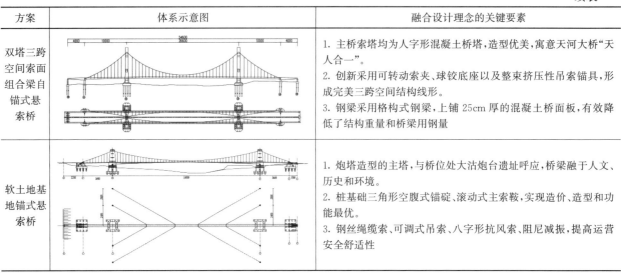	1. 主桥索塔均为人字形混凝土桥塔,造型优美,寓意天河大桥"天人合一"。 2. 创新采用可转动索夹、球铰底座以及整束挤压性吊索锚具,形成完美三跨空间结构线形。 3. 钢梁采用格构式钢梁,上铺25cm厚的混凝土桥面板,有效降低了结构重量和桥梁用钢量
软土地基地锚式悬索桥		1. 炮塔造型的主塔,与桥位处大沽炮台遗址呼应,桥梁融于人文、历史和环境。 2. 桩基础三角形空腹式锚碇、滚动式主索鞍,实现造价、造型和功能最优。 3. 钢丝绳缆索、可调式吊索、八字形抗风索、阻尼减振,提高运营安全舒适性

典型工程应用照片见图1。

富民桥大桥

云天渡大桥

松原天河大桥

天津北塘人行桥效果图

图1 典型工程应用

2)提出误差零累积的迭代方法,实现混凝土收缩徐变与几何非线性的精准耦合分析,实现无应力状态法和几何非线性耦合计算。

(1)首次引入球面图学理论精确扣除刚体转动,并利用旋转矩阵进行转角的叠加,杆端力的求解采用完全精确的解析法,而非有限元法,并将内力计算的解析法与整体有限元法进行完美结合。误差累积的处理方式决定了迭代算法的收敛性,在迭代流程方面,提出了新的处理误差累积的方法,使得算法误差不累积,即随着增量步和迭代步的增加,误差等级不变,始终和迭代第一步相同。通过算法和流程两方面的精细化处理,使几何非线性迭代算法在处理超大转动等极限非线性方面的能力和精度超过了国内外已知相关软件。

(2)提出了基于全量法的几何非线性和混凝土收缩徐变耦合计算方法,实现了空间梁单元(含变截面梁单元）的几何非线性与混凝土收缩徐变的耦合分析。

（3）发展了无应力状态法与几何非线性的耦合计算理论，根据最小势能原理，计算无应力状态下结构的总势能，建立结构分阶段成形的力学平衡方程，获得结构最终状态与构件无应力状态量的关系，在全量列式平衡方程的基础上，推导增量列式求解方程，实现了无应力状态法与几何非线性的耦合分析，首次将无应力状态法的应用扩展到非线性领域。

3）构建大跨空间索面悬索桥精细化设计方法，研发非线性分析平台 SNAS，实现国产悬索桥非线性分析软件开发的重大突破。

（1）完全空间悬链线索单元：索单元不做任何简化，与竖向的自重荷载相同，将横向荷载也作为均布荷载处理，建立了完全空间悬链线索单元，如下图所示。

（2）基于水平面内合力控制的空间主缆找形解析方法：以边跨主缆在理论顶点处的竖向分力为迭代变量，以散索鞍处理论顶点的竖向坐标为迭代目标，增加边跨端部的水平面内合力与纵轴的夹角为新的控制项，构建了基于水平面内合力控制的主缆找形方法。增加收敛因子控制项，克服吊索的方向反转导致的迭代发散，利用雅克比矩阵进行逼近，解决了强非线性条件下缆索系统线形分析的收敛性问题。见图 2。

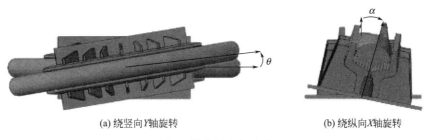

(a) 绕竖向Y轴旋转　　　　　　　(b) 绕纵向X轴旋转

图 2　鞍座的空间方位

（3）自主研发大跨悬索桥非线性分析平台 SNAS，具有精度高、收敛快、稳定性佳等优势，可实现大跨悬索桥的精细化设计，打破了长期以来依赖国外进口软件的行业现状，成为国内大跨悬索桥非线性分析的主流软件。见图 3。

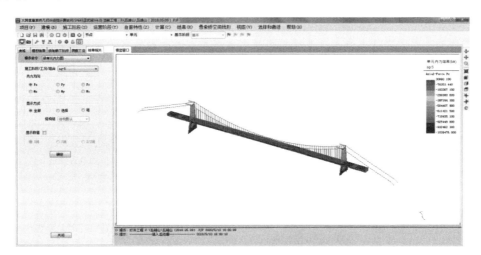

图 3　SNAS 分析平台界面

2. 创新结构构造及施工工艺

研发空间缆索结构的吊索、可转动的悬索桥索夹、万向耳座等系列新构造，从构造层面实现了大跨空间索面悬索桥美学、力学性能的经济、合理统一。

针对大跨空间索面悬索桥结构柔度大，施工及运营过程中的大位移、大变形特点，研发空间缆索结构的吊索、可转动的悬索桥索夹、双向转向索鞍、万向耳座、玻璃桥面人行悬链桥等结构或构造（表2），解决缆索系统的锚固与连接、软土地基水平力承载等问题，为桥梁外形美观、建造合理的统一提供技术支撑，使创新方案、体系及结构得以实现。

创新构造及作用 表2

构造名称	示意图	原理及适用条件
空间缆索结构的吊索		通过球铰结构释放吊索与主梁间多余约束，满足空间主缆成桥过程的变形需求，适用于大位移、大变形的空间悬索桥体系
可转动的悬索桥索夹		新型索夹由索夹体、转动件、耳板及配套高强度螺栓副组成。索夹体的中部是一外圆，转动件可以在其上转动。可以满足空间缆索结构的悬索桥对吊杆的不同角度要求，避免索夹受到由于吊杆与索夹轴线不一致时产生的弯矩
双向转向索鞍		满足空间线形主缆成桥过程的变形需求，适用于大位移、大变形空间悬索桥体系
万向耳座		万向耳座的上下耳板十字交叉布置，可同时释放顺、横桥向弯矩，满足吊杆耳座万向转向需求，加工容易，安装方便，便于维护
索鞍用滚轴限位支承结构		针对滚轴式索鞍的特殊性，提供一种既不影响支承滚轴组件与鞍体和/或底座之间的滚动位移配合，又能对其在设计位置处的允许位移进行稳定、可靠的锁止限位
内旋式可调节拉索		简化吊杆张拉锚固构造，适用于密索、小吨位拉索体系
玻璃桥面人行悬链桥		经济耐久、加劲梁刚度适中、游客桥上行走舒适度好、游客观光体验度高、观景平台功能强、桥梁景观效果和游客体验均较好

续表

构造名称	示意图	原理及适用条件
悬索桥玻璃桥面加劲梁	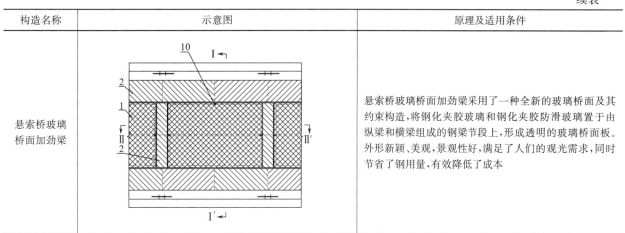	悬索桥玻璃桥面加劲梁采用了一种全新的玻璃桥面及其约束构造,将钢化夹胶玻璃和钢化夹胶防滑玻璃置于由纵梁和横梁组成的钢梁节段上,形成透明的玻璃桥面板。外形新颖、美观,景观性好,满足了人们的观光需求,同时节省了钢用量,有效降低了成本

3. 精细化施工及控制技术

1) 研发大跨空间索面悬索桥精细化施工关键技术,解决了复杂建设条件下空间缆索系统的精准定位、张拉及安装问题,精益建造水平再上新台阶。

(1) 大横向倾角空间主缆悬索桥体系转换技术:在空间缆索结构悬索桥主缆体系转换过程中,针对主缆在纵、横、竖三个方向都产生位移的挑战,创新性采用可转动索夹以及带球铰底座的吊杆,通过两者之间的相互转动,调整主缆的空间线形变化,直接进行吊索张拉,形成一套完整的体系转换技术,成功解决了空间索夹定位施工难度大、临时吊索分缆力大、主缆张拉过程受扭等问题。见图4。

图4 体系转换

(2) 空间索面悬索桥主缆平行架设对拉成型技术:鉴于主索鞍活动空间小、吊索不能张拉、峡谷上方无法搭设支架的施工条件,创新发明一种空间索面悬索桥主缆空间线形调整的方法,采用多点对拉策略,运用"多段线代替旋列曲线"的思想,布置适当数量的自主设计对拉装置。见图5、图6。

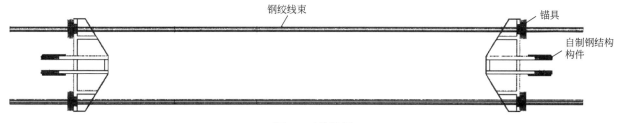

图5 对拉装置

(3) 大尺寸玻璃桥面设计及无应力安装技术:加劲梁纵、横梁间中空部分采用大尺度透明钢化夹胶玻璃,由3层厚15mm的钢化玻璃组成,层间设厚1.78mm的胶片,最大尺寸为4420mm(横桥向)×

3010mm（顺桥向）。玻璃周边与钢结构接触区域设置弹性橡胶垫块，以保证玻璃桥面板与加劲梁之间变形的跟随性。见图7。

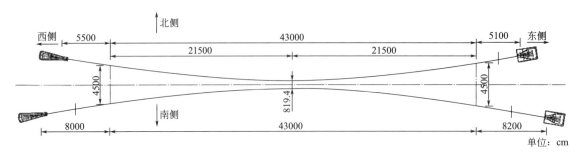

图 6　成桥状态主缆线形

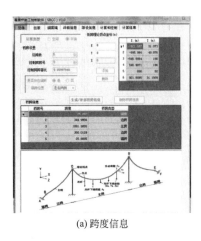

(a) 玻璃桥面动载试验

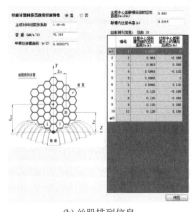

(b) 玻璃桥面安装

图 7　大尺寸玻璃桥面设计和无应力安装

2）构建大跨空间索面悬索桥精细化控制体系，研发悬索桥施工控制分析平台SBCC，实现国产悬索桥施工控制分析软件开发的重大突破。

针对大跨悬索桥非线性效应显著，施工过程中结构的几何形状变化大，主缆及主梁线形较难控制等问题进行精细化控制技术研究，开发了悬索桥施工控制的精细化分析平台SBCC，实现了大跨悬索桥精细化控制。见图8。

(a) 跨度信息

(b) 丝股排列信息

(c) 现场架设信息

图 8　缆索体系施工控制分析平台 SBCC

三、发现、发明及创新点

1）创新提出景观桥梁融合设计理念，基于桥梁与环境融合、以人为本的设计思想，提出系列空间索面悬索桥新方案，建成一批有重大国际、国内影响力的地标性工程。创新大跨悬索桥非线性分析理论，自主研发悬索桥设计分析及施工控制软件，突破国外技术壁垒，实现大跨悬索桥分析理论从跟跑、并跑到领跑的飞跃。

2）发明玻璃桥面人行悬链桥、空间缆索结构的吊索、滚轴式索鞍、万向耳座等新结构及新构造，破解空间索面悬索桥大位移、大变形等建造难题，实现功能与美观兼顾的结构构造新突破。

3）研发大跨空间索面悬索桥精细化施工关键技术，包括大横向倾角空间主缆悬索桥体系转换技术、空间主缆平行架设对拉成型技术等，构建大跨悬索桥精细化施工控制体系，开发大跨悬索桥的精细化施工控制平台，突破了复杂建设条件下大跨空间索面悬索桥建造难题。

四、与当前国内外同类研究、同类技术的综合比较

研究成果填补了该领域多项技术空白，实用性强，拥有较大的技术优势和较强的市场竞争力，可长期推广，与国内外同类技术比较如表 3 所示。

国内外技术比较   表 3

项目	关键技术	国内	国外	本课题
创新方案及非线性分析方法	融合设计理念及系列方案	空间索面大张开量玻璃桥面悬索桥、单塔空间索面自锚式悬索桥等设计方案为国际或国内首座		
	非线性迭代、耦合分析、空间主缆解析算法	精度低于 10^{-2}，仅可耦合徐变，平面索单元，仅可实现平面缆的找形	精度低于 10^{-3}，无法耦合收缩徐变，平面索单元，无解析算法	首创，精度可达 10^{-20}，耦合收缩徐变，空间索单元，空间缆解析找形
	大跨悬索桥非线性分析平台 SNAS	模型精细度和收敛性差	无法涵盖任意形式悬索桥	首创，高精度，强收敛，打破对国外软件的依赖
结构构造及施工工艺	可转动索夹、可转动吊索、内旋式可调节拉索、万向耳座	平行索面悬索桥构造	平行索面悬索桥构造	首创，适应大变形的空间缆索结构构造
	双向转向主索鞍、索鞍用滚轴限位支承结构	单方向转动，适用范围窄	单方向转动，适用范围窄	首创，承受竖、横向缆索力
	玻璃桥面人行悬链桥、悬索桥玻璃桥面加劲梁	未见相关研究	未见相关研究	首创，新设计理念，外形新颖
精细化施工及控制技术	大横向倾角空间主缆悬索桥体系转换技术	采用临时吊索，施工工序多	采用临时吊索	首创，可转动索夹和底座，一次张拉
	空间索面悬索桥主缆平行架设对拉成型技术	工序复杂，线形控制效果差	未见相关研究	首创，新线形调整方法，精确成型
	大跨悬索桥施工控制的精细化分析平台 SBCC	用户界面不用好，功能单一	软件计算效率低	首创，实现大跨空间索面悬索桥精益建造

五、第三方评价、应用推广情况

2023 年 5 月 18 日，天津市科学技术评价中心在天津主持召开了本项目科技成果评价会，院士、大师等评价组成员一致认为，研究成果总体达到国际领先水平。

项目历经十余年自主创新，成果广泛应用于广东、浙江、江苏等 20 余省市百余座桥梁工程，并与各大企业集团、厂商合作，加速成果推广应用。在服务国家"一带一路"建设、高速路网建设、城市美丽乡村建设项目中得到广泛应用。表 4 仅列出部分代表性工程应用情况。

部分代表性工程应用情况   表 4

序号	应用单位	应用技术	应用工程名称
1	张家界东线旅游开发有限公司	整体技术应用	云天渡
2	松原市利民投资股份有限公司	整体技术应用	松原天河大桥
3	天津城建集团有限公司总承包公司	整体技术应用	天津海河富民桥工程
4	天津滨海北塘房地产开发经营有限公司	整体技术应用	天津北塘人行桥
5	武汉杨泗港大桥有限公司	精细化设计方法与精细化控制体系	杨泗港长江大桥
6	中国建筑第六工程局有限公司	融合设计理念	西藏昌都生格村北大桥工程
7	柳州欧维姆机械股份有限公司	新结构与新构造	南宁英华大桥等六座桥梁
8	重庆中建郭家沱大桥建设运营管理有限公司	精细化施工技术	郭家沱长江大桥
9	中铁上海局集团有限公司	精细化设计方法与精细化控制体系	五峰山长江大桥
10	中建三局第一建设工程有限责任公司	精细化施工技术	西安市会展中心外围提升改善道路项目建材北路工程
11	重庆市江津区滨江新城开发建设有限公司	精细化施工技术	几江长江大桥
12	中铁大桥局集团有限公司	精细化设计方法与精细化控制体系	甬舟铁路西堠门大桥

六、社会效益

本项目通过创新大跨悬索桥非线性分析理论及自主研发软件，突破了国外技术壁垒，改变了依赖国外计算软件的行业现状，推动我国桥梁行业从大国向强国迈进。项目成果在空间索面悬索桥设计与建造领域填补多项技术空白，提升精益建造水平，并通过培训推动行业技术进步，受到国内外媒体广泛关注和好评。在学术交流与技术推广方面，项目主要完成人参与重要学术论坛和会议，促进行业交流和工程应用。同时，通过建立科普基地和组织公益活动，积极推动桥梁科学普及，助力科普事业发展。

复杂超高层建筑结构设计和施工技术创新与应用

完成单位： 中国建筑东北设计研究院有限公司、中国建筑第八工程局有限公司、哈尔滨工业大学、沈阳建筑大学

完成人： 陈　勇、叶现楼、郑朝荣、陈　鹏、武　岳、金　钊、姚兴仓、张文元、高　嵩、王春刚、董志峰、吕延超、梁　峰、杨　勇、解新宇

一、立项背景

近 30 年来，我国超高层建筑呈现几何级数增长，目前高度超过 250m 建筑的数量占到世界的 70%，而且还在以每年数十栋的速度增长中。但由于发展过快，导致建筑结构设计理论、试验研究与施工技术还相对滞后于工程实践，给实际工程带来了安全隐患。主要表现在：

（1）结构体系、关键构件及连接节点：我国现行规范中推荐的结构体系简单，无法满足个性化的发展，急需要进行超高层新体系的研发；构件与连接节点是结构体系受力、传力的关键部分，工程中采用的复杂构件及节点往往缺乏数值分析与试验验证。

（2）设计分析手段：超高层建筑由于体量大、质量大、人员密集，掌握其在地震和风作用下的反应和控制技术，显得更加重要。而现行设计分析技术，对抗震与抗风理论和方法的研究及应用还不够深入、充分。

（3）施工技术：复杂超高层建筑的构件往往尺寸大、质量大且形状不规则，大大增加了加工、运输及现场安装浇筑等的难度，给超高层结构施工带来了巨大挑战。

总之，我国超高层建筑的数量已位居世界首位，但是对结构体系、构件及节点、分析设计手段、施工技术的创新还不系统、不充分，给实际工程带来安全隐患，制约了我国超高层建筑的高质量发展。本着从实际工程需求出发的研究思路，依托"沈阳恒隆市府广场"和"大连中心裕景"等近百栋实际工程，系统解决了从结构体系到构件和连接节点、地震与风控制、施工技术创新等一系列技术难题，形成了自主研发的一整套超高层建筑设计与施工技术。

二、详细科学技术内容

1. 新型高性能巨型抗侧力体系与关键构件及连接节点

1）新型高性能巨型抗侧力体系创新

（1）创建了千米级多塔组合巨型框架-核心筒结构体系，揭示了单塔与多连体的受力分配机理及各关键抗侧力构件的刚度贡献关系，实现了千米级大楼抗震与抗风性能优化设计，填补了我国高烈度区千米级大楼结构体系研究的空白。

（2）研发并应用了框架-外包钢板混凝土组合剪力墙核心筒结构体系，使结构质量减轻 18%、延性提高 15%，解决了传统超高层体系抗震效率低、施工难等不足。见图 1。

（3）研发并应用了去伸臂桁架加强层的巨型支撑框架-混凝土内筒混合结构体系，由巨柱、巨撑和转换桁架组成巨型主结构，转换桁架之间设置次框架，巨型主结构外筒和混凝土内筒共同抵抗水平力作用，构成双重抗侧力结构体系，显著提升了主体结构的抗震抗风性能，大幅度降低了工程造价。见图 2。

（4）研发并应用了贯穿核心筒的 K 形伸臂桁架加强层的型钢混凝土框架-核心筒结构体系，解决了

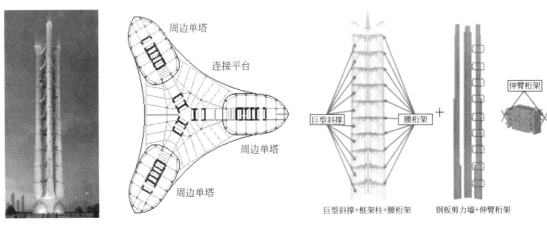

图 1　中国建筑千米级摩天大楼

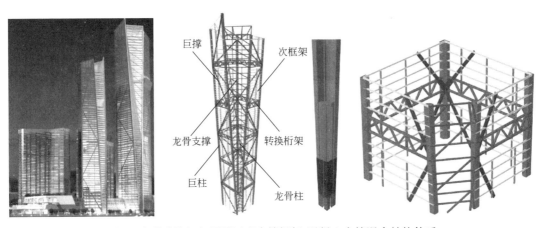

图 2　去伸臂桁架加强层巨型支撑框架-混凝土内筒混合结构体系

384m 的沈阳恒隆市府广场抗侧力问题，贯穿核心筒的 K 形伸臂桁架加强层大大减小了转换层构件及连接节点的内力突变。见图 3。

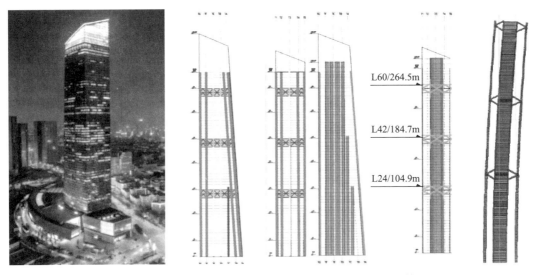

图 3　K 形伸臂桁架加强层的型钢混凝土框架-核心筒结构体系

2）关键构件及连接节点创新

（1）开发了多腔体外包钢板混凝土组合剪力墙及其连接成套设计和施工技术，揭示了其在低周往复荷载作用下的抗震性能与受力机理，并提出的外包钢板混凝土组合剪力墙的设计和施工方法，实现了安全可靠、施工便捷的低碳设计和绿色施工目标。见图4。

(a) 传统钢板剪力墙(施工难度大)　　　　　　　(b) 外包钢板混凝土组合剪力墙

(c) 外包钢板混凝土剪力墙试件

图 4　多腔体外包钢板混凝土组合剪力墙及其连接技术

（2）研发了多种适用型钢骨混凝土柱、钢板混凝土连梁。不同抗剪连接件的"粘结型"钢骨混凝土柱大幅度提高了混合柱的承载力与变形能力，提出了内置钢板连梁的受剪承载力计算公式，解决了超高层连梁地震作用下抗剪设计问题。见图5。

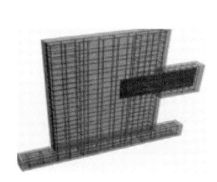 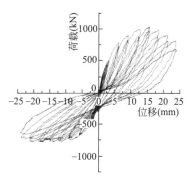 

图 5　粘结型钢骨混凝土柱与内置钢板连梁

（3）发明了多种混合结构梁柱、梁墙节点。研发的核心区 U 形柱箍筋、箍板型、隔板型混合结构梁柱节点，提升了节点区的受力性能，简化了施工工序；研发的直角弯锚、局部加强直锚型、双锚板穿筋锚固型的钢梁与墙体连接节点，为钢结构楼面体系在超高层工程应用提供理论基础与试验数据；提出的内置钢板开孔型、钢筋连接器连接型、锚固段钢板开槽型、锚固段 T 形钢板增强型的内置钢板连梁连接节点，提高了连梁的综合受力和变形性能，施工更便捷。见图6。

2. 复杂超高层结构抗震与抗风优化设计及风振控制成套技术

1）抗震关键技术

自主研发了动力弹塑性时程分析技术，开发了混凝土非线性本构杆系单元，编制了实配模型向弹塑

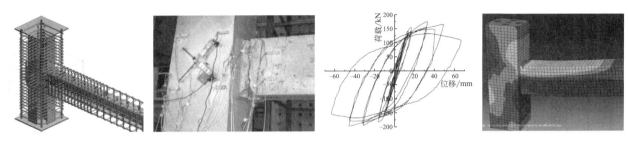

图 6 混合结构梁柱、梁墙节点

性分析模型转换程序，建立了大震下基于损伤因子与塑性应变的抗震性能化设计方法，实现了对结构薄弱构件与部位的准确定位及针对性的设计预控，并应用到了大量实际工程的设计中。见图 7。

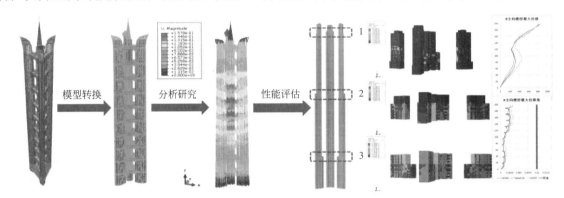

图 7 自主研发的动力弹塑性时程分析及性能评估技术

2）抗风优化设计及风控制技术

（1）研发了复杂超高层结构气动和气弹模型的精细化风洞试验技术，提出了基于 GRNN 分批次、超多测点风压时程的同步预测方法，构建了基于双目立体视觉技术的位移测量系统，实现了对现有风洞试验技术的突破。见图 8。

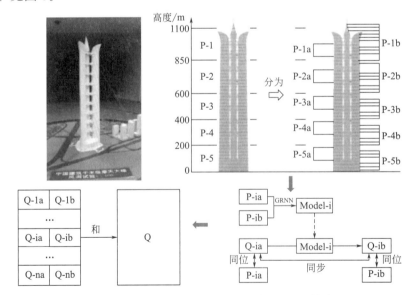

图 8 超大型建筑 1620 个测点"同步测压"技术

（2）发展了复杂超高层结构的高精度大涡模拟方法和流固耦合仿真方法，形成了非稳态数值风洞成套技术仿真平台。见图 9。

（3）研制了 Ekman 螺线形导流装置，提出了偏转风特性的风洞模拟方法，揭示了超高层建筑的偏转风效应及其作用机理，建立了考虑风向偏转和气弹效应的超高层结构抗风设计方法。见图 10。

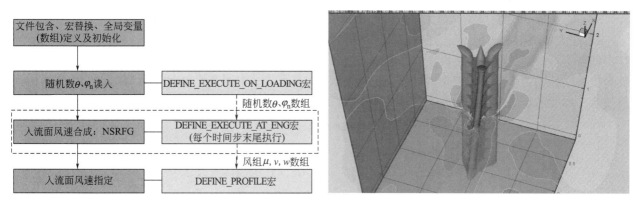

图 9　非稳态数值风洞成套仿真技术

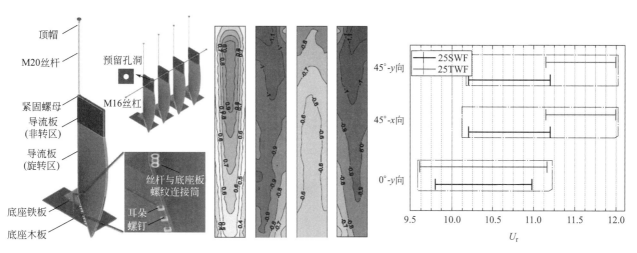

图 10　偏转风特性模拟方法及有/无偏转时平均风压分布和涡振锁定区比较

（4）研发了超高层结构吸气控制技术和组合气动控制技术，构建了气动优化联合仿真平台，提出了吸气控制与截面形状双重优化的组合气动控制策略，可使风致响应减小 60％以上，实现了对抗风性能更有效的把控。见图 11。

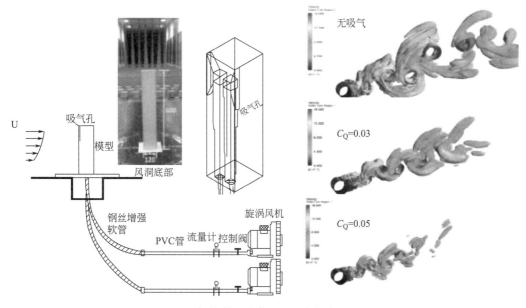

图 11　吸气控制试验装置及吸气控制机理分析

3. 研发了复杂超高层结构超大不规则构件及连接的关键施工技术

1）超大不规则截面钢骨组合巨柱施工关键技术

创新了不规则截面钢骨柱水平焊缝焊接工艺并采用工厂竖向分体加工制作、现场高空组装、超长立缝焊接方法，成功解决受塔式起重机起重能力限制的超重构件安装难题。研发了外爬内支大模板单侧加固技术，形成了新型组合模架体系，解决了倾斜组合巨柱结构施工难题。见图12。

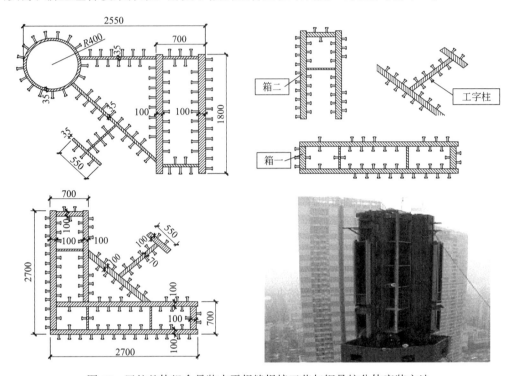

图 12　巨柱整体组合吊装水平焊缝焊接工艺与钢骨柱分体安装方法

2）超高悬空巨型支撑钢框架施工关键技术

针对巨型支撑钢结构的构件质量大、截面尺寸大、单榀桁架跨度大，组合整体无法实现安装，大支撑、龙骨柱及龙骨支撑为倾斜构件，超高临空，高空就位难度大等问题，在巨型支撑钢框架施工过程中，形成了斜立面龙骨柱超高悬空安装和矩形钢管混凝土斜向大支撑安装的工艺和工法。见图13。

图 13　斜立面龙骨柱超高悬空安装和矩形钢管混凝土斜向大支撑施工关键技术

3）ZSL3200超大型动臂塔式起重机应用技术

对ZSL3200超大型动臂塔式起重机应用技术进行创新，自主研发了"支撑梁与剪力墙铰接、主次梁＋销轴连接的塔式起重机支撑体系"，降低了塔式起重机对墙体的附加弯矩；首创了 ZSL3200 动臂塔式起重机的安装、爬升与拆除施工工艺，突破了超大型塔式起重机在超高层建筑施工中应用的技术瓶颈，提升了效率，保证了安全。见图 14。

图 14　斜立面龙骨柱超高悬空安装和矩形钢管混凝土斜向大支撑施工关键技术

三、发现、发明及创新点

1）研发了千米级多塔连体组合巨型框架结构体系，设计并应用了框架-外包钢板混凝土组合剪力墙、去伸臂桁架加强层巨型支撑框架-核心筒与斜向贯穿核心筒 K 型伸臂桁架加强层的框架-核心筒等新型结构体系。

2）研发了多腔体外包钢板剪力墙、内置钢板混凝土连梁及多种梁柱、梁墙节点构造，系统解决了超限高层混合结构构件及节点的设计与施工难题。

3）改进了动力弹塑性时程分析技术，建立了基于损伤因子与塑性应变的抗震性能化设计方法，实现了大震下针对性的设计预控；改进了结构气动和气弹风洞试验技术以及非稳态数值风洞仿真方法，提出了考虑风向偏转和气弹效应的超限高层结构抗风设计理论，创造性提出了吸气控制与截面形状双重优化的组合气动控制策略，实现了对超限高层结构风振响应的有效控制和优化设计。

4）创新了复杂钢构件竖向分体加工制作、现场高空组装、超长立焊缝低温焊接等施工方法，研发了"支撑梁与剪力墙铰接、主次梁＋销轴连接"塔式起重机支撑体系，首创了 ZSL3200 超大型动臂塔式起重机安装、爬升与拆除施工工艺，解决了超大超重构件安装难题，实现了复杂超限高层建筑高效建造。

由院士和全国勘察设计大师组成的鉴定委员会认定："技术总体达到国际领先水平"。发明专利 11 项、实用新型 63 项、著作权 15 项，施工工法 2 项，专著 6 部，核心论文 113 篇（SCI 17 篇，EI 48 篇），主参编标准 7 部。

四、与当前国内外同类研究、同类技术的综合比较

较国内外同类研究、技术的先进性如表 1 所示。

与国内外同类研究、技术的先进性对比　　　　　　表 1

创新技术	项目成果	国内外现有相关技术
新型抗侧力体系与关键构件及连接节点	千米级多塔连体组合巨型框架-核心筒结构体系,填补了我国千米级大楼结构体系研究的空白	国内外未见相关报道
	外包钢板混凝土组合剪力墙核心筒,延性提高 10%～20%,质量减小 10%～30%,外包钢板兼做受力钢筋与模板,无需配筋,施工工序减少 2/3	传统混凝土核心筒,延性较差,施工复杂
	新型混合结构梁柱、梁墙节点,承载力与延性大幅度提高,构造简单,施工方便	柱箍筋穿钢骨梁腹板,箍筋现场焊接,质量难保证

续表

创新技术	项目成果	国内外现有相关技术
超高层结构抗震与抗风优化设计及风振控制技术	基于通用软件的动力弹塑性时程分析技术,计算效应、精度更高,分析结果国际通用	计算简化配筋,结果通用性差
	基于神经网络的分批次、超多测点风压时程的预测和修正方法。实现了超大型建筑风荷载的全方位、高分辨率"同步"测量	最多通道数512个,无法适用复杂建筑风荷载的测量需求
	基于双目立体视觉系统的位移测量技术。克服了流场干扰效应,显著提高了气弹模型风洞试验精度	激光位移计测量技术受建筑周围流场干扰,影响测量结果
	国际首次建立了考虑风向偏转和气弹效应的超高层结构抗风设计方法,实现了结构风效应的准确预测	现行方法不考虑风向随高度偏转,可能致使结果偏于不安全
	吸气控制与截面形状双重优化的组合气动控制技术。减小风荷载和风致响应60%以上	现行被动控制措施减少风荷载和风致响应不超过30%
超高层结构超大超重关键构件及连接的安装施工技术	超大不规则截面钢骨组合巨柱施工技术,解决了复杂截面构件的制作安装难题	国内外未见相关报道
	斜交圆管相贯线内插板转接技术与"三同步"校正法,解决斜向柱制作与超高悬空安装定位难题	现行安装通常采用支撑和挂设缆风绳进行加固和校正
	首创了ZSL3200超大型动臂塔式起重机安装、爬升与拆除施工工艺,解决了超高层建筑施工中的吊装难题	提高工效60%以上,经鉴定达到国际先进水平

五、第三方评价、应用推广情况

1. 第三方评价

2017年12月4日,以院士为首的专家组对"寒区建筑风效应评估与优化关键技术研究及应用"项目进行科技成果鉴定,结论为:"成果总体达到国际先进水平,其中超高层建筑主动吸气控制的探索达到国际领先水平"。

2020年7月15日,辽宁省住房和城乡建设厅主持,由省勘察设计大师、知名教授组成的鉴定委员会对"复杂与超高层结构关键技术研究与应用"项目进行科技成果鉴定,结论为:"成果总体达到国际先进水平,其中风洞数值模拟研究成果达到国际领先水平"。

2. 推广应用

2007年至2021年,历时14年形成了系统技术成果,研究成果在沈阳恒隆市府广场办公楼塔楼(高度350.6m)、大连中心裕景(高度384m)、丝路明珠塔(448m)、大连朗廷酒(300m)、沈阳世纪华丰(296m)、沈阳乐天地标塔(275m)、大连国际航运中心(250m)等90余项国家级及省级抗震超限项目中通过超限审查并成功应用。

六、社会与经济效益

项目研究成果具有前瞻性、通用性和系统性。创建的新型高性能结构体系,填补了千米级大楼结构体系研究的空白,解决了超高层建筑结构的刚度与稳定性问题;研发的抗震与抗风分析设计技术,提升了建筑结构抵抗地震与强风等自然灾害的能力;发明的多种关键构件与连接节点,解决了实际工程设计难题并提供了创新思路。

研究成果已经成功应用于90余项复杂超高层建筑工程的设计中,推动了全国超高层复杂建筑结构的发展。近三年新增产值162.4亿元,实现利润6.9亿元,社会效益与经济效益显著。

二等奖

泥炭土地层超大深基坑多圆环内支撑体系关键技术研究与应用

完成单位：中国建筑一局（集团）有限公司、华东建筑设计研究院有限公司、昆明理工大学

完 成 人：胡贺祥、金晓飞、徐中华、桂　跃、李朝来、张廷安、杨旭东、宗露丹、缪应璟、李焕军

一、立项背景

昆明市综合交通国际枢纽建设项目是云南省首席 TOD 国际枢纽综合体，总建筑面积 62 万 m^2，地上 7 栋塔楼，地下整体设置 3 层地下室（图 1）。该项目的基坑面积 5.6 万 m^2，普遍坑深 18m，采用地连墙＋三道七圆环内支撑的支护形式，是世界上环数最多的整体耦合受力的基坑内支撑工程（图 2）。基坑周边环境复杂，紧临两条运营地铁线路和既有高层建筑。该基坑是近年来云南省规模最大、最具挑战性的建筑基坑工程，其主要特点和技术难点如下：

（1）原中标方案是直径 224m 的单圆环内支撑设计，制约塔楼施工，影响关键线路，且撑下土方挖运难度大。

（2）本工程是世界上环数最多的整体耦合受力的基坑内支撑工程，耦合受力转换复杂，施工组织的安全风险控制难度大。

（3）本工程基坑开挖范围内存在多层泥炭土，工程性质极差，对基坑安全和周边环境变形安全影响大。

（4）本工程基坑规模巨大，减碳潜力大，亟须进行计算分析和采取减碳措施。

本项目基于上述四项技术难题系统开展技术创新，保障背景工程得以安全、经济、高效实施，并在昆明、上海、苏州、武汉等国内多个城市 10 余项深基坑工程中推广应用，为类似工程的设计和施工提供新思路、新技术、新方法与新经验，推动基坑工程的技术进步。见图 1、图 2。

图 1　昆明交通枢纽建设项目效果图

图 2　昆明交通枢纽基坑工程效果图

二、详细科学技术内容

1. 高原湖相泥炭土基坑工程特性研究

创新成果一：构建了泥炭土抗剪强度的"两阶段"模型

针对泥炭土原状土样，进行固结快剪、慢剪和快剪法直剪试验，揭示泥炭土剪切强度包线不再是简

单的一条直线，而是不同斜率相交的两条直线构成的折线，构建了泥炭土抗剪强度的"两阶段"模型（图3）。机理分析表明，这是由其特有的架空大孔隙的存在，泥炭土从多孔隙状态过渡到了相对密实状态，剪切面发生变化导致（图4）。

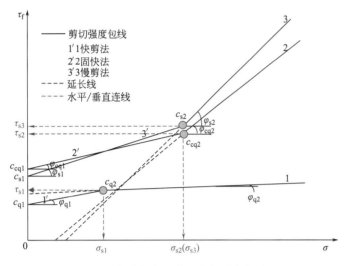

图3 高分解度泥炭土剪切强度包线

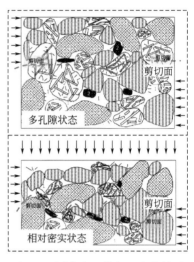

图4 不同状态下剪切面变化情况

创新成果二：系统评价了泥炭土的抗剪强度、固结变形、渗透工程性质的各向异性

针对不同场地的高原湖相泥炭土，分别进行水平、45°、垂直方向取样，进行固结试验、直剪试验和渗透试验。试验结果表明，滇池泥炭土的固结变形原生各向异性不太显著；原生各向异性在强度方面的效应主要体现在黏聚力方面（图5）；渗透系数随切样角度增大而增大（图6）。

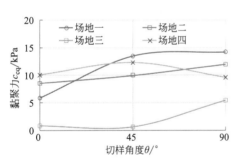

图5 黏聚力与切样角度关系

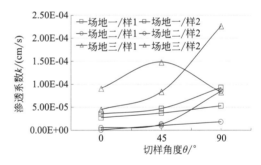

图6 渗透系数与切样角度关系

创新成果三：揭示了泥炭土地层基坑开挖坑底回弹与开挖深度的关系及评估经验理论

分别设计了分级卸荷和完全卸荷条件下泥炭土的回弹变形试验，用以分析其卸载回弹特性及时间效应。试验结果表明，滇池泥炭土的回弹变形临界卸荷比 R_{cr} 为 0.5，强烈回弹卸荷比 R_u 为 0.9，较普通软土为大（图7）；瞬时回弹结束时间约为 5～30min，主回弹结束时间约为 1d（图8）。机理分析表明，被压缩脱水的有机质容易吸水膨胀，是卸荷回弹率高的主要原因（图9）。

2. 超大七圆环避让六座塔楼的内支撑设计技术

创新成果一：提出了超大深基坑多圆环内支撑避让塔楼技术

在中标图纸巨大单圆环内支撑方案的基础上，对八种支撑平面布置方案进行依次比选优化（图10），最终创新性地提出七圆环内支撑布置方案，为六栋塔楼先行施工创造条件，缩短关键线路工期。该设计方案形成了"两纵两横"的主要传力路径，便于实现内支撑"先主后次"形成和"先次后主"拆除的施工顺序。同时，设置四座栈桥及一座下坑栈桥，并在首道支撑设置封板，解决土方倒运和场内交通组织的难题（图11、图12）。

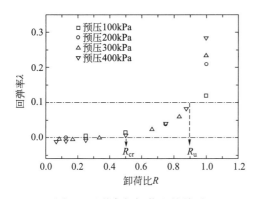

图 7　回弹率与卸荷比的关系

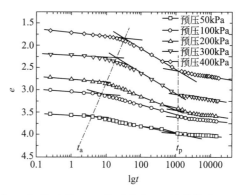

图 8　卸荷回弹 e-$\lg t$ 关系曲线（t 的单位为 min）

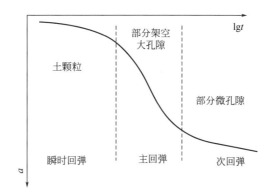

图 9　泥炭土卸荷回弹示意图

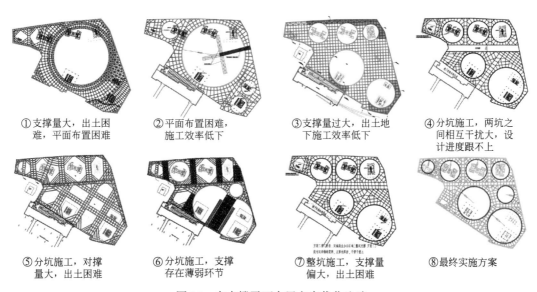

①支撑量大，出土困难，平面布置困难　②平面布置困难，施工效率低下　③支撑量过大，出土地下施工效率低下　④分坑施工，两坑之间相互干扰大，设计进度跟不上

⑤分坑施工，对撑量大，出土困难　⑥分坑施工，支撑存在薄弱环节　⑦整坑施工，支撑量偏大，出土困难　⑧最终实施方案

图 10　内支撑平面布置方案优化比选

创新成果二：提出了考虑季节性温度作用的超大规模内支撑系统三维数值分析方法

由于基坑平面尺寸超大，温度作用引起的基坑顶口变形增加不容忽视。针对上述问题，建立了包括围护结构、支撑体系和土弹簧单元的三维有限元模型，开展季节性温度作用变化的围护结构变形及支撑内力分析（图13）。结果表明，考虑温度作用后，围护结构数值分析变形曲线由"纺锤形"变为"开口形"，顶口位移显著增加，与实测数据更吻合（图14）。该研究进一步验证了超大规模深基坑应考虑温度作用影响，并为相关项目提供了可靠的分析方法。

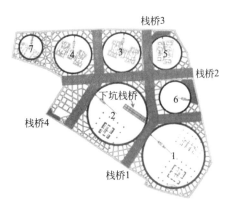

图 11 "两纵两横"的主要传力路径

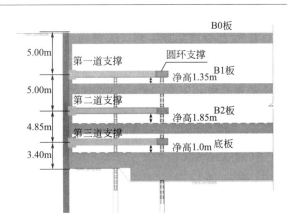

图 12 基坑典型剖面图

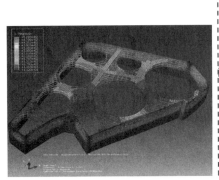

图 13 整体三维分析模型

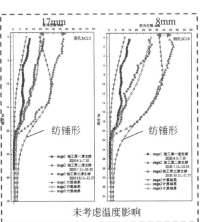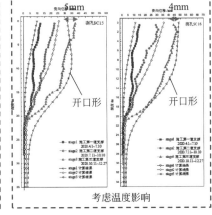

图 14 考虑温度作用前后地连墙侧向变形曲线

创新成果三：研发了多圆环内支撑异步解耦技术

为满足业主后期提出全部住宅塔楼能够快速施工出地面的建设要求，针对 1 号楼竖向构件与内支撑平面冲突的难题，项目创新性地提出了多圆环内支撑异步解耦设计技术，将 1 号住宅塔楼区域的支撑从七圆环整体支撑体系中解耦独立出来，先于其他区域进行拆撑，其主体结构也先行回筑施工（图 15）。针对异步拆撑工况需求，开展了部分支撑拆除后剩余支撑体系的受力变形验算、先行施工的有限跨结构承载及变形验算。薄弱区域采取临时封板加强处理后，支撑体系和先行施工的楼板换撑满足验算要求（图 16、图 17）。该技术为进一步加快施工进度、优化拆撑条件提供了可实施方案。

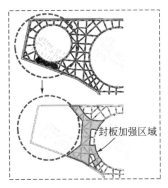

图 15 异步拆撑示意

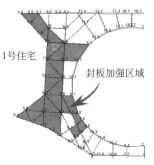

图 16 剩余支撑体系验算

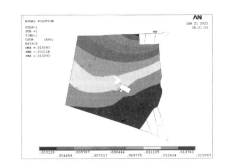

图 17 有限跨换撑结构验算

3. 超大深基坑多圆环内支撑施工与安全控制技术

创新成果一：形成了盆岛结合开挖与复杂内支撑形成关键技术

提出"先主后次"的内支撑形成原则，采用"盆岛结合、以盆为主"的开挖方式，平面上分为对撑区和环撑区：先开挖对撑区，后开挖环撑区（图18）。对撑区采用盆式开挖，先形成中部对撑，其后开挖盆边土并限时完成支撑，尽快发挥"对撑"控制基坑变形的核心作用。环撑区采用盆岛结合开挖，利用岛式留土作为出土平台，岛外土方分块抽条开挖，贴地墙的环撑最后分块形成。该技术加快了基坑施工进度，土方开挖横跨雨季，每天平均出土 4500m³，高峰期出土 9000m³/d。

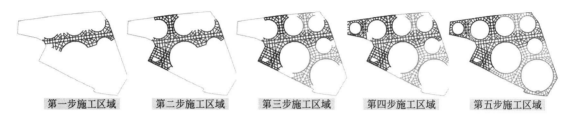

图 18　土方开挖和内支撑施工顺序

创新成果二：形成了超大规模多圆环内支撑解耦与受力转换快速拆除关键技术

提出"先次后主"的内支撑拆除原则，采用"原路撤退、对称拆除"的拆除方式。优选拆除工艺，对比绳锯切割、机械破除和爆破拆除三种工艺的优缺点，选定"绳锯切割"拆除工艺。创新拆除步序，拆除和地下结构施工各分为对应的四个区域流水进行；第二、三道撑采用分区分块拆除方式，通过内支撑拆除耦合受力数值计算详细排布拆除步序（图19）；首道支撑涉及大量封板和场地转换，采用"扫除枝叶，保留骨干"的拆除方式（图20）。

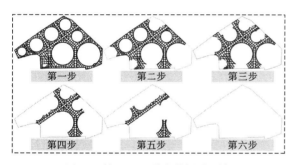

图 19　第二、三道支撑拆除顺序

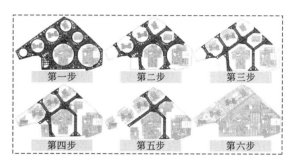

图 20　首道支撑拆除顺序

创新成果三：研发了地基 MIMO 干涉雷达首次用于基坑变形监测

针对基坑规模巨大、测点众多的难题，研发地基 MIMO（多输入多输出）干涉雷达，首次用于基坑变形测量（图21、图22），通过多天线同时发射、多天线同时接收的工作方式，可解决常规 SAR（合成孔径）干涉雷达面临的方向位高分辨率与宽测绘带指标相互矛盾的难题，能够实现宽视角、大范围的监测；同时采用高精度的 Leica 测量机器人，对 120 块棱镜观测点进行自动监测。

图 21　地基干涉雷达架设位置

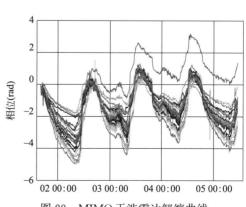

图 22　MIMO 干涉雷达解缠曲线

4. 超大规模深基坑碳排放计算与减碳措施

创新成果一：通过实例分析研究基坑支护全周期碳排放计算实现的途径

以昆明交通枢纽基坑为工程背景，通过实例摸索基坑工程全周期碳排放计算实现的途径，明确基坑支护核算主体和核算期限，厘清全部步骤和参数来源，提出单位基坑开挖体积的平均碳排放量作为横向对比的评价指标，本项目为 $71.65 kgCO_2e/m^3$（图23）。分析表明，建材生产阶段碳排放占比最大，建材用量是基坑碳排放量的决定性因素（图24）。

分项	碳排放(tCO₂e)					总碳排放量 (tCO₂e)	单位基坑体积碳排放量 (kgCO₂e/m³)
	生产	运输	建造	拆除	合计		
地下连续墙	36780	419	5417	/	42616		
内支撑	18552	309	285	118	19264		
立柱	3418	115	69	35	3637	73253	71.65
立柱桩	4355	58	430	/	4843		
换撑	2287	39	29	5	2360		

图 23　碳排放计算结果

建造阶段 8.9%　拆除阶段 0.5%

运输阶段 1.3%

建材生产阶段 89.3%

立柱桩 6.7%　换撑 3.2%

立柱 5.0%

内支撑 26.5%

地下连续墙 58.6%

图 24　碳排放数据分析比例图

创新成果二：首次提出基于定额子目的基坑碳排放因子速查表格计算方法

针对碳排放计算过程繁复，尤其建造及拆除阶段机械能源消耗量统计的难题，借鉴工程造价中综合单价的概念，首次提出基于定额子目的碳排放因子速查表格方法，即以定额子目为单位，归集凝聚消耗量定额计算各分项工程的碳排放因子。计算时可直接选用，将各分项工程量乘以碳排放因子，即为碳排放总量（图25）。该方法扫除了碳排放计算过程烦琐的障碍，为基坑领域即将开展的面广量大的碳排放计算提供了便捷的路径。该计算方法被纳入云南省地方标准《基坑工程内支撑技术规程》和北京市地方标准《建筑基坑支护技术规程》。

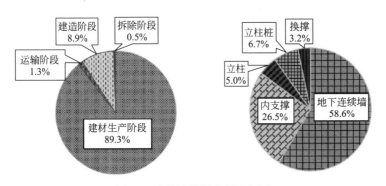

图 25　基于定额子目的碳排放因子速查表格

创新成果三：减碳技术措施应用与通用减碳措施

昆明交通枢纽基坑通过巨大单圆环支撑方案（图26）优化为七圆环方案和内支撑拆除废料回收措施（图27），分别减少碳排放 $9323.74tCO_2e$ 和 $13908.12tCO_2e$，占基坑支护结构总排放量的 12.7% 和 19.0%，减碳效果显著。由此归纳拓展出材料选型、方案比选、低碳工艺、永临结合、回收利用五类适用于基坑工程的通用减碳措施，为基坑工程减碳降碳提供思路。

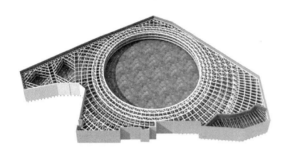

图26 原支护结构设计方案

图27 混凝土支撑破碎再利用

三、发现、发明及创新点

1. 系统揭示了高原湖相泥炭土的基坑工程特性，为泥炭土地层中的基坑开挖变形分析与安全控制提供了理论依据

通过对滇池高分解度泥炭土的系列试验研究，构建了高原湖相泥炭土抗剪强度的"两阶段"模型，系统评价了泥炭土的各向异性，阐明了泥炭土地层深基坑开挖的坑底回弹与开挖深度的关系及评估经验理论。

2. 创新性提出了超大规模深基坑大直径七圆环内支撑体系，创造了大直径圆环数最多的内支撑世界纪录

提出了超大规模深基坑避让主塔楼的大直径七圆环内支撑体系，为六栋塔楼先行施工创造条件；提出了考虑温度作用的超大规模内支撑系统三维数值分析方法，成功模拟了超大规模深基坑的季节性温度作用影响；首次提出了主体结构深入内支撑的异步解耦设计技术，为局部支撑从整体支撑体系脱离出来先行拆除提供了可实施方案。

3. 系统提出了超大规模深基坑七圆环内支撑施工与安全控制技术，实现了泥炭土地层超大规模深基坑的毫米级变形控制

形成了超大规模多圆环内支撑体系成套的高效土方开挖技术、复杂支撑形成技术、多圆环支撑解耦与受力转换技术；研发了MIMO（多输入多输出）地基干涉雷达，首次用于基坑变形测量。施工影响紧邻地铁线路最大变形为4.6mm，实现了软弱泥炭土超大规模深基坑毫米级变形控制。

4. 首次提出了评估深基坑施工全过程碳排放的计算方法和基坑工程通用减碳措施，为基坑工程碳排放计算提供了实施路径和示范

通过实例分析研究基坑支护全周期碳排放计算实现的途径，首次提出了基于定额子目的基坑碳排放因子速查表格计算方法，提出了评估单位基坑碳排放的评价指标，形成基坑工程通用减碳措施，为基坑工程碳排放计算提供了便捷的路径。

基于本项目研究，形成一系列科技成果，获得授权专利20项（其中，发明专利7项），发表论文21篇（其中，SCI/EI收录5篇，中文核心11篇），主编地方标准2部，出版著作2部，形成省部级工法2项，登记软件著作权2项。

四、与当前国内外同类研究、同类技术的综合比较

较国内外同类研究、技术的先进性在于以下六点，见表1。

技术先进性比较 表 1

序号	对比技术	本项目	国内外同类研究
1	超大圆环内支撑避让多塔楼技术	创新性提出的大直径七圆环内支撑体系,创造了大直径圆环数最多的内支撑世界纪录	此前内支撑体系圆环数最多为四圆环
2	内支撑异步解耦技术	首次提出主体结构深入内支撑的异步解耦技术,可实现局部支撑从整体支撑体系中解耦独立出来先行拆除	现有技术为整层楼板换撑结束才能拆撑,整体平端
3	超大深基坑七圆环内支撑施工关键技术	提出"先主后次"形成、"先次后主"拆除的多圆环支撑施工步序,解决耦合受力转换复杂下的毫米级变形控制难题	此前未见为耦合受力如此复杂的多圆环内支撑编制详尽的施工步序
4	地基 MIMO 干涉雷达基坑监测技术	研发了基于地基 MIMO(多输入多输出)干涉雷达的基坑监测技术,能够获得远多于实际天线数目的等效观测通道,解决 SAR 面临的难题	现有 SAR(合成孔径)地基干涉雷达面临方位向高分辨率与宽测绘带指标相互矛盾的难题
5	泥炭土基坑工程特性	系统揭示了高原湖相泥炭土的基坑工程特性,为泥炭土地层中的基坑开挖变形分析与控制提供了理论依据	对于富含有机质的高原湖相泥炭土的工程特性,尚无系统研究
6	基坑碳排放计算	首次提出了基于定额子目的基坑碳排放因子速查表格计算方法,口算即得,边界清晰。主编全国首部纳入碳排放计算的工程结构领域的地方标准	目前碳排放计算过程烦琐,无法为基坑方案比选提供碳排放计算支持

本技术经国内外查新,未见有相同报道,具有新颖性。

五、第三方评价、应用推广情况

1. 第三方评价

2023 年 4 月,中国建筑集团有限公司组织专家对研究成果进行鉴定,专家组认为该成果总体达到国际先进水平。其中,超大规模基坑大直径多圆环内支撑技术达到国际领先水平。

2. 推广应用

项目相关技术在昆明、上海、苏州、武汉等国内多个城市 10 余项深基坑工程中推广应用,包括昆明世博文旅综合体、上海国际金融中心、苏州中南中心等重大工程,共节约工程造价约 3.87 亿元,节省了工期,有效地保护了周边环境的安全,且节能降耗效果显著。

六、社会效益

系列创新技术直接应用于昆明交通枢纽项目,保障了工程安全、经济、高效实施,运营地铁区间最大变形为 4.6mm,满足毫米级变形控制要求,缩短项目工期约 8 个月,节省混凝土 5700m³、钢筋 2000t,节约工程造价约 6500 万元,减少碳排放 2.3 万 t。项目相关技术在 10 余项深基坑工程中推广应用,经济效益和社会效益显著;形成的规范、著作、论文和工法使得相关技术成为全社会共有技术,推动了基坑工程行业的技术进步。

桥梁用大吨位碳纤维索锚体系研究与应用

完成单位： 中国建筑第八工程局有限公司、中建八局第一建设有限公司
完 成 人： 亓立刚、白　洁、马明磊、许国文、陈　江、熊　浩、杨　燕、田　亮、葛　杰、亓祥成

一、立项背景

碳纤维是一种性能优异的新型工程材料，其轻质、高强性能十分突出，还具有优异的耐腐蚀性能、抗疲劳性能和长期持荷性能。碳纤维及其复合材料在当今国防、航空航天、交通运输、海洋工程、重大基础设施建设等领域是不可或缺的基础/关键材料，具有极高的国家战略地位。从 20 世纪 60 年代开始，碳纤维开始用于土木工程，且应用量逐年递增。为了推动我国碳纤维产业的发展，国家大力支持碳纤维复合材料在土木工程领域的发展应用。目前，碳纤维复合材料已经在工程加固领域广泛应用，但在新建工程领域，由于缺乏相关规范标准，且工程全寿命周期经济性评价体系不完善，碳纤维复合材料的应用推广难度极高，实际工程案例还非常有限。

传统桥梁钢索存在自重大、易腐蚀、疲劳等缺点，这一方面限制了桥梁跨度，另一方面导致钢索耐久性差，进而导致钢索桥梁维护成本高，全寿命周期经济效益较差。碳纤维复合材料作为一种高性能工程材料，轴向抗拉强度很高，非常适合以索的形式应用于桥梁工程。不仅可以最大限度地发挥其抗拉强度优势，还可以减轻桥梁自重、提升跨越能力、提高桥索耐久性、降低全寿命周期运维成本。

然而，由于独特的性能，碳纤维索在桥梁工程中应用仍然存在一些关键技术问题亟待解决，如大吨位碳纤维索的高效锚固问题、碳纤维索的抗火问题、大吨位碳纤维斜索设计标准及施工标规范缺失等。为促进碳纤维复合材料在土木工程领域的创新应用，中建集团立项了专项科技研发计划：《碳纤维复合材料在土木工程领域的应用研究》CSCEC-2020-Z-1，由中建八局工程研究院牵头实施。围绕碳纤维拉索在土木工程领域的应用，中建八局工程研究院针对前述问题开展了一系列研究，以拓展碳纤维复合材料的应用场景，开辟土木工程行业高质量发展新赛道，助力国产碳纤维产业更新迭代。

二、详细科学技术内容

1. 大吨位碳纤维索锚体系

创新成果一：双锥弯折冷铸锚固体系

提出业内首个碳纤维索整体发散与单筋尾部劈裂的"整体-局部"双锥弯折冷铸锚固体系，保证碳纤维索内单筋的可靠锚固及其与锚固料的整体性，建立了可靠的大吨位碳纤维索锚固体系；基于数值模拟和试验研究，确定了最大弯折角度（9°），为碳纤维索制锚提供理论和试验数据支撑。见图 1。

创新成果二：防滑内锥式锚具

基于对"切口效应"的机理研究，首创高咬合度、低滑移、低损伤率的大吨位碳纤维索新型防滑内锥式锚具，有效减小内锥式锚具的"切口效应"，进而提高锚固效率，实现大吨位碳纤维索的高效锚固。见图 2。

创新成果三：高性能锚固料

基于数值模拟和理论计算，明晰了锚固料性能对锚固效率的影响，研制了兼具高抗压强度和压缩模量的高性能锚固料，保障了锚固体系的粘结刚度和粘结强度，进一步提高大吨位碳纤维索的锚固效率。见图 3。

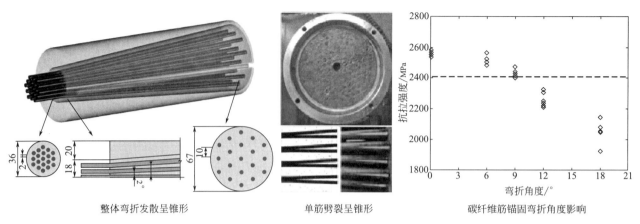

整体弯折发散呈锥形　　　　　单筋劈裂呈锥形　　　　碳纤维筋锚固弯折角度影响

图1　双锥弯折冷铸锚固体系

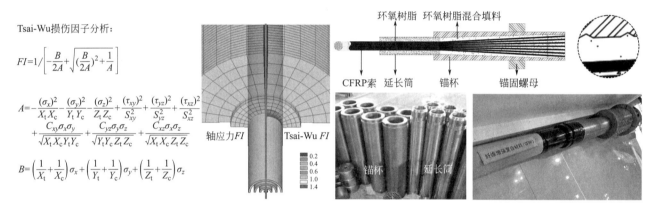

Tsai-Wu损伤因子分析：

$$FI=1\bigg/\bigg[-\dfrac{B}{2A}+\sqrt{(\dfrac{B}{2A})^2+\dfrac{1}{A}}\bigg]$$

$$A=-\dfrac{(\sigma_x)^2}{X_tX_c}-\dfrac{(\sigma_y)^2}{Y_tY_c}-\dfrac{(\sigma_z)^2}{Z_tZ_c}+\dfrac{(\tau_{xy})^2}{S_{xy}^2}+\dfrac{(\tau_{yz})^2}{S_{yz}^2}+\dfrac{(\tau_{xz})^2}{S_{xz}^2}$$
$$+\dfrac{C_{xy}\sigma_x\sigma_y}{\sqrt{X_tX_cY_tY_c}}+\dfrac{C_{yz}\sigma_y\sigma_z}{\sqrt{Y_tY_cZ_tZ_c}}+\dfrac{C_{xz}\sigma_x\sigma_z}{\sqrt{X_tX_cZ_tZ_c}}$$

$$B=\bigg(\dfrac{1}{X_t}+\dfrac{1}{X_c}\bigg)\sigma_x+\bigg(\dfrac{1}{Y_t}+\dfrac{1}{Y_c}\bigg)\sigma_y+\bigg(\dfrac{1}{Z_t}+\dfrac{1}{Z_c}\bigg)\sigma_z$$

轴应力FI　　Tsai-Wu FI

图2　防滑内锥式锚具设计与构造

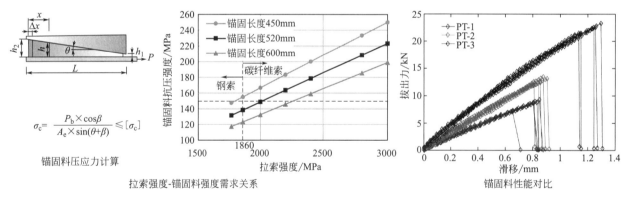

$$\sigma_c=\dfrac{P_b\times\cos\beta}{A_e\times\sin(\theta+\beta)}\leqslant[\sigma_c]$$

锚固料压应力计算　　　　拉索强度-锚固料强度需求关系　　　　锚固料性能对比

图3　高性能锚固料

创新成果四：变刚度锚固填充技术

基于变刚度锚固理论，首创骨料自适应分布的变刚度锚固填充技术，实现冷铸锥体自适应变刚度及索体前端的变刚度缓冲区，有效减小了锚固端口索体的应力集中，提高了锚固系统的可靠性。见图4。

基于上述创新，形成了我国首个千吨级大吨位碳纤维索锚体系，实测破断力首次突破1000t，锚固效率大于95%，可承受1000万次疲劳荷载循环无损伤。见图5。

2. 柔性防火材料与分离式防火钢管协同防火技术

创新成果一：明确碳纤维筋防火设防目标

基于大量试验及统计分析，探明碳纤维索体材料性能随温度的变化规律，明确了碳纤维索的定量化

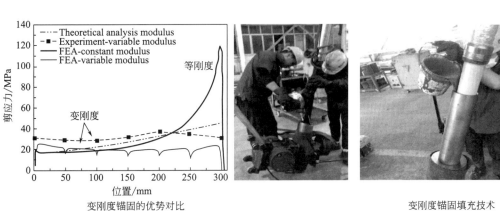

变刚度锚固的优势对比　　　　　　　　　　变刚度锚固填充技术

图 4　变刚度锚固填充技术

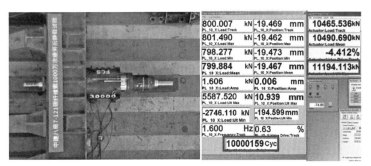

φ7×121碳纤维拉索静载试验　　　　　　φ7×121碳纤维拉索1000万次拉弯疲劳试验

图 5　碳纤维试验

防火设防目标，在设计耐火极限内碳纤维筋的温度不超过 300℃时，索体强度保持率≥50％，为相关设计提供数据支撑。见图 6。

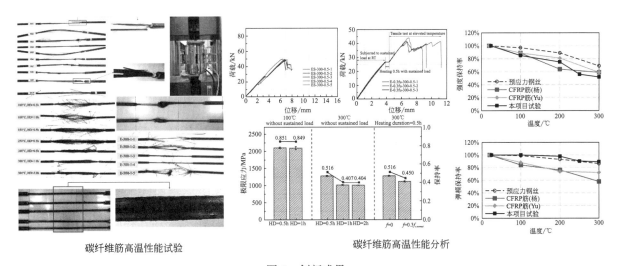

碳纤维筋高温性能试验　　　　　　　　碳纤维筋高温性能分析

图 6　创新成果一

创新成果二：协同防火构造措施

基于数值模拟和试验测试，首次提出基于微孔真空纳米防火毯及分离式防火钢管的协同防火保护构造，保证在 1100℃下 100min 内索体温度不超过 250℃，实现桥梁火灾场景下对大吨位碳纤维索的有效防护，保证桥梁抗火安全。见图 7。

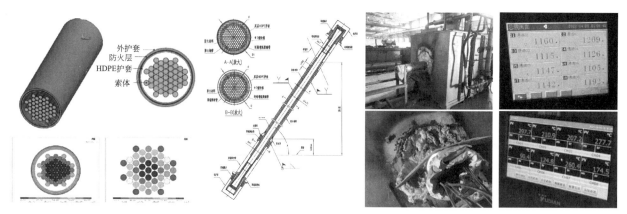

<table>
<tr><td>碳纤维索防火构造原理数值模拟</td><td>碳纤维索防火构造</td><td>防火隔热试验</td></tr>
</table>

图 7　创新成果二

3. 碳纤维索桥设计方法

创新成果一：明确碳纤维索性能要求

首次明确桥梁用碳纤维索锚体系的关键力学性能要求，涵盖碳纤维筋静载、疲劳、高温力学性能，索锚体系静载、疲劳等全方位性能要求，规范了碳纤维索锚体系的规格型号，为碳纤维索桥的设计选材提供标准依据。见表1。

性能指标　　表 1

性能指标	序号	项目	单位	要求
材料力学性能	1	抗拉强度标准值	MPa	≥2100 或按设计要求
	2	疲劳强度	MPa	≥450 或按设计要求
	3	弹性模量	GPa	≥160 或按设计要求
	4	抗剪强度标准值	MPa	≥200 或按设计要求
	5	伸长率	%	≥1.5 或按设计要求
	6	300℃强度保持率	%	≥50 或按设计要求
	7	300℃弹性模量保持率	%	≥50 或按设计要求
碳纤维索静载性能	1	弹性模量	GPa	≥160
	2	索效率系数	/	≥0.95
	3	极限延伸率	%	≥1.5
碳纤维索疲劳性能	1	应力上限	MPa	$0.45 f_{cfk}$
	2	应力幅值	MPa	200
	3	荷载循环次数	万次	200
	4	弯曲角度	mrad	10
	5	疲劳试验后索效率系数	/	≥0.95

创新成果二：基于可靠度指标的安全系数

综合理论分析、数值模拟、神经网络分析等多元手段，建立了面向桥梁用碳纤维索锚体系可靠度指标的计算方法，确定了经济、合理的计算安全系数，推动实现碳纤维索桥梁的高效设计。见图8。

创新成果三：碳纤维索桥全方位安全分析

以碳纤维索桥梁全寿命周期的安全性为设计目标，建立了多载荷耦合作用下碳纤维索桥梁全局响应分析方法，有效保障了此类新型结构的全方位安全性能。见图9。

基于上述创新，形成了涵盖"材料-构件-体系"的大吨位碳纤维索桥梁结构设计方法。见图10。

极限状态方程　　$g(X)=R_a(E_{m4}, Z_t, X_t, X_c, S_{yz})-F_d$

可靠度指标　　　$\beta=-\Phi^{-1}\{P_f[g(X)<0]\}$

基于10^6次MC模拟：

可靠度指标　　　$\beta=-\Phi^{-1}\{P_f[g(X)<0]\}$

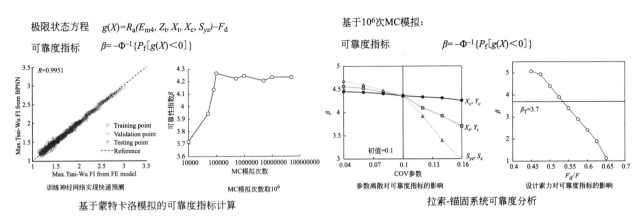

基于蒙特卡洛模拟的可靠度指标计算　　　　　　拉索-锚固系统可靠度分析

图 8　基于可靠度指标的安全系数

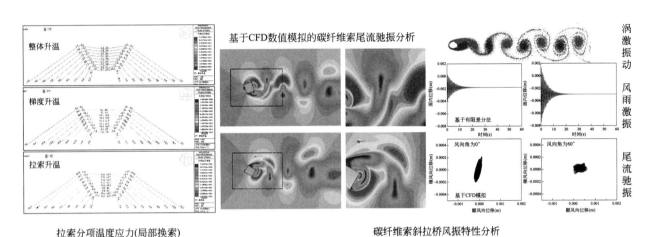

拉索分项温度应力(局部换索)　　　　　　碳纤维索斜拉桥风振特性分析

图 9　碳纤维索桥全方位安全分析

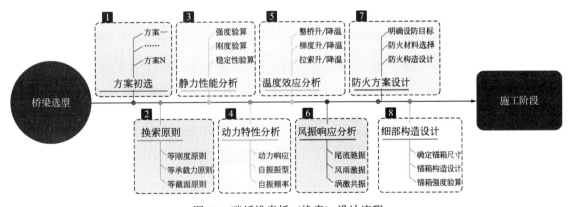

图 10　碳纤维索桥（换索）设计流程

4. 大吨位碳纤维索成套施工技术

创新成果一：碳纤维索制作工艺

研发了一套刚柔协作的碳纤维拉索体定制化加工工艺，有效避免碳纤维索体的机械损伤；强化内置炭黑层的双层护套结构，为碳纤维索体提供有效的紫外线防护层。见图11。

创新成果二：无损"储-运"方案

提出了业内首套基于快拆哈佛式钢管的大规格碳纤维索锚体系无损"储-运"解决方案，有效避免碳纤维索体和锚固系统在储存、运输过程中的损伤，并提高护具的拆卸效率。见图12。

创新成果三：基于柔性牵引技术的安装技术

| 排线 | 穿丝 | 绕包 | 挤塑 | 环切PE护套 | 剥除PE护套 |

| 张拉 | 制锚 | 安装盖板 | 分丝 | 穿锚具 |

图 11　碳纤维索制作工艺

| 防护包装 | 装车 | 运输 | 储存 |

图 12　无损"储-运"方案

基于试验定量确定了大规格碳纤维索体的安全弯曲半径，开发了基于柔性牵引技术的桥梁用大吨位碳纤维索安装技术，有效控制了碳纤维索安装过程中的变形，并实现了索体的高效安装。见图 13。

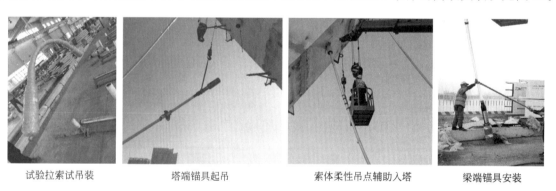

| 试验拉索试吊装 | 塔端锚具起吊 | 索体柔性吊点辅助入塔 | 梁端锚具安装 |

图 13　基于柔性牵引技术的安装技术

创新成果四：无损非接触式监测技术

基于无损非接触式微波雷达监测技术，建立了碳纤维索锚体系"施工-运维"一体化的全周期健康监测及损伤预警系统，实现对碳纤维索状态及桥梁安全的实时监测和预警，保证了结构的全周期运维安全。见图 14。

三、发现、发明及创新点

1）首次实现国产千吨级大吨位碳纤维索的高效锚固，实测破断力首次突破 1000t，锚固效率大于 95％，可承受 1000 万次疲劳荷载循环无损伤；基于高强度、大丝束等不同品类碳纤维，建立了多层次碳纤维拉索产品体系，为产业化应用奠定了坚实基础，为推动碳纤维索在重大工程、超级工程中的应用储备核心技术力量。

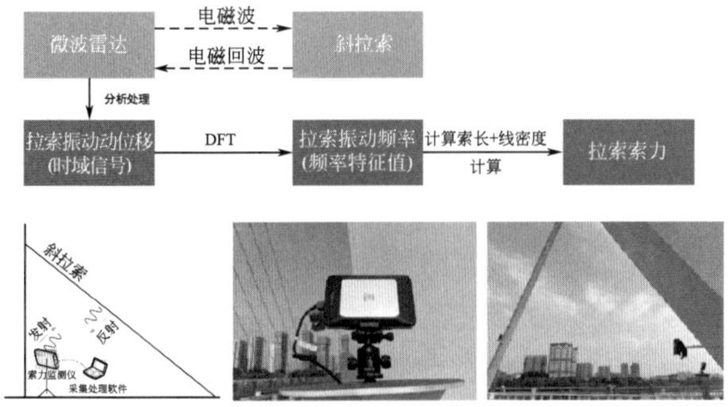

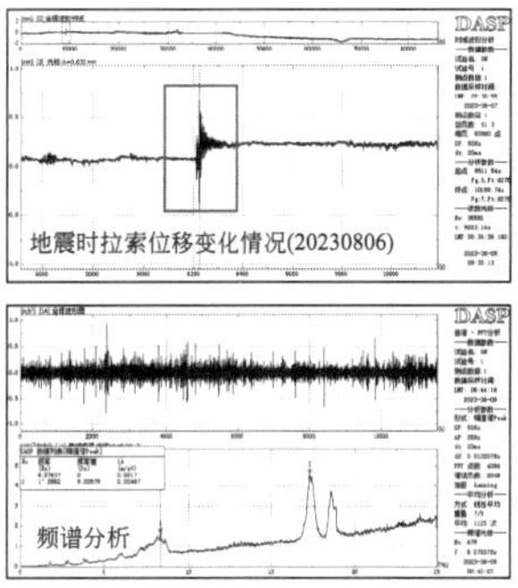

索编号	阶次	震前频率	震中频率	震后频率
东南1号	二阶	17.2852	17.1997	17.3706
西北1号	二阶	19.8608	19.8608	19.812
西南1号	二阶	19.165	19.1162	19.1406

测试时间	东北1号	东南1号	西北1号	西南1号
成桥	19.1025	17.4275	17.8779	17.7024
运营	19.0308	17.1590	17.8874	18.0034
差值%	0.38	1.56	-0.05	-1.67

微波雷达及其监测原理 微波雷达监测数据

图 14 无损非接触式监测技术

2）明确了碳纤维索体的防火设防目标，首次实现在 1100℃ 作用下，100min 内碳纤维索体表面温度不超过 250℃，且在高温-荷载耦合作用下，碳纤维索锚固系统可安全持荷不少于 30min，有效保证了在桥梁火灾（烃类火灾）场景下碳纤维索桥梁结构的安全性，拓宽了碳纤维索的工程适用场景。

3）形成了涵盖"材料-构件-体系"的大吨位碳纤维索桥梁结构设计方法，推动桥梁用碳纤维索锚体系及其应用的标准化发展，完成了我国首座应用千吨级碳纤维索锚体系的斜拉桥的设计分析，保证了碳纤维索与钢索的协同受力可靠，解决了碳纤维索及碳纤维索桥风振特性不明确的问题，弥补了国内大吨位碳纤维索桥结构标准规范内容的缺失，为大吨位碳纤维索在桥梁中的广泛应用提供设计参考。

4）系统建立了我国首个面向工程的国产千吨级碳纤维索锚体系的制备、运输、安装及健康监测成套施工技术，决了碳纤维索不宜扭转、弯折以及碰撞的难题，保证了大吨位碳纤维索的高质量加工、高效安装及健康运维，促进了桥梁用碳纤维索锚体系施工的规范化，为大吨位碳纤维索锚体系的推广及其在重大工程中的应用积累了宝贵经验和数据。

5）在桥梁用大吨位碳纤维拉索研发及应用攻关过程中，形成授权专利 15 项（发明 7 项），发布企业工法 1 项、省部级工法 1 项、企业标准 1 项，另立项团体标准 2 项，发表论文 9 篇（SCI 4 篇、EI 1 篇）。

四、与当前国内外同类研究、同类技术的综合比较

较国内外同类研究、技术的先进性在于以下几点：

1）目前，国内外关于碳纤维索桥的研究和应用集中在中小跨度，针对大跨度桥梁中超长、大吨位碳纤维索的生产制备、复合受力性能、工程技术、可靠度设计理论等方面的研发尚处于启蒙阶段。本项目创新提出了千吨级碳纤维索锚体系，实测破断力突破 10000kN，达到 13505kN，锚固效率大于 95%，在 200MPa 疲劳应力幅作用下可承受 1000 万次荷载循环，是迄今我国工程应用的最大规格碳纤维索，也是全球破断力最大的碳纤维索。

聊城兴华路跨徒骇河大桥全长 388m，主跨 100m＋100m，是我国首座千吨级碳纤维索斜拉桥，填补了国内空白，也是目前世界上已建成的采用碳纤维索的最大跨度斜拉桥，相关技术跻身国际前列。青岛凤凰山路跨风河大桥全长 344m，首次应用了 3000MPa 高强度碳纤维吊索。青岛海口路跨风河大桥全长 377m，副拱所有 12 根吊索全部采用了 48K 大丝束碳纤维索，属全球首例。

2）目前，国内外较多地关注材料本身的高温性能，对于防火技术的研究较少，不能为碳纤维索在土木工程中的应用提供较好的借鉴。本项目创新提出了碳纤维索柔性防火材料与分离式防护钢管协同防火技术，成功实现 1100℃ 条件下持续 100min 后，索体表面温度低于 250℃，保证了碳纤维索锚的高温负载性能。

3）基于微波监测技术的非接触式碳纤维索力监测系统，属于行业首次尝试，对整个行业发展起到引领作用。

五、第三方评价、应用推广情况

1. 第三方评价

本项目经上海市土木工程学会鉴定，千吨级碳纤维索锚体系和索体防火技术、大吨位碳纤维索工程应用的设计方法和成套施工技术达到国际先进水平；经山东省土木建筑学会鉴定，成果整体达到国际先进水平，其中碳纤维索的协同防火技术达到国际领先水平。

2. 推广应用

本项目成果在聊城兴华路跨徒骇河大桥、青岛凤凰山路跨风河大桥和青岛海口路跨风河大桥（图15）中得到成功应用。三座桥梁均采用了项目研发的国产碳纤维索锚体系以及设计、施工、监测成套技术，取得了良好的社会效益和经济效益。

其中，聊城市兴华路跨徒骇河大桥是国内首座千吨级碳纤维索斜拉桥，青岛海洋活力区凤凰山路跨风河桥是我国首座应用3000MPa级高强度碳纤维索锚体系的桥梁工程，海口路跨风河桥是我国首座应用48K大丝束碳纤维索锚体系的桥梁工程，均为碳纤维复合材料在土木工程领域的创新应用起到了有力的示范作用。

 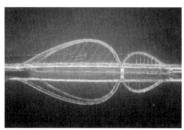 

聊城市兴华路跨徒骇河大桥　　　　青岛市凤凰山路跨风河大桥　　　　青岛市海口路跨风河大桥

图15　推广应用

六、社会效益

1. 行业影响

项目成功研发面向工程的大吨位碳纤维索锚体系及其配套防火、设计、施工技术，并在多个桥梁工程中示范应用，攻克了大吨位碳纤维索锚体系制备及应用的"卡脖子"难题，提振了行业信心，推动了行业发展，为我国未来千米级特大桥梁的建设奠定坚实基础。

2. 环境效益

项目成果推动了国产碳纤维复合材料在土木工程领域的创新发展，有利于提高桥梁等基础设施的耐久性，降低运维成本和全寿命周期碳排放，助力实现我国"30·60"双碳目标。

3. 产业发展

本项目成果为国产碳纤维复材应用开辟了新领域，对促进国产碳纤维产业健康发展具有积极影响，助力提升国产碳纤维技术水平和综合竞争力，有力地促进该前瞻性战略性新兴产业的健康发展。

大型空港综合交通枢纽扩建工程 建造关键技术研究与应用

完成单位： 中国建筑第八工程局有限公司、中国气象局上海台风研究所、杭州萧山国际机场有限公司、华东建筑设计研究院有限公司、中建八局总承包建设有限公司

完 成 人： 陈　华、陈新喜、赵　辉、赵　明、方平治、周　健、王春华、潘钧俊、孙　旻、韩　磊

一、立项背景

近年来，随着我国经济发展步入新常态，一些新的特点逐步显现。随着产业结构的调整，消费逐步升级，航空运输市场在总量和结构上都呈现了新的变化，增长快、多样化、广覆盖和可选择性等趋势性要求越来越高。现有机场，无论是机场设施的数量还是与地面交通的换乘和中转、保障等方面都难以适应发展的要求。特别是"一带一路"、京津冀协同发展和长江经济带发展三大战略的实施，使得各机场的客、货吞吐量不断增加，更是对机场发展以及与地面交通的换乘和中转提出了更高的需求，机场新建工程和改扩建工程数量越来越多，规模越来越大，且空港综合交通在全国甚至世界范围内正向多模式化、综合化的方向发展。

随着对空港综合交通枢纽"零距离换乘"和"无缝中转"的要求越来越高，大型空港综合交通枢纽工程对施工技术及其对周边环境影响控制提出了更新更高的挑战。因此，以大型空港综合交通枢纽扩建工程为研究对象，对大型空港综合交通枢纽关键技术进行研究，形成大型空港综合交通枢纽扩建工程综合技术，解决复杂环境和地质条件下大型空港综合交通枢纽扩建工程施工难度大、安全要求高的难题，具有非常重要的意义。

杭州萧山国际机场三期项目新建航站楼及陆侧交通中心工程主体工程，建筑面积约 67 万平方米，钢结构最大跨度为 54m，基坑深度最深约 28.1m，主要包括旅客航站楼（含北侧三条指廊）、航站楼地下空间开发、室外附属工程、原有建筑改建等，计划于 2021 年 12 月 31 日建成，远期还将建成集航空、高铁、城际、地铁、长运、公交、出租车于一体的国际一流的世界级现代化大型综合交通枢纽，年旅客吞吐量约 1 亿人次。本工程具有设计条件新颖、施工环境复杂、施工体量和作业难度大、安全风险特殊且难以预见的特点，具有重要的研究意义和研究价值。

本研究以杭州萧山国际机场三期项目为载体，对大型空港综合交通枢纽扩建工程在不停航条件下的设计与施工难题开展了理论分析、试验研究、现场实测和工程实践。该工程对类似工程具有较好的代表性，其建造难题对类似工程具有较普遍的借鉴价值。本工程在建造过程中遇到并成功解决了如下难题：

（1）台风区风敏感大跨结构设计及安全评估实施难；

（2）紧邻运营航站楼超大规模深基坑集群施工要求高；

（3）超大面积双曲钢网架屋盖结构施工控制难；

（4）超大面积高空复杂异形双曲吊顶施工精度高；

（5）大型空港综合交通枢纽扩建工程不停航施工组织难。

课题从以上问题出发，结合参研各方已有技术成果，开展课题研究并进行总结推广。

二、详细科学技术内容

1. 台风区风敏感大跨结构设计关键技术

创新成果一：提出了风敏感建筑抗台风设计与抗台风安全性评估方法

研发了基于台风随机事件集和工程台风风场的大跨结构抗风模拟技术，解决了工程场地周边历史台风观测资料稀缺及基本风压取值的难题；开发了气象数据与场地周边风速仪实测结合的各风速风向值的相互关系闭环系统，形成了在施工地的风环境模拟及预测框架，解决了场地风环境快速获取的难题。见图1。

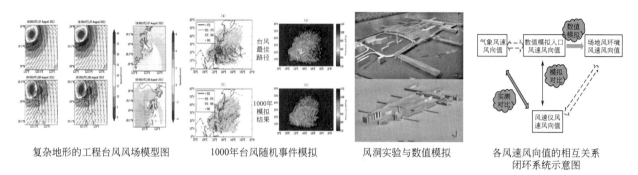

复杂地形的工程台风风场模型图　　1000年台风随机事件模拟　　风洞实验与数值模拟　　各风速风向值的相互关系闭环系统示意图

图1　风敏感建筑抗台风设计与抗台风安全性评估方法

创新成果二：提出了大跨空间结构抗震、抗非常规荷载破坏的分析方法

开发了混凝土损伤本构及材料库，采用多点激励分析方法，解决了大跨航站楼超长结构地震行波效应影响分析难题；开发了STEADY5钢结构稳定性分析设计程序，提出基于抽柱的连续倒塌分析方法，解决了大跨屋盖结构的抗连续倒塌分析难题，为大跨结构的设计提供了理论支撑。见图2。

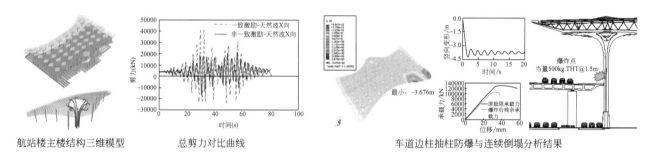

航站楼主楼结构三维模型　　　总剪力对比曲线　　　　车道边柱抽柱防爆与连续倒塌分析结果

图2　大跨空间结构抗震、抗非常规荷载破坏分析方法

2. 紧邻运营航站楼超大规模集群深基坑关键施工技术

创新成果一：研发了敏感复杂环境下的超大超深基坑群施工影响控制技术

开发了超深基坑支护体系多数据实时监测及反馈系统，实现了各数据的实时反馈、信息化施工；研发了超大超深基坑群"整体联动、分区降水"保护性控制降水技术及设备，形成了分区按需降水、整体联动的控制技术，实现了敏感环境下地下水的有效控制。见图3。

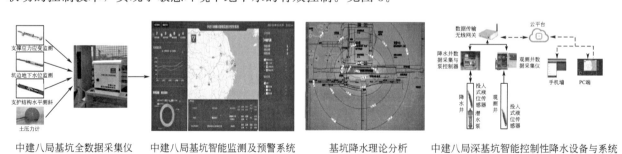

中建八局基坑全数据采集仪　　中建八局基坑智能监测及预警系统　　基坑降水理论分析　　中建八局深基坑智能控制性降水设备与系统

图3　敏感复杂环境下超大超深基坑群施工影响控制技术

创新成果二：提出了紧邻不停航航站楼超大超深基坑集群施工方法

研发了72m深地连墙竖向承载力检测的自平衡测试装备和技术，解决了40000kN级地连墙抗压极限承载力快速检测的难题。研发了装配式钢栈桥及基坑群阶梯式施工方法，实现了超深基坑的高效施

工。见图4。

| 基坑BIM模型 | 装配式钢栈桥体系 | 后拆支撑腰梁防水节点 | 分层分段阶梯式施工分析模型 | 自平衡测试荷载箱 |

图4 紧邻不停航航站楼超大超深基坑集群施工方法

3. 超大面积双曲钢网架屋盖结构施工关键技术

创新成果一：研发出超大面积双曲网架屋盖整体提升逆序安装施工技术

发明了100t级碗状柱节点结构及其制造方法；提出了"不同标高层拼装，分区累积提升到位"及下部支撑柱逆序安装成套施工方法；优化了屋盖的卸载与钢管支撑柱内灌混凝土施工工序；研发了钢管混凝土二级泵送顶升及其监测装置，解决了超大面积、下铰上刚支撑体系大跨屋盖网架空间结构高效高精度施工难题。见图5。

   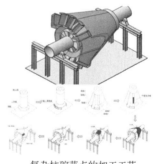 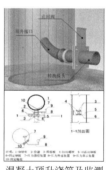

| 钢网架屋盖提升一区提升实况 | 支撑体系逆序安装 | 复杂柱碗节点的加工工艺 | 混凝土顶升浇筑及监测 |

图5 超大面积双曲网架屋盖整体提升逆序安装施工技术

创新成果二：提出了受限空间自不稳定吊挂空间异形造型柱施工方法

针对钢屋盖下方吊挂式自不稳异形造型格构柱，提出了地面分段小拼、分段分级提升、高空扩大组拼的安装方法，解决了自不稳异形造型格构柱的施工难题；设计了临时吊装平台、临时支撑及分段吊装方案，解决了格构柱在施工空间受限下的吊装难题。见图6。

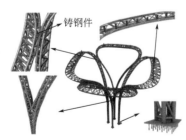 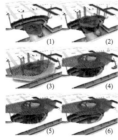 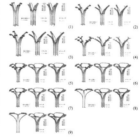 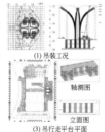 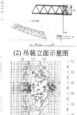

| 荷花谷柱整体轴测示意图 | 荷花谷柱施工流程示意图 | 施工过程分析 | 荷花谷构件吊装工装、工艺 |

图6 受限空间自不稳定吊挂空间异形造型柱施工方法

创新成果三：研发出"天圆地方"超大截面异形曲面现浇清水混凝土墩台柱建造技术

研发了一套外模钢模＋内衬木模＋中间灌注聚氨酯弹性体材料的组合模板制造体系，以及3D打印实体分块雕刻技术；提出了一套模板选型、尺寸定位、钢筋排布、操作架设计及成型质量控制的成套施工方法，解决了"天圆地方"超大截面异形曲面清水混凝土墩台柱模板制作与施工质量难以控制的难题。见图7。

木模加工　　　　木模成型　　　　成型组合模板　　　中心杆及定位箍安装　　　钢筋骨架　　　　墩台柱成型效果

图7　"天圆地方"超大截面异形曲面现浇清水混凝土墩台柱建造技术

4. 超大面积高空复杂异形双曲吊顶施工关键技术

创新成果一：提出了基于三维扫描的逆向BIM模型建模动态校准与台模加工方法

针对高大空间复杂吊顶BIM深化模型准确性难以保证的难题，提出了基于三维扫描的逆向BIM模型建模动态校准方法，实现了模型动态调整，确保施工精度；针对大曲率薄壁双曲蜂窝板在拉伸过程中容易产生褶皱的设计加工难题，提出了基于参数化分析与足尺模块实验的铝板的台模制作与成型加工方法，确保了铝板成型质量。见图8。

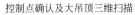

控制点确认及大吊顶三维扫描　　　现场实测与理论模型对比　　　荷叶柱单位铝板参数化分缝、分段　　　台模制作、铝板成型

图8　基于三维扫描的逆向BIM模型建模动态校准与台模加工方法

创新成果二：研发了异形双曲吊顶整体测控＋局部三维扫描精度控制方法及施工技术

采用整体控制测量保证分区施工的统一性，辅助三维扫描的测量控制技术，解决了超大面积双曲大吊顶施工精度控制的难题，开发了多款多自由度可调吊顶连接结构，解决了传统的吊顶铝板吊杆调节难度大、功效低、适应差的难题。见图9。

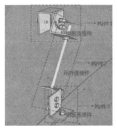

二级控制网平面布置图　　　三维扫描现场实施　　　多自由度吊顶连接件结构　　　现场安装实景图

图9　异形双曲吊顶整体测控＋局部三维扫描精度控制方法及施工技术

5. 基于 PMCC 模式的大型空港综合交通枢纽扩建工程不停航施工关键技术

创新成果一：首创了管理总包＋全过程咨询＋施工总包的 PMCC 施工组织管理模式

针对大型改扩建机场不停航条件下工程体量大、工期紧、参建单位众多等形成的组织协调管理难题，施工组织难题，首创出一种基于施工管理总承包＋全过程咨询＋施工总承包的 PMCC 施工组织管理模式，解决了大型改扩建机场不停航条件下工程体量大、工期紧、参建单位众多等形成的施工过程中的组织协调管理难题。见图 10。

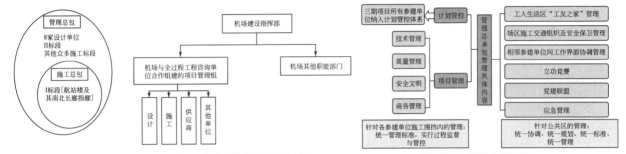

管理总承包+施工总承包模式　　业主与全过程咨询单位组建项目管理组　　　　管理总承包管控内容示意图

图 10　管理总包＋全过程咨询＋施工总包的 PMCC 施工组织管理模式

创新成果二：研发出改扩建机场不停航施工组织管理方法

提出了分阶段穿插施工、分阶段调整交通组织的数字化建造技术，解决了大型改扩建机场不停航条件下的施工组织难题，保障了机场的正常有序运营。提出了基于五阶段多级联控管线保护管理方法，解决了改扩建项目管线保护的难题，保障了航行空管安全。见图 11。

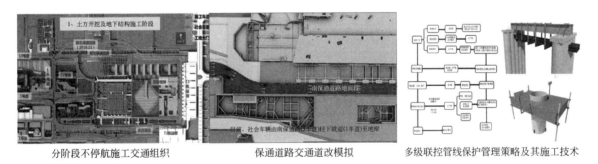

分阶段不停航施工交通组织　　　　保通道路交通改模拟　　　　多级联控管线保护管理策略及其施工技术

图 11　改扩建机场不停航施工组织管理方法

三、发现、发明及创新点

1）台风区风敏感大跨结构设计关键技术：开发了大跨建筑复杂环境下的抗台风、考虑行波效应的抗震及超大跨多柱抗爆抗连续倒塌等极端工况的结构性能分析与优化方法，解决了极端条件下保障结构安全性的设计难题。

2）紧邻运营航站楼超大规模集群深基坑关键施工技术：研发了超深地下连续墙竖向超大承载力自平衡测试装备和测试技术、超大超深基坑群"整体联动、分区降水"的保护性控制降水技术和深基坑利用栈桥结合坑内道路快速出土的施工技术，实现了基坑群阶梯式高效施工。

3）超大面积双曲钢网架屋盖结构施工关键技术：发明了超大超重新型复杂节点加工制造工艺，研制了钢管柱混凝土顶升及高度监测装置，提出了超大面积双曲钢网架屋盖结构"逆序安装"方法，解决了大跨空间结构施工难题。

4）超大面积高空复杂异形双曲吊顶施工关键技术：发明了基于三维扫描的逆向 BIM 建模动态校准施工方法与建造全过程精度控制方法，研制了专用吊顶连接装置，形成了高空异形大吊顶集深化设计-制作-安装的成套技术，实现了超大面积高空复杂异形双曲蜂窝铝板大吊顶密拼高精度安装。

5）基于 PMCC 模式的大型空港综合交通枢纽扩建工程不停航施工关键技术：首创了管理总承包＋全过程咨询＋施工总承包的 PMCC 施工管理模式，提出了基于数字化技术的交通组织、环境保护、障碍物处理等不停航施工管理方法，解决了大型空港综合交通枢纽扩建工程不停航施工组织难题。

本成果形成专利 75 项（发明专利 51 项），省部级工法 6 项，论文 73 篇（SCI6 篇），关键技术经评价，整体达到国际先进水平，复杂环境下台风区风敏感大跨结构设计关键技术、超大面积双曲钢网架屋盖结构和复杂异形双曲吊顶施工关键技术达到国际领先水平。

四、与当前国内外同类研究、同类技术的综合比较

由上海市科技查新中心对 5 大项关键技术国内外查新，结论如下：经科技项目查新，与国内外同类技术比较，大型空港综合交通枢纽扩建工程建造关键技术均具有新颖性与创新性。

1）台风区风敏感大跨结构设计关键技术：开发了考虑复杂地形地貌的基于台风随机事件集和工程台风风场模型的台风风场模拟技术的风敏感建筑全生命周期的抗风、抗震、抗爆、抗连续倒塌等极端工况的分析及其安全评估方法。

2）紧邻运营航站楼超大规模集群深基坑关键施工技术：提出了超深基坑支护体系监测的多数据实时监测反馈系统及超大超深基坑群"整体联动、分区降水"保护性控制降水技术；提出了基坑群阶梯式施工方法来实现基坑群高效施工及有效控制的技术；研究开发的集多道防水系统为一体的内支撑后拆体系。

3）超大面积双曲钢网架屋盖结构施工关键技术：研发了超大面积双曲钢网架屋盖结构的竖向拼装与横向拼装相结合的全焊接分叉柱节点制造工装与工艺方法；"分部组装、整体预拼"的封边桁架加工工艺方法；自不稳异形造型格构柱逆序分段安装方法；研发并制造的一套组合模板体系及其成套施工方法。

4）超大面积高空复杂异形双曲吊顶施工关键技术：发明了基于三维扫描的逆向 BIM 模型建模动态校准方法；发明了基于参数化分析与足尺模块实验的铝板的台模制作与成型加工方法；开发了一套整体控制测量＋局部三维扫描全过程安装精度控制方法，形成了一套集设计-施工-维护于一体的钢结构天窗的遮阳膜结构综合施工技术，开发了遮阳膜体系中铰接型连接悬吊调平装置实现了高效施工。

5）基于 PMCC 模式的大型空港综合交通枢纽扩建工程不停航施工关键技术：创新了施工管理总承包＋全过程咨询＋施工总承包的 PMCC 施工组织管理模式；开发了基于 BIM 技术进行交通道路三维设计模拟及交通压力测试评估方法，开发了一种高架桥护栏钢模协同化的施工方法；提出了基于五阶段的多级联控管线保护管理策略及废弃斜桩拔除方法与装置。

五、第三方评价、应用推广情况

1. 第三方评价

浙江省技术经纪人协会组织对成果进行鉴定，形成"成果整体达到国际先进水平，其中复杂环境下台风区风敏感大跨结构设计关键技术、超大面积双曲钢网架屋盖结构和复杂异形双曲吊顶施工关键技术达到国际领先水平"的结论。

2. 推广应用

萧山机场三期项目刷新了民航建设的新纪录，打造了民航建设的"杭州速度"，通过杭州萧山国际机场建造关键施工技术的研究应用，项目在履约过程中的品质管控得到政府及国家民航总局高度认可，本技术在兰州中川国际机场三期、咸阳机场三期项目等多个项目得到推广应用，并先后承接西安咸阳国际机场 T5 航站楼、长沙黄花机场 T3 航站楼、厦门新机场航站楼等国内一大批空港枢纽项目。

六、社会效益

本课题开展的大型空港综合交通枢纽扩建工程建造关键技术研究，可以广泛应用于大型综合交通枢

纽的施工，本技术在杭州萧山国际机场三期项目得到成功应用，项目在履约过程中的品质管控得到政府及国家民航总局高度认可。

2022 年 9 月 27 日杭州萧山国际机场三期工程正式投运，打造了"接天莲叶、出水芙蓉""虽由人作、宛自天成"的现代人文建筑新景观，三期项目 T4 航站楼各项设施运营正常，得到了社会各界的高度认可。

钢管支撑脚手架设计施工关键技术研究与应用

完成单位： 中建一局集团建设发展有限公司、中建工程产业技术研究院有限公司、中外建华诚工程技术集团有限公司、广州宁达软件有限公司

完成人： 林　冰、周予启、王立军、汪　明、张志超、任耀辉、谭晋鹏、丛　峻、张　磊、刘卫未

一、立项背景

钢管支撑脚手架广泛应用于土木工程建设施工中的临时支撑结构，近年来一些重大活动的临时结构也越来越多地采用钢管支撑脚手架，如纪念抗战胜利 70 周年 "9.3" 大阅兵、朱日和阅兵、建党 100 周年、建国 70 周年庆、北京冬奥会等的临时看台、舞台、赛道及其他支架等重要临时结构。钢管支撑架量大面广，模架行业的产值约占建筑业总产值的 5%；同时，模架行业安全事故多发、影响深远，约占我国全部安全事故的 30% 以上。事故原因之一便是对脚手架性能认识不足，对其稳定承载力及其相关构造研究不够深入，尤其对于超高大脚手架结构的研究相对匮乏，因此有必要对脚手架结构性能进行进一步研究，在保证安全的同时做到物尽其用，推动建筑业向绿色低碳方向发展，符合建筑业的 "双碳" 战略目标。

二、详细科学技术内容

1. 考虑架体立杆接方式和初始缺陷的脚手架钢管稳定设计曲线

根据脚手架钢管周转后不同初始缺陷的特点，给出了脚手架不接长立杆、套管接长立杆和对接扣件接长立杆 1/1000～1/200 初始缺陷下的稳定系数，使脚手架钢管物尽其用，符合绿色施工，同时使脚手架方案设计安全、可靠。见图 1。

初弯曲值为 $L/1000$ 的钢管轴压稳定系数 φ
（套管接长或不接长立杆）

$\lambda\sqrt{\dfrac{f_y}{235}}$	0	1	2	3	4	5	6	7	8	9
0	1.000	1.000	1.000	1.000	0.999	0.999	0.998	0.998	0.997	0.996
10	0.999	0.999	0.999	0.998	0.998	0.998	0.997	0.997	0.997	0.996
20	0.996	0.996	0.995	0.995	0.994	0.994	0.993	0.993	0.992	0.992
30	0.979	0.977	0.975	0.973	0.970	0.968	0.966	0.964	0.961	0.959
40	0.956	0.954	0.951	0.949	0.946	0.943	0.941	0.938	0.935	0.932
50	0.929	0.926	0.923	0.919	0.916	0.913	0.909	0.906	0.902	0.898
60	0.894	0.890	0.886	0.882	0.877	0.873	0.868	0.864	0.859	0.854
70	0.849	0.843	0.838	0.832	0.827	0.821	0.815	0.809	0.802	0.796
80	0.789	0.783	0.776	0.769	0.762	0.755	0.747	0.740	0.732	0.725
90	0.717	0.710	0.702	0.694	0.686	0.678	0.670	0.663	0.655	0.647
100	0.639	0.631	0.623	0.615	0.608	0.600	0.592	0.585	0.577	0.570
110	0.555	0.547	0.539	0.531	0.524	0.516	0.509	0.502	0.495	0.488

初弯曲值为 $L/450$ 的钢管轴压稳定系数 φ
（对接扣件接长立杆）

$\lambda\sqrt{\dfrac{f_y}{235}}$	0	1	2	3	4	5	6	7	8	9
0	1.000	1.000	1.000	0.999	0.999	0.998	0.998	0.997	0.996	0.995
10	0.994	0.993	0.992	0.990	0.989	0.987	0.985	0.983	0.981	0.979
20	0.977	0.975	0.972	0.970	0.967	0.964	0.961	0.958	0.955	0.952
30	0.948	0.945	0.941	0.938	0.934	0.930	0.926	0.923	0.919	0.915
40	0.911	0.907	0.903	0.899	0.894	0.890	0.886	0.882	0.877	0.873
50	0.868	0.863	0.859	0.854	0.849	0.844	0.839	0.834	0.829	0.824
60	0.819	0.813	0.808	0.802	0.797	0.791	0.785	0.779	0.773	0.767
70	0.761	0.755	0.749	0.742	0.736	0.730	0.723	0.717	0.710	0.703
80	0.697	0.690	0.683	0.676	0.670	0.663	0.656	0.649	0.642	0.635
90	0.629	0.622	0.615	0.608	0.601	0.594	0.588	0.581	0.574	0.567
100	0.561	0.554	0.548	0.541	0.535	0.528	0.522	0.516	0.509	0.503

图 1　钢管轴压稳定系数

2. 脚手架节点半刚性特性及其应用

对脚手架节点进行抗弯试验研究，给出数据分析及处理方法，在有限元分析中引入非线性弹簧单元考虑节点半刚性，以试验得到的节点真实弯矩-转角曲线进行分析。并研究了扣件拧紧力矩、加载点到节点距离和插销锲紧度等对节点刚度的影响，给出现场便于操作的扣件拧紧力矩、插销楔紧度等构造要求。给出节点弯矩转角计算方法，对其节点进行刚度判定，运用三参数幂函数模型对试验拟合，给出节

点初始刚度值和极限弯矩，并提出半刚性节点应用方法。见图2、图3。

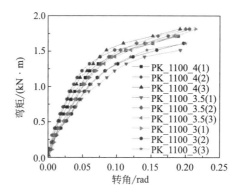

图2　盘扣节点抗弯试验

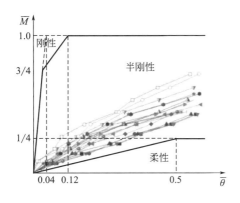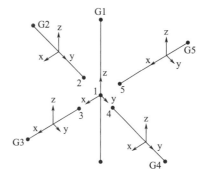

图3　盘扣节点刚度区域

3. 脚手架关键构造

给出了套管接长立杆中套管长度、套管壁厚、套管与立杆间隙的构造规定值，对接扣件接长中对接扣件内十字板长度、外盖板长度、螺栓拧紧力矩、连接位置等构造规定；研究基础不等高脚手架中高跨扫地杆延长跨数、高低跨处斜杆配置等构造对脚手架稳定承载力的影响；研究斜杆方式及数量、扫地杆及悬臂高度、水平层斜杆以及高宽比等构造对脚手架稳定承载力的影响。见图4。

图4　盘扣式脚手架承载力试验

4. 脚手架计算理论

推导并提出基于有侧移框架柱的七杆模型计算方法、有侧移单杆模型计算方法和基于有限元模拟的查表法。见图5。

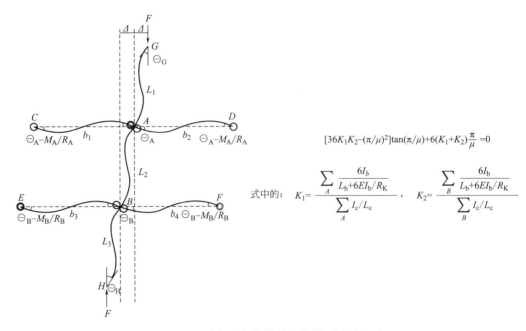

$$[36K_1K_2-(\pi/\mu)^2]\tan(\pi/\mu)+6(K_1+K_2)\frac{\pi}{\mu}=0$$

$$式中的：\quad K_1=\frac{\sum\limits_A \dfrac{6I_b}{L_b+6EI_b/R_K}}{\sum\limits_A I_c/L_c}, \quad K_2=\frac{\sum\limits_B \dfrac{6I_b}{L_b+6EI_b/R_K}}{\sum\limits_B I_c/L_c}$$

图 5　基于有侧移框架柱的七杆模型计算方法

5. 基于直接分析法的盘扣式脚手架精细化设计方法

研究建立了一套基于直接分析法的盘扣式脚手架精细化设计方法。首先通过实测、统计和分析手段，研究了盘扣式脚手架构件的初始缺陷程度。其次试验研究了盘扣式脚手架节点的半刚性特性，包括横梁抗弯、拉压和斜杆拉压半刚性特性。最后，引入了我国自主研发的高端非线性有限元软件 NIDA，以满足高大复杂的脚手架结构的非线性分析需要。

脚手架结构的连接方式是一种基于钢材间挤压和摩擦的纯机械连接。架体结构的设计准确性很大程度取决于节点特性的评估。通过对试验结果的分析，得到盘扣式脚手架节点的半刚性特性，包括横梁抗弯、拉压和斜杆拉压半刚性特性，给架体结构设计方法体系提供必要的连接特性数据。见图6。

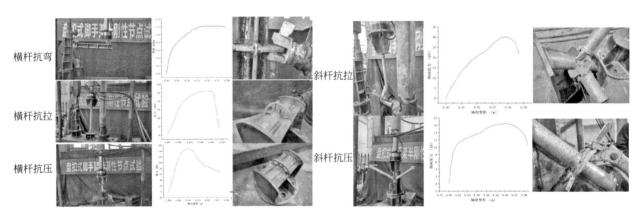

图 6　横杆和斜杆半刚性特性试验

研发了高端非线性有限元软件 NIDA，NIDA 软件在计算效率和计算精度上均具有出色的表现，开发基于杆件初始缺陷和节点半刚性特性的 PEP 单元，实现钢管支撑脚手架的精细化分析。见图 7。

根据直接分析法对超大舞台项目脚手架结构进行分析。见图 8。

6. 174m 超长超大弧形屏幕结构施工关键技术

训练场屏幕长×宽×高为 $174m\times24m\times36m$，首次将盘扣式脚手架应用于超大型舞台结构体系的设计和施工，解决了周期短、难度大、安保等级高的重大活动舞台搭建难题。设计阶段考虑不同工况组合进行了设计计算，在特殊节点构造上进行了针对性处理，成功设计并施工超长超大屏幕结构，监测结

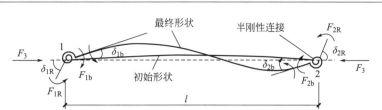

图 7　PEP 单元

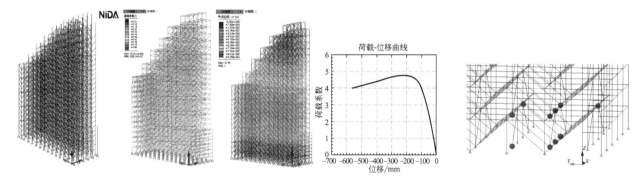

图 8　直接分析法计算

构顶部最大位移 19mm，成功经受多次 10 级大风的考验。见图 9。

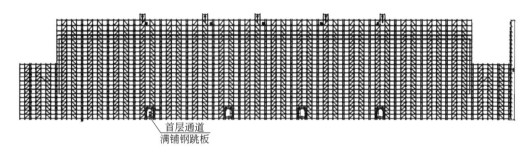

图 9　超长超大屏幕结构图

7. 46m 高威亚支撑体系施工关键技术

在空旷场地举办重大活动时，有时演出需要在高空设置威亚。而空旷场地周边无建筑物，需给威亚钢索提供受力支撑体系。此威亚支撑结构既要考虑风荷载的影响，又要承受三向威亚动荷载，支撑结构的设计和构造做法难度较大。在空旷场地设置两个长×宽×高为 24m×24m×46m 且距离 200m 的临时架体结构作为威亚受力支撑体系。在威亚支撑结构 44m 高度设置一个受力平台，平台采用方钢管焊接而成，在其上沿钢索方向两侧各设置一个威亚固定转向轮。威亚钢索通过前部转向轮和后部转向轮后，向下固定于架体外侧地上的配重块。见图 10。

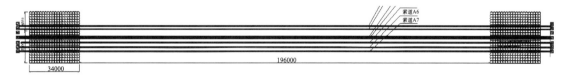

图 10　威亚体系设计平面图

8. 空旷场地高窄屏幕结构抗十级大风及防雷施工关键技术

高窄屏幕结构采用安拆快速的盘扣架体。盘扣架体通过杆件单元快速拼装，主要用在抵抗竖向荷载的模板支撑体系中。而空旷场地屏幕结构受水平风荷载控制，高窄结构体系偏散偏柔，整体性差，抗风能力弱。另外一般临时结构风荷载（北京按基本风压 $0.3kN/m^2$）是按照八级风考虑的，在空旷场地春季大风可达十级以上。通过概念设计和构造措施提高架体的整体稳定性，架体横向斜拉杆满拉，纵向隔

71

1 拉 1，外围 2 跨斜杆满拉，每 3 部分设一道水平剪刀撑，内部设缆风绳对拉等措施将架体内部形成多个自稳能力好的格构式组合架体来增强架体的整体性。见图 11。

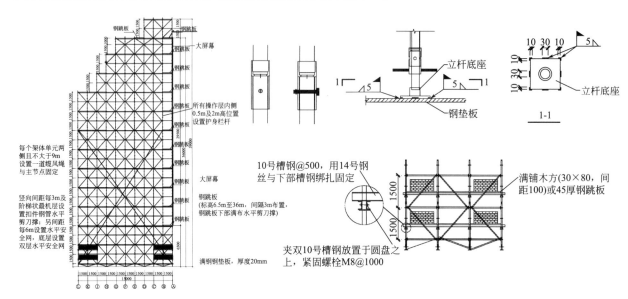

图 11　高大架体抗风措施

9. 盘扣架体固定巨型屏幕施工关键技术

超大屏幕是由 0.5m×1m 的单元屏幕组装起来的，盘扣架连接盘局部突出 35mm，如何将屏幕固定于架体钢管上成为工程中难点。发明一种 L 形构件固定装置，一侧用螺栓固定于盘扣架的连接盘上，另一侧预留孔通过螺栓固定屏幕，保证超长超高屏幕受力均衡，避免局部应力集中压碎底部屏幕。见图 12。

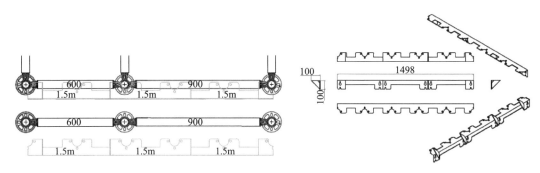

图 12　盘扣架体上固定屏幕

三、发现、发明及创新点

1）根据脚手架立杆不同的接长方式建立了考虑不同初始缺陷的压杆稳定设计曲线，统一了压弯稳定设计公式，改进了架体关键构造要求，解决了钢管支撑架设计缺乏合理依据的问题，制定了适用于各种架体的通用技术规程——《钢管支撑脚手架应用技术规程》T/CECS 1065—2022，该规程已于 2022 年 9 月 1 日颁布实施。

2）提出了基于直接分析法的二阶非线性高等分析方法，开发了考虑杆件初始缺陷和节点半刚性的 PEP 单元和设计软件，实现了脚手架的精细化设计，节约成本。自主研发的非线性分析软件 NIDA 的核心创新在于开发了 PEP 单元，唯一能实现构件一杆一单元考虑构件缺陷的计算软件，提高了计算精度和效率。

3）研发了超长弧形屏幕结构、超高威亚支撑体系等施工关键技术。首次将脚手架应用于超大型舞台结构的设计和施工，解决了周期短、难度大、安保等级高的舞台搭建难题，降低了成本。

四、与当前国内外同类研究、同类技术的综合比较

国内外查新后，在国内外相关文献报道中未见相同的文献报道，具有新颖性。

1）本成果对脚手架结构理论及其试验研究处于国际领先水平。建立架体立杆不接长、套管接长、对接扣件接长、杆件初始缺陷（涵盖初弯曲 $1/1000 \sim 1/200$）的稳定设计曲线；给出脚手架节点弯矩转角计算方法，对其节点进行刚度判定，并提出半刚性节点应用方法；提出高宽比、立杆套管、立杆对接扣件、基础不等高、斜杆布设等关键构造要求；推导并提出基于有侧移框架柱的七杆模型计算方法、有侧移单杆模型计算方法和基于有限元模拟的查表法，解决钢管支撑脚手架稳定设计缺乏合理依据的问题。

2）本成果基于直接分析法的钢管脚手架精细化设计方法处于国际领先水平。创新性地将其引入到脚手架结构的设计体系中，建立了适用于脚手架结构的杆件和结构的缺陷模型、建立脚手架结构节点的半刚性计算模型、开发了一套高效、精确的非线性计算软件 NIDA，实现钢管支撑脚手架的精细化分析。

3）本成果超长弧形屏幕结构快速搭建、空旷场地高窄架体抗风及防雷、超高威亚支撑、巨型屏幕安装等关键技术处于国际领先水平，国内外尚无针对相关技术的研究，填补了相关空白，为后续重大项目的设计和施工积累了经验。

五、第三方评价、应用推广情况

1. 第三方评价

2023 年 5 月，北京市住房和城乡建设委员会组织召开"钢管支撑脚手架设计施工关键技术研究与应用"科技成果鉴定会，总体达到国际领先水平。

2. 推广应用情况

该成果获授权专利和软件著作权 18 项（发明专利 8 项），主参编标准 6 部（主编 2 部），发表论文 10 篇，应用于建党百年伟大征程、北京冬奥会滑雪赛道、高科技电子厂房等数十项工程建设中超高大脚手架结构的设计施工，应用总建筑面积达 2000 万 m^2，经济效益约 7.5 亿，综合效益明显，可供后续超高大脚手架结构设计和施工参考和借鉴，推广应用前景广阔。

六、社会效益

本项目成果的部分成果填补了国内特大型脚手架结构设计和施工中的空白，取得了一批具有自主知识产权的原创性技术成果。该研究成果较好地保证了超高大脚手架结构的安全性，在数十项重大项目中使用。其中，建党百年大型文艺演出《伟大征程》舞台工程脚手架长 240m、进深 180m、最大高度 36m，总方量 14 万 m^3。本成果的应用保证了该演出如期、安全完成，受到国家文化和旅游部的表扬，取得了显著的社会效益。

穿越软土基坑群的运营地铁变形控制关键技术

完成单位： 中国建筑第八工程局有限公司、中建交通建设集团有限公司、天津市勘察设计院集团有限公司、天津市地质工程勘测设计院有限公司、中国建筑第五工程局有限公司、中建八局天津建设工程有限公司、中建八局南方建设有限公司

完成人： 黄军华、周志健、张　麒、张　杰、张士腾、赵子余、刘　飞、李　乐、李更召、张旭斌

一、工程概况

天津天阅海河项目通过城市连廊系统将地铁、商业、办公、住宅无缝对接，地处天津市河北区、"三湾"交汇之处，总建筑面积为 43.6 万 m²（地上 25.265 万 m²，地下 18.33 万 m²），占地面积 10.9 万 m²，共分为六个地块、四期建设，是全国首例在软地区与时速 60km/h 运营地铁结建上盖的站城一体化综合体，第三方认定为特级风险深基坑，深度为 11.8m、17.1m 等，工程具有"业态多""两侧基坑高差大""控制变形毫米级""工期短""环境特"等特点，工程总投资 11.2 亿元，于 2019 年 8 月 5 日开工，2023 年 6 月 30 日竣工。项目效果图见图 1。

图 1　天津天阅海河项目效果图

二、工程特点及难点

本项目基坑与运营地铁"零距离"结建，地铁结构先期施工完成、两侧基坑属后开发建设，地铁两侧基坑群不等深高差达 5.3m，控制运营中地铁的结构变形方面无相关资料可借鉴，施工难度大，变形指标严格高于国家规范标准，具有以下特点和难点：

（1）站体与隧道水平位移不大于 6mm（国家要求值为 20mm）；

（2）盾构区间及地铁站体控制竖向位移不大于 12mm（国家要求值为 20mm）；

（3）隧道结构差异沉降不大于 2mm/10m（国家要求值为 3mm/10m）。

三、关键技术与创新

1. 运营地铁两侧不等深基坑群支护设计及模拟建造技术

1）技术特点与难点

采用动态数字模拟技术进行数字模拟，建立模型按照工程施工工况进行模拟反演，验算设计方案的

可行性，根据验算结果进行分仓、支护体系优化，是此项技术的技术管控难点之一。

目前针对近地铁深大基坑工程，多采用化整为零的方法，分坑采用"远大近小，远深近浅"的设计原则，一般通过设置分隔墙将基坑分成远离地铁隧道的大基坑以及紧邻地铁隧道的多个小基坑，再将近地铁隧道的小基坑采用间隔、跳仓方式开挖。分坑分仓跳挖虽能够有效控制基坑及地铁变形，但分期实施工期时间长，且增设分隔墙围护结构，大大增加了近地铁工程建设成本。

2）技术创新

（1）软土深基坑"大仓小挖"分仓设计技术：创新应用软土深基坑"大仓小挖"分仓设计技术，突破重大风险基坑"多仓、跳仓"的传统理念，将分仓设计为由小划大，采用地铁结构两侧基坑同步、对称的施工方式（图 2），以加快施工速度，控制地铁变形，实现高效建造。应用"时空效应"理论，减少了运营地铁两侧基坑分仓数量，将原规划的 13 个分仓简化为 6 个，大幅度缩短了穿越运营地铁基坑群的建设周期和成本。

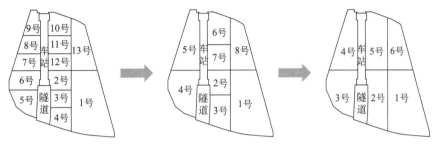

图 2　地铁两侧基坑群分仓演化示意图

（2）与"大仓小挖"相匹配的围护结构设计技术：创新采用"大仓小挖"围护结构设计技术，结合复杂地层的水土应力、渗透能力，有效整体提升围护结构刚度、抗渗、防绕流的能力。地铁两侧基坑群分仓加大后，能化解基坑群本身和地铁结构变形、渗漏风险，实现基坑群内地下水头高度整体控制效应，保证地铁两侧对称的同步工序实施，推动地铁变形控制措施得到精准、有效的实施。

（3）"大仓小挖"分仓模拟建造技术：应用工况模拟反演推导方案动态调整，采用 midas GTS 软件进行数字模拟，建立模型按照工程施工工况进行模拟推演，验算设计方案的可行性，根据验算结果进行分仓优化、支护体系优化。通过结合施工工况的建造模拟，找出因施工引起地铁变形的最大点位进行着重控制。基于"时空效应"理论，确定两侧基坑采取对称、平面分块、竖向分层、优先形成对撑的岛式开挖方式，以降低土方开挖对地铁变形的影响。土方开挖施工顺序见图 3。

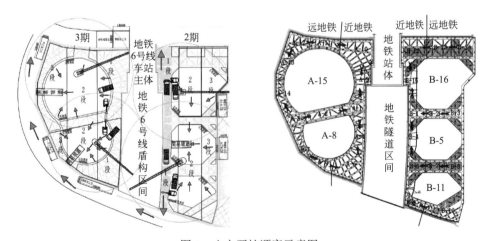

图 3　土方开挖顺序示意图

3）实施效果

通过研究运营地铁两侧基坑群"大仓小挖"关键技术，有效控制了地铁变形，地铁变形竖向最大为

10.72mm，水平变形 4.7mm，各项数据均未超出地铁允许变形，使地铁变形处于可控状态，保证了运营地铁的安全。同时，采用分块、分段开挖实现"大仓小挖"，达到缩短了 3 年工期的效果。

2. 运营地铁两侧不等深开挖变形控制技术

1）技术特点与难点

地铁两侧的基坑深度不同，保障地铁结构水平变形控制在预警值 6mm 以内，保证地铁结构不渗漏，对水平变形数据的模拟与监测分析须做到及时性，并通过一系列的技术措施，对地铁、基坑、降水、土方开挖采取动态调整方式，解决对水平变形的控制难点，以保证地铁运营安全。

针对地铁的隆沉变形，经模拟反演，基坑开挖卸荷引起隆起，最大为 84mm；基坑降水引起周边沉降平均 12mm，最大 21mm；以上隆沉造成地铁竖向变形达 19.79mm（预警值 12mm）。进一步优化控制技术措施，以解决跨运营不同深度基坑群变形控制难题，避免变形大所造成的安全隐患。

2）技术创新

（1）"限量开挖＋基底加固"组合控制地铁隆沉技术：创新采用"限量开挖＋基底加固"结合控制地铁隆沉技术，在土方开挖过程中严格遵循"限量限时"开挖的原则，单次开挖面积不大于 60m²，单次开挖量不大于 2500m³。开挖顺序由远地铁向近地铁开挖，远地铁土体开挖应力先行释放，同时采用反压措施以控制土方卸荷隆起反应。创新采用基底加固控制技术，模拟、试验确定土方"限量开挖"指标，对风险区域做到超前加固，通过坑中心加固方式避免坑底隆起带动地铁隆起。见图 4、图 5。

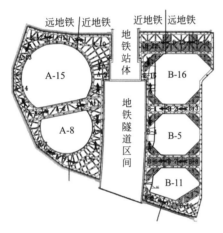 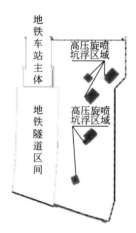

图 4 土方对称开挖分块示意图   图 5 高压旋喷坑底加固示意图

（2）动态堆载反压控制地铁隆沉技术：首次采用动态堆载反压控制地铁隆沉技术，对地铁结构采取整体堆载、重点反压的理念，控制最大竖向变形点位发展，实现了对地铁隆沉的有效控制。地铁上部反压实施前核对地铁结构设计参数，对隧道上部设计荷载要求复核。根据监测数据及时确定回填区域、面积和厚度，采用分级注水、中砂、型钢的技术措施，对地铁隆起进行动态堆载反压控制。见图 6。

图 6 地铁上方堆载反压措施

（3）"单元分块"撑桥一体化控制地铁水平位移技术：创新采用"单元分块"撑桥一体化控制地铁水平位移技术，设置多道兼做栈桥板的对撑，将基坑分成多个独立单元，实现各单元距地铁由远及近相互独立的土方开挖、转换撑形式，不对相邻单元产生附加应力，且依据此设计技术，其加强板做出土栈桥板使用，能够节约空间，提高生产效率。见图7、图8。

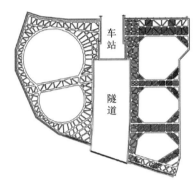

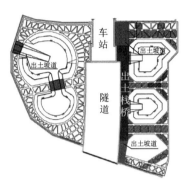

图7 "单元分块"内支撑设计平面图　　　　　　　　图8 "撑桥一体化"设计平面图

（4）"撑＋压＋顶"组合控制地铁水平位移技术：创新采用"撑＋压＋顶"组合控制地铁水平位移技术，在地铁结构两侧的深坑，设置深层的内扶壁地下连续墙，加强对车站站体和隧道相连接薄弱部位的水平变形控制；临地铁一侧预留反压土并在基础底板上设置12m长的钢斜撑，实现抽条开挖，此项为技术中的"撑＋顶"以抑制侧向应力变形。见图9、图10。

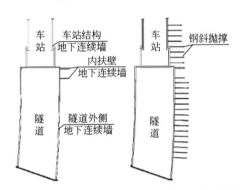

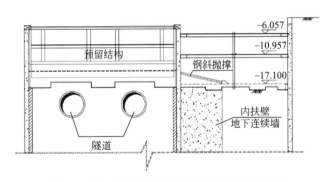

图9 内扶壁地下连续墙与钢斜撑平面设计图　　　图10 内扶壁地下连续墙与钢斜撑剖面示意图

针对超深狭长基坑临近地铁一侧，以抽条、反压、加筋垫层结合的方式，控制地铁两侧富水软土基坑5.3m大差异挖深的水平位移变形。开挖步序由简到难，以被动土压力置换侧向水平应力；以基础底板和加筋垫层的应力传导置换被动土压力，以此实现技术中的"压"，有效控制地铁水平变形指标。见图11。

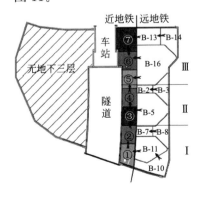

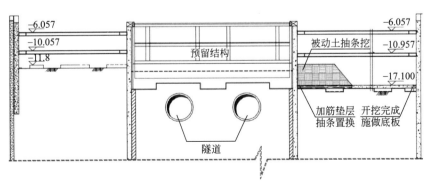

图11 被动土位移控制平面、剖面示意图

3）实施效果

通过对高风险变形点位的反压与加固。实现了地铁隧道两侧大差异挖深的基坑同步开挖，控制了运营地铁竖向隆沉变形不超标，将变形数据稳定于10.3mm左右，随着主体结构施工，加载逐步撤除，数据稳定可控。

通过内扶壁地连墙、钢斜撑、被动土留置、配筋垫层实施、实现了对两侧开挖引起的地铁结构水平变形指标的有效控制，实现了将地铁水平位移成功控制住地铁上行线（向深基坑一侧）地铁侧向位置控制在4.8mm（报警值6mm）。见图12、图13。

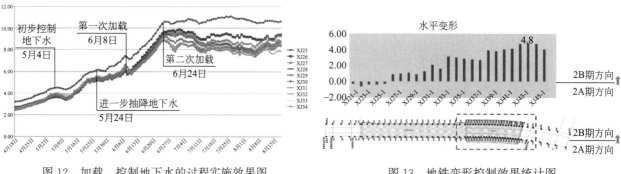

图12　加载、控制地下水的过程实施效果图　　　　图13　地铁变形控制效果统计图

3. 智能动态调整地下水位控制运营地铁隆沉技术

1）技术特点与难点

在近地铁的建设项目基坑工程施工期间，受土方开挖卸荷及降水影响会引起地铁隆沉变形，影响地铁的运营安全。按《城市轨道交通结构安全保护技术规范》CJJ/T 202—2013要求，轨道竖向位移不大于12mm，轨道纵向高差每10m差异沉降小于2mm。对于地铁变形控制要达到毫米级的要求，近地铁建设项目基坑工程施工难度大。

在基坑施工过程中，不仅要控制地铁的隆沉变形，还要控制地铁隧道的差异变形，沿基坑方向受基坑开挖卸荷和降水影响强弱，地铁会产生不同的变形，在基坑开挖范围内和未开挖区地铁变形存在过大差异。在地铁站体和隧道交界位置，由于两侧结构刚度不同在受到开挖卸荷和降水后抵抗变形能力的不同，会引起过大的差异变形，从而会引起地铁隧道裂缝的张开造成隧道渗水，引起轨道变形降低运营地铁舒适度，严重影响地铁的运营安全，从而作为控制的难点之一。

2）技术创新

（1）动态控制地下水抑制地铁隆沉技术：创新采用动态控制地下水头高度及堆载反压控制技术，将地下水抽排产生的沉降量耦合土方开挖卸荷产生的隆起量，在合理范围内动态控制承压水头高度，耦合对应区域开挖隆起，有效解决地铁隆沉控制难题。见图14。

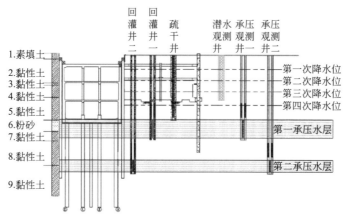

图14　水位动态控制井布设图

（2）动态调整地下水位控制交界处差异沉降技术：创新应用动态调整地下水位控制交界处差异沉降技术，通过控制第一、二层承压水头高度，耦合地铁车站和隧道差异沉降变形，抵抗基坑内部由于开挖应力释放不均的影响。带压回灌各含水层，将车站和隧道范围承压水头高度保持稳定不下降。主动抽排承压水，对交接位置产生微量沉降，平衡地铁上浮，以实现对站体与隧道结构交界处差异沉降有效控制。见图15、图16。

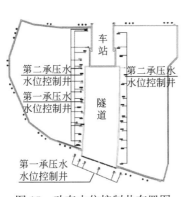

图15 动态水位控制井布置图

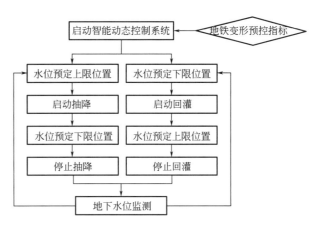

图16 动态水位控制原理

（3）动态调整地下水位控制围护结构内外隧道差异沉降技术：创新应用坑外地下水位动态控制围护结构内外隧道差异沉降技术，利用伺服一体化系统主动补充基坑外部隧道部位的第一承压水头高度，通过保障水头高度的稳定性，以平衡基坑内部地铁隧道由于开挖产生的微量隆起，实现对基坑围护结构内外隧道差异沉降控制指标。

3）实施效果

随着基坑开挖进展，差异沉降变形逐步发展，在变形临界附近位置启用加压回灌，加压回灌对变形控制效果明显，能够抵消0.4mm左右变形，随着基坑工程的后续不断施工，差异沉降变形数据维持稳定在1.7mm（报警值2mm）。见图17。

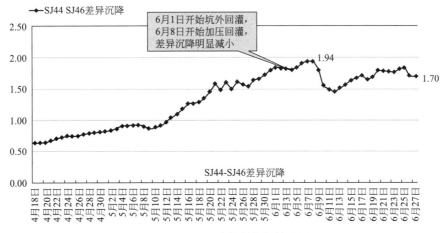

图17 差异沉降控制指标统计图

4. 运营地铁与两侧基坑群一体化智能监测及风险应急控制技术

1）技术特点与难点

两侧不同深度深基坑紧邻在线运营地铁，共用地铁地连墙，属"零距离"，对既有轨道交通保护而采取的一体化智能监测变形工作，并且在上下行线分别安装4个高清PTZ摄像机，实现对地铁内部结构及漏水情况的全天候巡视。以确保监测数据的准确性是技术控制难点。

2）技术创新

（1）PTZ智能化监控量测技术及协同一体化智能监测、分析系统：创新采用PTZ智能化监控量测技术，通过PTZ摄像系统的综合一体监测、高速并行实现地铁结构主要变形指标完全智能化监测。自主研发协同一体化智能监测、分析系统，联动地铁监测、基坑监测自动化设备，采集、分析各项关键变形指标，实时共享变形发展趋势，将监测点的监测数据与模拟数据实时对比、动态监测分析，并及时做出预警。见图18。

图18 智能化监测设备、分析系统

（2）运营地铁"零距离"特级基坑风险防控应急管理体系：创新实施运营地铁"零距离"特级基坑风险防控应急管理体系，坚持以监测为先，提前预防为主，预先建立应急预案体系包括14个专项应急预案，对地铁内部1100余个监测点位进行高效智能筛选，精准辨识风险点位，以及迅速反应的专家团队为项目地铁应急保驾护航。见图19、图20。

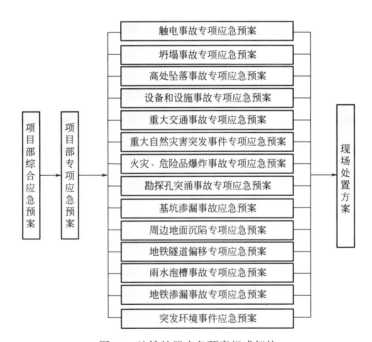

图19 地铁处置应急预案组成架构

3）实施效果

通过采用智能监测系统，包括选用高清PTZ摄像系统、智能化静力水准测量监测系统、测量机器人智能监测系统和结构缝开合度智能化监测系统，保证了"快""准""精"高标准监测技术，实现了将地铁结构主要变形指标完全智能化监测，为应急提供准确的数据支撑，从而在监测的角度上保障了地铁的安全运营，确保了项目的顺利实施。

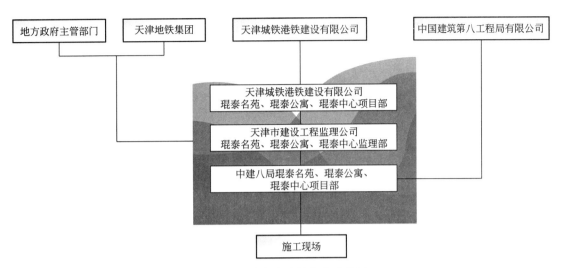

图 20 生产安全事故报告流程图

四、结语

本成果以天津天阅海河工程为载体开展研究，形成包括 24 项专利（发明 18 项）、软件著作权 2 项、4 项工法（企业级工法 3 项，省部级工法 1 项）、核心期刊论文 12 篇。经鉴定，关键技术总体达到国际先进水平。其中，"单元分块"内支撑与撑桥一体化体系及中穿大差异挖深基坑群水平位移控制技术达到国际领先水平。

本成果在工程中得到成功应用，解决了工程施工中的技术难题，保证了施工质量与安全、缩短了工期，取得了明显的经济效益、社会效益和环境效益，得到了业主、地铁集团等社会各界的一致好评，并进一步提高了企业临近地铁基坑施工领域的技术水平，促进了行业的科技进步，在近地铁深基坑工程中具有很强的推广价值，能为近地铁复杂施工条件下的超深基坑施工项目提供经验可供借鉴。

装配式钢结构住宅关键技术研发与应用

完成单位：中建科工集团有限公司、中建钢构武汉有限公司、武汉理工大学、中建科工集团武汉有限公司、中南建筑设计院股份有限公司

完成人：徐 坤、张耀林、徐 聪、高 杰、姚晓东、刘 曙、卢 红、张 伟、彭林立、李宁宁

一、立项背景

我国建筑行业的劳动生产率总体偏低，资源与能源消耗严重，建筑环境污染问题突出，建筑工程的质量与安全存在诸多问题，这些问题的产生与我国建筑业一直以来是劳动密集型行业，多采用传统现浇技术进行生产有关。因此，传统建筑业有悖于新型城镇化以人为本、绿色环保、可持续发展的要求，制约了城镇化的发展，所以建筑行业需要一种更为先进的生产方式来改变现状。

装配式钢结构建筑在施工现场对劳动力需求大幅减少，大部分构件均在工厂制作，运输到现场直接安装，工期与混凝土结构相比缩短 1/3～1/2，大大缩短了建造周期和资金占用时间，提升了投资效益；同时，建筑工期的缩短可有效降低工程的总体造价。因此，大力发展装配式建筑，促进建筑业转型升级，是推进我国供给侧结构性改革和新型城镇化发展的重要举措。

装配式钢结构建筑市场容量巨大，政策力度空前，相应产品积极参与市场推广，但其从结构体系、建筑性能到建造存在诸多难题，基于此，课题组依托中建科工集团有限公司钢结构核心产业联合科研、设计和工程应用单位针对装配式钢结构建筑进行全专业系统的梳理和研发，开展装配式钢结构住宅新体系、建筑性能保障提升及智能化工业化建造科技攻关。

课题组运用现代工业手段和现代工业组织，创新地对建筑生产各阶段的生产要素进行系统的集成和整合，形成钢框架＋斜撑＋三板装配式钢结构住宅体系、钢框架＋核心筒＋三板的混合结构体系和钢框架二维龙骨模块预制装配式建筑体系，研发了装配式钢结构建筑性能保障与提升技术，研究应用了智能制造生产线，研发了智能建造新设备及工业化建造新技术，实现构件部品工厂标准化制作、现场装配化施工，全面提升了装配式钢结构建筑建造的效率和质量水平，为推动我国建筑产业现代化进程做出了创造性贡献。

二、详细科学技术内容

1. 装配式钢结构住宅新体系

创新成果一：钢框架＋斜撑＋三板的装配式钢结构住宅体系

以钢框架-斜撑结构为基础，可拆卸钢筋桁架楼承板、ALC 墙板和保温装饰一体板为三板体系，设计边界平齐、户型方正、结构规整的标准化建筑平面，创新性解决传统住宅室内露梁、露柱等难题，可满足装配率 60%～80% 的多高层住宅需求，可适配公租房、商品房等各种主流户型。见图 1。

创新成果二：钢框架＋核心筒＋三板的混合结构体系

针对高烈度、高风压地区对住宅舒适度要求，研发了钢框架＋核心筒＋三板混合结构体系，三板可根据需求选择可拆卸钢筋桁架楼承板、ALC 墙板、保温装饰一体板、龙骨幕墙等，该体系经济适用，较常规钢结构住宅用钢量节约 50% 以上。见图 2。

创新成果三：钢框架二维龙骨模块预制装配式建筑体系

该体系由高度集成化的装配式墙体、楼板和屋面板等二维模块构成，发明了集成装配式墙体、楼板

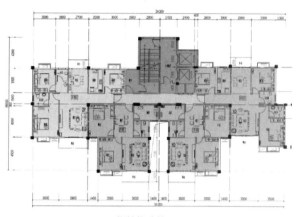

钢结构建筑平面图

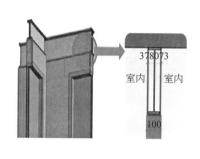

钢梁优化模型

图1　钢框架+斜撑+三板的装配式钢结构住宅体系

风洞试验模型

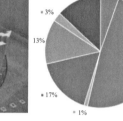

钢梁重量分布图

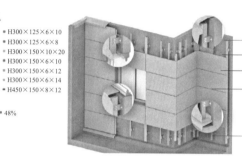

龙骨幕墙

图2　钢框架+核心筒+三板的混合结构体系

与主体钢框架的连接节点，实现了工厂模块化预制、现场整体快速装配，整体装配率达90%，适用于高装配率的多层住宅和各类应急工程。见图3。

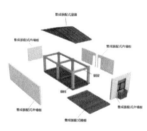

钢框架二维模块体系

楼板部品工厂制作

外墙板与钢框架节点

图3　钢框架二维龙骨模块预制装配式建筑体系

创新成果四：装配式钢结构全专业一体化设计技术

提出了装配式钢结构全专业一体化设计技术，设计了标准化功能模块及PC模块连接节点，可形成不同应用场景的最优户型。对钢结构主体与三板体系、机电管线布置、工业化装修等内容进行一体化设计，提升了现场安装质量和效率。见图4。

2. 装配式钢结构住宅性能保障与提升技术

创新成果一：轻质墙板抗裂技术

设计了轻质墙板与主体钢结构新型柔性连接节点，可满足1/50的极限层间位移角变形需求，适配装配式钢结构住宅的轻柔特性。针对墙板与钢结构接缝区域，研发了柔性连接构造，降低了钢结构建筑中墙体由于温度变形与干缩变形不协调、墙板与面层材料粘结力差、结构沉降、荷载应力集中等原因开裂的风险。见图5。

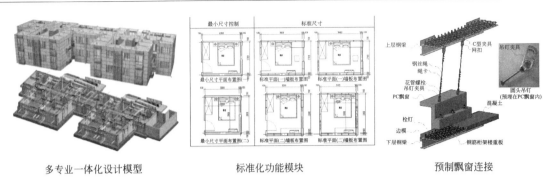

多专业一体化设计模型　　　　标准化功能模块　　　　预制飘窗连接

图 4　装配式钢结构全专业一体化设计技术

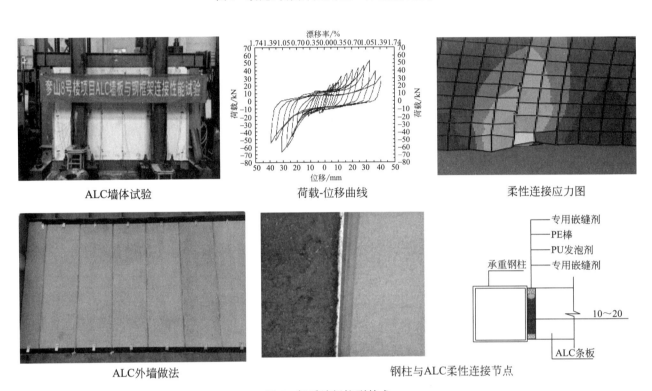

ALC墙体试验　　　　荷载-位移曲线　　　　柔性连接应力图

ALC外墙做法　　　　钢柱与ALC柔性连接节点

图 5　轻质墙板抗裂技术

创新成果二：外墙全立面多重防水保温技术

提出防水界面剂＋防水透气膜＋保温装饰一体板的三道防水体系。研发了堵水、导水、排水相结合的三种防水方法和细部构造工艺，全面保障了外围护系统防水效果。见图6。

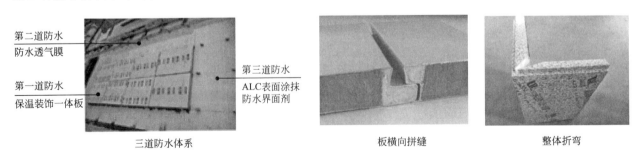

三道防水体系　　　　板横向拼缝　　　　整体折弯

图 6　外墙全立面多重防水保温技术

创新成果三：分户墙＋窄翼缘 H 型钢梁梁窝填充隔声体系

针对分户墙斜撑隔声薄弱部位，提出了砌块＋砂浆＋减振隔声板＋工业化内装隔声处理方案，满足隔声性能大于 45dB 要求。针对承载力和保温隔声等需求，通过试验选定砌块填充方案，满足挂载力、隔声性能、施工效率和经济性等指标。该创新点技术的应用，有效提升了住宅耐久性及舒适度，回访和满意度调查反馈情况优良。见图7。

吊挂力现场试验

抗拔力现场试验

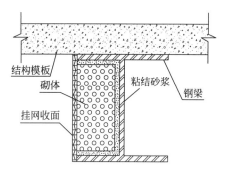
梁窝填充方案

图7　分户墙＋窄翼缘 H 型钢梁梁窝填充隔声体系

3. 装配式钢结构住宅智能建造技术

创新成果一：工厂智能制造机器人及其生产线

提出了中厚板全熔透免清根机器人焊接方法，研发了焊接机器人参数化编程系统，研究应用搬运、装配、焊接、清根、打磨等智能制造机器人等系列智能制造机器人并建成示范生产线，整体加工效率提升 25％，实现了钢构件的高效智能制作。见图8。

牛腿焊接机器人

清根机器人

装配机器人

打磨机器人

喷涂机器人

搬运机器人

图8　工厂智能制造机器人及其生产线

创新成果二：现场智能建造新装备

研制了工地 mini 弧焊接机器人、墙板安装机器人及无尘切割机等智能建造新装备，降低工人劳动强度，提高了现场机械化、自动化作业水平，提升了现场焊接效率和质量，有利于绿色施工。见图9。

创新成果三：装配式钢结构高层住宅组合楼板逆作法建造技术

优化了钢筋桁架楼承板施工工序，降低了钢柱操作平台的措施投入及对塔式起重机的占用时间，避免了交叉作业的风险，实现了各工序的快速穿插。见图10、图11。

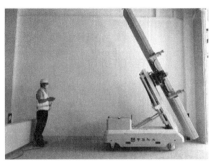

| 工地mini弧焊接机器人 | 墙板安装机器人 | 无尘切割机 |

图9　现场智能建造新装备

图10　浇筑柱内混凝土　　　　　　图11　组合楼板逆作法施工图

三、发现、发明及创新点

1）研发了钢框架＋斜撑＋三板装配式钢结构住宅体系、钢框架＋核心筒＋三板混合结构体系和钢框架二维龙骨模块建筑体系，装配率达 60%～90%，适用于不同装配率要求的建筑，三种体系运用全专业一体化设计技术，实现了设计标准化和工业化生产。

2）研发了装配式钢结构建筑性能保障与提升技术。以新型部品抗裂、防水保温和隔声等性能为切入点，开发了一系列 ALC 与主体结构新型连接节点，提出了外墙全立面多重防水和保温隔热技术，研发了装配式钢结构分户墙＋窄翼缘 H 型钢梁梁窝填充隔声体系，提升了建筑品质和居住舒适性。

3）研究应用搬运、装配、焊接、清根、打磨等智能制造机器人并建成示范生产线，提出了中厚板全熔透免清根机器人焊接方法及免试教免编程机器人喷涂技术，研发了工地 mini 弧焊接机器人、墙板安装机器人及无尘切割机等智能建造新装备，创新提出了装配式钢结构高层住宅组合楼板逆作法施工技术，全面提升了装配式钢结构建筑建造的智能化、自动化、工业化水平。

4）成果已成功应用于深圳国际酒店、湛江市东盛路公租房项目、武汉多山街产城融合示范新区一期、成都香城人居等 40 余项重点工程中，并向深铁置业等多家单位提供装配式钢结构技术咨询服务。项目获知识产权 74 项，其中国内发明专利 10 项，国际专利 5 项，发表 SCI、EI 论文 23 篇，形成省级工法 6 项。成果整体达国际先进水平，部分达国际领先水平，赢得社会各界认可，为推动我国装配式钢结构建筑的发展做出了创造性贡献。

四、与当前国内外同类研究、同类技术的综合比较

较国内外同类研究、技术的先进性在于以下三点：

（1）系统性地研究了装配式钢结构住宅新体系并应用于住房和城乡建设部科技示范项目。

（2）首次系统性地研究钢结构与三板的连接工艺并应用于住房和城乡建设部科技示范项目。

（3）系统性地开发了装配式钢结构住宅智能制造生产线和现场智能建造装备。

本技术通过国内外查新，查新结果为：在所检国内外文献范围内，未见有相同报道。

五、第三方评价、应用推广情况

1. 第三方评价

2016 年 7 月，湖北省住房和城乡建设厅组织了"钢结构二维龙骨模块化装配式建筑体系研究与应用"科技成果评价，专家委员会一致认为"该成果达到国际先进水平"。主要创新点如下：研发了钢结构二维龙骨模块化装配式建筑体系。该体系满足现行居住建筑和公共建筑节能标准的要求。

2020 年 9 月，湖北省建筑业协会组织了"钢结构装配式高层住宅设计与建造一体化技术"科技成果评价，专家委员会一致认为"该成果达到国际先进水平"。主要创新点如下：对钢结构装配式高层住宅功能进行了系统性研究，构件部品制作、连接节点及 ALC 条板安装节点的标准化。

2021 年 9 月，广东省钢结构协会组织了"沿海地区高层钢结构装配式混合结构住宅舒适性保障关键技术"科技成果评价，专家委员会一致认为"该成果达到国际先进水平"。主要创新点如下：研发了建筑平面与结构选型一体化设计技术，提出了以舒适性标准控制的结构体系优化技术和基于舒适度控制的部品选型与工艺技术。

2022 年 10 月，湖北技术交易所组织了"中厚板机器人智能焊接系统关键技术及应用"科技成果评价，专家委员会一致认为"该成果整体技术达到国际先进水平，其中多道焊接预测技术达到国际领先水平"。主要创新点如下：提出了基于视觉感知的中厚板坡口多维度数字化自适应表征方法和多干扰下焊接热源动力学行为表征方法和基于多层感知机（MLP）的多焊缝成型预测方法，研发了基于智能焊接控制系统的软件架构和底层开放的多核控制器、精准快装定位的多点手眼标定技术。

2022 年 12 月，河南省建筑业协会组织了"装配式钢结构高层住宅设计与建造关键技术"科技成果评价，专家委员会一致认为"该成果整体技术达到国际先进水平，在混凝土部品与钢结构的结合技术上达到了国际领先水平"。主要创新点如下：研发了混凝土部品与钢结构的结合技术，改进了装配式钢结构高层住宅墙板接缝、外墙防水、梁窝填充等细部构造做法，改善了住宅建筑防渗、抗裂、隔声、保温性能。

2022 年 4 月，受住房和城乡建设部委托，湖北省住房和城乡建设厅组织召开了住房和城乡建设部绿色技术创新综合示范-装配式建筑科技示范工程"蔡甸经济开发区奓山街产城融合示范新区一期项目 8 号楼"验收会，专家委员会一致认为"该项目已经完成了装配式建筑科技示范工程相关工作，实现了预先制定的目标，取得了良好的经济效益、社会效益和环境效益，具有良好的示范作用。同意通过验收"。

2020 年 7 月，住房和城乡建设部在其官网公开的《住房和城乡建设部办公厅关于同意开展钢结构装配式住宅建设试点的函》（建办市函〔2020〕397 号）中表明：同意将湛江市东盛路南侧钢结构公租房项目列为住房和城乡建设部钢结构装配式住宅建设试点项目。

2. 推广应用

研究成果已成功应用于深圳国际酒店、湛江市东盛路公租房、蔡甸经济开发区奓山街产城融合示范新区一期项目、成都香城人居等 40 余项重点工程，并向深铁置业等多家单位提供装配式钢结构技术咨询服务。

通过系列技术推广，2023 年公司陆续成功承接了武汉蔡甸奓山街工业园公共服务设施配套建设项目二期工程、眉山天府新区普通高中、东海投资大厦工程总承包项目等多个装配式钢结构项目，应用前景良好。

六、社会效益

装配式钢结构住宅建筑新技术研发与应用响应了国家新型建筑工业化的发展要求，是对建筑业转型升级发展的强力落实，有利于推进建筑产业管理的标准化、精细化和信息化，并给行业的利益格局和生产方式带来大变革，对我国新型建筑工业化的稳步推进起到了积极作用。

项目研发的装配式钢结构建筑新体系和建筑性能保障与提升技术，符合国家建筑工业化、绿色建筑、绿色施工的相关要求，实现了部品的工业化生产和现场的装配化建造，提高了建造效率，保证了建造质量，通过示范推广，扩大了装配式钢结构建筑的应用范围，提升了企业的品牌实力和影响力。

装配式钢结构建筑工业化建造装备、技术的创新研发以及实践性工程应用，推动了钢结构行业工业化建造发展，为众多钢结构企业提供了一套可行的解决方案，促进行业更快地向工业化智能建造转型升级。有助于建立钢结构智能建造领域技术发展的技术交流生态圈，为推动产业链上下游科研力量的可持续发展贡献力量，获得良好的社会效益。

成果在助推科技进步、促进行业发展、培养专业人才、促进装配式推广等方面，发挥了极其重要的作用。

复杂水力耦合环境下特殊岩土深大基坑关键技术与工程应用

完成单位： 中国建筑西南勘察设计研究院有限公司、西南交通大学、重庆大学、中建地下空间有限公司

完成人： 胡　熠、崔　凯、仇文岗、王亨林、李琼林、郭永春、晏　宾、梁　树、黎　鸿、黎泳钦

一、立项背景

基坑工程是目前工程建设领域公认的高难度、高风险与高消耗的单元，其发生工程事故的概率远高于主体工程。基坑工程受到区域地质岩土、自然地理以及人类工程环境的共同影响，因此基坑工程事故的致灾机理，灾害模式和影响空间等具有显著的区域性和个体差异性。以砂卵石为代表的混合土类和膨胀土在成都平原及周边地区广泛分布，砂卵石地层具有富水和粗细颗粒混杂的特点，膨胀土地层具有分布浅和厚度大的特点，两者受大气环境与地下水位变化的影响显著。2010年以来，该地区发生基坑工程事故超过百起，其中发生于前述两类地层的基坑事故占95％以上。事故有工程管理的原因，但更多都是因为认知和设计不清晰，缺乏针对性造成的。复杂的水力耦合环境导致两类地层中的深大基坑工程安全隐患大，砂卵石与膨胀土的水力耦合机理复杂，相应的基坑工程设计方法欠科学，工程措施与技术标准不足，都是工程安全所面临的难题，其问题产生的原因主要包括以下3点：

（1）粗细混合土、膨胀土以及红层岩土水力性质极为复杂，现有的土力学理论无法对特殊岩土场地基坑安全设计与精细化数值计算提供科学支撑。

（2）粗细混合土中细颗粒含量和饱和度在地层空间分布不均，膨胀土中随机分布的裂隙及水文条件变化引起施加附加荷载等问题，使得目前基坑安全设计理论在该地区特殊岩土场地的适用性不足。

（3）目前，已有的基坑建造中的支护产品、施工装备与工艺等在面向特殊岩土场地基坑时存在支护效果不佳，已有的监测标准和体系对于特殊岩土场地适用性差。

揭示两类特殊岩土的水力耦合机理，优化基坑安全设计方法，研发高效与智能化的安全保障技术，构建基坑工程相关技术标准，对于该地区深大基坑工程的安全修建与节能降耗具有重要的现实意义。鉴于此，中建西南勘察设计研究院有限公司联合西南交通大学、重庆大学等单位，开展产学研联合攻关，针对上述问题开展研究与成果推广应用工作。对提升川渝地区特殊岩土场地基坑工程的安全，保障人民群众的生命财产安全均具有重要意义。

二、详细科学技术内容

1. 砂卵石等混合土类水力耦合本构模型研究

针对砂卵石类的混合土颗粒较大的特点，本项目研发了适用于砂卵石土的大尺寸力学参数测试仪器，解决了过去砂卵石土无法进行力学参数测定试验的问题。新研发的模型可以实现颗粒直径15cm的卵石土试件的直剪和三轴试验，同时还根据测试试验结果建立了砂卵石土的水力耦合本构模型，解决了设计方法研究前的理论问题。见图1、图2。

图1　自研砂卵石土压缩-直剪联合测定仪

图2　自研砂卵石土非饱和三轴仪及剪切仪

2. 非饱和试样的膨胀特性研究

本项目对过去膨胀土膨胀特性试验只能进行饱和试验测试的问题进行了改进，研发了可以测试不同含水率下土体膨胀性的测试设备，并通过大量实测结果建立了膨胀土含水率-膨胀力的曲线模型从，使得试验结果更接近工程实际情况，为膨胀土边坡附加荷载的计算提供了理论支持。见图3。

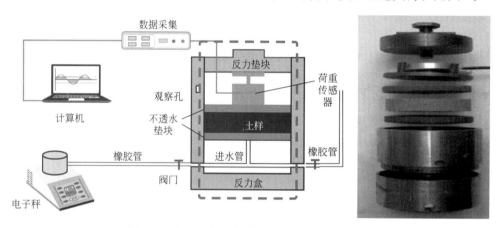

图3　膨胀土吸水膨胀系数测试装置及核心组件

3. 融入水力耦合理论的基坑安全设计方法研究

本项目在获得了非饱和土膨胀特性与含水率变化规律的基础上，通过边坡模型的室内试验和现场试验，提出了基于湿度场水力耦合条件下的基坑附加膨胀荷载计算方法，解决了过去边坡附加膨胀荷载无法量化计算的问题，并据此提出了膨胀土基坑支护设计理论与方法，填补了现行规范的空白。见图4、图5。

图4　现场试验与模型试验

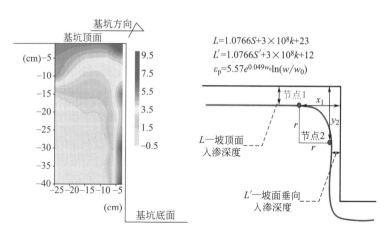

$$L=1.0766S+3\times10^8k+23$$
$$L'=1.0766S'+3\times10^8k+12$$
$$\varepsilon_p=5.57e^{0.049w_0}\ln(w/w_0)$$

图5　边坡湿度场分布及膨胀荷载计算方法

4. 基于人工智能的基坑动态设计方法与结构动态补强技术研究

在本项目中，通过分析大量仿真与实测工程样本库，再通过实际的基坑变形监测数据与数据库数据进行对比分析，形成了融合人工智能的基坑变形快速预测方法，在基坑工程中利用该技术可以对基坑变形进行快速预测，实现了特殊场地基坑设计的快速动态调整与结构动态安全补强能力。见图6、图7。

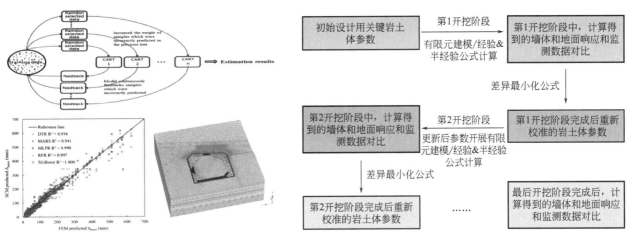

图6　空间变形预测结果与验证　　　　图7　动态设计与结构工作流程

5. 膨胀土基坑支护的施工新材料、新装备与新工艺研发

根据膨胀土的自身水敏性特性及物理力学特点，专门开发了基于不同成孔工艺的旋喷扩体锚杆/索技术，同时还研发了玄武岩筋材杆体用于替换传统锚杆中的钢筋/钢绞线，形成材料与变形控制上的技术优势。针对基坑边坡施工装备不智能，不连续的问题，研发了具备自主施工能力的自动化锚固钻机装备，实现了边坡锚杆的设备自主化施工，避免了人为操作带来的工程质量问题。见图8～图10。

图8　旋喷扩体锚杆　　　　图9　自动化锚固钻机　　　　图10　玄武岩筋材杆体

6. 基坑工程安全监控体系与变形预警监测平台研究

传统的基坑监测只能实现变形后的通报能力，为了能够真正地实现基坑边坡变形预测，本项目运用了土体湿度计等含水率监测新技术，并开发了基坑变形预警监测平台。成功实现了基坑变形前的有效预报，将基坑变形由过去的事后变形测量提高到事前及时预报，完善了基坑风险预警能力。见图11、图12。

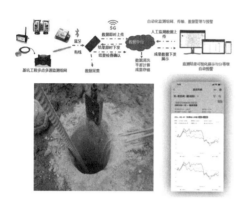

图 11　含水率监测预警

图 12　基坑变形智能预警监测管理平台

三、发现、发明及创新点

本项目的主要创新点如下：

1）研发了适用于砂卵石土的大尺寸力学参数测试仪器，解决了过去砂卵石土无法进行力学参数测定试验的问题。

2）研发了不同含水率下土体膨胀性的测试设备，建立了膨胀土含水率-膨胀力的曲线模型。解决了过去试验只能测得饱和膨胀性的问题，使得试验结果更接近工程实际。

3）通过室内试验、现场试验，提出了基于湿度场水力耦合条件下的基坑附加膨胀荷载计算方法，解决了过去边坡附加膨胀荷载无法量化计算的问题，并据此提出了膨胀土基坑支护设计理论与方法，填补了现行规范的空白。

4）通过分析大量仿真与实测工程样本库，建立了融合人工智能的基坑变形快速预测方法，实现了基坑设计的快速动态调整与结构动态安全补强。

5）根据膨胀土的自身水敏性特性及物理力学特点，研发了玄武岩筋材锚杆、旋喷扩体锚索、智能钻扩锚固钻机等新材料、新装备与新工艺，解决了传统施工方法不能在膨胀土基坑中应用的问题。

6）运用了土体含水率监测等新技术，实现了基坑变形前的有效预报，并开发了基坑变形预警监测平台。将基坑变形由过去的事后变形测量提高到事前及时预报，完善了基坑风险预警能力。

四、与当前国内外同类研究、同类技术的综合比较

本项目成果技术与国内外同类研究成果对比如下：

1）膨胀土和卵石土试验仪器与方法方面，本项目成果可以测试不同含水率下的土样膨胀率，可测试颗粒直径 15cm 的卵石土试件，国内外同类技术只能测试饱和状态下的膨胀率，卵石土只能测试颗粒直径小于 5cm 的试件。

2）膨胀土基坑支护设计方法方面，本项目成果可以通过计算边坡膨胀附加荷载后，据此进行基坑稳定性分析与支护结构设计，国内外同类技术无法计算膨胀土附加荷载，没有设计理论，只能通过折减力学参数来进行设计。

3）基坑空间变形预测与动态设计优化方面，本项目成果预测时间达到分钟级，国内外同类技术预测时间为小时级。

4）玄武岩纤维筋材与旋喷扩体锚杆技术方面，本项目成果较钢筋可节约成本 30％，锚杆拉拔力 800kN 以上，国内外同类技术没有玄武岩纤维相关产品，锚杆拉拔力 500kN，且成本更高。

5）基坑安全预警平台方面，本项目通过监测含水率变化具有变形前提前预测变形的预报能力，预报准确率 90％以上，国内外无同类技术产品。

五、第三方评价、应用推广情况

1. 第三方评价

中国、新加坡工程院院士等知名学者均发文引用本项目成果，认为相对于既有技术更有优势。

2022 年 4 月 30 日，在由四川省技术市场协会组织的成果评价会上，以院士为组长的科技成果评价委员会一致认为：该成果整体居国际先进水平。其中，混合土与膨胀土水力耦合理论、基坑变形的数智技术预测方法和玄武岩纤维复合筋材锚杆技术达到国际领先水平。

2. 推广应用

本项目的研究成果在成都天府国际机场、绿地中心 468 超高层项目、重庆来福士广场、成都火车东站等标志性建筑、机场和铁路枢纽项目中得到了应用。近三年，应用本项目成果所开展的基坑工程勘察、设计、施工和监测等项目，新增销售额 45.75 亿元、利润 5.78 亿元、税收 8945 万元。

六、社会效益

研究成果在近百项深大基坑工程中得到了应用，特别是成都地区采用本项目研究成果后，再未出现过膨胀土基坑支护结构破坏、基坑垮塌的工程安全事故。研究成果对提升川渝地区特殊岩土场地基坑工程安全，保障人民群众的生命财产安全均具有重要意义，很好地服务保障了国家成渝双城经济圈重大战略的建设实施，有很高的推广价值和社会效益。

复杂海域环境下大型桥梁施工综合技术研究

完成单位： 中国建筑第六工程局有限公司、中建桥梁有限公司、中建丝路建设投资有限公司

完成人： 焦　莹、余　流、曹海清、曾银勇、高　璞、李林挺、朱世豪、周俊龙、刘晓敏、卢　俊

一、立项背景

近年来，伴随国家综合国力的提升和科技水平的发展，我国交通基础设施建设取得了飞速发展。其中，大型桥梁作为公路和铁路枢纽跨障碍的重要和主要手段，成为交通设施建设水平的重要标志。随着内陆交通网络的逐渐形成，桥梁建设业已逐渐从内陆延伸到海上。跨海桥梁在推动地区经贸合作及文化交流上发挥着重要作用。

未来几年，我国将继续保持桥梁建设高输出性状态，这与我国目前的经济态势有关，目前我国是世界第二大经济体，人口数量众多，经济的发展离不开基础设施尤其是桥梁类的建设；同时，我国目前正积极实施走出去战略，借助"一带一路"规划，我国桥梁建设将向更大、更复杂方向发展，尤其是针对跨海桥梁的建设，将是我国与外界沟通联系的纽带，将是我国桥梁建设的重点。

海洋环境复杂多变，孕育着多种自然灾害，如典型的风暴潮、灾害性海浪、海冰、海啸等海洋灾害和以台风为主的气象灾害。人类活动密集的沿海区域频繁承受这些自然灾害的袭击，给海洋基础设施和沿岸设施造成极大的破坏。我国海岸和近海区域辽阔：海洋灾害以风暴潮、海浪、海冰为主，此外，还存在发生海啸巨灾的潜在风险；气象灾害则以台风为主，主要集中于南海、东海沿海区域。海浪灾害方面，我国南海、东海、琼州海峡，台湾海峡等海域出现巨浪的频率较高。2017年，我国近海共出现有效波高4.0m（含）以上的灾害性海浪过程34次。其中，台风浪21次，冷空气浪和气旋浪13次。不同于内陆桥梁，跨海桥梁置身于沿海海洋环境当中，在其推动国民经济发展与给我们的生活带来便利的同时，其自身也面临着极其严峻的海洋灾害和气象灾害的考验。诸如海啸、台风、和台风引起的巨浪、风暴潮等均可对跨海桥梁构成极大威胁。

跨海大桥因其施工环境恶劣，作业条件复杂，施工难度相比越江大桥大大增加。为促进深水大跨桥梁施工技术的发展，提高深水大跨桥梁施工人员解决相关问题的能力，为深水大跨桥梁的推广提供技术支持，亟须对深水大跨桥梁施工展开关键技术研发。

二、详细科学技术内容

1. 创新研发海上超长钢管桩高精度定位及沉桩技术

首次采用"北斗＋GPS RTK"双模差分测量控制系统进行施工定位，实现了钢管桩沉打平面误差小于10cm。相较于杭州湾大桥、胶州湾跨海大桥等工程钢管桩平面控制精度≥20cm，本项技术成功实现深海域110m超长钢管桩沉打精度进入厘米级控制的新领域。创新运用钢管桩高应变动测和GRL-WEAP程序完成钢管桩可打性分析，形成一整套沉桩作业锤型选取技术。突破以往桩基钢筋笼下方方式，形成适用于各种斜率的倾斜钢管桩填芯混凝土浇筑施工技术。通过多次试桩施工总结，调整施工流程、优化施工工序，形成了一套海上超长钢管桩打设施工技术，能减少施工过程中钢管桩外壁的冲击性损伤，有效保护钢管桩涂层。见图1。

2. 发明一种可拆卸底板钢吊箱，在承台施工中可完全周转使用

通过攻关钢吊箱底板设计、壁体结构设计、吊耳设计、挑梁结构设计、拉压杆和吊杆结构设计，发

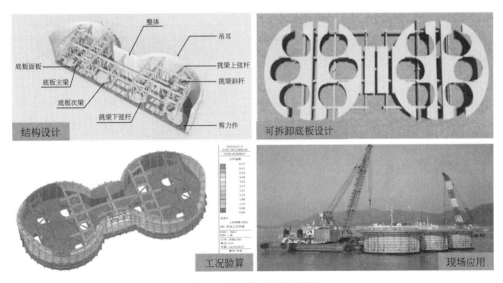

图 1　海上超长钢管桩高精度定位及沉桩技术

明了一种可完全周转使用的可拆卸底板钢吊箱承台模板。首次克服了钢吊箱底板不能拆除的技术难点，实现了钢底板可拆除可周转利用，节约了工程的周转材使用，解决了跨海大桥钢吊箱底板不可拆卸的难题，促进了桥梁绿色施工技术的发展，经济、环境效益显著。单个钢吊箱底板用钢量 20t，通过可拆卸循环利用，节约底板用钢量 2400t，节省 1200 万元费用。同时，钢底板水上拆除，解决了钢底板与钢管桩的电导通问题。利用 GPS-RTK 测量技术，采用浮吊船绞锚的方式粗调整钢吊箱位置，控制固定在钢管桩上的手拉葫芦精确调整钢吊箱位置，使得钢吊箱轴线偏差均小于 10mm，达到高精度要求。最终形成了一套采用浮吊船整体下放承台钢吊箱施工技术，包括钢吊箱下放准备、试吊、起吊、粗定位及调整、精确定位及下放等关键技术。见图 2。

图 2　可拆卸底板钢吊箱

3. 研发了海域环境下横梁与塔柱异步施工技术并采用塔柱大节段爬模技术

首次采用无栈桥法海上施工测量控制网布设技术，通过对控制点的加密增加测回数等方法，保证了主塔测量定位精度满足规范要求。改进重型爬模技术，将索塔分节高度从 4.5m 优化至 6.0m，减少了塔柱节段数量，节约关键线路工期 60d。塔柱与下横梁采用异步施工技术，中塔柱施工完成再进行下横梁施工，下横梁钢筋采用模块化加工，节约关键线路工期 20d。形成了整套钢锚梁及牛腿预制及整体吊装技术，完成了斜拉桥索塔施工。见图 3。

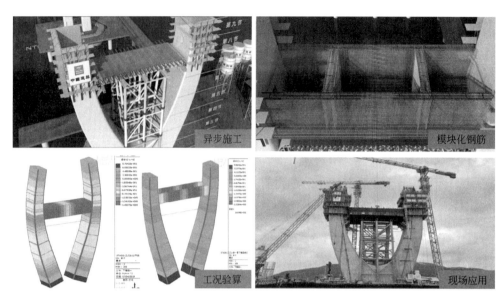

图 3 索塔施工

4. 发明了钢箱梁可调节装配式吊具，完成多尺寸异形钢箱梁架设，海上首次应用顶推法完成下穿既有线钢箱梁架设

创新研发了一种可调节装配式吊具，解决了海上互通立交桥钢箱梁结构复杂、几何尺寸多样、异性梁段形心与重心不统一、吊装难平衡等难题，对异形及尺寸规格样式多的钢箱梁具有很好的适用性。通过横梁和纵梁上的液压油缸可以实现吊具在平面位置上的双向调整，从而保证曲线梁段吊装的平衡，具有可调整钢梁空中姿态、快速安全就位等优点。形成了一整套海上互通立交桥异形钢箱梁吊装施工技术，包括船舶抛锚及钢箱梁吊装下放技术、海域钢箱梁安装防风技术、钢箱梁工地自动化焊接技术。见图 4。

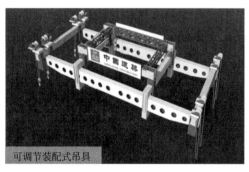

图 4 可调节装配式吊具

首次采用海上顶推施工方法，研发了一种装配式的安装平台，设置 1 组顶推支架和 12 个顶推点，实现了深海域桥梁上部结构钢箱梁下穿既有主线桥梁。通过在钢箱梁两端设置缆风绳进行箱梁控制姿态调整，同时采用三维千斤顶进行联动同步调整，确保了钢箱梁的高程控制。通过在梁段表面设置手拉葫芦挂钩实现梁段间粗定位，通过穿杆对拉螺杆、安装高强度螺栓等方式实现梁段精确对接就位。顶推过程中，根据钢箱梁线形变化及时增减钢板数量，保证了钢箱梁顶推过程中各部分的受力均匀。见图 5。

三、发现、发明及创新点

1）研发海上超长钢管桩高精度定位沉打控制技术，实现倾斜钢管桩沉打精度的新突破，解决了海上超长钢管桩精确定位施工的世界性难题。

2）创新设计可完全周转使用的钢吊箱承台模板，实现跨海大桥钢吊箱底板可回收利用，解决了跨

图 5　海上钢箱梁顶推

海大桥钢吊箱底板不可拆卸的难题，促进了桥梁绿色施工技术的发展，经济、环境效益显著。

3）开发海域孤岛平台环境下索塔与下横梁异步施工关键技术，简化海域索塔施工建造工序，塔柱采用 6m 大节段施工，大幅节约了施工工期。

4）创新研发复杂海洋环境下互通立交桥钢箱梁安装全过程技术体系，实现了深海域大型复杂互通钢箱梁顶推、精确安装施工，填补了该领域施工技术空白。

5）研究成果获国家发明专利 5 项，实用新型专利 19 项，主编企业标准 3 项，发表海域桥梁工程施工技术集成 1 本，发表论文 17 篇（EI 检索 1 篇、中文核心期刊 4 篇）。

四、与当前国内外同类研究、同类技术的综合比较

1）首次采用"海上沉桩 GPS-RTK 定位系统"定位，解决了钢管桩沉打平面定位难度大问题，国内外首次应用；

2）发明了一种可拆卸底板钢吊箱，大幅节约钢材用量，国内外未见先例；

3）引入并改进下横梁与塔柱异步施工技术，实现了塔柱 6m 大节段爬模，大幅节约了工期，国内外首次采用；

4）研发了一种可调节装配式吊具，适用于尺寸规格样式多的钢箱梁。并且，首次实现海上钢箱梁顶推施工，国内外未见先例。

五、第三方评价、应用推广情况

1. 第三方评价

2022 年 4 月 16 日，天津市建筑业协会在天津主持召开了本项目科技成果评价会，组织大师等国内桥梁领域知名专家对课题成果进行鉴定，评价委员会同意通过评价，本成果整体达到国际领先水平。

2. 推广应用

本项技术成果已成功在下列两座桥梁工程中得到应用，经济效益和社会效益显著。

1）宝鸡市团结渭河大桥工程超高钻石型索塔施工测量关键技术。该项技术提高环形景观钢塔安装精度和施工效率，节约关键线路工期 30d。

2）海螺岛市政配套工程项目栈桥模块化设计及施工技术。应用此项技术为项目节约工期 45d，节约资金 480 万元。

六、社会效益

依托工程舟岱大桥属于深海域大型桥梁工程，大部分施工内容位于海面，技术人员引入信息化仿真结合有限元分析的先进手段攻坚克难，发明了大直径超长钻孔灌注桩钢筋笼悬挂装置、驳船上岸及下水方案、桥塔施工的塔式起重机基础结构、海上钢箱梁安装墩顶操作平台等。其中，驳船上岸、下水方案获得了国家发明专利，多项海上施工作业新装置获得了实用新型专利。国内首次采用的可拆卸底板钢吊箱承台模板，并且具有结构设计稳定、承台底板可拆卸、减少海上作业时间和工序等优点。新技术、新材料、新设备和新工艺四新技术在舟岱大桥施工过程中得到了充分的体现和应用，系列创新成功地解决了海上大型互通立交桥上部结构施工中的多个难题，形成了一整套海上钢箱梁顶推作业方法。大大推动了深海域桥梁工程施工领域的发展，加速了模块化施工建造技术的推广，可大量节约钢材和海上船舶设备的投入，降低能源消耗和环境污染，节能减排效益明显。

研究成果获国家发明专利5项，实用新型专利19项，主编企业标准3项，发表海域桥梁工程施工技术集成1本，发表论文17篇（EI检索1篇、中文核心期刊4篇），形成了一套完整的复杂环境下海域桥梁建设综合技术，技术及经验可提供给同类型深海域桥梁借鉴与使用，开创了钢箱梁海上顶推的先河，提高了世界桥梁建造的技术水平，促进了行业的进步。加快了舟岱大桥建设的施工进度，促进了舟山本岛和长白岛的基础建设和经济发展。技术研究提升了企业自主创新能力，为桥梁施工领域培养出一批优秀的施工技术人才。通过施工过程中的规范化管理，加快了施工人员向产业化转变的进程。技术研究过程中获得众多奖项，通过外界技术观摩，提升了舟岱大桥项目和企业本身的国内外影响力。研究成果降低了工程费用，提高了工程科技含量，有着较好的推广前景和工程价值。为丰富完善相关设计规范、规程提供了重要的科学依据，对提升我国跨海大桥的水平和国际竞争力具有重要意义。

高烈度区钢混组合梁斜拉桥建造与振动控制关键技术及应用

完成单位：中建七局第四建筑有限公司、中国建筑第七工程局有限公司、华北水利水电大学、中国市政工程中南设计研究总院有限公司

完成人：张文明、莫江峰、高宇甲、牛彦平、韩明涛、赵　展、顾　军、汪志昊、王子军、徐宙元

一、立项背景

随着"一带一路"和新基建的提出，城市轨道交通蓬勃发展，各种结构新颖、形式复杂的斜拉桥相继出现，给施工过程带来的难度更大，同时对斜拉索抗振的要求也越来越高，因此，对斜拉桥施工技术的研究具有重要的实用价值。该研究成果通过设计、施工、抗震等方面综合研发了高烈度区钢混组合梁斜拉桥建造与振动控制关键技术及应用，从理论和实践的角度为桥梁工程施工提供示范作用和思维想法，并经梳理总结形成了相应的技术成果，为我国今后桥梁工程建设提供参考与技术支撑。

二、详细科学技术内容

1. 高烈度区钢混组合梁斜拉桥设计

创新成果一：构建了高烈度区钢混组合梁斜拉桥结构体系

为提高高烈度区斜拉桥的适应性，桥梁的抗震设计采用纵横向约束，设置纵向黏滞阻尼器、摩擦摆支座等减隔震设施，结合空间双塔双索面半飘浮约束体系，利用钻石形钢混桥塔和双边工字形钢-混组合梁构建了斜拉桥结构体系，避免了混凝土过重、全钢桥梁成本高的难题，达到减轻恒载、易控制线形的目标。见图1、图2。

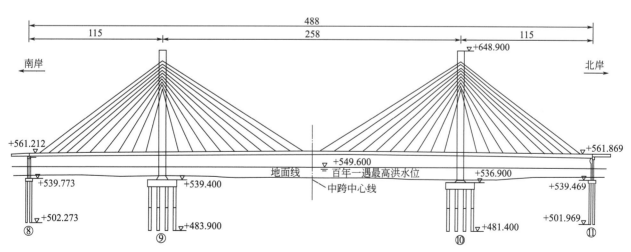

图1　清溪渭河大桥主桥立面布置

发明了一种新型斜拉桥结构及交替翻折翼缘型钢板剪力键的构造，克服了传统剪力键所存在的不足，确保了钢梁与混凝土间具有足够的抗剪强度，交替翻折翼缘的构造提高了钢梁与混凝土间的抗拉拔性能，肋板开半圆孔的构造解决了传统开孔钢板剪力键将贯通钢筋从侧面穿入圆孔困难的问题，并且具

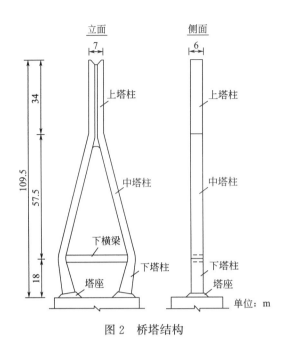

图 2 桥塔结构

有结构简单、施工方便快捷、钢材浪费少的优点。

创新成果二：建立了高烈度区钢混组合梁斜拉桥减振体系

针对传统电磁阻尼器因刚性支撑而影响减振效果的难题，首次提出了旋转式电磁阻尼器斜拉索减振技术，通过惯性力原理产生负刚度效应，提高了阻尼器等效阻尼系数调节效率，实现了阻尼器等效阻尼系数的调节和柔性连接。发明一种斜拉桥减振装置及主梁阻尼控制系统，有效提升了减振效果。见图 3、图 4。

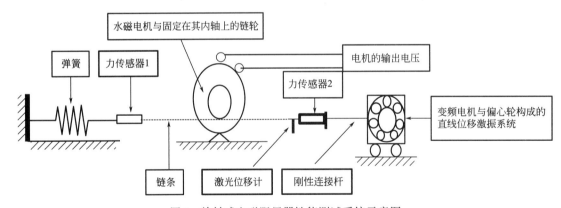

图 3 旋转式电磁阻尼器性能测试系统示意图

模态阶次	频率/Hz	阻尼比/%
1	1.434	0.59
2	1.969	0.15
3	2.983	0.11
4	3.912	0.12
5	4.902	0.12

图 4 斜拉索的模态频率与固有阻尼比

研发了自供电 MR 阻尼器复合减振系统，通过滚珠丝杠传动系统实现了斜拉索往复直线运动与能量回收电机高速旋转运动的转化，振动能量回收效率可以有效满足 MR 阻尼器供电需要，摆脱了 MR 阻尼器对外界电源的依赖，其系统的负刚度特性，实现了阻尼器对斜拉索第 2～4 阶模态显著减振效果，相应的模态阻尼比分别提高了 31.8%、37.4% 与 43.0%。显著提高了自供电 MR 阻尼器对斜拉索高阶模态的减振效果。见图 5、图 6。

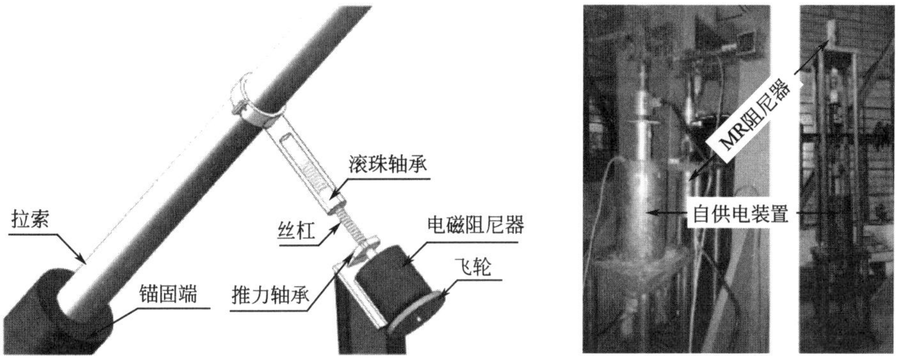

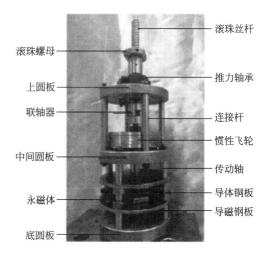

图 5　斜拉索－自供电 MR 阻尼器复合减振系统示意

提出了电涡流惯质阻尼器斜拉索减振新方法，得出了惯性质量频率相关型负刚度与恒定型负刚度对斜拉索阻尼器的减振增效作用与机理；提升了传统被动黏滞阻尼器（VD）对斜拉索的减振效果。实现了电涡流阻尼和惯性质量对斜拉索减振的双重增效。见图 7、图 8。

工况	第 1 阶模态		第 2 阶模态	
	阻尼比/%	附加阻尼比/%	阻尼比/%	附加阻尼比/%
1	0.43	0.27	0.48	0.33
2	0.61	0.45	0.61	0.46
3	1.19	1.03	0.99	0.84
4	0.95	0.79	0.96	0.81
5	0.48	0.32	0.52	0.37
6	1.08	0.92	1.17	1.02
7	0.78	0.62	0.92	0.77
8	1.35	1.19	1.41	1.26

图 6　自供电 MR 阻尼器复合减振对拉索振动控制试验结果

图 7　电涡流惯质阻尼器（ECIMD）

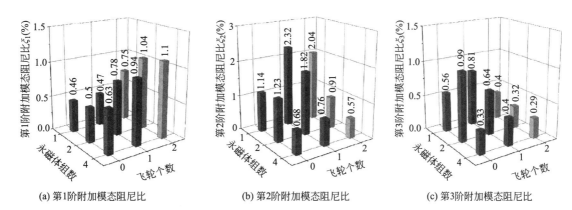

(a) 第1阶附加模态阻尼比　　　(b) 第2阶附加模态阻尼比　　　(c) 第3阶附加模态阻尼比

图 8　斜拉索前 3 阶附加模态阻尼比的试验值随 ECIMD 飞轮个数与永磁体组数的变化规律

结合大跨度斜拉桥结构的密频与风致耦合振动特点，研制了新型的双向共享质量与电涡流阻尼式 TMD，实现了竖向与水平 TMD 共享运动质量，同时通过引入电涡流阻尼实现了阻尼构件的共享，提高了减振效果，解决了密频结构风致减振附加质量过多的难题。见图 9、图 10。

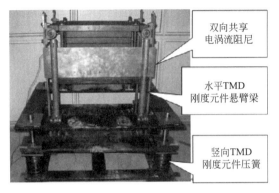

图 9 双向共享质量 TMD 概念示意图及实物图

振型序号	频率／Hz	附加模态阻尼比／％	振型描述
6	0.3026	2.39	主梁一阶对称竖弯
8	0.3295	2.57	
10	0.4308	2.03	主梁一阶对称侧弯
14	0.4664	2.13	
15	0.5627	0.43	主梁二阶对称竖弯
17	0.6186	4.55	
18	0.6414	2.40	主梁一阶对称扭转

图 10 附加双向调谐质量阻尼器后的结构模态频率与阻尼比

2. 高烈度区钢混组合梁斜拉桥高效建造关键技术

创新成果一：研发了高烈度区钢混组合梁斜拉桥高效建造技术

研发了分离式钢锚箱高精度安装施工技术，开发了索导管与钢锚箱分离安装工艺，结合三维激光扫描技术，实现钢锚箱高空毫米级高精度安装，降低了支架高度和吊装难度，节省了支架钢材，解决了钢锚箱易倾覆、易错位、易变形的老大难问题。见图 11。

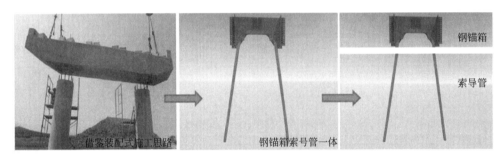

图 11 分离式钢锚箱高精度安装施工示意图

创新了索塔中塔柱钢筋张拉锚固技术，创制了一种新型精轧螺纹钢筋张拉锚固装置，利用力的传递原理，实现了在狭小的锚盒中机械锚固螺母，避免传统人工拧固造成的预应力损失和频繁的加锚作业，消除了人工拧固的脱锚风险和安全隐患，克服了张拉螺母拧紧难题。发明了一种跨河大桥稳定支撑基础及斜拉桥支撑体，实现了斜拉桥高效建造。见图 12。

图 12 一种新型精轧螺纹钢筋张拉锚固装置

创新并应用了基于 BIM 技术的斜拉桥端横梁配重优化设计，原设计配重压块材质为铁砂混凝土，通过 BIM 模拟分析端横梁容积，验证了普通混凝土可等重替换，能够满足空间需求，将预制压重块改为钢套箱整体现浇，实现了两百余万的经济效益。见图 13。

创新成果二：研发了高烈度区钢混组合梁斜拉桥拉索施工关键技术

针对索塔张拉端钢锚箱尺寸较小（2.3m），造成的张拉工装相互干涉无法对称张拉的难题，研发了高烈度区钢混组合梁斜拉桥非对称张拉施工技术，即边、中跨分级不同时张拉，实现最终索力与设计索

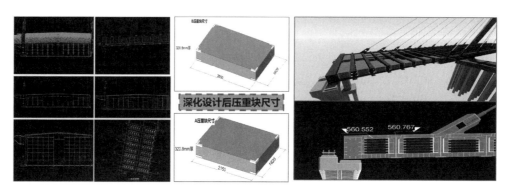

图 13 基于 BIM 技术的斜拉桥端横梁配重优化设计

力误差在 5% 以内，且有限元分析证实了该状态下桥梁的应力、变形情况符合设计及规范要求。见图 14、图 15。

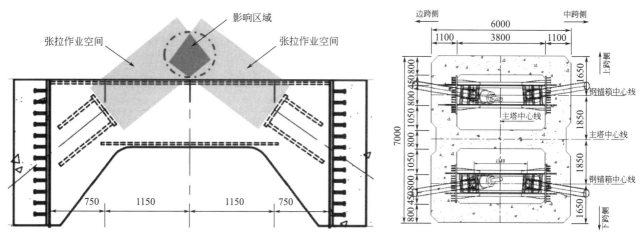

图 14 非对称张拉施工技术

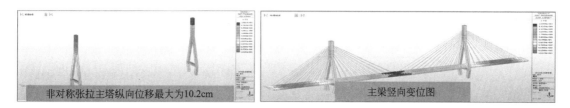

图 15 非对称张拉施工状态分析

研制了一种用于斜拉桥施工的拉索放索装置，采用模块化设计，创新设置了转动杆与滑动架，有效降低了拉索磨损，延长了拉索的使用寿命，实现机械主动均匀放索，避免了拉索过塔后突然下坠造成拉锁套转动失控而导致的拉索出现搅乱的情况，并创制出加热干燥系统，解决了拉索收放打滑和磨损锈蚀的难题，搭配压力传感器和报警器，提高了设备的智能化和施工效率。

3. 高烈度区钢混组合梁斜拉桥施工控制关键技术

创新成果一：高烈度区钢混组合梁斜拉桥索力控制关键技术

针对现有参数敏感性研究未考虑结构参数的随机变异性和多个结构参数的复合作用对结构响应的影响。为掌握斜拉桥主要结构参数对成桥、施工阶段力学性能的影响规律，首次采用均匀试验和正交试验，分别建立了结构参数与响应之间的隐式函数，结合极差分析和多元线性回归方程等显著性检验方法，确定了各参数的显著性与敏感性，解决了钢混组合梁斜拉桥参数敏感性分析中参数随机变异和耦合的难题。见图 16、图 17。

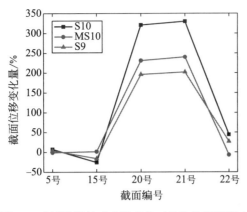

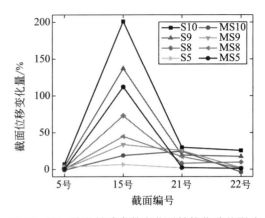

图 16 成桥阶段敏感参数变化对结构位移的影响　　　图 17 施工阶段敏感参数变化对结构位移的影响

　　选取敏感性参数构建响应面方程对施工阶段截面位移进行可靠度分析，首先选取对主梁和塔顶截面位移影响显著的斜拉索作为随机变量，然后采用均匀试验响应面法拟合出斜拉索索力与截面位移的显式关系式，最后结合蒙特卡洛抽样法，得到施工阶段索力容差区间变化对主梁和塔顶截面位移可靠度的影响范围。解决了现有施工阶段结构可靠度分析未能将功能函数显式化，分析计算时需要调用数量庞大的有限元的问题。见图 18、图 19。

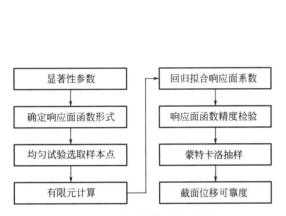

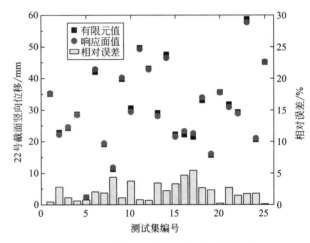

图 18 可靠度计算研究流程图　　　　　　图 19 22 号截面响应面函数拟合精度验证

　　以敏感性参数和可靠度为基础，突破了基于 BP 神经网络与粒子群算法的施工索力容差区间优化技术，首先根据参数敏感性分析确定待优化变量，以结构可靠度为基础，建立索力容差区间优化模型，然后结合优化目标和约束条件与施工索力的显式函数关系式创建神经网络样本，采用 BP 神经网络构建施工控制索力区间变化上下限与目标和约束函数的映射关系，最后结合粒子群算法进行索力容差区间优化。技术解决了钢混组合梁斜拉桥索力变化造成线性变动大、控制难的问题。解决了现有斜拉索索力优化目标均为一组确定值，在极端误差干扰下可能会破坏结构可靠性的现象，保障了结构安全，提升了斜拉桥施工过程中拉索索力的可控性和精准性，提高了施工效率。见图 20、图 21。

　　创新成果二：高烈度区钢混组合梁斜拉桥施工控制关键技术

　　开发了钻石型索塔姿态控制施工技术，在被动临时横撑的基础上，创新采用了液压主动支撑，抵消了索塔内倾产生附加弯矩，消除了塔柱根部残余应力，总结了一套主动横撑弯矩计算公式，为横向液压支撑施工提供参考，保障结构安全。发明了斜拉桥施工监测设备，通过微波雷达实现测量同步性，确保了拉索索力及桥梁线性满足要求。见图 22。

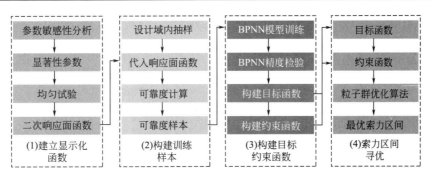

图 20 斜拉索索力容差区间优化方法

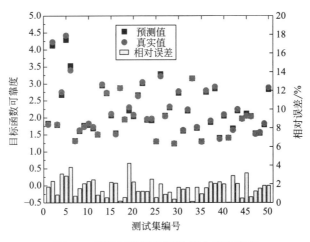

图 21 目标函数神经网络拟合精度验证

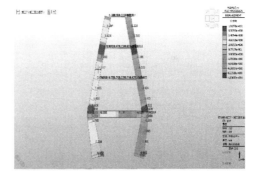

图 22 钻石型索塔中塔柱支撑梁施工

通过有限元模拟分析出卵石泥岩地层钢板桩施工的变形规律，分析了钢板桩施工的不利工况和变形破坏程度，开发了预引孔＋二次扫孔新工艺，通过旋挖钻变直径引孔，提高钢板桩施工精度，避免了钢板桩变形损坏，攻克了卵石泥岩地层钢板桩施工难题，具有极大的经济效益。见图23。

1.安装导梁、埋设护筒　　2.旋挖钻0.8m钻头引孔　　3.旋挖钻1.2m钻头扫孔

图 23 卵石泥岩地层钢板桩施工技术

创新并应用了基于 BIM＋三维激光扫描的主塔测量技术，通过点云模型与 BIM 模型整合比对，输出主塔坐标，实现主塔位置的校核，精度可达毫米级。见图 24。

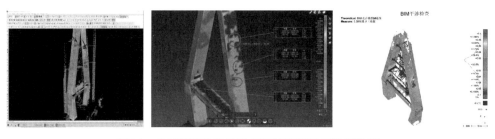

图 24　点云模型采集及重点区域进行标记输出数据

在河道两侧创新并应用了跨河斜拉桥无人机倾斜摄影测量技术，辅助项目进行场地优化布置及土方调配，解决了跨河斜拉桥前期无施工便道、地形测量难的问题。见图 25。

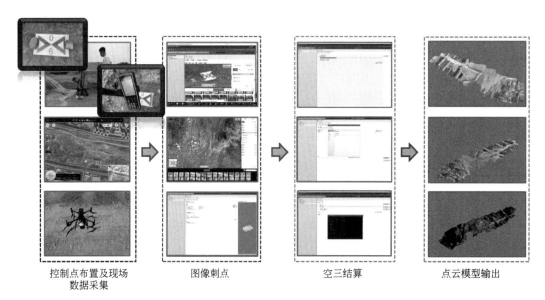

控制点布置及现场　　　　图像刺点　　　　　空三结算　　　　点云模型输出
数据采集

图 25　跨河斜拉桥无人机倾斜摄影测量技术

三、发现、发明及创新点

1）构建了高烈度区钢混组合梁斜拉桥抗振结构体系，首次提出旋转式电磁阻尼器斜拉索减振技术，研发了自供电 MR 阻尼器复合减振系统，实现了阻尼器对斜拉索第 2～4 阶模态显著减振效果，提高了传统阻尼器的减振效果，解决了密频结构风致减振附加质量过多的难题。

2）开发了索导管与钢锚箱分离安装工艺，实现钢锚箱高空高精度安装；研发了高烈度区钢混组合梁斜拉桥非对称张拉施工技术，研制了新型精轧螺纹钢筋张拉锚固装置、拉索放索装置，发明了跨河大桥稳定支撑基础及斜拉桥支撑体，实现了斜拉桥高效建造。

3）攻克钢混组合梁斜拉桥参数敏感性分析中参数随机变异和耦合的难题，提出了基于 BP 神经网络与粒子群算法的施工索力容差区间优化技术，提高了钢混组合梁斜拉桥施工过程中拉索索力的可控性和精准性，开发了钻石型索塔姿态控制施工技术，创新采用了液压主动支撑，发明了斜拉桥施工监测设备，确保了拉索索力及桥梁线性满足要求。

4）形成了授权发明专利 16 项、实用新型 59 项，发表 EI 期刊论文 10 篇、中文核心期刊论文 4 篇，获批省部级工法 2 部，国际 BIM 奖 2 项。研究成果应用于河南省、陕西省等重点工程，近三年产生经济效益 20209 万元，为桥梁工程的建设提供了关键技术支撑，经济效益、社会效益和生态环境效益显著。

四、与当前国内外同类研究、同类技术的综合比较

较国内外同类研究、技术的先进性在于以下四点：

1）建立了高烈度区钢混组合梁斜拉桥减振体系。结合空间双塔双索面半飘浮约束体系，利用钻石形钢混桥塔和双边工字钢-混组合梁构建了斜拉桥结构体系，避免了混凝土过重、全钢桥梁成本高的难题，达到减轻恒载、易控制线性的目标。提出了新型斜拉桥结构及交替翻折翼缘型钢板剪力键的构造体系，克服了传统剪力键所存在的不足。

2）自主研发了高烈度区钢混组合梁斜拉桥索塔施工关键技术。自主创新了预引孔＋二次成孔插打钢板桩的工艺，创新采用了液压主动支撑，自主研发了索导管与钢锚箱分离安装的新工艺，并发明了新型精轧螺纹钢筋张拉锚固装置。

3）突破了高烈度区钢混组合梁斜拉桥索力控制技术。研制了一种用于斜拉桥施工的拉索放索装置及其使用方法，研发了高烈度区钢混组合梁斜拉桥非对称张拉施工技术及斜拉桥施工监测设备，首次采用均匀试验和正交试验，分别建立了结构参数与响应之间的隐式函数，结合极差分析和多元线性回归方程等显著性检验方法，确定了各参数的显著性与敏感性，解决了大跨度钢混组合梁斜拉桥，参数敏感性分析中参数随机变异和耦合的难题，可为类似桥梁的敏感性分析提供依据。

4）创新了高烈度区钢混组合梁斜拉桥拉索减震增效技术。首次提出旋转式电磁阻尼器斜拉索减震技术，创制了一种旋转电磁阻尼器，研发了自供电 MR 阻尼器复合减震系统，揭示了该系统的负刚度特性，提出一种融合旋转式电涡流阻尼技术与滚珠丝杠两节点惯质单元的电涡流惯质阻尼器（ECIMD）斜拉索减震新方法，研制了新型的双向共享质量与电涡流阻尼式 TMD。

本技术通过国内外查新，查新结果为：在所检国内外文献范围内，未见有相同报道。

五、第三方评价、应用推广情况

1. 第三方评价

2023 年 4 月 13 日，经深科合创（深圳）科学技术咨询服务有限公司组织专家对"高烈度区钢混组合梁斜拉桥建造与振动控制关键技术及应用"进行了科技成果评价，该项目研究成果整体达到了国际先进水平。

2. 推广应用

关键技术已在宝鸡市清溪渭河大桥、沈丘沙河大桥、滨河国际新城潮晟路跨潮河桥、郑州龙子湖望龙东桥、西安常宁市政等工程中成功应用，有效解决高烈度区钢混组合梁斜拉桥建造与振动控制的难题，大幅降低建筑能耗、施工成本，提高施工质量，保证施工安全。

六、社会效益

研究构建的集理论、技术、装备为一体的高烈度区钢混组合梁斜拉桥建造与振动控制关键技术体系，弥补和丰富了我国桥梁工程施工技术中的不足，为高烈度区斜拉桥高效建造与振动控制提供了科学和技术的支撑。项目通过理论创新、技术突破、装置研发和工程应用，构建了高烈度区钢混组合梁斜拉桥结构体系，建立了高烈度区钢混组合梁斜拉桥高效减振技术体系，有力地助推了我国桥梁的建造水平。

城镇雨污精准截蓄与快速净化技术开发及工程应用

完成单位：中建环能科技股份有限公司、中国市政工程华北设计研究总院有限公司、北京建筑大学、中建工程产业技术研究院有限公司

完 成 人：张鹤清、佟庆远、刘　静、张　伟、于金旗、黄光华、吴文伶、王哲晓、隋克俭、佟斯翰

一、立项背景

城镇河湖雨季水环境污染是当前日益受到广泛关注的重要问题，严重影响了城镇河湖水环境质量持续改善，其根源为雨季城镇面源及排水管网的溢流污染。系统推进降雨径流污染治理、科学实施水体雨季污染监控预警是进一步巩固城镇河湖水体治理成果、实现长制久清的必经之路，面源/溢流污染控制已成为我国当前重大需求。推动城镇雨水径流污染治理技术的优化实施、落实规划目标与具体任务的衔接是城镇雨污水径流污染与溢流污染精细化管控及河湖水环境质量持续改善的重点与难点。

当前，城镇雨污水治理主要存在三个难点。第一，如何实现排口截流调蓄的精准性。传统截流井存在若干功能性问题，如何实现雨期及非雨期、降雨初期及中后期、设计标准内降雨及超标暴雨等不同情况的精准截流调蓄是一个难点。第二，管网沉积和雨水冲刷带来的砂和渣一直是行业痛点。研究显示，雨污水中小于 $200\mu m$ 的细砂占比高达 80%，容易沉积到设施底部，难于去除；同时，毛发、纤维物质容易导致设备堵塞、缠绕、破损等问题。实现高精度砂和渣的预处理，对于后续处理工艺的稳定运行与设备维护非常重要。第三，降雨径流流量及水质的短时多变性导致传统混凝沉淀、活性污泥法难以应对，以颗粒物污染去除为核心，研发具备大流量处理、快速启停能力的净化回用技术是难点。

基于上述雨污水收集、治理环节的现实问题，本项目总体思路为：构建面向河湖水质目标的城镇雨污水治理方法与技术体系，研发精准截蓄、砂渣协同预处理和磁强化快速净化技术装备，开展工程验证及生态安全评价，形成系统的城镇雨污水控制方案，并将其快速成果转化及应用推广。

二、详细科学技术内容

1. 面向城镇河湖水质目标的雨污水控制方法与技术体系

创新成果一：初期雨水弃流量的量化方法

基于典型下垫面径流污染特征，创新提出初期雨水弃流量的量化确定方法，有效解决传统初期冲刷评价方法无法有效识别初期弃流量的技术瓶颈，提出的初期弃流量和污染物排放率关系曲线，为初期雨水污染控制提供有效理论支持和方法支撑。

创新成果二：面向城镇河湖排口雨污水控制技术体系

解析了管网末端径流截流/调蓄及不同种类净化方法的技术经济特征，综合考虑实际工况及受纳水体环境约束，提出了截蓄后排放、快速净化后排放和生物/深度处理后回用3种末端处理方式。进而耦合城市河湖生态健康、水环境容量、径流污染特征、管网排放压力，基于雨水径流截蓄＋净化时空需求，构建了面向河湖水质目标的城镇雨污水控制技术体系，确保工程精准实施及高效运行维护。见图1、图2。

创新成果三：城镇雨污水控制设施的动态运维模式

基于排放特征、雨期-非雨期等实际工况条件，创新提出了雨水径流控制设施的动态运维模式。针

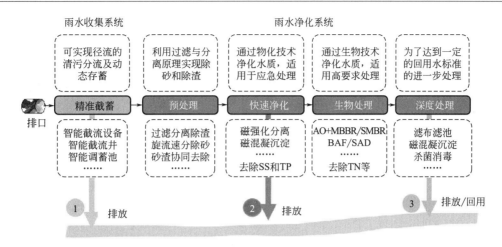

图 1　城镇雨污水控制方法

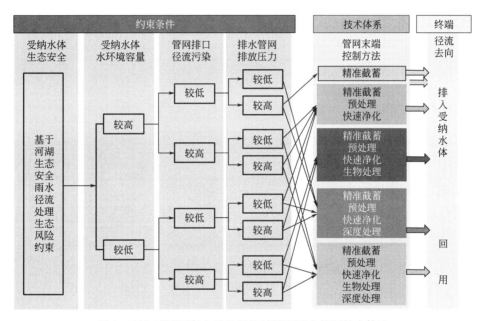

图 2　面向城镇河湖水质目标的城镇雨污水控制技术体系

对排口溢流雨污水截蓄和净化设施的日常运行，要根据非雨期、设计降雨标准内的雨期以及标准外的特大暴雨进行设施的动态运行维护。见图 3、图 4。

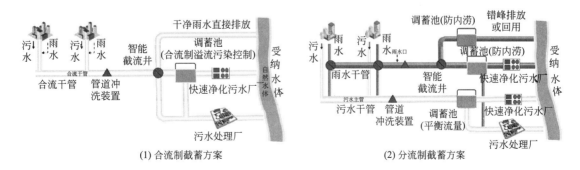

(1) 合流制截蓄方案　　　　　　　　(2) 分流制截蓄方案

图 3　城镇雨污水截蓄技术方案

2. 智能化管网水体分流及稳蓄关键技术

创新成果一：雨水径流智能截流技术及设备

创新研发了安装快速、调试简单、密封可靠、维护便捷的系列化智能截流技术及设备，实现了国外

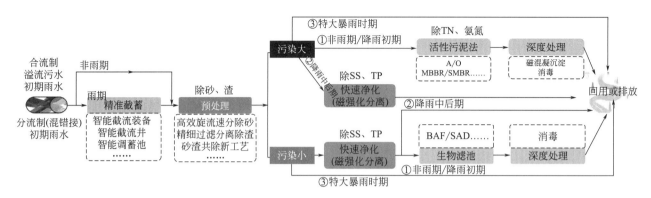

图 4　城镇雨污水控制设施的动态运行维护模式

产品的国产化和智能化；并基于基准偏移原理，采用多级多向技术，创新了液动升降堰门的密封结构，提高设备土建适应性，延长了密封结构寿命，构筑物偏差范围可达±50mm，密封结构寿命提高约40%。见图5、图6。

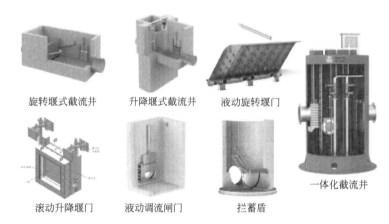

旋转堰式截流井　升降堰式截流井　液动旋转堰门

滚动升降堰门　液动调流闸门　拦蓄盾　一体化截流井

图 5　智能截流技术及设备

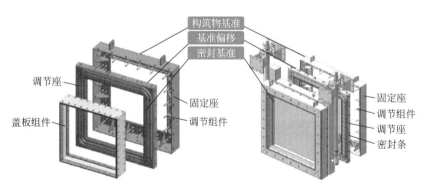

图 6　基于多级多向技术的液动升降堰门

创新成果二：雨水径流分仓稳蓄技术及设备

创新开发了系列智能化分仓稳蓄技术及设备，解决了传统调蓄池功能单一、运行灵活性不高问题，实现80%的常规降雨情况下，可以分仓室逐个启用，相较于其他不分仓技术方案，运行维护费用可降低15%。见图7。

创新成果三：雨水径流精准截蓄系统集成与智能化技术

创新开发了集成5种控制逻辑的城镇雨水径流精准截蓄系统以应对不同的降雨情景，可根据水量、水质、时间等变量，对长时间降雨、阵雨等不同情况提出专门的应对策略。见图8、图9。

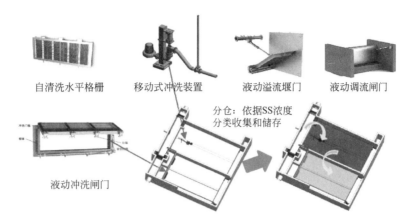

图7　雨水径流分仓稳蓄技术及设备

图8　精准截蓄系统示意图

图9　智能控制系统

3. 城镇雨污水砂渣协同快速净化关键技术及设备

创新成果一：高效旋流速分除砂技术及设备

创新研发了利用进水动能实现无机械搅拌的强旋流技术，形成内外双旋流态强制轻重介质分离，解决了传统除砂技术细砂去除率低等难点，分级粒度提升至106μm，细砂有效去除高达90%以上。见图10。

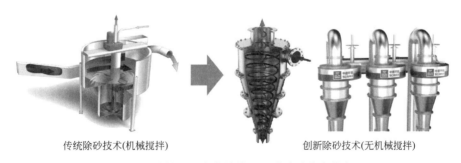

图10　城镇雨污水高效旋流速分除砂技术装备

创新成果二：精细过滤分离除渣技术及设备

创新研发了不同规格的精细过滤分离除渣技术及设备，采用非金属孔板格栅、锥形孔过滤和自冲洗技术，解决了传统除渣技术过滤精度不高，拦截效率低的问题，并创新性将过滤精度提升到0.75mm，栅渣去除率提升至90%以上。见图11。

创新成果三：城镇雨污水砂渣协同快速净化技术及装备

首创砂渣协同快速净化新工艺及装备，解决了初期雨水和溢流污水中砂、渣含量高，除砂除渣难度大，对后续处理影响大的问题，显著提升细砂、栅渣去除率，提升设备使用寿命。见图12。

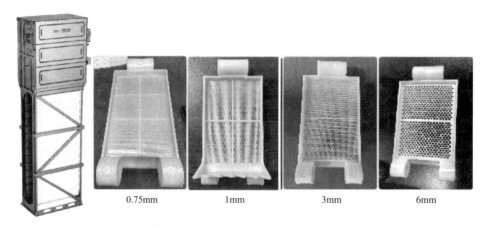

0.75mm   1mm   3mm   6mm

图 11 精细过滤分离除渣设备及不同规格孔板格栅

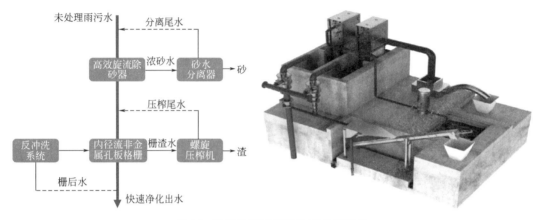

图 12 砂渣协同快速净化工艺及装备

4. 易启停宽通量磁强化雨污水快速净化技术及装备

创新成果一：高效重质磁核混凝技术

在重质磁核特性研究的基础上，研发了新型高效重质磁核混凝技术和装备单元，实现原有磁混凝技术参数针对性提升，HRT（水力停留时间）缩短 25%，占地节约≥10%，能耗下降≥15%，设备成本降低≥5%。见图 13。

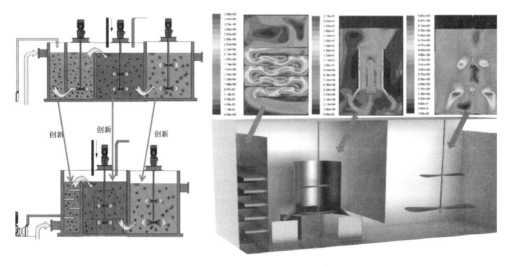

图 13 高效重质磁核混凝技术

创新点二：易启停宽通量磁盘强效分离技术

发明了新型磁盘强效分离机，通过改进磁盘结构及进出水方式，提高了磁盘流道间磁体利用率，单盘净化量提高 30％，解决了不同来水流量变化情况下的宽通量快速净化处理。见图 14。

图 14　磁盘强效分离技术

创新成果三：易启停宽通量磁强化城镇雨污水快速净化技术及装备

针对降雨径流流量、水质变化大特点和高效快速净化需求，突破城市雨水径流污染快速净化关键技术，研发出具备易启停宽通量、净化速度快、占地少、建设周期短、运行费用低、日常维护便捷等优点的磁强化快速净化技术及装备，实现城镇雨水径流快速、宽通量净化。见图 15、图 16。

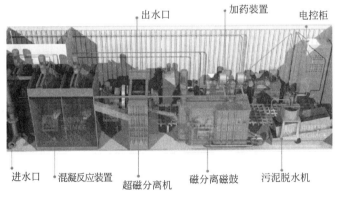

图 15　快速净化装备内部结构示意图

图 16　快速净化装备

5. 城镇雨污水控制技术装备工程验证及生态安全评价技术

开展了多个关键技术装备的工程验证及生态安全评价研究，包括应急雨水快速净化，以及高品质长效径流污染快速净化的工程验证，长期运行效果稳定。同时，考虑到潜在水生态影响，开展了基于发光细菌的生态安全评价。结果表明，整体工艺具有良好的生态安全性。其应用见图 17。

金华市后龙渎河初期雨水净化项目验证及评价　　　武汉黄孝河污水处理站工程项目验证及评价

图 17　技术应用（一）

合肥南淝河初雨截流调蓄工程项目　　　　　嘉兴南湖生态环境修复工程

图 17　技术应用（二）

三、发现、发明及创新点

1）创新性提出了面向城市河湖水质目标的城镇雨污水控制方法与技术体系，可实现不同河流排口雨污水控制目标的快速评估，快速精准地制定相应雨污水控制方案，达到径流污染与河流水环境的协同治理；方案工艺流程考虑了排水管网体制，以及雨期、非雨期运维难题，提升了不同工况条件下雨污水处理系统稳定性，满足短期快速净化及长期有效运行。

2）发明了城镇雨污水精准截蓄关键技术，提出了甄别不同河湖排口进水流量和污染浓度的 5 种控制逻辑，实现了短时间、强冲击、高负荷降雨条件下的精准截蓄；开发的系列化智能截流设备，有效提升设备土建适应性，延长密封结构寿命；创新提出的分仓稳蓄技术可以分仓室逐个启用，相较于传统调蓄，运行维护费用降低 15% 以上。

3）发明了雨水径流污染砂渣协同预处理关键技术装备，在国际上首次提出砂渣协同快速净化工艺，在除砂单元，创新性的以提升泵进水压力作为旋流动力，无转动件机械故障，分级粒度提升至 $106\mu m$，细砂有效去除 90% 以上，优于现有行业标准（$200\mu m$，去除率 65% 以上）；在除渣单元，首次将过滤精度提升至 0.75mm，将栅渣有效去除 90%～95%。

4）发明了具备易启停、宽通量、净化速度快、占地少、建设周期短、运行费用低、日常维护便捷等优点的磁强化城镇雨污水快速净化技术及装备，能满足流量、水质波动大的快速净化需求，HRT 4～6min，SS、TP 削减 ≥80%，COD 削减 ≥50%。

5）该项目获授权专利 53 项（发明专利 14 项），发表论文 22 篇（SCI 5 篇），主参编国家/行业/地方/团体标准 12 项，出版专著 3 项，软件著作权 5 项。

四、与当前国内外同类研究、同类技术的综合比较

较国内外同类研究、技术的先进性在于以下七点：

1）当前国内外截流设备安装结构固定，无法弥补土建尺寸误差，设备安装后密封条压缩量无法调节；本项目发明的智能截流设备安装具 ±50mm 的调节能力，实现对构筑物误差补偿，密封结构寿命提高约 40%。

2）当前国内外调蓄池不同仓室间不连通（一般两个仓室，一个调蓄，一个斜板沉淀处理）；本项目研发的智能分仓稳蓄技术采用多级分仓，各仓室根据测定浊度控制进水；实现雨污分流，较传统分仓方案，运行维护费用可降低约 15%。

3）当前国内外截流调蓄控制系统一般基于“小雨-中雨-大雨-降雨结束”典型降雨模型，根据液位或降雨等单一参数的单一控制逻辑，实现来水截流或过流；本项目研发的智能控制系统集成多种控制逻辑，对不同降雨条件有专门的应对策略，可自行切换，提高了截流量，减少溢流对水体的污染。

4）当前国内外砂、渣去除设备一般单独设置，主要采用桨叶式旋流沉砂池及曝气沉砂池除砂，机械格栅、转鼓格栅及内进流孔板格栅去除栅渣，采用传统的先除渣后除砂工艺，处理精度低、去除率低，存在预处理效果差、格栅井积砂严重、设备磨损较快、运行不稳定、出水效果差等问题；本项目研发的砂渣协同快速净化新工艺属国际首创，可有效减缓后续格栅磨损、堵塞，并降低运行负荷，实现 $106\mu m$ 以上细砂去除率 ≥90%，优于行业标准，首创内进流非金属孔板格栅精度 0.75mm，拦截率高

达 95%。

5）当前国内外混凝搅拌池共分三级（两级混凝＋一级絮凝），均采用平行桨叶式搅拌，混合时间 6.0～10.0min；本项目研发的高效磁核强化混凝技术及设备由折板式静态混合器、内置导流筒和差速搅拌组合混凝系统集成，搅拌池分两级搅拌，一级混凝（导流筒强化）＋一级絮凝（差速搅拌），混凝时间 3.5～4.5min。相比三级混凝，混凝系统水力停留时间缩短 25%，占地节约 10% 以上，能耗下降 15% 以上，设备成本降低 5% 以上。

6）当前国内外磁盘分离机未见有用于雨水径流污染控制，磁盘一般采用实心结构，进出水方式从一侧进水一侧出水，需在低转速和高磁场力情况下运行，单套磁盘处理水量低于 20000m³/d；本项目发明的易启停宽通量磁盘强效分离技术及设备磁盘采用空心结构，改为外圈进水中心出水的方式，外圈进水使得磁盘流道间磁体利用率提高，单盘处理负荷提高 30% 以上，单套磁盘处理水量高达 30000m³/d，且过水量大、吸附效率高、质轻。

7）当前国外雨污水快速净化技术以一级强化、旋流分离、快速过滤等物理化学法为主，国内针对城镇雨污水快速净化处理的研究还不充分，大部分处于研究阶段，未大规模应用；本项目发明的易启停宽通量城镇雨污水快速净化技术及装备净化流程短，处理时间短，只需 4～6min，SS、TP 削减 80% 以上，COD 削减 50% 以上；同时，实现旱季低耗待机，雨季快速启动的智能化运行策略，实现城镇雨污水低碳、快速、易启停宽通量净化。且已大规模应用，近三年应用案例 40 余项，已走在国际领先行列。

本技术通过国内外查新，查新结果为：在所检国内外文献范围内，未见有相同报道。

五、第三方评价、应用推广情况

1. 第三方评价

2023 年 5 月 26 日，中国建筑集团有限公司组织对课题成果进行鉴定，经中国城镇供水排水协会、中国市政工程协会、清华大学、中国城市建设研究院有限公司、中国城市规划设计研究院等业内权威专家考察和评估，本项目成果总体达到国际先进水平，其中砂渣协同、磁强化雨污分离快速净化两项技术达到了国际领先水平。

2. 推广应用

成果应用于北京、深圳、武汉、青岛、苏州、杭州等 30 多个城市地区，60 余项实际工程，日处理雨污水量达 63 万 m³，累计合同额 7.7 亿元以上。典型项目有合肥南淝河初雨截流调蓄项目，采用智能截流井＋容积 45000m³ 雨水调蓄池＋15000m³/d 雨污水处理站组合工艺，使南淝河全年溢流频次可由 70 次降低至 24 次，削减 COD 1397t/a，大幅提升各污染指标截流治理效率，为南淝河中游水质带来良好的环境效益，该项目入选《水环境治理优秀案例》。嘉兴南湖生态环境修复项目（20 万 m³/d），采用 8 套磁强化快速净化装备，控制入湖区雨污水的悬浮物污染，使南湖水生态系统得到恢复，该项目荣获《2020 年水务行业优秀案例》、《"十四五"生态环境创新工程百佳案例》等。武汉市机场河控源截污项目（5 万 m³/d），采用磁强化快速净化技术，快速高效缓解了武汉机场河明渠上游及上游周边市政管网多处溢流及下游处理能力不足的窘境。

六、社会效益

目前，我国部分城镇地区生活污水收集管网老旧，雨污分流不彻底，管网错接、雨污混接，跑冒滴漏、排水不畅等问题仍然存在，降雨量大时易出现雨污混流或污水井溢流的情况，从而造成城镇水体返黑返臭现象。通过智能化精准截蓄、砂渣协同、磁强化分离快速净化等系列创新关键技术及装备的研发及应用，可形成适合国情的降雨污染控制方案，有效实现城镇雨污水的智能化精准截污和低碳、高效、快速净化，长效保持城镇黑臭水体整治成果，有效解决我国大部分城镇降雨期间合流制溢流污染入河导致的城镇水体雨后黑臭问题，解决雨污分流不彻底、管网错接混接导致的雨水管道污染问题，为我国黑臭水体整治工作提供支持，为实现"水清岸绿、鱼翔浅底"保驾护航，社会效益显著。

城镇LNG设施绿色高效建造关键技术研究及应用

完成单位： 中建安装集团有限公司、中机国际工程设计研究院有限责任公司、中国市政工程华北设计研究总院有限公司、南京理工大学、南京港华燃气有限公司

完成人： 刘福建、严文荣、吴洪松、张德久、樊云博、李颜强、王　丹、许庆江、叶茂扬、刘建俊

一、立项背景

自20世纪60年代起，天然气主要以液化天然气（Liquefied Natural Gas，简称LNG）的形式进行生产、存储、贸易及运输，LNG已成为天然气产业链中重要一环。作为一种低碳、高效、绿色清洁的优质能源，LNG在控制温室气体排放、改善大气环境等方面发挥重要作用，并与可再生能源发展形成良性互补。

LNG低温储罐及配套管网作为城镇天然气基础设施中的核心装置，是整个LNG接收站、调峰站保持正常工作的关键，具备技术难度高、建设时间长、投资成本高的特点。现阶段，城镇LNG设施中的储配站及输配管网在工艺设计、主体建造及装置运行等方面通常存在以下问题：

1) LNG设施能耗高、废气回收成本高：LNG调峰站供气压力与区域管网供气压力平衡难度大，需要较高能耗维持；且LNG长时间储存，产生大量BOG气体无法回收，资源浪费严重，亟须对设计工艺流程及主要设备进行优化、创新。

2) LNG储罐结构复杂、受限空间下建造效率低：LNG低温储罐可分为混凝土全容罐、三壁金属全容罐、子母罐等，种类繁多，结构复杂，特别是空间受限内，施工效率低、建造难度大、安全隐患多，需要对施工方法进行优化和改进。

3) 输气管网施工效率低、焊接质量不稳：场内及场外输送管道由于焊口偏差较大、现有的自动焊技术打底成型困难，焊接质量及效率受人为因素限制，亟须开发智能焊接技术。

4) 运行维护方式数字化程度不高：城镇基础设施运行维护管理多采用二维场景，不能准确模拟天然气站场的真实生产运行环境，埋地管网缺乏泄漏安全监测技术，因此要对运行维护方式开展可视化技术开发。

中建安装为突破这一技术壁垒，拓展该领域的业务，联合中国市政工程华北设计研究总院有限公司、中机国际工程设计研究院有限责任公司、南京理工大学、南京港华燃气有限公司等多家央企、高校对相关核心技术进行了持续攻关。

本成果以中建股份绿色建造科创平台《能源化工低碳清洁技术》（平台编号：CSCEC-PT-007）下面的四项课题《LNG储配站工艺技术及关键设备研究》（2019-04）、《三层钢制全容LNG低温储罐综合建造技术》（2019-07）、《石化工艺管道自动化组焊装备与数字化管理系统研制及应用》（CSCEC-PT-007-01）、《石化工艺管道机器人智能焊接关键技术研究及示范应用》（CSCEC-PT-007-XQ-2022-01）为依托，以中建安装2019年承接"南京滨江LNG储配（一期）工程"和2020年"西安液化天然气（LNG）应急储备调峰（一期）工程"等项目为载体，开展技术攻关，研发创新。

本课题的实施，将使中国建筑集团在基础设施建设领域再添新版块，跻身于城镇天然气基础设施EPC总承包商行列，成为掌握LNG储配调峰站绿色安全设计、高效建造及智慧运行维护的总承包商，进一步提升中国建筑集团在市政天然气领域的影响力。

二、详细科学技术内容

1. 城镇 LNG 设施绿色安全设计技术

创新成果一：LNG 储配站绿色工艺技术

选用双车位卸车、五重安全保护调压输配、不同流量组合的 BOG 等温压缩高效回收等绿色工艺技术，采用三壁金属全容罐等节能设备，与传统设计工艺相比，能耗降低了 10%～15%；充分利用冷能，提高能源利用效率 20%～30%。

创新成果二：国内首创 3 万 m³ 三壁金属全容罐设计技术

通过有限元软件模拟计算，创新提出了 3 万 m³ 三壁金属全容罐设计结构（内罐顶与主容器密封），首次将 DCS 系统与 SIS 系统相结合应用于 LNG 翻滚的实时预警，设置了 LNG 翻滚预测及安全控制系统，保证 LNG 低温储罐运行的安全性、经济性和环保性。见图 1。

创新成果三：双车位安全高效卸车系统设计技术

研发了全新智能超低温液体双车位卸车工艺及控制系统，形成了双车位卸车撬装设备。具有场地占用面积小、装卸速度快、安全性能高的优势，可实现一键启动，自动化卸车，比传统 LNG 卸车时间缩短 2/3。见图 2。

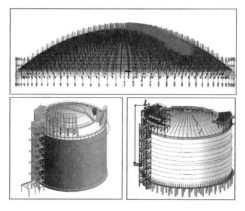 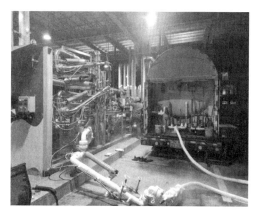

图 1　三壁金属全容罐荷载分析　　　　　　图 2　双车位卸车系统流程图

创新成果四：LNG 输配管网智能高效监测设计技术

设计了一套地下泄漏监测、阴极保护监测与地上视频监控相联合的"地上＋地下"输送管道安全智能监测系统，实现了输配管网的实时动态监管，使运行管理成本降低 18%。见图 3。

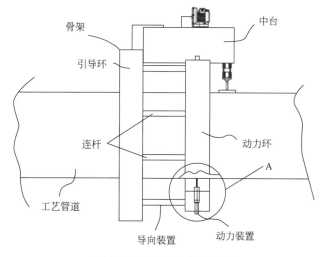

图 3　泄漏监测设备结构图

2. 城镇 LNG 设施绿色高效建造技术

1）混凝土全容罐高效建造技术

创新成果一：基础承台快速成型控制技术

提出了 LNG 基础承台混凝土分区分层连续浇筑施工工艺，研发了大面积混凝土浇筑快速、精准找平装置，可将承台表面的平整度偏差控制在 ±5mm 以内，相比规范表面平整度提高 37%，提高施工效率 20%。

创新成果二：拱顶安全高效顶升技术

采用气顶升施工工艺，通过有限元模拟分析，改进了密封装置及顶升平衡系统，在 135min 内成功完成 300t 钢穹顶平稳升至 35m 高处，有效节约了成本 28% 以上。

创新成果三：混凝土外罐高效施工技术

采用 DoKa 公司新一代 F16 高效爬升模板系统，快速完成 5 万 m³ 混凝土外壁的浇筑施工，优化混凝土外罐预应力张拉施工工艺，节约工期 33d，节省 492 人工日。见图 4。

2）国内首套 3 万 m³ 三壁金属全容罐绿色高效建造技术

创新成果一：底板智能高效排版技术

研发了一种智能化排版软件，使材料损耗相比传统排版工艺降低了 60%，提升排版速度，优化排版，减少焊接工作量。见图 5、图 6。

 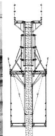  

图 4　模板应用图　　　　图 5　排版软件界面　　　　图 6　排版软件参数输入

创新成果二：全倒装高效安装技术

研发了一套 3 万 m³ 三壁金属全容罐密闭狭窄空间下全倒装高效安装工艺，解决了无法采用大型机械、施工效率低等问题，提高安装工效 23%。

创新成果三：双顶同步高效提升技术

结合三壁金属全容罐全倒装安装工艺，提出了一种外罐钢网壳拱顶与内罐铝吊顶双顶与罐壁同步预制、同步安装、同步提升的"三同"施工方法，节约工期 15%。见图 7、图 8。

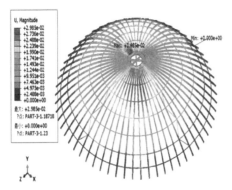 

图 7　拱顶及吊顶受力分析　　　　　　图 8　双顶同步整体提升

创新成果四：主内罐高效酸洗钝化技术

开发了浮筏式酸洗平台，实现了内罐沉降试验与不锈钢酸洗钝化同步施工，解决了局部角焊缝酸洗效果不达标问题，减少了废液产生，单台罐酸洗进度可节约 10d 工期。

创新成果五：金属储罐快速保冷施工技术

针对罐底异型保冷结构装配式施工特点，研制了专用玻璃砖打磨槽，实现了"高强度泡沫玻璃砖＋珠光砂混凝土"快速施工；依据试验数据，采用边充填边振捣工艺，合理设置振捣点快速完成了罐壁新型保冷结构的施工，保冷效果提升了约 36%。见图 9、图 10。

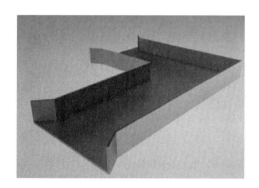

图 9　泡沫玻璃砖打磨槽

图 10　罐底保冷装配式施工

创新成果六：自动化预冷高效智能调试技术

自主研发了基于高效 5G 通信的自动化预冷系统，实现了预冷参数全面采集、冷媒流量动态调节，预冷周期及冷媒用量均降低 20%，冷媒用量降低 20%，确保了 LNG 系统安全、高效预冷调试。见图 11。

3）子母罐高效焊接及安全吊装技术

创新成果一：子罐 K-TIG 高效焊接技术

首次采用高效深熔 K-TIG 焊接技术方法，实现了薄壁不锈钢子母罐子罐焊缝质量和低温性能的控制，一次合格率达 98% 以上，减少焊材填充量 60%。见图 12、图 13。

图 11　自动化预冷投料调试

图 12　K-TIG 深熔高效产品焊接

图 13　K-TIG 深熔高效焊缝外观

创新成果二：子母罐构件高效吊装安全控制技术

设计发明了吊装用缓冲连接装置及方法。该装置利用连接筒内的二级缓冲连接件减少瞬间拉力，并通过机构之间预留钢索降低起吊速度，解决子母罐等大型设备起吊瞬间设备失稳等问题，提高了构件吊装的安全性和高效性。见图 14、图 15。

图 14 吊装缓冲连接装置　　　　　　　　图 15 子母罐倒装就位图

4）天然气输配管道智能高效建造技术

创新成果一：场内天然气管道智能焊接技术

研发了适用于错边量达 2～3mm 的焊口氩弧焊机器人技术，通过建立了焊接数据库，利用激光扫描识别系统，实现了自适应智能焊接，焊接一次性合格率达 99％以上，焊接效率提高 2～3 倍。见图 16、图 17。

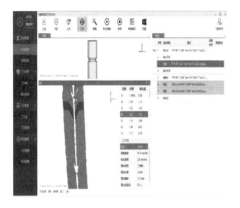

图 16 免示教离线编程系统　　　　　　　图 17 管件自适应智能焊接

创新成果二：场外输送管道高效施工技术

借助高精度数据定位模型，提出了一种拉链式管道绿色施工技术，缩短施工作业时间 30％；利用数据实时跟踪系统实现管道焊接质量控制，提高了焊接质量检测合格率 26％。见图 18、图 19。

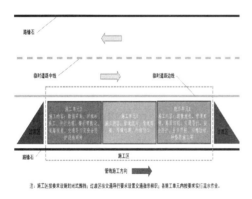

图 18 拉链式施工流程图　　　　　　　　图 19 管道外焊机施工图

3. 城镇 LNG 设施数字化运行维护技术

创新成果一：外输管网多参量可视化技术

利用外输管网的"地上＋地下"全方位安全智能监测系统，创新了工艺管道应变和温度的智能监测方法以及泄漏便携式检测巡检设备，全方位地保证了外输管网的安全运营，使泄漏率降至 3% 以下。见图 20、图 21。

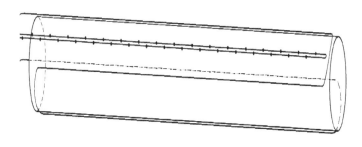

—— 分布式应变传感光缆

—＋— 分布式温度传感光缆

图 20　管道及截面光纤布设结构图

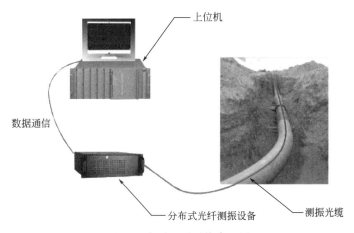

图 21　光纤监测系统布置图

创新成果二：LNG 装置可视化运行维护技术

集成开发了 LNG 储配站可视化运行维护管理平台，利用 5G 将物联网、BIM、云计算等技术与传统 FM 运行维护管理相结合，用户可以通过 PC 机、大屏、手机 APP 端、RFID 手持机进行智能运行维护平台的业务使用，实现了人员、设备、能源、物流等可视化管理，使安全巡检功效提升 50%，年度管理费用降低 200 万元/年。见图 22。

图 22　可视化运行维护管理平台

三、发现、发明及创新点

1）创新设计了 3 万 m^3 三壁金属全容罐吊顶与内容器连接结构，实现储罐日蒸发率小于 0.038%，小于设计值 0.06% 的目标。首次将 DCS 控制系统与 SIS 操作系统相结合应用于对 LNG 翻滚进行实时预警，提高了 LNG 的卸车速度，保证了进料安全。

2）发明了一键式智能超低温液体双车位卸车工艺及控制系统和 BOG 等温压缩高效回收绿色工艺技术，充分利用冷能，提高能源利用效率 20%～30%。

3）首创了 LNG 储罐自动化预冷系统及预冷方法，基于 5G 通信技术、PLC 控制技术，自主开发无线传感器及一体化操作平台，实现预冷参数全方位实时采集、冷媒流量动态调节，使预冷周期缩短 20％，冷媒用量降低 20％。

4）突破行业瓶颈，研发了适用于错边量达 2～3mm 的焊口氩弧焊机器人技术，通过建立了焊接数据库，利用激光扫描识别系统和基于模型驱动的离线编程焊接系统，实现了自适应智能焊接，确保了焊接一次性合格率达 99％以上，焊接效率提高 2～3 倍。

5）发明了柔性缓冲吊装连接装置，解决子母罐起吊瞬间设备失稳等问题，实现了薄壁子罐的安全、高效吊装；降低了安全风险，减少人工辅助成本 15％。

6）在南京滨江 LNG 储配（一期）工程项目、西安液化天然气（LNG）应急储备调峰项目（一期）、西安液化天然气应急储备调峰（二期）项目、大连市天然气高压管道（旅大线）应急调峰站工程—EPC 总承包项目、运城市 LNG 应急储气调峰中心项目等 12 个项目建设期间，本成果获得知识产权 32 件（其中发明专利 8 件），形成省部级工法 5 项，发表论文 15 篇，软件著作权 2 项。

四、与当前国内外同类研究、同类技术的综合比较

本成果较国内外同类研究、技术的先进性在于以下四点：

1. 三壁金属全容罐设计技术

国内已见 LNG 等的三壁金属全容罐设计，但未提及三壁全容罐不同液位、温度、密度测量系统，且未提及与储罐 DCS 系统、SIS 系统相结合实现 LNG 翻滚的监测与预防；国外未见具体述及。本技术创新提出了将不同液位、温度、密度测量系统，与储罐 DCS 系统、SIS 系统相结合，实现 LNG 翻滚的监测与预防。采用此技术设计建造的罐体日蒸发率平均值约为 0.038％，具备更加节能环保安全的特点。

2. 双车位自动化卸车撬设计技术

国内已单独见对 LNG 采用双车位卸车技术、对 LNG 装卸过程进行监测的技术，但未将两项技术结合；国外已见 LNG 装卸设施，但未提双车位、自动化卸车。研发了超低温液体双车位卸车技术，通过监控调压器、工作调压器及信号传感器对卸车过程进行实时动态监测，并设置一键启动，实现自动化卸车；同时，将卸车泵与增压器相结合，以提高卸车速度。

3. 场内天然气管道智能焊接技术

国内已见管道预制焊接机器人技术，但均未涉及自适应智能化；国外已见 GMAW 焊接自适应轨道系统，但未涉及六轴氩弧焊智能焊技术。本技术开发了一种免示教离线编程焊接系统，实现了错边量达 2～3mm 的焊口机器人氩弧焊自适应智能焊接技术。

4. 自动化预冷调试技术

国内已见使用有限元分析及流体动力学的方法对天然气储罐的预冷及热传导进行数据模拟，但未涉及采用高效通信技术、自控技术进行预冷过程自动控制；国外未见具体述及。本技术开发了一种基于高效通信的 LNG 储罐自动化预冷系统及预冷方法，利用 5G 技术实现预冷系统中各个传感器与一体化操作平台的信号传输。

本技术通过国内外查新，查新结果为：在所检国内外文献范围内，未见相同报道。

五、第三方评价、应用推广情况

1. 第三方评价

2023 年 5 月 30 日，中国建筑集团有限公司在北京组织召开了成果鉴定会，以国内相关专业首席设计大师为组长的评价委员会一致认为，本成果总体达到国际先进水平，其中 3 万 m³ 三壁金属全容罐绿色安全设计技术、超差管道变间隙自适应智能氩弧焊技术达到国际领先水平。

2. 推广应用

本成果在南京滨江 LNG 储配（一期）工程项目、西安液化天然气（LNG）应急储备调峰项目（一期）、西安液化天然气应急储备调峰（二期）项目、大连市天然气高压管道（旅大线）应急调峰站工程——EPC 总承包项目、运城市 LNG 应急储气调峰中心项目等多个项目进行了应用，均得到建设单位及相关单位的高度评价。着国家双碳及能源政策贯彻落实，在城镇改造过程中，LNG 储配站及配套管网设施已迎来建设的高峰期，本成果在降低资源消耗、节能环保等方面具有明显的先进性，市场应用前景广阔。

六、社会效益

本项目解决了城市 LNG 设施运行能耗高、废气回收成本高、数字化建设深度不足等难题，形成了城镇 LNG 设施绿色高效建造关键技术，进一步赋能城镇 LNG 设施建设绿色化、智能化发展，保证了城市燃气峰值阶段供应设施的稳定性。

通过本项目的实施，进一步优化了城镇能源结构，积极响应政府的减煤号召、广泛使用清洁能源，降低碳排放量，对于落实"2030 碳达峰，2060 碳中和"目标，营造绿色、环保的生活环境具有重要意义。

乌梁素海流域山水林田湖草沙一体化保护和系统治理关键技术

完成单位： 中建一局集团第三建筑有限公司、中国建筑一局（集团）有限公司、北京林业大学、中国市政工程西北设计研究院有限公司、运城学院

完成人： 梅晓丽、王　冬、张晓霞、朱若柠、张振鹏、徐　栋、靳红强、查同刚、张晓丽、谭炳锐

一、立项背景

"坚持山水林田湖草是一个生命共同体"的系统观是习近平生态文明思想的重要组成部分，当前已成为开展生态保护与修复的根本遵循。2019 年 3 月，习近平总书记针对乌梁素海流域作出指示批示："乌梁素海是黄河流域最大的湖泊湿地""治理'一湖两海'要对症下药，切实抓好落实"。乌梁素海流域地处黄河中上游，对保护黄河流域和华北地区生态安全，发挥着极其重要的作用，然而自 20 世纪 90 年代以来，乌梁素海流域面临湖泊水面萎缩、水质不达标、沙漠化加剧、草原退化、土壤盐碱化、山体和林地破坏严重、水土流失加剧等诸多问题，生态环境治理迫在眉睫。

乌梁素海项目大力推进点源、面源、内源污染源头治理，从过去单纯的"治湖泊"转变为系统的"治流域"，是国家开展山水林田湖草沙综合治理的试点项目，尚无相关治理经验可依。面对乌梁素海流域特殊的环境问题和现有治理技术的局限性，还存在如下问题需要解决：

（1）乌梁素海水体污染严重，分割治理效果差。

（2）矿山废弃地坡面客土难留、植被难复。

（3）沙漠治理面域大，常规的施工组织无法满足高效率、高质量的施工要求。

（4）林草种植区域大，植被抚育标准要求高。

（5）对于工程实施后的生态修复效果，缺少统一的量化的评价指标体系。

课题基于以上背景，结合参研各方已有工作基础，开展课题研究并进行总结推广。

二、详细科学技术内容

1. 矿山废弃地客土坡面水土流失防治与植被恢复技术

创新成果一：构建了矿山客土坡面水土流失风险评估系统

通过构建流沙与坡长、坡度、植被分布和土壤结皮等影响因素之间的函数关系，创新研发矿山客土坡面水土流失风险评估系统，解决了针对客土坡面水土流失风险预测的技术难题。见图1、图2。

图 1　样地设置　　　　　　　　　　　　图 2　冲刷试验

创新成果二：研制了成本低、水保能力强、可降解的水土保持桩

通过对比分析不同水土保持措施的减流减沙效果，研发了水土保持桩，由杂草、秸秆、树叶、海藻、碎木等物质经粉碎后加胶压制而成，一端呈箭头状，可降解。按 X 形布设于坡面后，可有效防止降水汇流对边坡的冲刷破坏，提升客土坡面的水保能力。见图3、图4。

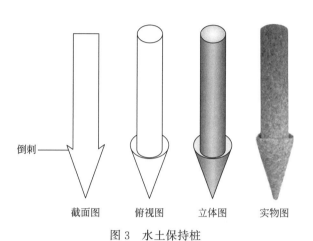

图3 水土保持桩

图4 水土保持桩及布设图

创新成果三：研发了植被配置与促萌定植技术

针对废弃矿山种子萌发率低的难题，研发种子促萌定植技术体系。研制可改良土壤和恢复植被的坡地水土保持桩，可一次性完成水土保持、按比例播种、施肥、保墒及后期水土保持桩拆除等工作。研发丸化种粒技术和复合种子胶囊，在促进种子根生长的同时，提高了植被的多样性、丰富性和均匀度。见图5～图9。

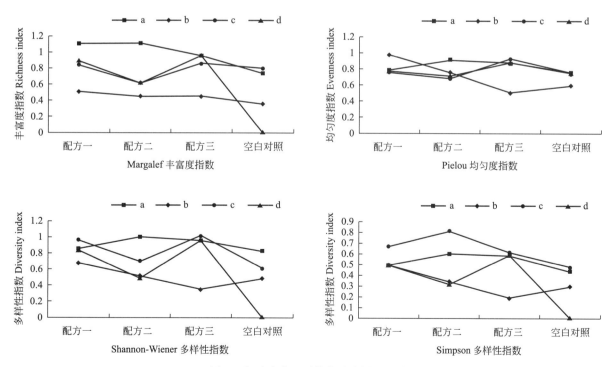

图5 各试验小区群落物种多样性指数

图 6　丸粒化种子及发芽试验

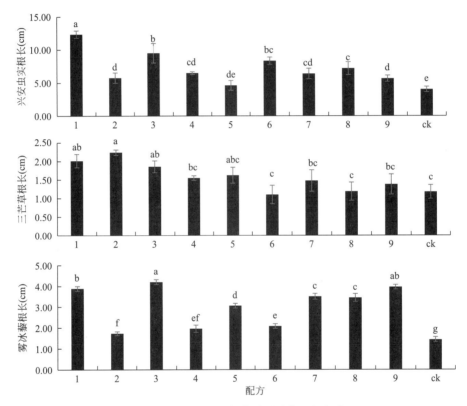

图 7　不同处理下丸粒化种子最终胚根长度

图 8　胶囊种子制作和播种

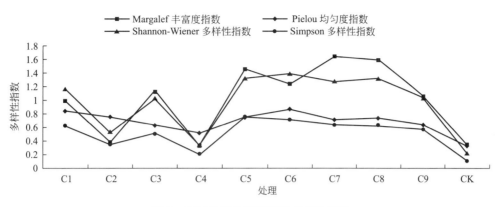

图9 不同处理的群落物种多样性指数

2. 沙漠风沙灾害综合治理技术

创新成果一：研制了轻型压草覆沙机械

针对人工铺设草方格沙障存在的效率低、质量差的问题，创新研制轻型压草覆沙机械。机械制作成本低，可以灵活行走于大坡度沙丘，工效相比于人工可提高近50倍，且质量均衡。见图10～图13。

图10 机械平沙

图11 轻型压草覆沙机械

图12 机械化布设沙障

图13 沙障布设效果图

创新成果二：研制了梭梭＋肉苁蓉同步种植机

创新研发了肉苁蓉播种设备和沙生灌木植苗机，实现了机械化栽植。后将两者融合，形成梭梭＋肉苁蓉同步种植一体机，变两次操作为一次操作，实现了种植与接种同步完成施工，提高工效和质量的同时，更能方便后期肉苁蓉的采摘。见图14～图16。

图 14　沙生灌木植苗机　　　　　　　　　图 15　肉苁蓉播种设备

图 16　梭梭＋肉苁蓉同步种植机种植过程

3. 西北地区林草修复精准化管护技术

创新成果一：改良了无人机飞播的播撒系统

改良飞播用无人机的测风组件、喷射组件和调节组件，配合丸粒化种子，有效解决了传统飞播种子随风漂移的问题。在乌拉特前旗成功完成飞播任务近 1 万亩，有效提高播区成苗率近 18%。见图 17、图 18。

图 17　飞播用无人机　　　　　　　　　图 18　种子包衣处理

创新成果二：创新精准化水肥一体化自动灌溉系统

在现有灌溉系统基础上，通过设置固定板、下料板和下料孔，实现导料和分散下料，加快水肥结合速度。通过设置抽样泵和检测箱，有效保证水肥浓度，提高灌溉精准化管理水平，达到了节水、节肥、省工、高效的效果。

创新成果三：提出了一种人工幼龄林成活率估测方法

提出了单木识别-人工幼龄林成活率计算-冠层植被指数提取一体化的语义分割算法技术，融合了无人机高分辨率多光谱影像与植被指数，改进了 MobileNetV3-YOLOv4 深度学习目标检测算法，实现了生态修复模式下人工林早期治理防护的准确性和高效性。见图 19。

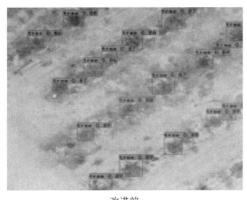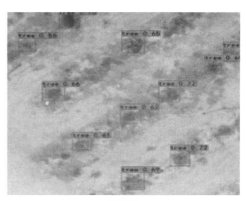

改进前 改进后

图 19　对比试验结果

4. 盐碱胁迫下植被生长和生理响应机理研究

立足生物改良措施，通过多样性调查、培育和种植耐盐植物枸杞和菊芋，探明了盐碱胁迫与植被生长的响应机理，明确适合生长的土壤盐碱度阈值（0.2%），为盐碱地改良提供参考。

5. 立体遥感技术下的林草碳汇测算技术

创新兼顾林木生长结构和光照等环境的单木树冠分层分割方法，实现了多树种人工林单木精准分割，为森林碳汇精准计量提供重要的数据支撑。自主研发了林草碳汇计量监测平台，实现了多树种碳汇的自动化测算。

6. 研发了融合空天地多源遥感的生态环境监测和修复效果评价技术

创新成果一：提出了流域长时序生态脆弱性和生态环境质量评价分析方法

为解决西北干旱荒漠典型区长时序生态脆弱性评价时数据获取难、方法复杂等难题，选取高程等指标，构建了生态"敏感-恢复-压力"评估体系，实现了利用长时序遥感影像结合地理云平台和时间序列分析方法对乌梁素海流域地区的生态脆弱性的综合评价。见图 20。

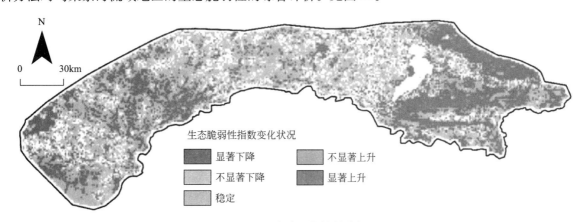

图 20　生态脆弱性趋势分析

此外，基于长时序 MODIS 数据等数据集，运用残差分析法，构建了"生态环境指数-时空变化评价-驱动因素分析"三个维度的生态环境质量评价体系，明确了该地区生态环境质量的时空变化趋势。

创新成果二：构建了基于多模态立体遥感观测的生态修复效果综合评价模型

针对传统生态效果评估存在的数据获取难、量化评价效果复杂等问题，基于多模态立体遥感观测数据，构建了矿山、沙漠、林草等生态要素和全流域生态修复效果综合评价指标体系，实现了遥感技术辅助下的大尺度修复效果评估，发布了一系列技术标准。该技术体系成熟度高、迁移性强，适用于大部分类型的生态修复工程效果评估。见图21。

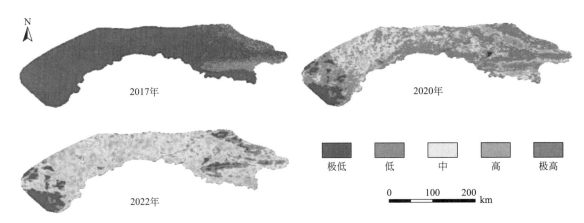

图21 乌梁素海流域地区生态状况综合评价空间分布图

三、发现、发明及创新点

1）首创矿山废弃地客土坡面水土流失防治与植被恢复技术，解决了客土坡面水土流失与植被快速建植难题。

2）研制了轻型压草覆沙机械，首创梭梭＋肉苁蓉同步种植机械，为推进产业化治沙提供经济可行的机械化施工方法。

3）研发了林草精准修复技术，形成了林木健康监测和科学管护智能化方案。

4）研究了盐碱胁迫下植被生长的响应机理，为沙区盐碱地生物改良植物配置提供理论支撑。

5）建立了融合空天地多源遥感的生态环境监测和修复效果评价技体系，发布沙漠、矿山、林草生态修复效果评价标准，弥补了行业空白。

6）该技术授权发明专利11项，授权实用新型专利13项，发布标准7项，发表论文26篇，发布工法6篇，登记软著6项。成果已在乌梁素海流域山水林田湖草沙生态保护修复试点工程应用，社会、经济和生态效益显著，应用前景广阔。

四、与当前国内外同类研究、同类技术的综合比较

乌梁素海流域山水林田湖草沙一体化保护和系统治理关键技术从根本上解决了生态治理的碎片化问题，形成了可复制、可推广的典型经验，树立了生态治理的国际典范。

1）水土流失风险评估系统：目前尚无针对客土坡面的水土流失风险评估方法，该系统的研发填补了矿山废弃地客土坡面水土流失风险评估的空白。

2）可降解的水土保持桩：目前常用的生态措施主要源于公路边坡的水土流失防治措施，成本高、施工难度大。研制的可降解水土保持桩，制作成本降低30%，可原地降解，水土保持效益显著。

3）植被配置与促萌定植技术：当前植物抗旱促萌措施主要存在技术成本高、技术应用范围狭窄、环境安全性低、不可持续等问题。该技术在提高物种多样性和生态恢复效果的同时，保水，供肥，防冲刷，防摄食，萌发率、保存率和植被覆盖率可提高40%～50%。

4）轻型压草覆沙机械：相较于现有压沙障机械，轻型压草覆沙机械可以灵活行走于大坡度沙丘，标准化沙障间距、入土深度、沙障密度等，工效相比于人工可提高近50倍，质量均衡。

5）梭梭＋肉苁蓉同步种植机械：实现了开沟、种植、播种、滴灌管铺设等环节同步施工，实现了梭梭、肉苁蓉同步种植的产业化示范应用。

6）生态修复效果评价体系：提出了融合多源遥感数据的大尺度、长时序生态环境质量时空变化评价方法，实现了由依赖于地面抽样调查到基于遥感观测的高时效生态环境质量动态监测的转变，以及生

态修复效果评估由离散点统计评估到连续空间定量评估的突破。

五、第三方评价、应用推广情况

1. 第三方评价

2022 年 8 月 7 日，中国科技产业化促进会组织了"西北地区沙漠风沙灾害综合治理技术及产业化示范应用"科技成果评价会。专家评价委员会一致认为，该项目成果整体达到国际先进水平，部分达到国际领先水平。

2023 年 4 月 24 日，中国水土保持学会组织专家召开了"西北半干旱区矿山废弃地客土坡面水土流失防治与植被恢复技术"成果评价会。评价委员会一致认为，该项成果总体达到国际先进水平，其中水土保持桩等技术达到国际领先水平。

2. 推广应用情况

技术成功应用于多项生态保护工程，主要包括乌梁素海流域山水林田湖草沙生态保护修复试点工程和内蒙古国电投霍林河露天煤矿生态修复规划设计项目，形成了可复制、可推广的典型经验，为全国山水林田湖草沙生态保护修复起到了先行示范作用，获得了良好的经济与社会效益，赢得一致好评。

六、社会效益

沙漠综合治理工程每年固沙量达到 238.09 万 t，减少入黄河的泥沙量，阻止沙漠向东侵蚀；林草工程新增植被覆盖面积 67.91km²，有效提高全市固碳释氧能力，每年增加植被固碳量 10839.1t；项目整体新增水土流失治理面积 1.4 万亩，每年减少土壤侵蚀量 116.1 万 m³，水源涵养量共计 1190.9 万 m³，乌梁素海水质得到有效提升，由原来的劣 V 类达到了正 IV 类。同时，乌梁素海流域实现每年生态补水 6.11 亿 m³，增加蓄水量 0.8 亿 m³，有效降低洪峰，减轻黄河中下游防洪防汛压力，每年可承泄分洪水量 2 亿 m³ 以上，多次接受央视等主流媒体报道，进一步树立了企业的品牌形象。

项目有效减轻黄河中下游防洪防汛压力，减少洪涝、泥石流等灾害，保护人民生命财产安全；项目引导企业和农民绿色生产，带动了全市绿色有机农业快速发展，促进了区域绿色高质量发展，提高了乌梁素海流域生态治理科技水平，促进区域催生新产业、新业态和新动能，加快了贫困人口脱贫步伐，维护了边疆少数民族地区安定团结，并为西部欠发达、生态脆弱地区践行"两山"理论、实现绿色发展提供可借鉴的示范作用。

试点工程 2020 年 10 月，被生态环境部评为全国"绿水青山就是金山银山"实践创新基地；2020 年 11 月，入选自然资源部评选的"社会资本参与国土空间生态修复案例"；2021 年 2 月，被自然资源部评为基于自然的解决方案（NBS）先进典型案例；2021 年 4 月，成功入选生态环境部生态环境导向的开发（EOD）模式试点，2023 年 10 月，入选山水工程首批 15 个优秀典型案例，2023 年 11 月，入选中国建筑业协会《2023 年中国建筑业协会行业年度十大技术创新》和自然资源部《国土空间生态修复创新适用技术名录（第一批）》。

"坚持山水林田湖草是一个生命共同体"是习近平总书记关于生态文明思想的核心环节，该理念的提出，改变了传统生态保护与修复的模式。在生态环境形势不容乐观的背景下，它将山、水、林、田、湖、草这些不同的生态系统看作统一的整体，从一个全新的角度为生态环境的综合性保护与治理提供了新的思路。乌梁素海流域山水林田湖草生态保护修复试点工程从过去单纯的"治湖泊"转变为系统的"治流域"，创新形成了乌梁素海流域山水林田湖草沙一体化保护与系统治理关键技术，形成一套治理加产业化的科技成果，为类似的生态修复工程提供经验借鉴及科技支撑，同时探索生态与经济社会效益协同的保护修复调控模式，可推广至国内外同类工程，为全球生态环境可持续高质量发展做出贡献。

大开口空间索膜结构屋盖关键技术创新与应用

完成单位： 中国建筑第八工程局有限公司、哈尔滨工业大学、北京市建筑工程研究院有限责任公司、中冶（上海）钢结构科技有限公司、中建八局第四建设有限公司

完 成 人： 周光毅、武 岳、李东方、白 羽、乔 达、王 涛、李 林、郑 帅、刘桂新、潘东旭

一、立项背景

随着我国社会经济的发展，人民对体育文化的需求日益增长，一批规模大、造型丰富的体育建筑不断涌现，逐步成为人民群众文化生活不可或缺的公共服务设施。索膜结构形式简洁优美、力学性能优越，且兼具绿色环保、经济适用等特点，在体育类建筑中得到广泛的应用。

然而，由于既有索膜理论及建造技术已难以适应新型结构体系的快速发展，近年来国内外索膜结构发生破坏的案例时有发生，造成了巨大的经济损失和负面影响。此外，空间索膜体系因其为柔性结构，对风、雪荷载作用敏感，建造过程形态控制难度较大。系统研究相关的理论体系、设计方法、建造技术具有重大的现实意义。

本项目以国内新建的专业体育场馆为研究载体，结合参研各方已有技术成果，针对索膜结构屋盖开展深入研究，并进行总结推广，形成集理论-设计-施工为一体的成套建造技术。

二、详细科学技术内容

1. 系统开展了大跨度索膜结构极端灾害失效机理研究，首次提出了膜结构的抗风、雪设计理论。

1）建立风致雪漂移联合仿真和试验系统，提出了索膜结构风致响应失效机理。

采用风洞和降雪实测联合试验技术，提出适用于膜结构的流固耦合数值风洞分析模型，建立风致雪漂移联合仿真和试验系统，分析了不同材料和造型特点屋盖的风荷载、雪荷载分布特征。采用 CFD 和流固耦合技术，系统研究了索膜柔性体系的风振响应规律，提出了柔性体系气弹失效临界风速预测方法和索膜结构风致响应失效机理。见图 1、图 2。

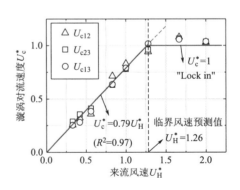

图 1　气膜结构风洞试验　　　　　　　　图 2　基于流场模型的气弹失稳临界风速预测

2）建立了可供工程应用的索膜结构等效静风荷载、概率化阵风荷载因子及非线性调整因子；发明了适用于大跨屋盖结构抗风设计方法。

系统分析不同柔性屋面结构的参数和风荷载敏感性，建立了可供工程应用的索膜结构等效静风荷载、概率化阵风荷载因子及非线性调整因子。首次提出了膜结构风雪漂移的数值模拟方法和柔性结构风振响应预测模型，并发明了适用于大跨屋盖结构抗风设计方法。见图3。

$$\chi_a = \frac{1}{8\pi^2} \frac{\rho L}{M_s/A_s} \left(\frac{U_r}{f_s L}\right)^2 a_K \quad \text{（气动刚度）}$$

$$\xi_a = \frac{1}{16\pi^2} \frac{\rho L}{M_s/A_s} \frac{U_r}{f_s L} \frac{U_r}{fL} a_C \quad \text{（气动阻尼）}$$

$$a_C = A_C + B_C/K^{\beta_C} \left(\frac{L|\dot{z}|}{U_r}\right)^{\beta_C} \quad \text{（广义范德波尔振子形式非线性气动阻尼模型）}$$

图3　描述索膜结构自激力非线性特征

2. 提出了索膜结构新体系，建立了形态创建和高效设计方法

1）研发了适用于"涟漪"造型建筑的高效屋盖柔性结构体系。

拓展了索承网格结构在大开口屋盖结构中的应用场景；提出了自平衡索结构支承体系。实现了索-节点重量比1∶0.7，减少索结构屋盖对下部支承体系的侧向作用90％以上，在经济性及施工效率方面，均显著优于其他同类结构体系。见图4、图5。

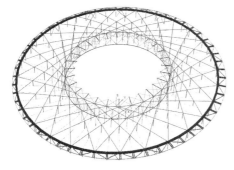

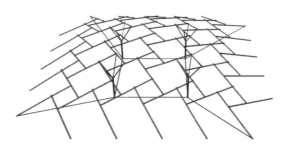

图4　上斜交下径向索结构　　　　　图5　索承网格结构

2）建立了大开口空间索膜结构的多维多尺度分析方法

完善了不均匀风、雪荷载作用下的PTFE膜高效分布设计方法，对索锚具节点的力学性能开展敏感性分析，实现了对相关规范中销轴剪切作用的修正，有效改善了拉索锚具的应力集中现象。减少拉索锚具用钢量10％以上，降低高性能膜材用量超80％。见图6、图7。

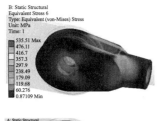

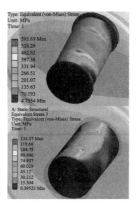

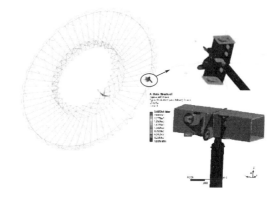

图6　索锚具与耳板间隙精细化受力分析　　　图7　在整体分析中考虑关键节点的实际变形和刚体运动的影响进行精细化分析

3）系统开展索膜结构复杂作用分析技术研究

首次开展了地震激励下结构动力响应过程中的断索分析，提高了索结构抗连续倒塌性能；采用数值分析和理论推导的方法，研究索结构动力荷载作用下的结构响应，解决了传统 CQC 方法预估索夹节点不平衡力的偏差问题。优化了结构和构件参数，提高了索结构的利用效率及索夹的力学性能，为大直径国产索的应用提供了更广阔的应用场景。见图8、图9。

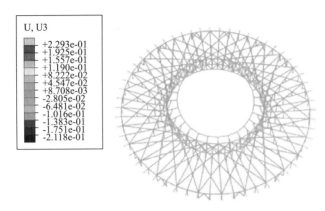

图8 索结构动力荷载作用下结构响应

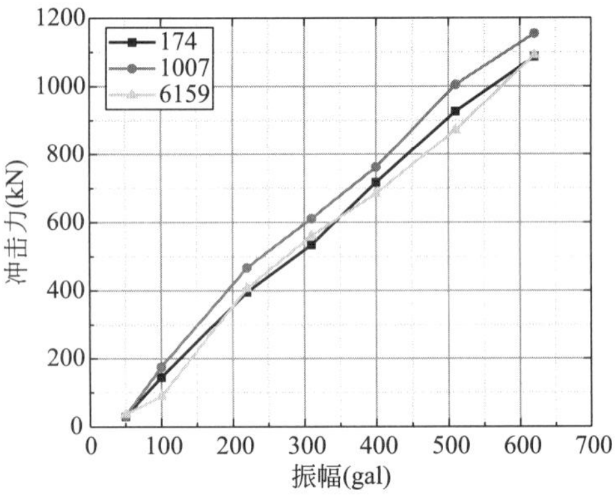

图9 不同地震激励下结构动力响应

3. 研发了大开口索膜结构高精度安装及监测技术，提出了索结构全寿命周期灾变行为控制方法

1）研发了大跨度空间索膜结构体系的动态找形技术

应用参数化建模技术实现拉索深化和偏差矫正，并考虑支承附属体系施工过程对索结构成型的影响，提出了基于关键矢量索支承体系零状态找形方法，消除了索张拉过程中支承体系的环向偏位，索结构成型控制精度可高达1/2300，解决了大开口空间索膜结构索体安装角度控制的难题。见图10。

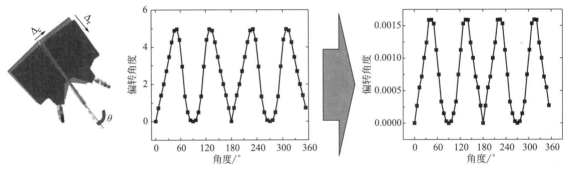

图10 基于关键矢量索支承体系零状态找形方法

2）发明了交替无胎架张拉施工技术

通过奇偶轴线索体分级交替提升，竖向撑杆穿插安装，较胎架式提升张拉施工方法工效大幅提高，实现了多个项目超重索结构体系高精度、高效率整体提升安装。见图11、图12。

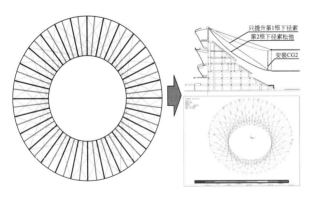

图11 奇偶轴线索体分级交替提升

图12 竖向撑杆穿插安装

3）开展索结构施工过程的灾变行为控制技术研究

系统分析了大开口内环索在不同施工阶段的受力状态，控制不均匀索力级差，优化索张拉路径，实现了索张拉灾变行为主动控制。首次应用基于光纤光栅传感器的嵌入式智慧索索力监测技术，实现了拉索索力的全寿命周期实时高精度监测。研发了基于拉索索力—刚度关系的索力检测装置和方法，实现了对既有拉索索力的高精度检测。见图13、图14。

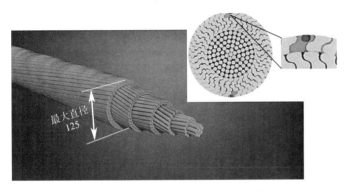

图13 基于光纤光栅的索力智能监测方法

图14 基于拉索索力—刚度关系的索力检测装置

三、发现、发明及创新点

1）基于风洞试验和数值模拟手段，研究了大跨度膜结构屋面的风荷载特性和流固耦合效应，揭示了大跨度膜结构的风致失效机理，建立了大跨度膜结构的抗风设计方法。

2）研究了索膜结构屋面的积雪特性，建立了积雪休止角、滑落角和积雪密度的概率分布模型。并结合风-雪联合试验，研究了大跨度气膜结构的雪荷载分布特性，完善了气膜结构的抗雪设计理论。

3）创新提出了三种新型索结构体系，大开口自平衡轮辐式斜交索结构体系、弦支式互承网格结构体系、双向扩展式全张力结构体系，研究了新体系下的几何形态和预应力态的关键影响参数，建立了新体系的形态创建方法，实现了在工程中的首次应用。

4）大跨度索膜结构复杂作用下的精细化分析方法，研发了柔性结构风雪荷载等效静力分析方法，建立了IPAC非平稳地震动模拟方法。通过多维度单元与多尺度构件假设想结合的方式，在整体分析中考虑节点实际变形和刚体运动的影响，实现了复杂结构中的关键节点在复杂荷载组合下的高效精细化分析。

5）发明了斜交索结构体系的无胎架交替张拉提升施工技术，解决了斜交索结构施工中相邻拉索相互影响、竖向撑杆安装困难的难题；通过提取索支承体系的关键变形矢量，实现了索支承体系"零状态"的重新找形，解决了斜交拉索引起的连接耳板偏转问题，实现了索结构体系的高精度安装。

6）发明了弦支式互承网格结构体系高精度施工技术，解决了钢结构刚性体系和索结构柔性体系在设计零状态向理论初始状态转变的过程中，对索体张拉全过程的状态如何控制及调整的难题。

7）发明并首次应用了嵌入式FBG（光纤光栅）传感器的拉索索力监测技术。首次应用一种在索体表面开槽，嵌入光线光栅传感器进行索力监测的技术，实现了对拉索索力的高精度实时连续监测。

8）研发了索结构施工全过程灾变行为分析方法。首次开展了索结构施工过程灾变行为分析、抗连续倒塌性能理论分析与试验研究，解决了非均匀张拉、索夹转角过大等引起的结构安全问题。

9）本项目获专利27项，其中发明专利18项，获得省部级工法7项，发表学术论文23篇，其中SCI论文14篇。

四、与当前国内外同类研究、同类技术的综合比较

较国内外同类研究、技术的先进性在于以下8点：

1）建立了大跨度膜结构的抗风设计方法。目前国内外已有大跨度膜结构风压分布的风洞试验和数

值模拟，确定浙江工商大学体育场屋盖结构的风压分布。未见"基于风洞试验和数值模拟手段，探究了大跨度膜结构屋面的风荷载特性和流固耦合效应，揭示了大跨度膜结构的风致失效机理，建立了大跨度膜结构的抗风设计方法"的相关文献报道。

2）完善了气膜结构的抗雪设计理论。目前，国内外已有雪荷载分布系数对门式刚架力学性能影响的研究，研究了门式刚架结构在雪荷载和荷载组合作用下的受力和变形特征。未见"基于现场实测，探究了东北地区的积雪特性，建立了积雪休止角、滑落角和积雪密度的概率分布模型。并结合风-雪联合试验，探究了大跨度气膜结构的雪荷载分布特性，完善了气膜结构的抗雪设计理论"的相关文献报道。

3）创新提出了三种新型索结构体系。目前，国内外已有一种新型杂交空间网格结构——弦支穹顶、结构概念及全张力体系的工作机理。未见国内外有"构建不同形式的大开口索结构体系，开展大开口索结构分析方法研究""一种上斜交下径向屋盖索结构体系""一种弦支式互承网格结构体系""一种双向扩展式全张力结构体系"的相关文献报道。

4）大跨度索膜结构复杂作用下的精细化分析方法。目前未见国内外有"建立考虑精细化节点的多尺度分析模型，开展大开口索结构精细化施工全工程模拟"的相关文献报道。

5）发明了斜交索结构体系的无胎架交替张拉提升施工技术。目前，国内外已见一种牵引下层索网结构提升和张拉双层索网结构的施工方法。未见国内外有"无胎架提升施工技术，奇偶轴线交替牵引提升"的相关文献报道。

6）发明了弦支式互承网格结构体系高精度施工技术。目前，国内外已见索承网格结构屋盖高空换索施工关键技术研究。未见"一种索承网格屋盖的吊装＋提升施工技术，径向索逆作场外吊装，环向索往复牵引同步提升，索夹空间定位连接，预超长 V 形撑加劲切肢处理。解决了钢结构刚性体系和索结构柔性体系在设计零状态向理论初始状态转变的过程中，对索体张拉全过程的状态如何控制及调整的难题"的相关文献报道。

7）发明并首次应用了嵌入式 FBG（光纤光栅）传感器的拉索索力监测技术。目前，未见国内外有"Z 形钢丝表面开槽，调节螺杆表面安装传感器"的相关文献报道。

8）研发了索结构施工全过程灾变行为分析方法。目前，国内外已见采用提炼出 EPR 核电站安全壳钢衬里结构模块化施工全过程中的关键力学问题；采用重叠单元和生死单元技术模拟大型复杂结构混凝土浇筑成型全过程方法。未见国内外有"大开口索结构施工过程的灾变行为预测与控制研究，建造全过程模拟，灾变行为控制"的相关文献报道。

本项目经国内外查新，上述关键技术与创新均未见报道或具有新颖性，与国内外同类技术相比具有显著的先进性。

五、第三方评价、应用推广情况

1. 第三方评价

2023 年 6 月 7 日，本项目经以院士为主席的专家组评价，总体达到国际先进水平，其中"大跨度索膜结构抗风、雪灾害研究"和"大跨度索膜结构高精度安装技术"两项技术达到国际领先水平。此外，研发成果在 2022 年国际薄壳空间结构会议上交流汇报，受到国内外专家学者的一致赞誉。

2. 推广应用

本项目系列成果有力推动了大跨空间结构技术的发展，并指导建设了大连梭鱼湾、青岛青春足球场、成都凤凰山体育公园足球场等一大批经典体育类建筑，取得了显著的经济效益和社会效益。

六、社会效益

项目攻克了大量设计施工难题，体现绿色、文明、低碳、环保理念，保证了工程优质、高效等目标的实现，不仅解决了传统技术工艺无法完成的施工难题，节约了大量的设备、人工和措施投入，而且为日后同类特大型体育场馆的建造提供了宝贵的技术指导和案例借鉴，提高了企业在建筑市场的综合实力和竞争力。

指导建设的工程项目均受到社会各界高度关注，多次被媒体宣传报道，接受有关部门领导观摩交流，受到社会各界人士的好评！

建筑工程数字设计云平台关键技术及应用

完成单位：中国建筑西南设计研究院有限公司

完成人：方长建、白　翔、孙　浩、赵广坡、康永君、蒋晓红、徐　慧、温忠军、谢　伟、赖逸峰

一、立项背景

随着数字中国建设发展，各行各业不断进行数字化技术的应用和融合。建筑业作为国民经济支柱产业，面临发展粗放、能源消耗大、数字化程度低的急迫现状，亟须进行重大的变革与转型升级。

数字设计是建筑产业链的数据源头，直接关系下游生产、施工及运营等环节的数字化落地，也是城市 CIM 技术的数据基础，全面推进数字设计为全产业链积累数据资产、支撑数字中国建设，已成为行业共识。设计平台是数字设计的基础和实际载体，作为设计数据的生产出口和协作源头掌控着数字设计的效率、质量和应用价值，是建筑工程设计企业转型升级的最直接手段和必备技术。然而现有国内外设计平台或基于二维设计思路升级构建，或聚焦某个局部功能，缺乏完整的数字设计协同，无法满足数字设计需求，严重制约数字设计的价值呈现，主要面临三大难题：

（1）缺乏底层数字设计标准和设计方法的逻辑支持，无法满足数字设计交付要求和数据流转。

（2）缺少高效复用的数字资源构建及应用支撑，使得数字设计效率低下、质量参差不齐、难以推行。

（3）缺乏适应数字设计的管理方法和技术应用平台，导致数字设计项目进度和质量难以管控，尤其在重大重点项目中无法有效协调各方有序推进。

因此，开展建筑工程数字设计云平台关键技术研究符合数字中国建设需求，高度契合建筑业数字化转型、精益建造、低能源消耗的发展目标，具备广阔的发展应用前景。

二、详细科学技术内容

1. 创新成果 1：数字设计方法创新

1）制定了建筑信息模型工程设计制图和模型的统一标准，确立了数字设计的模型构建和二、三维图示规范表达，保障了图纸从模型的正向生成，显著提高了建筑工程的设计质量。见图 1。

2）提出了基于 CAD 和 Revit 的二三维混合设计方法，形成了一体化设计流程，实现了多类建筑工程项目的全流程数字设计。见图 2。

3）构建了基于公用数据库的辅助设计 SAAS 服务，实现了基于云的多客户端设计辅助计算，在保证项目数据安全的同时，满足了设计项目中数字设计、咨询汇报、现场服务等多业务场景的移动计算需要。见图 3。

2. 创新成果 2：数字设计资源实践创新

1）提出了基于马尔科夫链的 BIM 构件创建过程指令推荐方法，研发了非 BIM 构件向 BIM 构件自动转换、已归档 BIM 模型中 BIM 构件自动提炼等功能，实现了不同数据源 BIM 构件的高效创建。见图 4。

2）提出了基于参数控制台驱动的 BIM 构件参数化能力实时交互验证方法，实现了新建 BIM 构件标注自动锁定与约束检查，以及参数快速命名、自动分组和公式纠正，有效地保障了 BIM 构件的创建质量。见图 5。

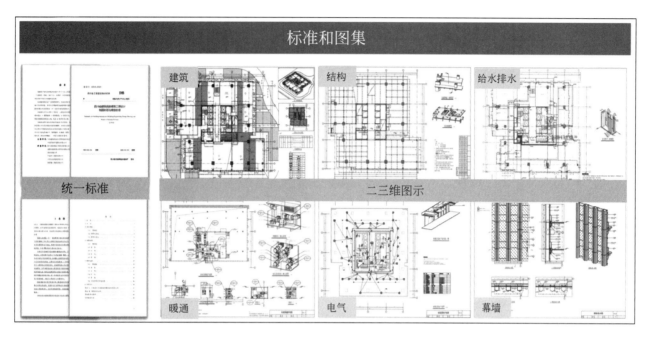

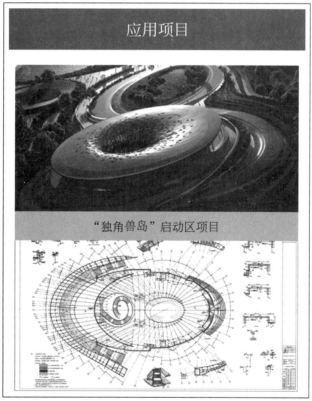

图1　制图和模型统一标准及项目应用

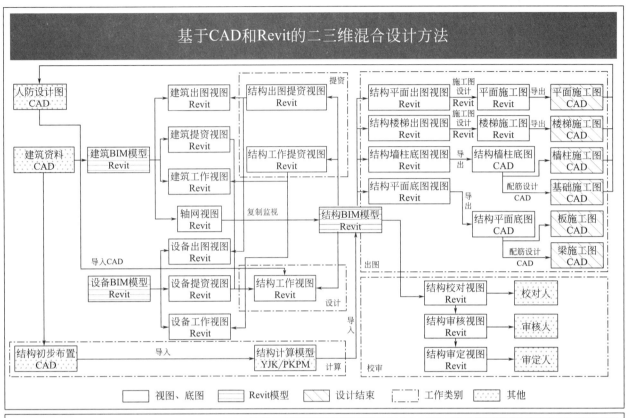

图2 二三维混合设计方法及项目应用

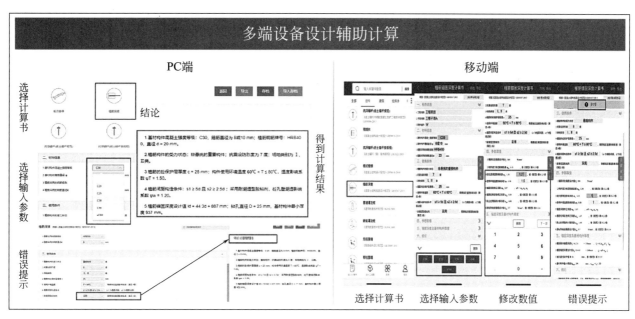

图 3　辅助设计 SAAS 服务技术架构

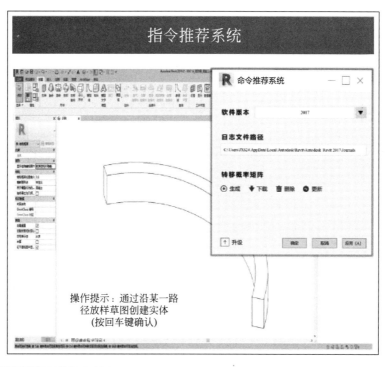

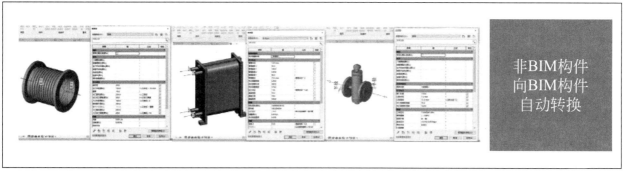

图 4　数字设计资源创建方法与系统（一）

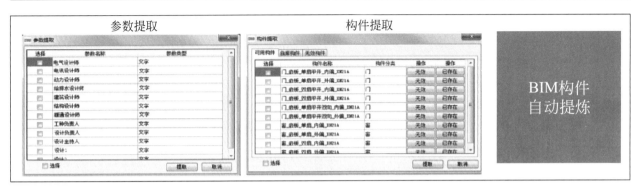

图 4　数字设计资源创建方法与系统（二）

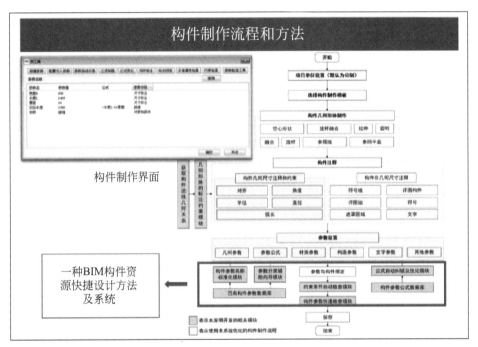

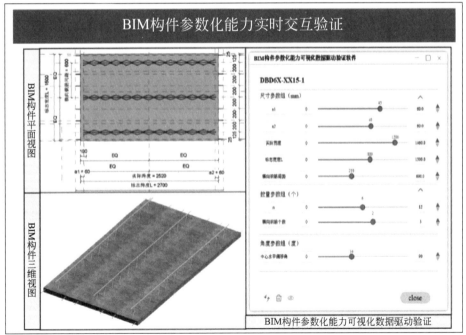

图 5　数字设计资源验证方法与系统

3）提出了采用基于余弦相似度算法的 BIM 构件智能推送方法，实现了基于数据占位符的多类型标准构件单元快速组装，简化了设计中对 BIM 构件的选择过程，有效降低了数字资源的使用成本，实现了不同类型设计项目中数字资源的高效复用。见图 6。

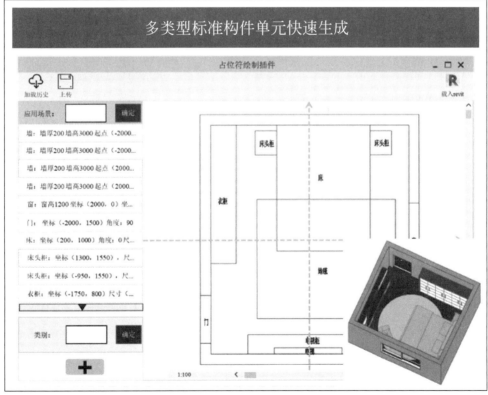

图 6　数字设计资源应用方法与系统

3. 创新成果 3：数字设计平台应用创新

1）提出了面向设计项目的数据线网模型，实现了沿线网特定线路的任务自动推送与反馈，以及可视化云端进度监视及预警，提高了跨组织设计过程的管控水平，大幅降低了管控成本。见图 7。

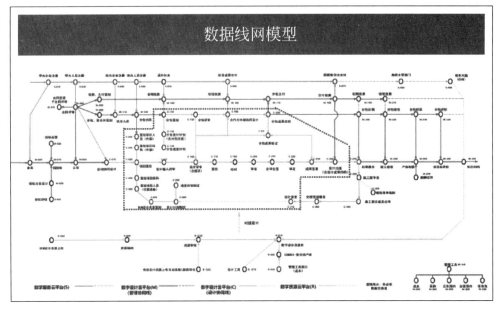

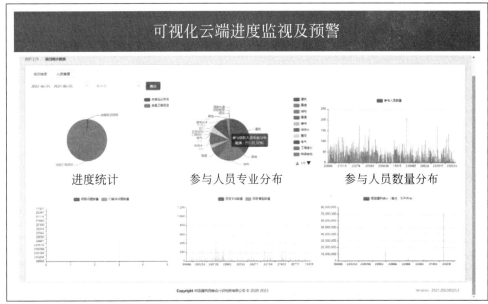

图 7 建筑信息模型工程设计数据线网模型及项目主要内容

2）提出了建筑工程设计企业二三维一体化协同方法，实现了专业间构件级提资及留痕、修改量统计、版本对比和即时消息推送等协同设计功能，大幅提升跨专业数字设计效率。见图 8。

3）提出了协同设计成果的 B/S 和 C/S 多源实时校审方法，实现了本地及移动端多场景的二三维联动图模校审，校审意见实时同步，有效保证了跨地域三校两审工作模式下的设计校审和成品质量。见图 9。

三、发现、发明及创新点

1）建立了建筑工程数字设计的流程和管理方法，即：制定了建筑信息模型工程设计制图表达和模型构建的统一标准，提出了基于 CAD 和 Revit 的二三维混合设计方法，形成了一体化设计流程，构建了基于公用数据库的辅助设计 SAAS 服务，满足了设计企业年产千万平方米级建筑工程数字设计规模的需求。

图 8　二三维一体化协同及应用

图 9　基于 B/S 和 C/S 多源实时校审系统（一）

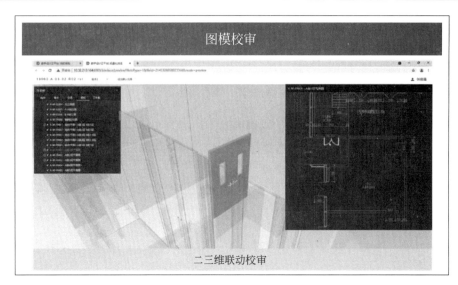

图 9　基于 B/S 和 C/S 多源实时校审系统（二）

2）提出了一套建筑工程数字设计资源库创建及应用系统，特点为：

（1）资源创建模块，包括基于马尔科夫链的 BIM 构件创建过程指令推荐，非 BIM 构件向 BIM 构件的自动转换，已归档 BIM 模型中 BIM 构件自动提炼等功能；

（2）资源验证模块，包括新建 BIM 构件标注约束自动锁定与快速检查，参数快速命名、自动分组和纠正，以及基于参数控制台驱动的 BIM 构件参数化能力实时交互验证功能；

（3）资源应用模块，采用基于余弦相似度算法的 BIM 构件智能推送方法，实现了基于数据占位符的多类型标准构件单元的快速生成。

3）研发了基于云技术的跨专业、跨地域和跨组织的建筑工程数字设计项目管理平台，特点为：

（1）采用面向设计项目的数据线网模型，实现了沿线网特定线路的任务自动推送与反馈，以及可视化云端进度监视及预警；

（2）具备二三维一体化协同设计、专业间构件级提资及留痕、修改量统计、版本对比和即时消息推送等功能；

（3）采用协同设计成果的 B/S 和 C/S 多源实时校审方法，实现了本地及移动端多场景的校审和校审意见实时同步。

项目成果成功应用于中海成都天府新区超高层项目（西南第一超高层）、东安湖体育长（第 31 届大世界大学生运动会主场馆）等项目，获得专利 14 项（其中发明专利 9 项），发表论文 12 篇，获得软件著作权 38 项，主参编标准、规范 16 项（其中参编国际标准 1 部、国家标准 3 部，主编地方标准 5 部），出版著作 2 部。

四、与当前国内外同类研究、同类技术的综合比较

核心技术综合对比见表 1。

主要技术综合对比　　　　　　　　　　　　　　　　　　　　　　　　　　表 1

技术内容	国内	国外	本项目技术参数	实施效果
数字设计制图和模型统一标准	仅有独立的制图或模型标准，标准间未统一	仅有模型标准	制图标准、模型标准与制图图示完整统一，覆盖 6 大专业	国内外首套制图与模型统一应用标准
二三维混合设计方法及流程	以二维设计＋三维翻模为主	无	同时采用二维与三维设计软件，在一套设计流程下混合交互共同完成设计	首次提出混合设计方法和标准化流程，兼具二三维设计优势，在 651 项设计项目中落地应用

技术内容	国内	国外	本项目技术参数	实施效果
公用数据库辅助设计 SAAS 服务	仅支持 PC 端应用	缺乏集成应用	云技术架构同时适用于 Android、IOS、PC 端,已集成 42 项远程移动计算工具	1000 余名注册用户,覆盖设计、施工、高校超 50 余家单位
资源创建方法与系统	仅有人工手动制作	仅有人工手动制作	包含 3 种 BIM 构件创建方法,制作效率提升 2 倍以上	实现不同数据源 BIM 构件自动创建,填补行业无 BIM 构件创建软件的空白,已创建 BIM 构件 2014 个
资源验证方法与工具	无	无	包含 3 种 BIM 构件验证方法,支持交互检验与自动验证,检查效率提升 3 倍以上	首次提出多参数实时交互验证、标注自动锁定与约束检查以及公式自动纠正,有效提升资源质量,填补了资源验证方法的空白
资源应用方法与系统	无智能推送方法	仅有基于特定用户偏好的推送方法	包含 2 种 BIM 构件应用方法,支持项目特征自动适配及构件单元标准化组装,提升整体建模效率 1 倍以上	首次提出面向不同地域、不同类型的数字设计 BIM 构件智能推送方法,填补了多类型构件单元标准化组装的应用空白
建筑信息模型工程设计数据线网模型及应用	无	无	线网模型包含 4 条主数据线路和 80 余个节点,支持数据沿单线路传递及线路间转换	首次提出面向设计项目的数据线网模型,实现了跨组织的任务自动分解、推送、反馈与进度监视
二三维一体化协同方法及管理系统	有二三维协同管理平台,提供文件级提资	仅有三维中心文件及文件链接协同管理方法	支持二三维一体化协同,兼容现有三维中心文件及文件链接协同方法,同时支持文件级及构件级提资	重塑数字设计协同模式,有效管控二三维协同的关键环节及过程,大幅提升跨专业数字设计效率和质量,近 5 年获得国际国内 87 项数字设计奖项
基于 B/S 和 C/S 的多源实时校审方法及系统	有基于 BIM 和 CAD 的校审方法	有基于轻量化平台的批注系统	基于轻量化平台,支持 50 余种数据格式,支持 Web 及移动端操作,融入数字设计的校审流程,支持二三维联动图模校审,提供多源校审意见的并行管理及实时更新	支撑跨地域数字设计校审与管控,实现地域间技术共享,支撑设计企业突破区域发展模式,已部署 20 多个省市

五、第三方评价、应用推广情况

1. 第三方评价

2023 年 6 月 8 日,经院士、勘察设计大师等组成的专家组评价,鉴定意见如下:"……制定了二维制图与三维模型统一的应用标准,提出了二三维混合设计方法和标准化流程,建立了建筑工程数字设计技术体系,提出了基于云环境的建筑工程数字设计资源库自动创建、多参数实时交互验证及智能推送方法,构建了资源库应用系统;首次提出了面向设计项目的数据线网模型,重塑了数字设计协同模式,研发了跨专业、跨地域和跨企业的建筑工程数字设计云平台……评价委员会认为,成果总体达到国际先进水平,其中数字设计资源库的创建技术达到国际领先水平"。

2. 推广应用

应用项目成果的工程遍布四川、广东、山东、福建、云南、湖南、重庆、江苏、北京等 20 多个省市,技术先进、稳定可靠,助力多项标志性工程高质量落地,引领了数字设计技术的发展。

其中,代表性项目包括:

1)西南第一超高——中海成都天府新区超高层项目

项目概况:成都未来城市中心区域地标建筑,总建筑面积约 54.9 万 m^2,高度 489m。

主要应用技术:数字设计制图和模型统一标准、二三维混合设计方法及流程、公用数据库辅助设计 SAAS 服务。见图 10。

2)第 31 届世界大运会主场馆——东安湖体育场

项目概况:4 万座甲级体育场馆,总建筑面积约 12 万 m^2。

主要应用技术:资源创建方法与系统、资源验证方法与工具、资源应用方法与系统。见图 11。

图 10 中海成都天府新区超高层项目

图 11 东安湖体育场项目应用（一）

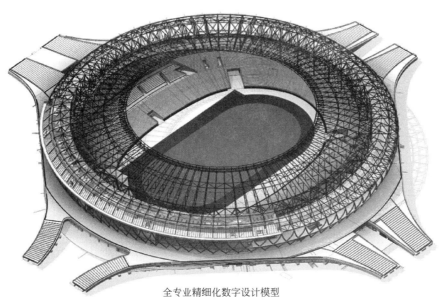

全专业精细化数字设计模型

图11 东安湖体育场项目应用（二）

3）国家中部区域性国际航空枢纽机场——长沙黄花机场改扩建工程

项目概况：长株潭一体化综合交通枢纽，改扩建工程总建筑面积超 100 万 m^2。

主要应用技术：建筑信息模型工程设计数据线网模型及应用、二三维一体化协同方法及管理系统、基于 B/S 和 C/S 的多源实时校审方法及系统。见图12。

图12 长沙黄花机场项目

4）全国首家千亿级数字经济近零碳产业园区——成都独角兽岛

项目概况：全周期培育、全要素保障、高品质生活智慧园区，总建筑面积30.257万 m²。

主要应用技术：数字设计制图和模型统一标准、二三维混合设计方法及流程、公用数据库辅助设计SAAS服务。见图13。

图13　成都独角兽岛智慧园区项目

5）国家级文物保护与利用博物馆群落——三星堆博物馆新馆

项目概况：秉承"馆园结合"的理念，重现三星伴月景观，建筑面积约5.5万 m²。

主要应用技术：建筑信息模型工程设计数据线网模型及应用、二三维一体化协同方法及管理系统、基于B/S和C/S的多源实时校审方法及系统。见图14。

图14　三星堆博物馆新馆项目（一）

图14　三星堆博物馆新馆项目（二）

6）大型城市综合美术馆——成都天府美术馆

项目概况：以天府文化为中心，收藏和研究在地艺术发展脉络、关注和展示当下国内外艺术创作，总面积近 4 万 m^2。

应用技术：资源创建方法与系统、资源验证方法与工具、资源应用方法与系统。见图15。

图 15　成都天府美术馆项目

六、社会效益

1）研究并提出数字设计方法，适配不同建筑类型项目应用，面向当前现状广泛进行项目验证，迭代形成实践性建筑工程数字设计技术体系，近 5 年共获得国际国内 87 项数字设计项目及企业奖项，极大提升行业影响力。

2）本研究利用数字技术赋能传统设计，突破质量和效率瓶颈，响应日益复杂的建筑创意、大体量的工程项目以及高设计质量需求，支撑建筑工程设计技术多元化发展。

3）面向民用建筑工程设计行业，探索建筑工程设计企业数字化转型路径，打造高品质数字产品和服务，转化制定多项行业、地方、协会标准，形成引领示范作用。获批四川省建筑业（民用建筑设计）唯一的数字化转型促进中心和成都市企业技术中心，助力改善建筑业发展粗放、数字化程度低的紧迫现状，推动行业数字化转型和高质量发展。

4）支撑个性化建筑工程设计和民生性项目高质量落地，完成全国各地标志性建筑，多次被腾讯网、成都商报等媒体报道，极大地提升了社会影响力，响应习近平主席二十大报告目标，满足中国人民日益增长的精神文化需求。

海域复杂条件下土压平衡盾构地中对接、弃壳解体等施工关键技术研究

完成单位： 中建交通建设集团有限公司、华侨大学、中国矿业大学（北京）

完 成 人： 尹清锋、王春河、陈星欣、江　华、程跃胜、张洪涛、孙富强、朱英伟、杨智麟、
刘传江

一、立项背景

随着城市轨道交通建设进入了高速发展阶段。盾构法施工因安全性高、受环境影响小、高效等优点得以广泛应用，其应用的环境和应用领域不断扩展。但对于超长距离盾构法隧道的施工，由于过江或其他客观条件限制不允许设置中间工作井，采取单台盾构机一次性掘进施工的情况下，即使采用当今国际上最先进的盾构设备也是一项极大的挑战。

隧道因为线路长，工期紧、下穿江河湖海、地面无设置竖井条件等原因采取相向推进、地中对接、弃壳解体的技术成为一个新的发展趋势。盾构地中对接、弃壳解体技术研究现状表明，该技术已在英国、丹麦及日本等国家应用，1993 年采用盾构对接施工方法的英吉利海峡隧道（全长 49.2km）施工进度创下当年世界之最，而国内则是在 2011 年建成的广东狮子洋隧道（全长 9.3km）上首次应用该方法，目前正在向城市隧道推广。考虑到未来国内规划的超长距离隧道工程的需求，结合青岛地铁 8 号线工程市民健身中心站-2 号风井区间工程，开展盾构地中对接施工技术研究，以解决超长距离隧道的施工难题。

二、详细科学技术内容

1. 海域复杂条件下盾构地中对接前洞内加固技术

创新成果一：盾构地中对接超前注浆扩散及堵水技术

基于 Darcy 两相流方程和 Navier-Stokes 方程的耦合对超前注浆进行模拟，探究注浆压力、注浆管布置和重力对浆液在地层中扩散的影响，并依据浆液扩散范围对不同断裂带与对接点间距条件下弃壳解体后的涌水量进行计算，解决了浆液在地层中扩散范围和堵水效果难以确定的问题。见图 1、图 2。

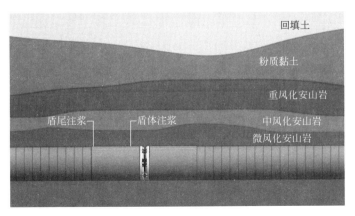

图 1　对接位置注浆堵水加固

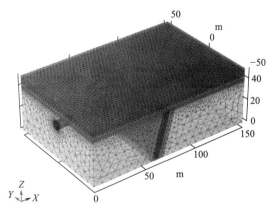

图 2　涌水量计算模型

创新成果二：盾构机洞内 WSS 注浆加固止水技术

在盾构地中对接施工过程中，刀具经常磨损严重，需要进行开仓作业，同时在盾构地中对接后弃壳解体前也需要进行开仓作业，而盾构机开仓方式多取决于地层条件，创新采用盾构机洞内 WSS 注浆加固止水技术，解决了当地面不具备加固条件时，掌子面的稳定的问题。见图 3、图 4。

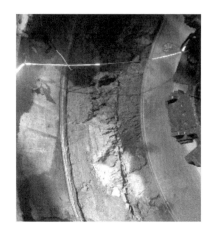

图 3　对接段临空面情况

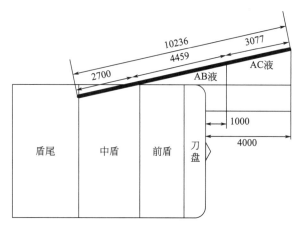

图 4　超前注浆范围

创新成果三：盾构地中对接加固及开仓技术前瞻性研究

通过数值分析＋试验的方法，开展不同工况下水泥渗透注浆可注性、盾构地中对接加固范围、盾构带压开仓掌子面稳定性分析、盾构对接段注浆及带压开仓模型等研究，为后续施工进行技术支持和数据参考。见图 5、图 6。

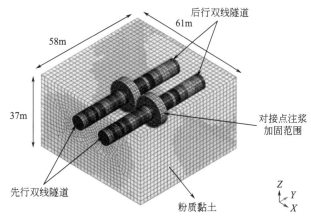

图 5　数值计算模型

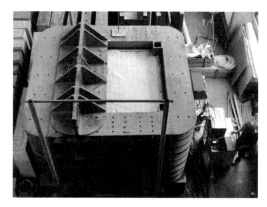

图 6　盾构对接段注浆模型试验

2. 海域复杂条件下盾构地中对接施工控制技术

创新成果一：盾构地中对接掘进姿态控制技术

通过管片姿态控制和盾构掘进姿态控制方法提出了盾构姿态控制技术，在施工中实行盾构姿态预警管理，并对盾构姿态分级管理进行了相关规定，避免了盾构姿态与隧道设计轴线偏差过大，影响隧道工程质量的问题，提高了地中对接精度。

创新成果二：盾构地中对接施工推力及扭矩控制技术

以盾构地中对接前期掘进中推力及扭矩实测值为依据，确定了盾构设计推力、扭矩的理论模型和计算值，实现了盾构地中对接过程中推力及扭矩的预测。

创新成果三：盾构地中对接施工技术

以青岛地铁 8 号线工程市民健身中心站-2 号风井区间盾构施工为依托，从对节点选取、盾构对接掘进控制、先行盾构到达对接位置注浆止水、后行盾构到达对接位置注浆止水等开展地中对接施工技术工程实践应用，应用效果良好，对接精度高。见图7。

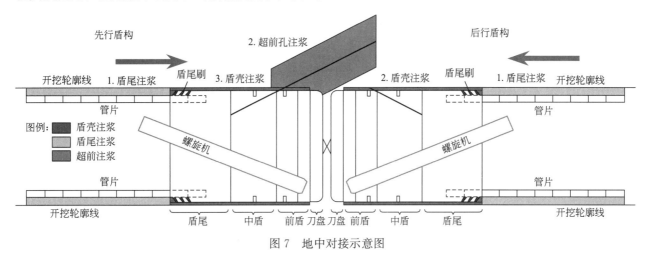

图7 地中对接示意图

创新成果四：盾构地中对接施工控制技术前瞻性研究

通过开展基于BIM技术和数值模拟技术的盾构地下对接施工方法、土压盾构掘进参数的优化、盾构地中对接施工对既有管线的影响分析等研究，用于指导盾构机地下对接和盾构机弃壳解体施工。见图8。

图8 洞内弃壳解体BIM模型

3. 海域复杂条件下盾构机弃壳解体施工技术研究

创新成果：基于BIM技术的盾构弃壳解体施工技术

通过Inventor建立盾构机、管片、地层以及地铁车站等模型，利用3dsmax等比例真实预演盾构机地中对接和洞内弃壳解体过程，让施工管理人员和操作人员提前掌握盾构机地中对接和洞内弃壳解体流程、难点以及存在的问题并制定针对性措施，实现了施工方案可视化交底。以青岛地铁8号线工程市民健身中心站-2号风井区间盾构施工为依托，从对拆机准备工作、各部件拆除运输流程、盾壳清理流程等，开展弃壳解体施工技术工程实践应用，应用效果良好，提升了盾构机拆解效率。见图9、图10。

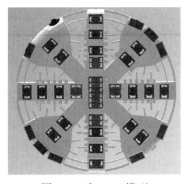

图9 刀盘BIM模型

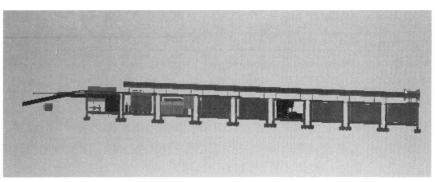

图10 台车BIM模型

4. 海域复杂条件下盾构对接段结构形式研究

创新成果一：水下盾构地中对接管片错台量与张开量研究

通过建立应力-渗流耦合三维有限元模型，研究左右线先后行盾构隧道掘进过程中盾尾管片环缝沿隧道轴向变形和径向变形。同时，通过对比不同顶推力条件下管片环缝的张开量和错台量，探讨减小后行隧道施工对先行隧道管片环缝影响的措施。见图11、图12。

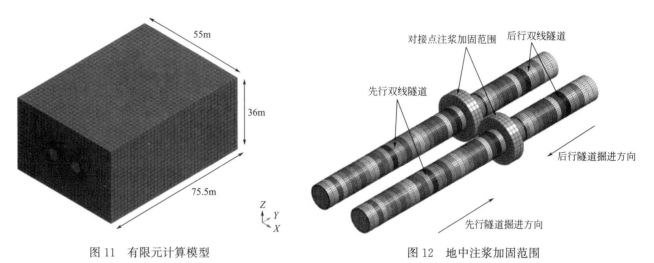

图 11　有限元计算模型　　　　　图 12　地中注浆加固范围

创新成果二：盾尾管片防松动环参数选取研究

基于管片环缝张开量的大小，通过建立防松动环计算模型，研究合理的盾尾管片防松动环设计参数，防止推进千斤顶推力卸载后引起管片环缝二次张开，进而造成管片渗水的问题。见图13、图14。

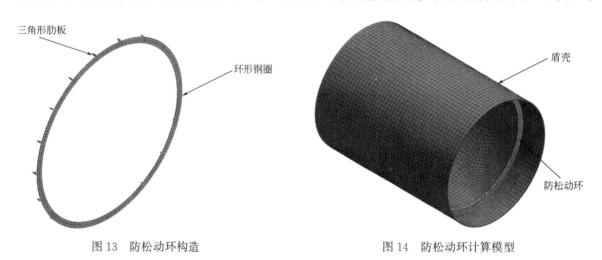

图 13　防松动环构造　　　　　图 14　防松动环计算模型

创新成果三：盾构对接段结构形式设计及应用

通过对对接段结构采用特设设计，降低了成型隧道松弛的可能性；通过特制钢筋混凝土管片端面预埋钢板和管片螺栓与现浇钢筋混凝土结构钢筋连接，确保了结构整体连续性。

创新成果四：盾构地中对接段结构、设备及相关方法前瞻性研究

通过开展地下盾构对接段管片二次衬砌结构研究，解决了对接段千斤顶卸载后管片松动、隧道渗漏水以及盾构机外壳腐蚀等问题；开展用于盾构地下对接的管片拼装注浆一体机研究，解决了盾构地下对接预制管片的拼装、壁后同步注浆以及管片松动等问题；开展防止水下盾构隧道管片上浮的预制装配式结构研究，解决管片脱出盾尾后存在的上浮问题，确保隧道线形符合设计要求，满足隧道建筑限界；开展海底盾构隧道管片上浮和流沙量的试验装置和方法等研究，模拟了真实水土压力作用下，海底盾构隧道管片发生上浮时管片受力特性、位移大小和裂缝发展情况等。见图15～图18。

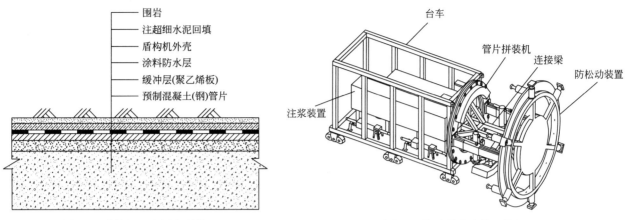

图15 对接段二次衬砌结构　　　　　　　图16 管片拼装注浆一体机

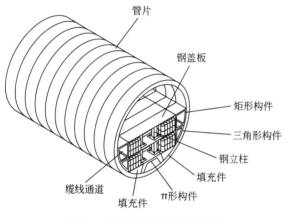

图17 预制装配式结构轴测图

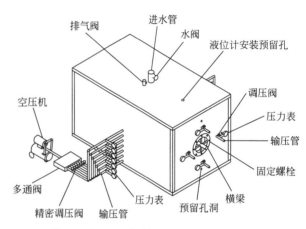

图18 模拟海底盾构隧道管片上浮和流沙量的试验装置

三、发现、发明及创新点

1) 研发了一套海域复杂条件下盾构地中对接前洞内加固止水技术，解决了地中安全对接问题；

2) 研发了一套基于大数据技术的盾构姿态实时纠偏及控制技术，提高了盾构掘进地中对接精度；

3) 研发了一套基于 BIM 技术的可视化盾构机弃壳解体施工技术，解决了盾构机拆解时关键部件易误损伤的难题；

4) 研发了一种盾构地中对接段结构形式，解决了盾构弃壳解体期间对接段成型隧道管片的松弛渗漏问题；

5) 在项目研发过程中，授权发明专利 9 项，授权实用新型专利 4 项，登记软件著作权 3 项，发布省部级工法 2 项，企业级工法 4 项，发表论文 6 篇（其中核心期刊 3 篇），发布专著 1 部，主编、参编团体标准各 1 项。

四、与当前国内外同类研究、同类技术的综合比较

经文献检索，青岛地铁 8 号线市观区间盾构段左右线平面与垂直对接精度位于国内外前列，本成果施工的对接横向偏差 4.7mm，高程偏差－9.7mm，完全满足国内现行规范要求，仅略大于日本东京湾海底隧道，对接精度对比（实际/换算）如表 1 所示。

与当前国内外同类研究、同类技术的综合比较 表1

项目	日本26号浪速管廊工程	日本中央干线建设工事		日本东京湾海底隧道	横越伊势湾煤气管道盾构隧道工程	广深港客运专线狮子洋隧道工程	青岛地铁8号线工程	
		加平地区	新小岩地区				左线	右线
隧道外径/m	7.9/6.7	2.95/6.7	2.95/6.7	13.9/6.7	3.34/6.7	10.8/6.7	6.7/6.7	
盾构中心相对平面误差/mm	−5.5/−4.7	28/63.6	4/9.1	3/1.4	−9/−18.1	28.5/17.7	4.7	4.4
盾构中心相对垂直误差/mm	32.5/27.6	5/11.4	6/13.6	5/2.4	1/2	19.6/12.2	−1.7	−9.7

五、第三方评价、应用推广情况

1. 第三方评价

2022年11月21日，北京市住房和城乡建设委员会组织对课题成果进行鉴定，由院士担任评鉴定委员会主任，成果鉴定委员会认为该项成果整体达到国际先进水平。

2. 推广应用

本研究成果在青岛地铁8号线市观区间盾构段的成功应用，减少了竖井及相关辅助设备工作时各种资源占用、污染物的排放及能耗产生，累计创造经济效益671.19万元，在我国地铁、铁路、公路、市政、水电等基础建设领域具有广阔的推广应用前景。

六、社会效益

本项目依托青岛地铁8号线市观区间盾构工程，顺利完成了盾构地下对接、洞内解体，相对于传统盾构单向掘进施工，施工工期至少缩短5个月，有效地化解了青岛地铁8号线中建施工段的工期风险，充分展示了中国建筑在基础设施领域的建造能力、建造技术，获得地铁集团、青岛市政府高度评价；地下对接、洞内解体将促进设备制造商进一步优化设备，同时促进国内盾构机再制造业发展，为以后承接和实施此类工程奠定基础，培养了一批高素质、有经验的施工技术及管理人才，提升了中国建筑绿色建造及建筑工业化水平，提高了地铁工程的施工质量和安全，增强了企业的市场竞争力。

地下筒仓式车库建造关键技术及应用

完成单位： 中建地下空间有限公司、中国建筑西南勘察设计研究院有限公司、西南交通大学、中信
重工机械股份有限公司、杭州西子智能停车股份有限公司、成都宜泊信息科技有限公司

完成人： 郑立宁、张祖涛、胡　熠、苗军克、戴岳芳、陈　诚、胡怀仁、白　镭、潘宏烨、
许　凯

一、立项背景

据人民日报报道，截至 2021 年全国停车位缺口约 8000 万个，随着停车矛盾的日益激化，为了满足停车需求，各大城市都开始修建机械式立体停车库；但城市的土地可谓寸金寸土，很难有大量的土地用来修建车库，而且在地上修建立体车库还会影响周边建筑的采光等。地下筒仓式车库具有土地利用集约化程度高，占地面积小，布置灵活、不影响地面规划和景观等优点，可最大限度地节约土地和利用空间，是解决城市用地紧张、缓解停车难的有效途径，已逐步成了各地政府的首选产品。

在车库规划选址与运维方面，目前停车场规划设计缺乏人性化、停车场维护保养差、停车诱导系统落后等导致停车用户体验差，从而产生停车场使用率低的现象。因此利用物联网、大数据、人工智能等技术，建立城市级智慧停车管理系统和平台，对解决城市停车难、停车场和用户之间信息不对称以及部分停车场信息孤岛等问题有重要帮助，对提高城市停车效率和服务质量尤为重要；在筒仓式车库建造方面，目前大多仍采用人工井下开挖的方式，不但工作效率低、经济性差且施工人员安全隐患巨大，因此亟须面向城市地下空间施工需求的地下竖井掘进装备及相关施工方法进行研究，同时需出台相关的标准对车库的规划、勘察、设计、施工、使用管理与维护等方面进行统一规范；在车辆搬运器方面，目前出现的各类汽车搬运器存在车辆及轴距识别不准、体积过大、能耗高、易对车轮造成损伤等缺点，因此，进行城市汽车智能停车搬运技术研究不仅具有极高的理论和研究价值，还具有重大的经济效益和产业价值。

二、详细科学技术内容

1. 地下筒仓式车库标准化设计方法

创新成果一：提出了基于冗余高效的地下筒仓式车库系列产品设计方法，提高了地下筒仓式车库的空间利用率

面对城市窄小场地建造地下筒仓式车库的需要，提出了"1 梯 2 位""1 梯 4 位""2 梯 4 位""1 梯 8 位""1 梯 10 位""1 梯 12 位"以及双电梯深井地下车库和高速塔式筒仓立体车库等一系列标准化产品，具有占地面积小、空间利用率高、设备安全可靠、系统运行成本低等优点。见图 1～图 4。

创新成果二：完善了支护桩与结构墙相统一的"桩墙合一"的结构设计方法，提高了筒仓式车库建造效率，降低了建造成本

通过物理模型试验，测试使用阶段下围护排桩和地下室外墙的荷载分担比例。研究结果表明：①利用桩、墙应变，根据测点弯矩计算的桩、墙荷载分担比在 12.41：1～99.73：1 之间变化，其平均值约为 59.43：1；②根据试验模型桩、墙的设计几何尺寸，按抗弯刚度计算得到的桩、墙荷载分担比为 5.75：1。见图 5～图 8。

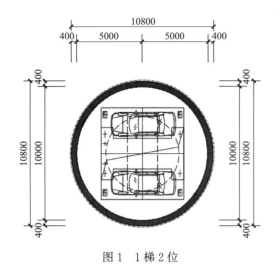

图1 1梯2位

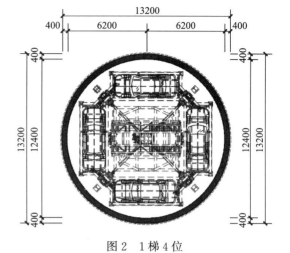

图2 1梯4位

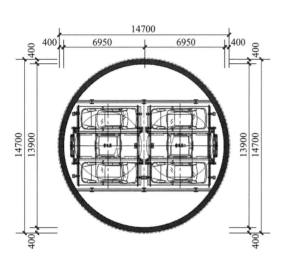

图3 2梯4位

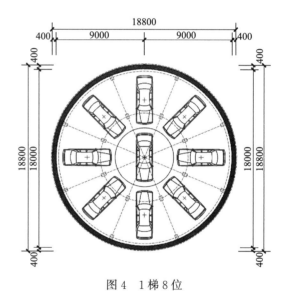

图4 1梯8位

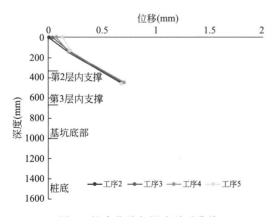

图5 桩身位移与深度关系曲线

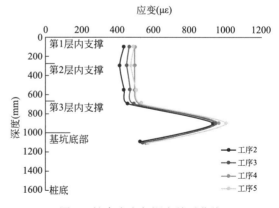

图6 桩身应变与深度关系曲线

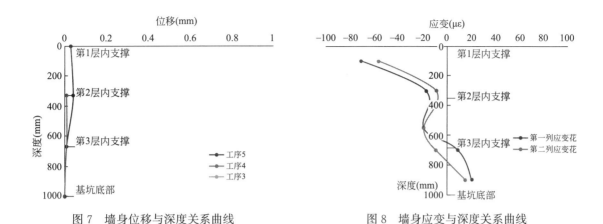

图 7　墙身位移与深度关系曲线　　　　　图 8　墙身应变与深度关系曲线

创新成果三：提出了在考虑不同排烟形式、火灾强度等情况下，筒仓式车库的通风排烟方法，提高了筒仓式车库的火灾安全性

针对圆筒形地下立体停车库的结构特点，及自然通风时的火灾特性，设计了顶部排烟、着火层内车位定点排烟以及单一风口排烟三种排烟形式。选用 STAR-CCM＋软件，对比了在不同排烟形式作用下，车库内的烟气浓度、温度分布、周围车辆热辐射变化情况。确定出排烟效果相对较好的排烟形式。见图 9～图 14。

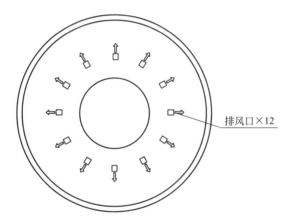

图 9　筒仓式车库排烟系统平面图

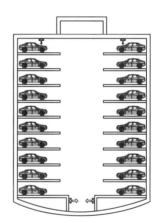

图 10　筒仓式车库排烟系统剖面图

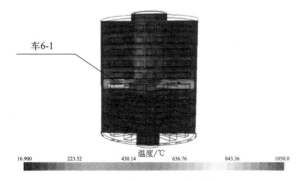

图 11　自然通风温度分布

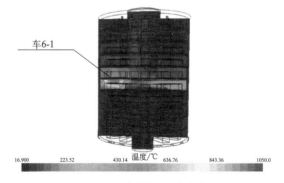

图 12　顶部排烟温度分布

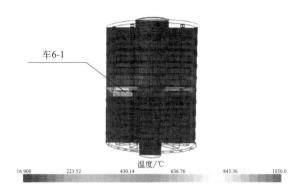

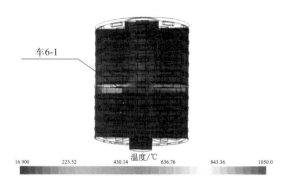

图13　着火层内车位定点排烟温度分布　　　　　　　　　　图14　单一风口排烟温度分布

2. 停车库智慧运维管理技术

创新成果一：搭建了全域停车场信息共享及预定平台系统，解决了区域内多个停车场的"信息孤岛"问题，改善了区域停车库时空不均现象

建立了一套全域停车场信息共享及泊位预定系统平台，该平台系统连接了域内多个机械筒库的车位管理子系统，依据其提供的车库信息共享接口规范完成接入，各子系统实时将库内的数据信息传输给该平台系统。系统平台能够有效传送及处理各车库状态变化的信息、预约泊车计费标准、可预约泊位信息、车辆入离场信息。

创新成果二：提出了停车场闲时车位数和时段的计算方法，提供了夜间闲时对外出租，实现了筒仓式车库的车位资源化利用

通过对筒仓式地下机械停车库出入场数据获取筒库的早/晚高峰时段，并获得早/晚高峰时段各时刻与各闲时车位的数量，以此得出停车场空位概率表。根据筒仓式机械车库的设计共性，将SUV车位与普通轿车位的分布、实时占用比例、月租比例、搬运能耗数据等进行收集积累和分析，结合空闲时月租的算法，提出最优的车库运营方案。

创新成果三：建立了城市级的智慧停车管理平台，解决了管理端的统筹管理问题和用户端的使用便捷性问题

依托大数据、云计算、通信技术等现代化信息技术，通过智慧城市停车诱导系统，全域范围内的停车场逐步纳入统一的数字化管理平台，实现停车数据统一收集、计算、分析、利用，各停车场的停车泊位周转率、停车收费情况等均反映在后台管理系统上，有助于进一步优化停车资源配置，并为政府决策提供参考依据。见图15、图16。

3. 地下筒仓式车库施工建造关键技术及装备

创新成果一：提出了基于姿态可控沉井的非全断面"小刀盘自转＋公转切割"的竖向掘进方法，实现了180°往复摆动或全回转，提高了单刀工作效率和水下可靠性

掘进主机采用双刀盘包络线破岩原理，通过模拟计算，设计合理的自转与公转速度比，实现全断面覆盖掘进。小刀盘外圆布置较少的刀具数量，比全断面刀盘重量轻，掘进功率小。

公转采用±92°摆动回转工作方式，自转驱动分别安装在公转臂两端，自转驱动工作时随公转臂摆动回转。自转驱动分别连接的两个刀盘采用等直径设计，三刀臂组合式结构，采用180°对称布置，仅在每个刀臂外侧布置1把刀具，刀具运动过程中不断转变运动方向，无一定的切刃，因此不易附着粘结物，即使附着了也能不断刮落，因此不易产生泥包刀具，同时刀具运行轨迹不相重合，重复破碎率低，不易产生粉状岩渣，造成高黏度泥浆。见图17～图20。

创新成果二：研发了国内首台适用于城市施工环境的大直径竖井掘进装备，丰富了地下筒仓式车库的建造方法，实现了低成本、高效、安全的施工。

基于非全断面"小刀盘自转＋公转切割"原理，研发了竖向掘进成套装备，适用于直径6～22m的

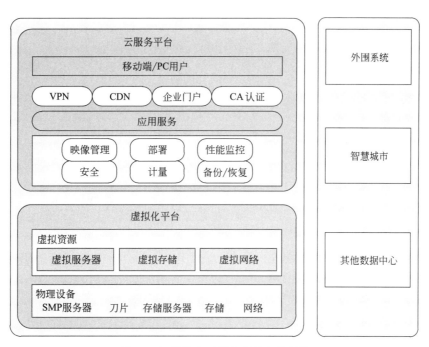

图 15　智慧停车云服务总体拓扑结构

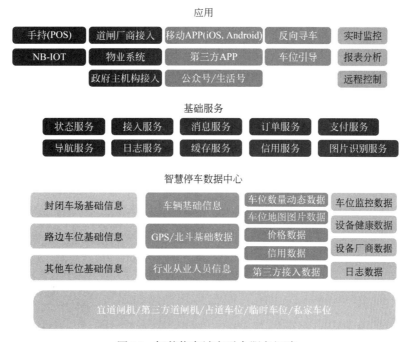

图 16　智慧停车城市平台服务矩阵

竖井工程施工,最大掘进深度达到 100m,最大掘进速度达到 5m/d,可提高施工效率 60%~80%,降低施工成本 15%~30%;提出了一种配套的可控式沉井方法,通过液压提吊设备将整个井壁提住,根据掘进进程同步下放,同时检测倾角,实时进行纠偏,达到沉井姿态可控式下沉,保证刀盘的安全和沉井井壁质量;研发了一种多点泥水循环排渣系统,吸渣口采用多点分布式布置,每个刀具旁布置一个吸渣口,可将切屑下来的泥土快速吸出,吸渣口跟随刀具形成的包络吸渣路线可覆盖整个断面,且设备主机可全水下作业,不受地下水位的影响,大大降低了施工成本和工期。见图 21~图 23。

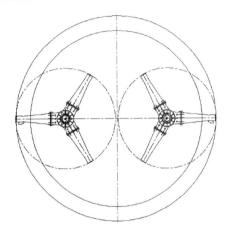

图 17　刀盘布置平面示意图

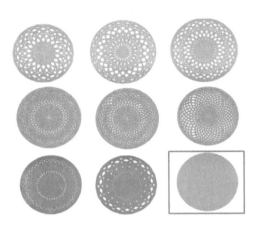

图 18　刀具轨迹线示意图

图 19　公转驱动箱立体图

图 20　自转驱动三维图

图 21　竖井掘进装备下线

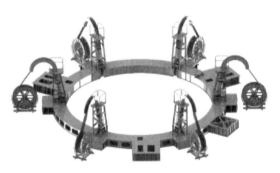

图 22　井壁提吊设备

图 23　公转驱动箱立体图

创新成果三：研发了通用化的预制拼装管片技术，提高了管片模具利用率，降低了工程造价、节省了约20%的工期，满足了绝大部分地层支护的需要

综合考虑管片制作、运输、吊装、施工效率等因素，确定管片幅宽、分块及拼装方式。管片分块采用"六等分"的通用分块模式，采用"起重机起吊＋人工对孔"的拼装方式，在地面以上、井口位置处将各环管片拼接成环，各环管片的错缝角度均为30°。见图24～图26。

图24 管片结构示意图

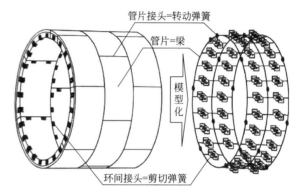

图25 井壁提吊设备

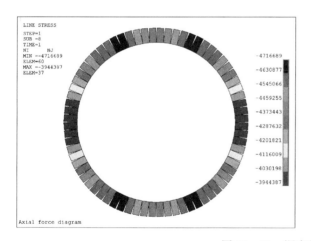

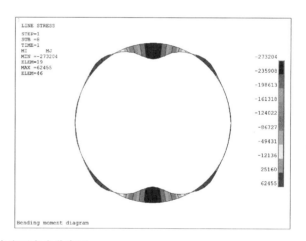

图26 50m深度处管片环内力分布图

4. 筒仓式车库机械搬运装置关键技术

创新成果一：建立了基于双目视觉稀疏深度学习地下车库车辆智能检测理论，解决了地下车库车辆智能感知目标及轴距识别不准确的应用难题

发明了基于双目视觉进行地下车库车辆立体视觉智能感知检测方法，提出了进行基于圆形参数拟合的双目摄像头立体标定方法，提高了地下车库车辆轴距检测的准确性，进行车辆视觉图像多模态并行视差获取、拼接预处理及基于稀疏表示和深度学习的车辆智能检测。见图27。

创新成果二：发明了自适应轴距、可折叠伸缩的车辆搬运系统，研发了智能机械搬运的系列装备，解决了地下车库车辆快捷搬运体系和车辆型号轴距自适应能力差问题

搬运体系由搬运移动模块，自适应轴距夹持模块，折叠可伸缩模块和搬运控制模块构成。搬运移动模块由全转向麦克纳姆轮、直流减速电机和万向球轮组成，通过控制轮的不同转向，实现装置朝不同方向的移动。见图28、图29。

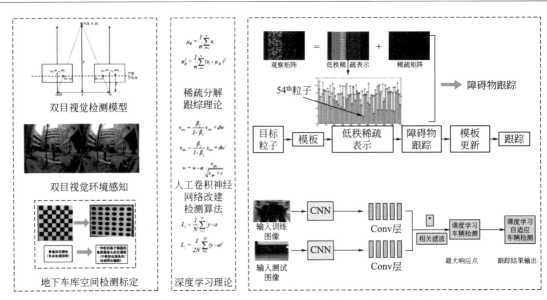

图 27 基于双目视觉稀疏深度学习地下车库车辆智能检测理论

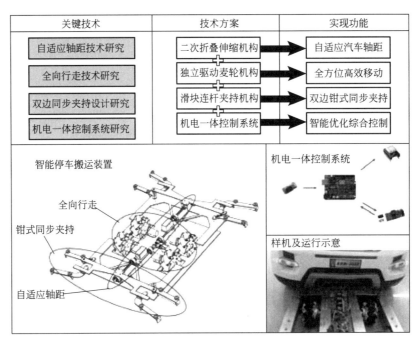

图 28 基于全转向麦克纳姆轮自适应轴距的折叠可伸缩车辆搬运体系

图 29 麦克纳姆轮

三、发现、发明及创新点

1）提出了基于冗余高效的地下筒仓式系列车库的设计方法，研发了区域内车位动态显示与管控的共享系统，实现了车库的模块化设计与高效运维管理。

2）发明了基于姿态可控沉井的非全断面"小刀盘自转＋公转切割"的竖向掘进方法，研制了国内首台适用于城市施工环境的大直径竖井掘进装备，实现了高效安全施工，打破了国外技术与装备的行业垄断。

3）建立了基于双目视觉稀疏深度学习地下车库车辆智能检测理论，发明了自适应轴距、可折叠伸缩的车辆搬运系统，研发了智能机械搬运的系列装备，解决了车辆搬运慢、故障多的难题，产品技术性能指标大幅度领先国内外同行。

四、与当前国内外同类研究、同类技术的综合比较

由教育部科技查新工作站 J01 通过对国内外文件进行检索，得出"在上述国内外文献检索范围内未见相同研究的文献报道"的结论，其主要创新成果与国内外同技术和研究的综合比较如下表所示。

本项目与国内外同类技术的比较

对比内容	国内外技术	本项目水平	对比结论
模块化的地下筒仓式车库产品设计方法	产品单一，未考虑冗余，适用性较差	提出了"一梯多位""多梯多位"等一系列标准化产品	国际先进
筒仓式地下车库通风排烟设计	主要针对平面车库进行研究，只考虑单因素影响条件	考虑不同火灾强度、不同排风口设置等条件，得出经济、合理的系统	国际先进
竖井掘进装备技术	应用场景比较单一、体积庞大、自重较重、价格昂贵	掘进装备轻量化和模块化的设计，相较国外同类产品性能持平、价格下降50%以上	国际领先
竖井施工方法	传统方式需降排水，费用高、风险大；传统沉井法，井壁易产生超沉、突沉、偏沉的质量及安全事故	提出可控式下沉沉井施工方法，经济效益明显；预制管片式井壁提高了施工效率，提高了沉井质量及安全	国际领先
基于双目视觉稀疏深度学习地下车库车辆智能检测理论	有相关技术，国内外技术开发热点	识别准确率达到95%以上	国际先进
基于全转向麦克纳姆轮自适应轴距夹持的折叠可伸缩车辆智能搬运体系	有相关技术，国内外技术开发热点	较国内外产品具有体积小、质轻的优势，搬运效率提高10%以上	国际先进

五、第三方评价、应用推广情况

1. 第三方评价

2020 年 5 月 17 日，以院士为组长的专家组对"城市窄小场地筒仓式地下停车库关键技术与应用"的成果进行评价，一致认为：该项目成果为国内首创，达到国际先进水平。

2022 年 7 月 12 日，以院士为组长的专家组对"昆山森林公园地下筒仓式停车库"项目进行了技术论证和现场考察，并指出"地下筒仓式停车库，具有低成本短工期的优势，值得在城市建设中推广应用"。

2023 年 6 月 7 日，以院士为组长、大师为副组长的专家组对本项目进行评价，一致认为：该成果总体达到国际先进水平，其中非全断面"小刀盘自转＋公转切割"的竖向掘进技术和自适应轴距、可折叠伸缩的车辆搬运系统达到国际领先水平。

2. 推广应用

项目成果应用于昆山森林公园地下筒仓式立体智能停车库项目、杭州密渡桥地下公共停车库项目、广州壬丰地下机械车库项目等全国多个项目，总停车泊位数超过 20000 个，直接经济效益超亿元。

六、社会效益

在推动建筑行业进步方面：提出了地下筒仓式车库建造的成套理论，研发了形成了大直径竖井施工装备以及姿态可控的沉井施工方法，改变了传统的城市竖井施工方式，形成机械化、自动化施工新常态，有助于促进建筑产业转型升级，逐步推动工程建设行业朝着机械化、智能化施工方向发展；在改善民生问题：提高了地下筒仓式车库的施工建造效率和安全性、大幅度降低了建造成本，提高了停取车效率，改善了城市交通面貌，减少了城市车位占地面积，提高了土地利用率，提升了区域价值，为城市"停车难"这一重大民生问题的解决提供了有力保障。

特大型综合医院关键建造技术及应用

完成单位： 中国建筑第七工程局有限公司、中国建筑第八工程局有限公司、中国建筑第五工程局有限公司

完 成 人： 杨伟涛、窦国举、张建新、李佳男、殷玉来、游杰勇、杨小跃、时　攀、李　阳、何海英

一、立项背景

随着医院相关功能区域及专业分科越来越细，医院类建筑规模日益增大，并具有占地面积大、功能覆盖全面、建筑设计新颖、施工难度高等特点，在以前医疗建筑中，经常会出现区域划分不合理、病人就诊路线迂回等问题，对医院的后期使用造成诸多不便，通过梳理与研究医疗建筑技术和绿色建造应用的技术细节，形成了特大型综合医院关键建造技术，并对相关技术进行推广应用，为此类建筑设计、施工、运营提供科学的理论与建造示范具有重要意义。

二、详细科学技术内容

1. 基于医疗需求的空间规划设计理念

创新成果一："医疗城＋医疗街"创新规划设计理念

提出了"医疗城＋医疗街"创新设计理念，构建了宽阔门诊广场＋巨大中心花园＋多组疗愈花园的空间布局，实现了地上及地下空间有机连通、院内与院外便捷交通及花园医院与城市花园的有机融合。见图1、图2。

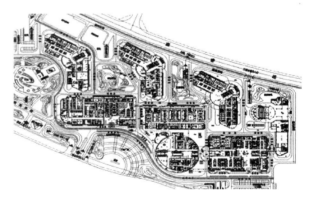

图1　医院景观图　　　　　　　　　　　　　　图2　项目规划路网

创新成果二："双门诊楼"创新设计

首创"双门诊楼"，与科室形成一站式服务区，实现了病患有效分流、高效就诊。降低了病患在就诊时由于人流过于集中而导致交叉感染的风险；同时，在紧急情况发生时有利于人流的应急疏散。见图3。

创新成果三：平战一体化基础顶空腔储水创新设计

首创基础顶空腔储水技术，在病房楼地下三层地面至基础顶之间的箱形基础空间，设置1万 m³ 的储水空间，实现防洪蓄水和雨水收集利用，兼做战时无放射性污染水源的储备空间。见图4、图5。

图 3　双门诊楼

图 4　平面图

图 5　基础顶空腔储水 BIM 模型

2. 深大基坑稳定性评估及关键施工技术

创新成果一：砂土地质条件下的深大基坑场地变形机理

基于透明土材料、光学测量系统和 Particle Image Velocimetry（PIV）技术的模型试验系统，通过缩尺试验得到砂土地质条件下基坑开挖过程中桩间土体侧向位移规律及稳定性机理，确定 5～7 号楼及相临地下部位土体在施工过程中位移趋势最大，为施工过程中薄弱部位，在施工过程中需要针对性地开展重点监测，该部位支护结构设计为上部土钉墙＋下部桩锚支护结构。该技术能够较为精准地定位到基坑开挖过程中的薄弱部位，为深大基坑开挖过程土体稳定性评价提供理论依据。见图 6、图 7。

图 6　透明土试样

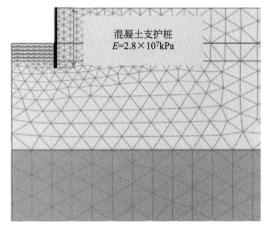

图 7　支护结构有限元模型

创新成果二：多元异构数据融合分析的智能化监测技术

基于 3D 激光扫描、BIM 模型轻量化技术，结合自主研发的分析预警平台对本工程深大基坑施工过程的变形情况进行监测，实现了深大基坑监测数据高效获取，借助分析预警平台实现了监测数据高效处理、分析以及预警信息推送。

3. 特大型综合医院复杂结构关键施工技术

创新成果一：超大平面混凝土结构无缝抗裂施工技术

创新应用膨胀加强带和跳仓法施工技术，实现超大平面（单层建筑面积 8.07 万 m²，长 461m）混凝土结构无缝施工。见图8、图9。

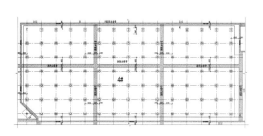

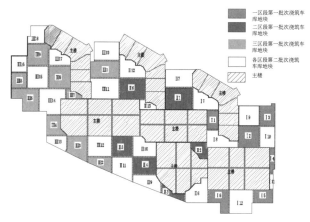

图8 膨胀加强带布置   图9 跳仓法施工设置区域划分

创新成果二：钢筋混凝土拱架梁与叠合箱网梁楼盖组合结构建造技术

首创混凝土拱架梁与叠合箱网梁楼盖组合结构施工技术，研制了梁柱节点"环箍木套"、空心楼板可拆卸抗浮预拉杆等成套装置，完美呈现了"生命树"造型。见图10、图11。

图10 生命树   图11 梁柱节点环箍木套

创新成果三：肋环式单层椭球面网壳建造技术

创新椭圆曲线和幕墙曲率分析参数转换技术、BIM 模型快速下料技术，实现了幕墙构配件的精准、高效安装。见图12、图13。

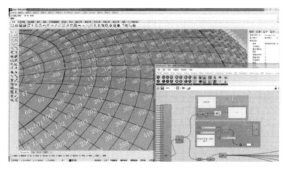

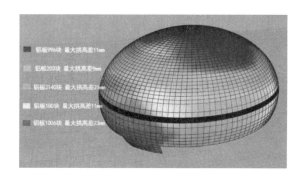

图12 网壳分片编号   图13 幕墙曲率分析

4. 特大型综合医院装配式数字机房及三维可视化运行维护技术

创新成果一：装配式标准化泵组模块快速建造技术

通过对机电专业现场安装工序复杂、施工部位分散、体量小等施工部位进行产品集成化研究，提出了将水泵、阀组、控制柜等设备整装为一个模块；通过机电末端设备集成技术，将照明、风口、烟感、喷淋头等机电末端设备，整合在装配式集成吊顶上，实现了防水、防潮、防噪、恒温、设备运行情况监控、远程群控等系统工程集成，以模块化的形式进行工厂预制再到现场装配，提高现场装配率，加快机电系统的建造速度。见图14、图15。

图 14 泵房安装效果

图 15 机房 BIM 模型

创新成果二：装配式机房快速建模插件平台技术

通过数字化的建模方式、智能进行装配式管线分段与支吊架的布置，统一了建模标准、丰富了建模形式、提高了建模效率，同时对单个构件的材料统计有很大的帮助。解决了装配式机电系统繁多、建模时间长、分段方式多样、出图效率低、预制加工种类繁多且无规则的技术难题。

创新成果三：基于 BIM＋三维远程可视运行维护技术

通过建立以 BIM 可视化为核心的医院建筑一体化运行维护管理系统，将分类复杂且管理难度极大的医院房屋空间管理、设备设施管理、管道管线管理、综合安全管理、能耗、维修作业等运行管理工作实现跨专业、透明化、简单化的管理模式与技术升级，达到医院综合运行可视化集中调度指挥、快速反应、高效协作的效果，实现运行管理的"可视化、集成化、智能化"平台管理模式，最大幅度地提升大型综合医院运行与安全生产管理的"精准定位、及时处置、高效协同"的管理目标。见图16、图17。

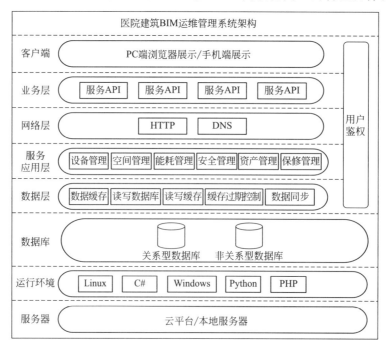

图 16 医院建筑 BIM 运行维护平台架构

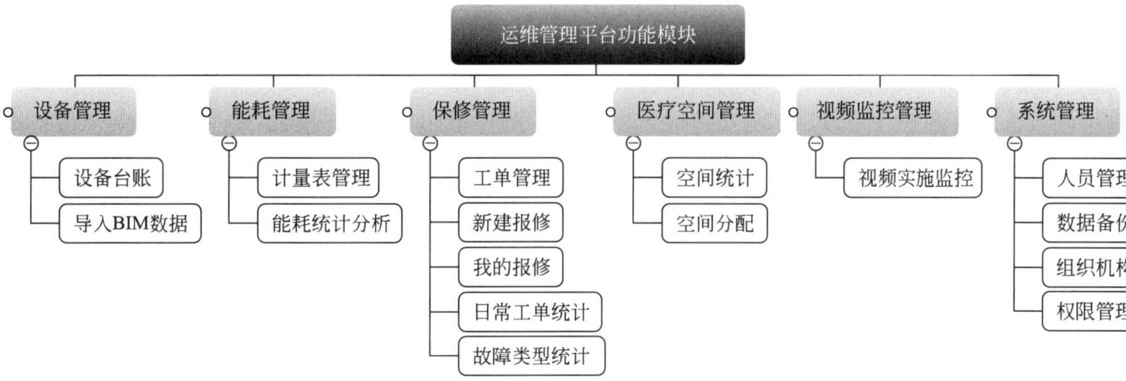

```
                        运维管理平台功能模块

   设备管理      能耗管理      保修管理     医疗空间管理   视频监控管理    系统管理

   设备台账      计量表管理     工单管理      空间统计     视频实施监控     人员管理

   导入BIM数据    能耗统计分析    新建报修      空间分配               数据备份

                           我的报修                            组织机构管理

                           日常工单统计                          权限管理

                           故障类型统计
```

图 17　运行维护系统架构

5. 施工现场固废收集及再利用关键技术

创新成果一：现场固废量化分析技术

针对每个施工阶段不同种类固废排放量的影响因素不同，建立了 5 类固废进行排放量预测模型，提高了固废排放量预测模型的精确性与准确性。见图 18、图 19。

$$WGR_i^j = f_{BPNN}(x_1,\ x_2,...,\ x_n)$$

图 18　排放量预测模型

	无机非金属类	有机类	金属类	复合类	危废	总量
地下结构阶段	7.6	4.4	3.7	0.3	0	16
主体结构阶段	6.4	3.1	2.5	0.1	0	12.1
机电装修阶段	2.9	1.3	0.8	0.4	0.1	5.5
总量	16.9	8.8	7	0.8	0.1	33.6

图 19　固废预测量

创新成果二：现场固废减量化建造技术

通过 BIM 技术对 ALC 隔墙进行预安装排版以实现源头减量化设计，有效提高工效，解决了进度压力的同时减少了环境污染。见图 20、图 21。

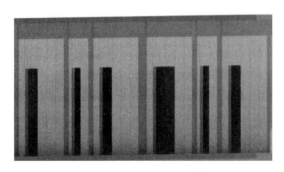

图 20　ALC 隔墙优化排版

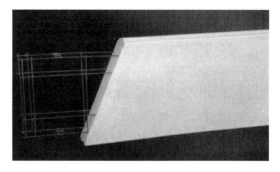

图 21　内配专用钢筋笼

创新成果三：现场固废资源化利用

针对本工程建筑面积大、专业分包多，施工阶段产生大量建筑垃圾堆积在各个楼层，各类垃圾尺寸差异大、数量多等问题，研发了水平收集、垂直运输设备与自动分离装置，采用标准化设计、模块化拼装，易于安拆、节省成本，加快了施工进度，解决了建筑垃圾在垂直运输过程中噪声大、扬尘多等问题，保证了施工安全，符合环保要求。见图 22、图 23。

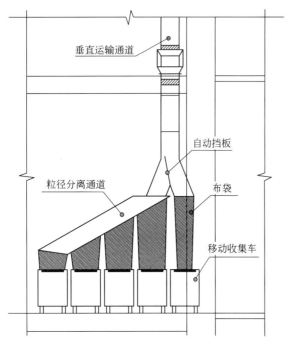

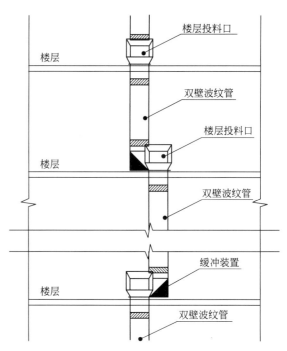

图 22　建筑垃圾自动分类回收装置　　　　图 23　竖向运输通道

三、发现、发明及创新点

1）首创"医疗城＋医疗街"设计理念，构建了宽阔门诊广场＋巨大中心花园＋多组疗愈花园的空间布局，形成了地上与地下空间有机连通、院内与院外便捷交通、花园医院与城市环境的有机融合。

2）创新设计"双门诊楼"，与科室形成一站式服务区，实现了病患的高效分流、就诊。

3）首创基础顶空腔储水技术，在病房楼地下三层地面至基础顶之间的箱形基础空间，设置 1 万 m³ 的储水空间，实现防洪蓄水和雨水收集利用，兼做战时无放射性污染水源的储备空间。

4）研发形成多元异构数据融合分析的智能化监测技术及预警平台，创新融合 3D 激光扫描、BIM 模型轻量化技术，实现深大基坑监测数据高效获取、分析及预警信息推送。

5）创新应用膨胀加强带和跳仓法施工技术，实现超大平面（单层建筑面积 8.07 万 m²，长 461m）混凝土结构无缝施工。

6）首创混凝土拱架梁与叠合箱网梁楼盖组合结构施工技术，研制了梁柱节点"环箍木套"、空心楼板可拆卸抗浮预拉杆等成套装置，完美呈现了"生命树"造型。

7）创新椭圆曲线和幕墙曲率分析参数转换技术、BIM 模型快速下料技术，实现了幕墙构配件精准、高效安装。

8）创新装配式机房高效设计与建造技术，实现工厂化预制、现场快速安装。

9）研发了基于 BIM 的三维可视运行维护平台，编制了医疗建筑 BIM 运行维护系统数字化交付技术标准，填补该领域空白。

10）创新施工现场固废、建筑材料减量技术。从固废的量化分析、资源化利用和建筑材料的减量化控制三方面着手，实现建造过程的绿色、低碳、环保。

11）获得协会科技创新成果 9 项；优秀建筑设计奖 2 项；国家优质工程金奖、中国安装之星、中国建筑工程装饰奖等 6 项；授权发明专利 10 项、实用新型专利 28 项、软件著作 2 项；省级工法 6 项；国家标准 3 项、地方标准 5 项；发表论文 27 篇；出版专著 3 部。

四、与当前国内外同类研究、同类技术的综合比较

本课题从设计、施工、运行维护全过程进行研究，多项技术属国内首创：首创"医疗城＋医疗街"设计理念、首创"双门诊楼"设计、首创基础顶空腔储水技术，在病房楼地下三层地面至基础顶之间的箱形基础空间，设置 1 万 m^3 的储水空间，实现防洪蓄水和雨水收集利用，兼做战时无放射性污染水源的储备空间、首创混凝土拱架梁与叠合箱网梁楼盖组合结构施工技术等，课题综合研究水平达到国际领先。

五、第三方评价、应用推广情况

1. 第三方评价

2022 年 5 月 9 日，河南省土木建筑学会组织对课题成果进行鉴定，由院士担任组长的专家组认为该项成果整体达到国际领先水平。

2. 推广应用

本技术应用于中建七局承建的郑大一附院郑东新区医院、阜外医院、安庆市立医院等项目，创新了施工技术、优化了施工工序，加快了施工进度，产生了较大的社会经济效益。施工质量得到了建设单位、设计单位、监理单位、质监部门的高度赞誉。符合技术创新、绿色施工和智慧建造的政策倡导，不仅为大型医院类建筑建造提供了技术支撑，推动了行业科技进步，促进了公共卫生建筑涉及的行业的发展，推广应用前景广阔。

六、社会效益

特大型综合医院关键建造技术应用于郑大一附院郑东新区医院、阜外医院、安庆市立医院等项目，技术应用以来，缓解了医院周边范围内 2.1 亿人就医需求，减轻了周边区域的医疗服务压力，使广大患者能够更快的检查就医。

其中，郑大一附院在对外合作中，承担国家卫生援外远程医疗平台和"一带一路"健康丝路远程医疗平台研究任务，与美国、俄罗斯、赞比亚等国家开通了系统互联互通，接入省内医疗机构 600 余家，省外医疗机构 200 余家，年在线会诊量 3 万余例、心电-病理-影像等专科诊断 50 万余例、年远程授课 300 余次（受众 50 万余人次/年）。援疆与援外手术 800 余例，培训外方医务人员 12 批共 210 人，服务规模在国内遥遥领先。

钢结构减隔震关键技术与建造方法研究及工程实践

完成单位：中建科工集团有限公司、四川大学、中建三局集团有限公司、中建科工集团四川有限公司、中国建筑西南设计研究院有限公司、济通智能装备股份有限公司、中建钢构四川有限公司

完 成 人：朱邵辉、戴靠山、徐　坤、吴小宾、吴昌根、王健泽、戴　超、廖　彪、高成子、伍大成

一、立项背景

钢结构具有抗震性能优越，使用寿命长、可重复利用且容易拆卸等优点得到了广泛应用。复杂超限建筑的结构布置具有不规则性，对结构体系、抗震性能及安全性要求较高，韧性结构应运而生。韧性结构是指在承受外部动力作用下，结构体系具有良好的变形能力及能够迅速补偿初始结构刚度损失的能力，并保证结构的整体稳定性和耐久性。

目前，韧性结构相关研究主要集中在以下方面：

结构优化设计，借助有限元对韧性结构进行优化设计，使结构参数、结构形式和结构连接方式更为合理。结合经验公式和模型试验，实现对结构的预处理，有效提升韧性结构面对自然灾害的抗力。

韧性性能提升，为提高韧性结构的抗震安全性能，采用先进的结构检测技术。对结构的状态和变形情况进行实时检测，及时预警并减少安全隐患。常规的复杂建筑结构抗震设计为了保证强度和刚度，主要通过调整结构体系方案与构件的截面尺寸来满足规范设计要求。此方案不但造成经济成本过高，而且在较大地震作用下结构会经历较大损伤而无法保证震后生产功能的快速恢复。

减隔震装置监测，传感器作为结构智能测力装置中必不可少的检测元件，其检测精度、使用寿命、耐久性能等受结构环境及外部干扰条件的变化影响显著。目前，国内外多采用在结构支座中集成相应的传感器，对其进行受力的检测，导致传感器元件无法更换，服役状态下数据无法校准。

二、详细科学技术内容

1. 总体思路及技术方案

项目从复杂"减隔震韧性结构体系"设计建造、智能测控等方面进行深入研究，总体研究思路和技术路线如图1所示。

2. 关键技术及实施效果

关键技术点1：研发了基于减隔震技术的钢结构韧性结构体系设计关键技术

1）研发了大型复杂钢结构厂房的减隔震韧性结构体系

针对重型高位设备引起的质量不规则性与结构布置竖向不规则性，提出了减隔震装置布置与力学参数优化设计方法。借鉴调谐质量阻尼器（Tuned Mass Damper，TMD）的被动控制理论与工作原理，通过隔震技术手段将高位重型设备设计为TMD系统，开创性地提出了高位重型设备隔震优化算法，有效降低了主体结构的地震响应。见图2。

综合采用位移型、速度型等不同类型消能减震装置的工作特点，配合高位重型设备隔震策略，研发了复杂钢结构工业厂房的减隔震韧性结构体系，提高了钢结构工业厂房的抗震能力与灾后恢复能力。见图3。

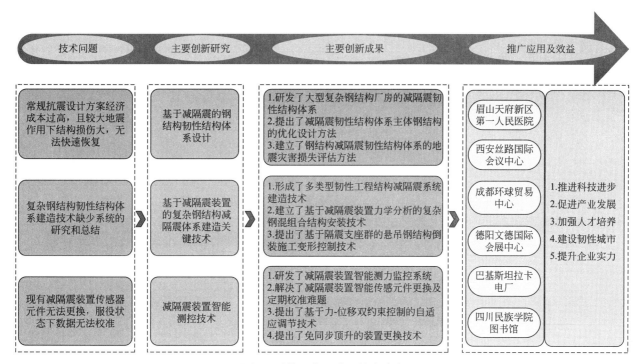

图 1   总体研究思路和技术路线

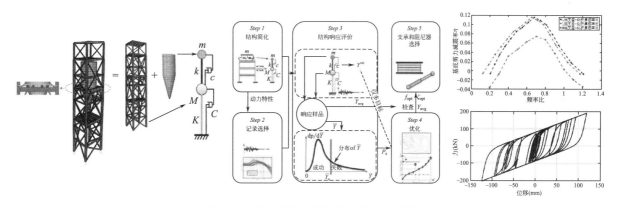

图 2   大型建筑设备隔震优化设计流程图

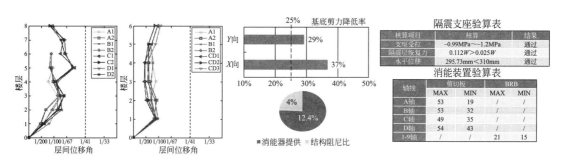

图 3   减隔震韧性结构体系设计校验

为了验证研发的钢结构减隔震韧性结构体系的抗震性能，项目组设计并开展了国内外最大规模、最大缩比的不规则工业建筑整体结构的振动台试验，揭示了复杂超限工业建筑结构高性能抗震结构体系的地震破坏机理。

项目组分别对钢结构减隔震结构体系、消能减震结构体系、钢中心支撑-框架的普通抗震结构体系

图 4　复杂超限工业结构振动台试验模型与现场吊装图

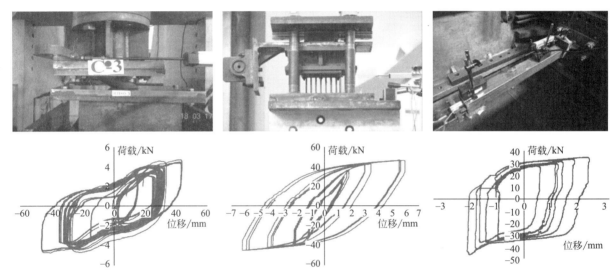

图 5　小缩比减隔震装置动力试验

开展了振动台系列试验，试验结果表明，研发的减隔震结构体系中减隔震装置有效发挥耗能作用，保护了主体结构不发生损坏，结构的位移、加速度、构件内力响应小于普通抗震结构体系。见图 4～图 6。

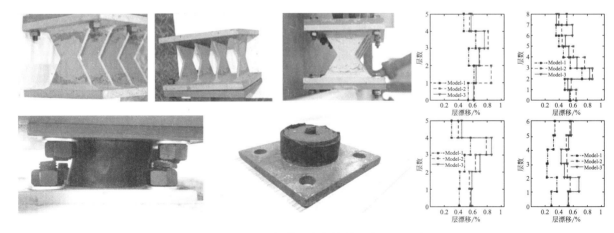

图 6　减隔震装置损伤现象与结构响应对比示意图

2）提出了减隔震韧性结构体系主体钢结构的优化设计方法

基于我国与国际主流结构设计规范，建立了基于单纯形法的结构构件优化设计方法，有效降低了钢结构用量与建造成本。突破性地达到在低烈度地区的工程项目，实现比常规设计减小至少15％用钢量的目标，而在高烈度地区的工程项目，则实现比常规设计减小至少30％用钢量的目标。见表1。

韧性结构体系优化结果分析 表1

构建类型	原设计方案	优化后设计方案		用钢量减少百分比	
		美标钢材	国标钢材	美标钢材	国标钢材
柱	1484.03	955.07	1002.82	35.64％	32.43％
支撑	587.87	329.79	346.28	43.90％	41.10％
梁	2211.86	1341.89	1382.15	39.33％	37.51％
总计	4283.76	2626.75	2731.25	38.68％	36.24％

3）建立了钢结构减隔震韧性结构体系的地震灾害损失评估方法

通过理论推导与数值模拟，对研发的钢结构减隔震韧性结构体系开展了精细化有限元模拟与增量动力分析，揭示了复杂超限钢结构工业厂房中各类不规则性特点对主体结构地震易损性的影响规律，采用云图法构建了减隔震韧性结构体系的地震易损性模型。见图7。

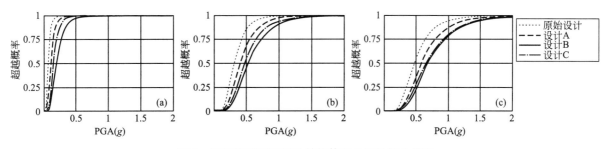

图7 钢结构减隔震韧性结构体系地震易损性模型

采用第二代基于性能的地震工程与灾害风险理论，对地震危险性-地震动选择-结构需求分析-结构易损性分析-结构损失分析相关理论与方法进行了整合。不仅从层间位移角、塑性损伤等工程响应指标方面进行量化，并且从服役期内出现破坏的概率风险与相应的震后停工时间两个指标对抗震性能进行量化。见图8。

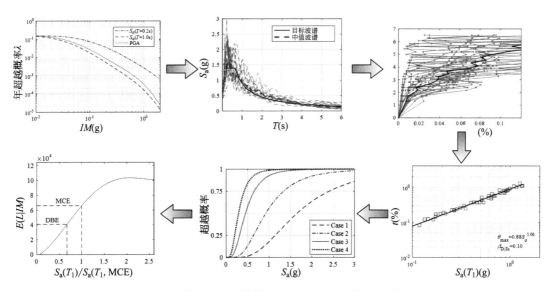

图8 钢结构韧性结构体系巨灾下韧性评估流程示意图

关键技术点 2：形成了复杂韧性结构体系建造关键技术

1）形成了多类型韧性工程结构减隔震系统建造技术

（1）针对高位连体结构，采用摩擦摆＋黏滞阻尼器组合式消能减震设计，提出了组合式消能减震支座施工、受力和限位保护技术，形成了整套支座锚栓孔混凝土组合模板架及高精度安装的方法，提高了减隔震装置与主体结构的连接可靠性。见图 9。

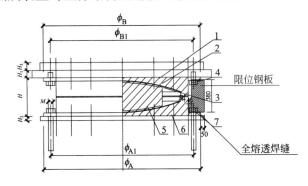

图 9　支座水平位移限位及措施

（2）针对地铁隧道上盖建筑，采用新型聚氨酯弹性体隔振材料阻隔或减弱振动的传递，通过振动实测及仿真模拟评价地铁振动和噪声影响，提出了基于仿真模拟的地铁隧道上盖建筑隔振基础施工技术，有效提升了地铁周边建筑的舒适度和使用品质。见图 10。

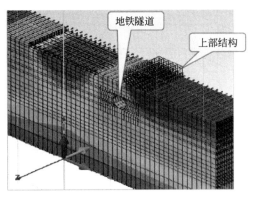

图 10　振动模型

（3）针对建筑结构底设置的结构隔震层，采用单支墩多点位橡胶隔震支座，提出了单支墩多点位隔震支座安装关键技术，保证了隔震支座安装平整，解决了预埋螺杆群精确定位的问题。见图 11。

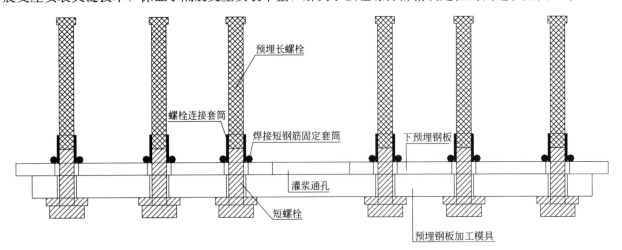

图 11　预埋钢板加工示意图

2）建立了基于减隔震装置力学分析的复杂钢混组合结构安装技术

（1）使用摩擦摆和阻尼器动态连接的隔震支承连接，通过动能和势能的转换释放地震能量，辅以黏滞阻尼器降低连桥的总位移，提出了基于减隔震装置的超限群塔高位连体结构建造关键技术，减少支承的滑动半径，达到减隔震的目的。见图12。

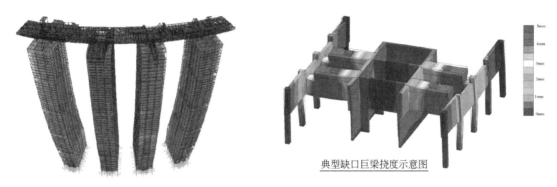

典型缺口巨梁挠度示意图

图12　多塔＋空中连廊全过程施工模拟

（2）针对核心筒斜墙，相应采用工具式模板支撑及加固体系，创新引入临时钢斜撑支撑体系，提出了复杂型钢混凝土组合结构抗震施工关键技术，确保吊柱形成完整受力体系前临时受力安全，保证了复杂钢混结构抗震性能和韧性能力。见图13。

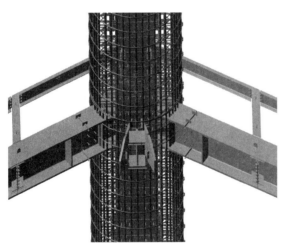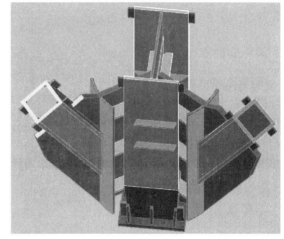

图13　复杂钢柱 BIM 深化设计

3）提出了基于隔震支座群的悬吊钢结构倒装施工变形控制技术

基于 BIM 技术，模拟隔震支座群与巨型框架大跨度钢结构谐调施工、大跨度非等高桁架同步整体提升、悬吊体系补偿施工变形控制相结合，形成了基于隔震支座群的悬吊钢结构施工变形控制技术。见图14。

关键技术点3：形成了减隔震装置智能测控关键技术

1）研发了减隔震装置智能测力监控系统

开发了减隔震监控云平台，实现了减隔震装置力学性能的实时监测与数字孪生；该平台通过"监测装置-云平台"之间的数据传递和控制，实现了物理世界与虚拟世界实时通信的数字孪生。

2）解决了减隔震装置智能传感元件更换及定期校准难题

基于减隔震装置智能测力监控系统，通过模拟服役期承力状态校准试验与工程应用，测力误差小于2％，解决了减隔震装置智能传感元件更换困难及无法在受力状态下校准的难题，突破性地实现了传感器易于更换和"原位校准"的功能，保证结构全生命周期测力准确性。见图15、图16。

图 14 吊挂结构现场施工照片

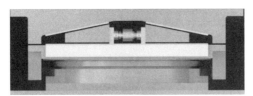

减隔震支座智能测力装置结构示意图

光纤光栅传感器测力试验

标准荷载传感器样品

减隔震装置服役期校准(标定)用结构样品与校准试验

图 15 减隔震装置智能测力监控系统技术

传感器更换-旧传感器取出

传感器更换-新传感器安装

传感器测力试验系统搭建

传感器测力试验校正过程

图 16 减隔震装置智能传感元件更换与定期校准试验系统

三、发现、发明及创新点

1) 针对大型钢结构厂房中重型高位设备引起质量不均匀与结构布置竖向不规则性, 开创性地研发了高位重型设备调谐隔震设计技术并发展了减隔震韧性结构体系, 通过大型振动台试验揭示了其地震破坏机理; 针对减隔震韧性结构体系的主体结构, 提出了基于我国与国际现行设计规范的钢构件优化设计方法, 形成了基于减隔震技术的钢结构韧性结构体系的优化设计方法; 建立了减隔震韧性结构体系的易损性分析模型与灾后损失评估方法, 推动了复杂超限建筑的韧性评估理论发展。

2) 针对减隔震装置与复杂主体结构的连接安装难题, 配合智能减隔震装置测控技术, 形成了组合式消能减震装置施工安装和受力限位保护技术和单支墩多点位隔震支座安装建造技术, 对地铁上盖建筑的震振双控需求, 提出了基于仿真模拟的地铁隧道上盖建筑隔振基础施工技术, 确保了减隔震韧性结构体系对减隔震装置工作的施工质量与效率。针对大型超限建筑主体结构的施工难点，形成了多类型工程结构组合式消能减震支座施工、受力和限位保护技术、基于施工期受力分析的复杂钢混组合结构安装技术、基于隔震支座群的大跨度桁架外大长细比圆管悬吊钢结构倒装施工变形控制技术，保证了减隔震韧性结构体系主体结构的安全性，有效提高了施工效率，大幅节约了管理成本。

3）研发了减隔震装置的智能受力感知装置与监控系统，形成了减隔震装置传感元件的更换及定期校准技术，开发了内力动态监控与数字孪生交互等多套监控平台与校准系统，实现了实际工程中减隔震装置韧性行为的实时获取，弥补了超大承载力减隔震支座无法测力、服役状态下测力装置校准与免同步顶升更换的技术空白，突破性解决了减隔震装置智能传感元件更换及定期校准难题。

四、与当前国内外同类研究、同类技术的综合比较

见表 2。

同类综合比较

表 2

	主要关键技术	国内外同类技术	本项目技术成果
创新点一	基于减隔震技术的钢结构韧性结构体系设计关键技术	多是理论与数值研究；超限钢结构工业厂房的振动台试验研究较少，考虑重型设备高位隔震的试验研究未有报道	试验验证了复杂建筑的减隔震韧性结构体系在地震下发生轻微破坏，主体结构用钢量相比常规抗震结构体系减少 30%
创新点二	复杂韧性结构体系建造关键技术	多以隔震支座或阻尼器单项技术应用为主，系统性不足，隔震支座锚杆施工质量和精度较低；超高超限建筑的减隔震装置安装工法与经验较少	实现了超高空钢连廊与多塔楼之间减隔震装置可靠连接。确保了结构的抗震性能，保证了隔震支座安装平整，解决了预埋螺杆群精确定位的问题，施工速度提升 20%
创新点三	减隔震装置智能测控技术	多采用应变式或液压式监测原理，须标定获取转换关系，不适用大吨位装置。本技术研发前世界纪录为仅能实现减隔震装置在 6000t 竖向力下的精确测力	通过布设于两楔形荷载转换器间较小的力传感器，监测获取隔震支座竖向承载力。使用的传感器较小，标准化程度高。突破实现了 14000t 竖向力下装置的精确测力

五、第三方评价、应用推广情况

1. 第三方评价

2023 年 5 月 20 日，专家组评价，"钢结构减隔震关键技术与建造方法研究及工程实践"总体达到国际先进水平。其中，隔震装置智能测控技术达到国际领先水平。

2019 年 4 月 23 日，专家组评价，"基于隔震支座群的大跨度桁架外大长细比圆管悬吊钢结构倒装施工变形控制技术"总体达到国际先进水平。

2. 推广应用

目前，项目成果形成了"一种钢结构建筑电梯施工方法及钢结构建筑电梯""一种钢结构建筑新型窗间墙结构"等多项自主知识产权，成功应用于眉山天府新区第一人民医院项目、德阳文德国际会展中心、重庆来福士项目、巴基斯坦拉卡电厂、印尼西加钢结构厂房、西安丝路国际会议中心等数十个项目，取得良好经济效益，近三年新增合同额 37 亿元，经济效益达 5 亿元。

六、社会效益

1. 推动钢结构减隔震技术进步

项目获得 60 余项科技成果，形成了钢结构减隔震关键技术与建造方法，提升了我国在大型复杂建筑结构设计与减隔震结构体系相关技术的进步和创新，提高了减隔震与建筑行业的技术水平和竞争力。

2. 促进钢结构减隔震专业人才培养

举办/承办 10 余次专业讲座与学术会议，实现了产、学、研一体化的发展，累计培养博士与硕士研究生 20 余名、专业技术人员 1000 余人，促进了钢结构减隔震专业技术人才培养。

3. 保障国内外超限复杂钢结构工程建造

成果助力国内外数十项超限复杂工程建设，形成了科技示范。从复杂超限工业建筑到超高层、大跨度建筑、近断层高烈度区建筑，保障了工程建设质量，营造了良好的社会影响。

4. 促进建筑产业升级服务"一带一路"倡议

有效提升了工程建筑智能化程度，促进了建筑产业的升级和转型，有力推动"韧性城市"建设，显著提高建筑可恢复能力，为"一带一路"倡议建设注入强劲动力。

三等奖

基于边缘计算的建筑物联网平台技术研究与应用

完成单位： 中海物业管理有限公司、深圳市兴海物联科技有限公司
完 成 人： 李树果、陈炳枝、周健龙、肖俊强、沈　雷、杨　鸥、姜海峰

一、立项背景

随着互联网＋、物联网和第四次工业革命等技术发展，以及人民对美好生活的深入追求，人们不再仅满足于有无建筑空间可用，而是提升至建筑空间好用、能够用好建筑空间，实现人和建筑空间和谐共生、美美与共。这就需要建筑空间互联互通，连接"人和建筑空间"，连接"物和建筑空间"，连接"人、物和空间"，从而沉淀空间孪生数据。

物联网在建筑行业刚刚起步就已对行业传统概念形成了冲击，尤其与云计算、大数据、人工智能、5G 网络应用等新技术的结合为传统行业转型升级提供了可能性，物联网的应用和物联网平台的建设已成为企业打造核心竞争力的重要内容，各建筑行业企业、互联网企业都纷纷加大技术研发投入，力图在前期竞争中争取优势。

同时，基于物联网的智能建筑从数据感知、信息传输到智能处理与决策的纵向系统框架已经基本搭建，而节能、安防、通信、水务等横向应用领域将集成在一个系统平台，单一的建筑自控将向复杂的、全面的系统联动发展。站在行业发展的大风口，已有 20 年建筑智能化行业经验的兴海物联，可通过物联网＋平台化转型升级，实现产品、技术创新驱动建筑智能化行业市场整合，提高企业竞争力和市场占有率，提升建筑空间的运行效能和体验感知。

深圳市兴海物联科技有限公司拥有国家级高新技术企业资质，并借助中海集团和中建体系强大的品牌和资源优势，在中海集团的大力支持下，极大地推动了该建筑物联网平台在国内外的快速广泛应用，已服务国内外地产行业及国家建设工程如雄安新区等超千个项目的物联网建设，覆盖百余个城市和地区，取得了显著的社会效益和经济效益，具有广泛的推广应用前景。

二、详细科学技术内容

1. 基于边缘计算的建筑物联网平台基础技术

创新成果一：面向建筑空间的"云管边端"中台技术体系架构

该架构集泛在设备智能接入技术、海量数据智能处理技术、数据稳定传输技术、数据安全传输算法等为一体的架构体系，以"物联中台＋数据中台＋业务中台"三中台体系架构，解决了建筑空间"人＋物＋空间"系统性集成链接问题。该架构支持公有云、私有云、混合云多种云部署架构，也支持"云边端"分布式算力部署，整体上减少近 60％的数据上云；基于该架构研制了建筑空间边缘计算中枢系统"星启端脑"，实现软硬件一体的交钥匙方式交付，项目交付周期减少 25％。见图 1、图 2。

创新成果二：基于 5G 和边缘计算的建筑物联网快速接入技术

研发可视化低代码快速接入、协议驱动"白牌"库、智能化物模型体系等一体化技术，解决了协议复杂、接口不统一、接入速度慢、连接不稳定等行业技术难题，单个设备平均接入时间由行业平均 2h 减少到 20＋min，减少近 80％时间；云边端千万级设备并发容量，12 万 TPS 高并发可靠通信，服务可用性 99.9％，满足不同规模的建筑空间物联通信所需；参与国资委 5G 联合体技术攻关，攻坚建筑空间内 5G、4G 多网融合技术、可靠低时延连接技术、边缘分布式并行计算技术，研发全国规模最大的智慧

社区平台，平台能力覆盖 31 省份，服务小区超 14 万个，用户规模超 3100 万。见图 3。

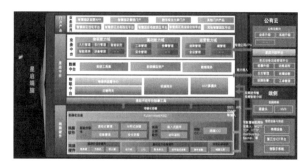

图 1　面向建筑空间的"云管边端"
技术体系架构

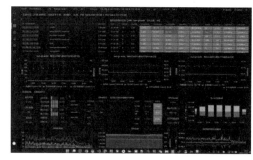

图 2　云端算力动态情况

图 3　建筑物联网平台演示

2. 基于边缘计算的建筑物联网平台关键技术

创新成果一：一种组装式构建多类建筑空间场景的组件化技术

在业界微服务开发的基础上，提出并实现了积木式自由组装组件构建多种业态场景建筑空间平台的组件化技术，行业首创边缘计算和云端协同的组件部署方式；基于中台实现了超过 21 个平台系统的一站式、模块化组装使用，超过 30 个新业态场景平台快速部署；通过平台这种组件化技术实现节省超过 30% 的平台人力建设成本，每项目人均成本减少 270 人·d。见图 4、图 5。

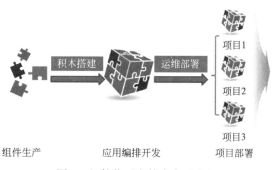

图 4　组件化开发技术实现流程

图 5　组件管理平台演示

创新成果二：建筑空间边缘智能体国产化技术

研发"星启-Link"建筑边缘智能体设备连接技术，研发建筑边缘智能体硬件设备（边缘网关、PLC 通信单元、DDC 控制器和 IOM 扩展模块），实现了关键器件和组态应用、逻辑编程等核心技术的国产化，研发了基于建筑物联网平台国产建筑空间楼控系统，填补了楼宇控制应用方面的空白，打破了国际三大 BA 厂家的行业垄断；结合中国的楼宇运行维护管理模式开发国产运行维护管理平台，实现"云边端"三级运营模式，提升设备运行维护 40% 的人工效能。见图 6、图 7。

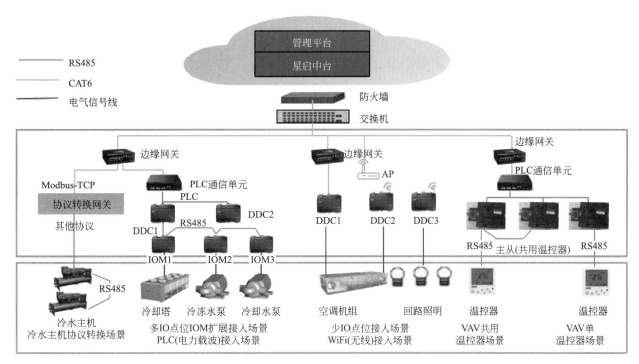

图 6　建筑边缘智能体系统拓扑示意图

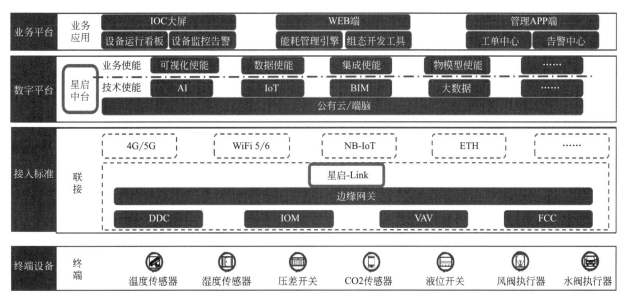

图 7　基于建筑空间物联网平台的建筑边缘智能体系统架构

3. 基于边缘计算的建筑物联网平台技术应用

创新成果一：基于边缘计算的多屏互动场景应用技术

率先研发了集国产化终端操作系统、园区应用商城、软网关技术、基于边缘算力的设备控制技术等技术于一体的智屏终端，解决了终端连接协议复杂、接入性能要求高、控制场景复杂、硬件性能匹配场景困难、终端安全风险大等一系列行业技术难题；实现多屏互动互联互通，无缝打通公区到家庭，构建物业管理、安防监控、人行车行、楼宇对讲、智能家居等系统有机融合的基于建筑物联网平台的公区家庭联动应用系统，实现通过声音、手势、人脸识别的等方式对各类设备实时控制和监控，填补了基于终端国产化技术在行业多屏互动场景的创新型应用空白。见图8、图9。

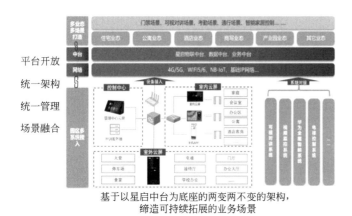

基于以星启中台为底座的两变两不变的架构，
缔造可持续拓展的业务场景

图 8 多屏互动技术的
核心技术架构框图

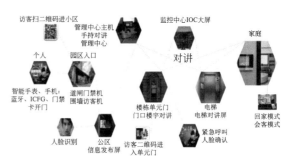

图 9 基于国产终端操作系统的
多业态多屏互动交互示意图

创新成果二：建筑空间物联网与能源网"二网合一"技术

行业内率先研发了"物能融合"的技术，通过物理网数据调度能源流动，能源使用效率提高 20％；实现建筑物联网系统和各种新能源系统的统一对接技术，解决新能源设备接入不统一的问题；实现社区虚拟电厂调度管理及能耗管理技术，"二网融合"实现建筑空间实时碳检测、能耗优化。见图 10～图 12。

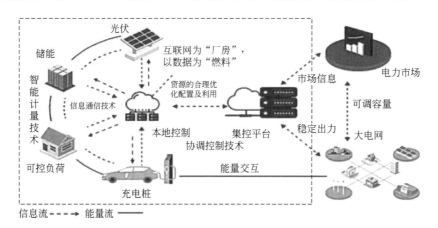

图 10 信息网和能量网融合方案图

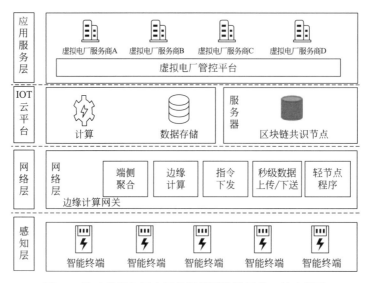

图 11 基于虚拟电厂应用的新能源物联网统一接入标准

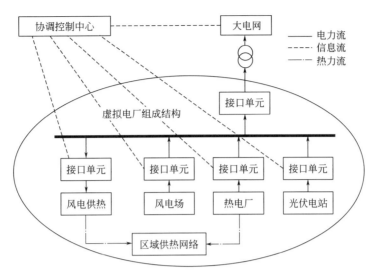

图12　虚拟电厂与物理网平台结构关系图

三、发现、发明及创新点

基于边缘计算的建筑物联网平台项目研究过程中涉及设计理念、实现技术和集成应用三个层面的技术创新，主要创新点包括：

1. 构建了"云-边-端-应用"的物联网技术架构

针对目前普遍运用的"云-管-端"架构存在的传输速率、带宽等限制，本项目根据一种充分利用边缘计算能力的"云-边-端-应用"创新架构，将计算能力下沉到边缘节点，减少设备端对云端的多对一传输压力，通过边缘节点和云端进行通信和数据传输，替代管道效果，再由边缘节点负责设备端的管理和连接。这种架构的显著优势是减少对接数量，云端无须对接所有设备，只需对接少数边缘节点，连接量约可以减少1个数量级，同时减少上传到云端的信息量及复杂度，极大减轻带宽压力。

2. 研发了基于端-网关边缘计算的物联设备快速接入方法

针对传统物联设备接入慢的问题，基于设备接入网络时广播或者定向传输产生的协议，利用边缘计算网关学习算法自动识别和解译协议内容，自动为设备建立可视化的设备信息台账，包含设备的类型、传输的数据包含的功能等，然后进行自动化检测，可有效减少设备调试、后台应用配置所需时间，接入时间可压缩1～2个数量级（20～30min 压缩到 2～10s），并形成可操作的可视化界面。

3. 研发了一种基于深度学习的建筑应用场景生成技术

针对建筑空间场景的多样化和复杂性带来的规范化和标准程度不高问题，利用边缘计算网关预置各类型场景模型，将不同类型的物联设备进行自由组合，形成多样的场景数据。通过用这些数据对组合后的场景进行持续训练，对初始的场景模型进行持续调优，获得相对准确的标准场景模型。当连入新的设备，设备会根据上述训练完成的标准场景模型，自动生成应用，组合成可视化的可配置场景，提升建筑空间的运营和管理效能。

4. 实现了一站式、模块化组装的系统组装和服务场景集成创新

基于本平台的组件快速实现了对超过21个系统的一站式、模块化组装使用，包括监控、机房动环、门禁、停车场等，各系统均支持按需配置和联动配置；通过应用上云的方式，实现了超过30个新的服务场景快速部署，包括软硬分离的社区云对讲、陌生人AI自动识别、视频AI自动巡检、无人值守无感支付的停车场系统等。通过平台＋系统的应用模式可实现节省30％以上的建设成本，通过运营中心＋现场管理的创新管控模式可实现节省30％以上的人力成本。

四、与当前国内外同类研究、同类技术的综合比较

较国内外同类研究、技术的先进性在于以下六点：

1）行业首创新型架构，以"物联中台＋数据中台＋业务中台"三中台体系架构，解决了建筑空间"人＋物＋空间"系统性集成链接问题；该架构支持公有云、私有云、混合云多种云部署架构，也支持"云边端"分布式算力部署，整体上减少近60％的数据上云，大幅缩短项目建设周期。

2）物联接入速度和平台接入性能，属国际领先水平：实现物联设备和物联系统的快速接入开发，单个设备平均接入时间由行业平均2h减少到20＋min，减少近80％时间；单个物联协议测试时间由行业平均5d减少至1d，平台能够接入千万级设备，12万TPS高并发可靠通信，服务可用性99.9％，满足不同规模的建筑空间的规模特性。

3）基于边缘计算云边协同的组件化技术，属国际领先水平：自由组装组件构建多种业态场景建筑空间平台的组件化技术，行业首创边缘计算和云端协同的组件部署方式，大幅降低了智慧建筑空间建设项目的开发周期，实现了150＋个业务组件，30＋个新的服务场景快速部署，实现30％的建设成本节约，实现30％的人力成本节约。

4）实现国产建筑空间楼控系统，突破了楼控系统三大外企垄断，填补了楼控系统国产空白：提出"星启-Link"建筑边缘智能体设备连接技术，研发建筑边缘智能体硬件设备（边缘网关、PLC通信单元、DDC控制器和IOM扩展模块）、掌握了关键器件和组态应用、逻辑编程等核心技术的国产化，研发了国产建筑空间楼控系统。运用该系统，运行维护人力至少提升40％的人工效能。

5）国内首创"二网合一"技术：行业内率先研发了"物能融合"的技术，研发了一种建筑空间物联网与能源网"二网合一"的技术，解决新能源设备统一接入的问题，能源使用效率提高20％，"二网融合"实现建筑空间实时碳检测。

6）开发了一套国产化操作系统、设备接入网关技术、基于边缘算力的设备控制技术等基于边缘计算的多屏互动场景应用技术，解决了建筑空间内的接入和控制、场景实现难、安全性等一系列问题，实现分钟级设备入网，零带宽成本多屏互动。研发了公区家庭联动应用系统，实现多屏互动互联互通，实现公区到家庭的实时联动。填补了基于终端国产化技术在行业多屏互动场景的创新型应用空白。

本技术通过教育部科技查新工作站、中国化工信息中心查新，查新结果为：该成果具有良好的先进性、创造性和新颖性。

五、第三方评价、应用推广情况

1. 第三方评价

2022年6月，中科合创科技成果评价中心对本成果进行评价，一致认定《基于边缘计算的建筑物联网平台技术研究与应用》总体达国际先进水平，认定该成果可填补目前行业智慧空间标准和配套建筑物联网技术应用等相关领域的技术空白。

本研究成果在北京冬奥会项目成功开展了应用实战，物联设备响应时效平均提升20％以上，圆满完成了赛区智慧场馆建设。获得"北京冬奥会、冬残奥会突出贡献集体"奖，并收到来自多家单位的感谢信。并获得多方媒体的高度评价，为我司赢得了良好社会口碑。

本研究成果在雄安新区第一个标志性建筑群"雄安市民中心项目"成功开展了应用实战，对设备进行标准化处理，连接的物联网设备超过2万个，获得"专业高效，共建新区"锦旗。

2. 推广应用

本研究成果已应用于多个国家级建设工程如北京冬奥会、雄安新区，遍布全国80余座城市、2000多个国内外场馆会展、制造、文旅、建筑地产、商业综合体等行业园区。依托中建集团科创平台，已在中建、中海集团内实现落地1000＋项目。

本研究成果作为典型案例在物联网、智慧园区行业进行推广示范，多次入选行业示范项目。入选工

信部物联网示范项目，打造全国首个 5G 智慧社区、全国首个电力行业微碳园区。

六、社会效益

1. 经济效益

近年来，该研发成果累计实现新增销售额约 2.2 亿元，新增利润 5564 万元，新增税收 82 万元。见表 1。

近年来直接经济效益（单位：万元人民币）   表 1

项目总投资额	11655		回收期(年)：1
年份	新增销售额	新增利润	新增税收
2019	3099	324	16
2020	6846	791	41
2021	3738	1747	17
2022	8004	2702	8
累计	21687	5564	82

2. 社会效益

践行智慧中国、数字中国国家战略，建立行业标准化运行模式：开展核心技术攻关，推动行业标准化运行模式建设。提升行业价值、改变行业生态：站在行业发展风口，携手合作伙伴致力于产业生态圈建设，推动行业转型升级。依托本研究成果培养了 500＋具有国际视野的智慧园区建设技术与管理人才，有力促进智慧园区产业发展。

3. 环境效益

基于该研究成果打造的"怡宁能源近零碳产业园"目前已实现能源精细化管理以及对园区的碳资产全寿命周期管理，打造绿色、节能、减排的智慧园区。据统计，目前园区内清洁能源占比超过 85%，整体每年可节约电能超过 400 万 kW·h，全年累计减少碳排放有望超过 5600t，有效助力国家"双碳"目标的落地。

基于人工智能的大宗物资采购管理云平台

完成单位：中建电子商务有限责任公司、云筑信息科技（成都）有限公司

完 成 人：陶 锋、智建鹏、张 勇、张自平、刘毅强、陶赵文、涂 鹏

一、立项背景

数字化转型是国家发展的必然选择，是中国经济转型升级的必要条件，也是构建新型国际关系的核心动力，转型势在必行。

2021 年建筑业生产产值占全国总值 26%，但建筑业在实体行业的数字化程度居于倒数第二位，数字化转型缓慢。

建筑行业物资采购全供应链数字化管理难度大、信息断层、数据基础差及行业特性严重制约了建筑行业数字化高质量发展。主要体现在以下方面：

1）物资采购管理难度大。建筑项目通常体量大，大宗物资从计划到物资管理数量级较大，数字化管理难度高；同时，建筑物资通常定制化程度高，复杂度也高，设计供应商繁多，质量与信用程度良莠不齐，物资通过人工运检，错误率高。

2）信息系统复杂。建筑行业物资采购系统各自为政，信息系统数据标准差异大，导致各系统之间出现信息断层，信息孤岛现象严重，上下游产业难以协同。

3）建筑产业数据基础差。建筑行业通常线下作业较多，收集数据能力有限，导致数字化数据沉淀少且数据个性化严重，数据标准错综复杂，数据治理难度极高，分析能力差，无法形成规模化长远的数据战略分析。

4）数字化转型的认知和接受度低。建筑行业特点导致各个环节涉及多个环节和参与方，多方通常为传统企业，重视经验和技能，较难从思想上和习惯上接收数字化转型。

中建电商为助推建筑行业采购供应链发展，响应国家"互联网＋"战略，倾力打造了云筑大宗物资采购管理云平台，提出管理提升、降本增效和生态服务三位一体解决方案，旨在打通建筑行业物资采购数字化全流程，建设包括物资采购、物资收验、物资管理的大宗物资采购全链条平台，支撑行业采购管理诉求，为建筑行业数字化转型助力。

课题从以上问题出发，结合参研各方已有技术成果，开展课题研究并进行总结推广。

二、详细科学技术内容

1. 基于 SaaS 能力的云平台技术

创新成果：大宗物资采购云平台云技术架构

大宗物资采购云平台以云原生技术为基础，结合虚拟化、分布式计算等技术，总体架构自下而上的三个层次分别为平台服务层（SaaS）、软件服务层（PaaS）、后端服务层（BaaS）的三层服务模式。包括 6 个大的功能导航：分供方管理、招标采购、配置管理、合同管理、履约管理和审批中心，集在线招投标、询比价、采购合同、在线评标、供应商管理于一体的集中采购平台。

2. 基于人工智能的软硬结合收验货技术

创新成果一：基于人工智能的软硬结合收验货技术

使用硬件中控驱动。统一硬件中控，解决硬件耦合，并通过自研的统一管控中心能实时对各部件进

行检测和异常处理，保障作业现场因单一硬件宕机而停工的问题，将硬件通过标准化电压接入云筑智控匣子，匣子将电压信号通过串口或网口方式对接至管控中心进行驱动。

高适配高稳定性。多接口兼容。串口及网口等，解决直连带来的适配性及信号衰减等问题。底层硬件电压控制基于串口，而串口目前是工控机必备模块。通过串口进行底层适配能从根本上解决硬件适配性低和稳定性差的问题。

降低环境依赖与部署难度。统一组网，快速部署，解决硬件互控依赖问题，关注单线介入规则即可，有利于复杂环境的组网、统一部署、统一管控。

将原本复杂的硬件部署工程清晰化、简易化。见图1。

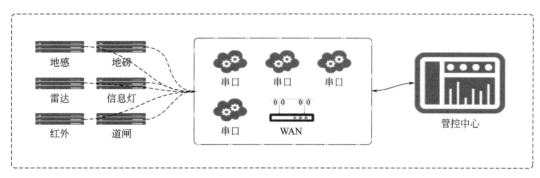

图1　基于人工智能的软硬结合收验货技术

创新成果二：Com 电频控制和载波技术、弱电信号转标准电压与载波监听

串口采用针脚电压的高低电频发送弱电信号给到 PLC 控制盒，再由 PLC 控制盒将弱电信号进行放大转为家用电器适配 12V 开关量电压输出，这样就能实现控制电器硬件的目的。在硬件监控方面采用持续电压的思路，将硬件的持续电压接入 PLC 控制盒再转接至串口针脚进行电流监控来达到硬件监控的目的，这样控制和监控硬件的效果就能得以实现。

网口采用内置继电器和电源柱至 PLC 控制盒的接入方式，将所有继电器和电源柱进行电路分配。继电器进行开关量转换、电源柱进行持续电压监控。再由网口进行 TCP 的电路上报和电路继电器指令下发，来达到控制和监控硬件的效果。

创新成果三：软件抗干扰与异常检测算法

针对现场恶劣环境对硬件的影响进行动态计算抗阻强度。过程当中阻力会逐渐上升从而屏蔽掉干扰源，在环境状况稳定后算法会进行阻力下调将硬件性能发挥到最优。在整体部件驱动过程中，阻力值的作用会直接影响到整体部件的运作效果。在此前没有算法保障的情况下，整体部件的运作稳定性几乎100％受环境影响，但运用了该套算法后受影响率骤降至10％，有效提高了现场作业的稳定性。见图2、图3。

图2　地磅现场

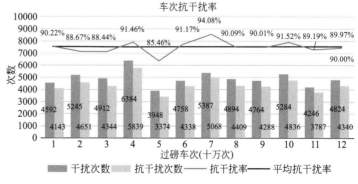

图3　车次抗干扰率

创新成果四：AI智能点验技术

成果利用 Faster R-CNN 深度学习算法对堆叠物体进行识别，即在图像中存在多个重叠的物体时，可以识别每个物体并确定它们的位置。智能 AI 点验，多数钢厂普遍依靠人工来统计成捆钢筋的根数，劳动强度大，计数准确率低，给钢筋销售带来很大麻烦。采用称重进行统计计数方式，会产生误差较大、人工计数耗时长且成本高的风险，导致企业不能得到负公差方式带来的较大经济利润。AI点验应用 Fast-Rcnn 模型结合收验货系统，节约了工作人员工作量。目前，AI 点验已上线钢筋/钢管识别，即将上线木方，角钢等新目标识别模型。实现节约人工成本目标，提高工厂智能化管理水平，为企业和项目提供规范管理的新方法。见图4、图5。

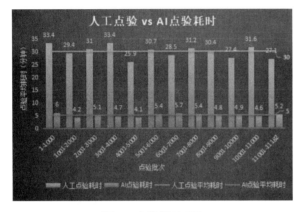

图4　点验耗时对比

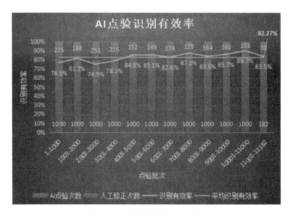

图5　点验识别有效率

创新成果五：云筑智控匣子

云筑智控匣子内部具备动态防干扰模块，能有效保障恶劣环境对现场作业的影响。各硬件会以单一接线的方式统一接入系统，后中控系统进行驱动互不影响，系统运作期间，各项硬件状态会进行实时深度监听与上报。作业过程中会实时记录各项硬件动作，事后用于场景还原观测。系统会将所有接入硬件进行电路分配和控制监听能力开放，业务系统与云筑智控匣子之间统一采用 TCP/IP 协议进行交互。该方式将硬件和业务完全解耦的同时，也将所有的硬件能力进行了开放，提供了二次开发的能力。见图6。

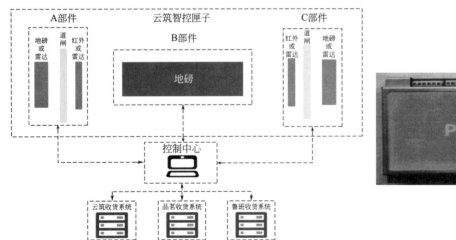

图6　云筑智控匣子

3. 基于人工智能的建筑智能材料识别技术

创新成果一：标准材料数据库

参考国家标准《建设工程人工材料设备机械数据标准》GB/T 50851—2013 对材料的名称、规格、单位等信息进行标准化定义，并构建数据库进行维护。

创新成果二：材料数据仓库

利用材料属性提取模型实现的支持小样本训练的命名实体抽取，构成结合标准材料数据库，对收集到的大量的建筑材料数据进行数据挖掘清洗。提供包括材料的品牌、价格、所属区域、供应商等多维度信息给用户查询。见图7。

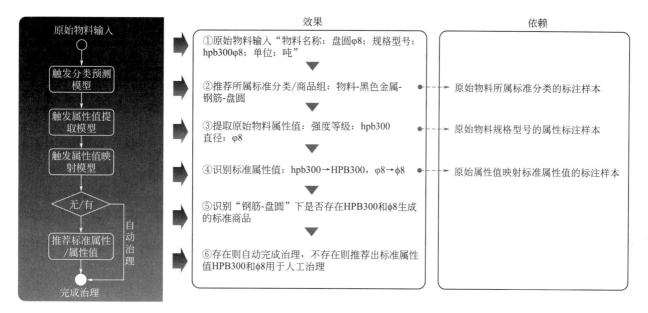

图7 智能材料库算法识别逻辑

三、发现、发明及创新点

1）提出了对供应链大宗物资的弱电信号控制技术：基于部件驱动，实现了部件硬件驱动、业务作业、高低电频控制、硬件异常定位等功能；

2）参照国家标准《建设工程人工材料设备机械数据标准》GB/T 50851—2013，提出并实现了对标准材料信息的定义创建；

3）Faster R-CNN 的素材大量堆叠训练算法：实现了快速多种类的数量点验；

4）基于深度学习技术，构建了层次化分类模型，实现了对输入的任意材料字符串自动匹配和所属的标准材料分类。

四、与当前国内外同类研究、同类技术的综合比较

层次分类模型是一种将分类问题分为多个层次进行分类的模型，可以有效提高分类准确度。在国内外的研究对比中，基于不同应用场景，各有特点。在建筑材料领域，本项目处于国际先进水平。见表1。

技术综合比较　　　　　　　　　　　　　　　　　　　　　　　　　　　　　表1

项目	国内	国外
模型设计	国内的层次分类模型通常采用基于深度学习的方法，如卷积神经网络（CNN）、循环神经网络（RNN）等。同时，也有研究者将传统的机器学习算法应用于层次分类模型中	国外的层次分类模型同样采用基于深度学习的方法，如CNN、RNN、BERT等
数据集	国内的层次分类模型通常使用国内的数据集进行训练和测试。例如，THUCNews、Sogou News 等中文数据集	国外的层次分类模型使用的数据集更加广泛，不仅包括英文数据集，还包括其他语言的数据集
应用场景	国内的层次分类模型主要应用于中文文本分类，如新闻分类、微博情感分析等，用于建筑材料的文本层次分类，处于国际先进水平	国外的层次分类模型应用场景除了文本分类，还有图像分类、音频分类等。在一些比赛中，如 ImageNet、CIFAR-10 等，层次分类模型也被广泛应用

属性对齐（attribute alignment）是一种基于机器学习和自然语言处理技术，用于将不同数据源中的实体进行对齐的方法。在国内外均有相关的研究和应用，总体先进性与国外并跑。见表2。

属性对齐的研究和应用 表2

国内	国外
属性对齐技术主要应用于电商、旅游、医疗等领域。常用的方法包括基于规则的对齐、基于相似度的对齐和基于知识图谱的对齐。其中，基于知识图谱的对齐方法受到了越来越多的关注和研究。例如，阿里巴巴的推荐引擎中就应用了基于知识图谱的实体对齐技术	属性对齐技术应用范围更为广泛，包括电商、金融、医疗等多个领域。与国内相比，国外更加注重深度学习等前沿技术在属性对齐中的应用。例如，Facebook 开源的 FastText 工具就能够利用深度学习技术对文本进行属性对齐，取得了较好的效果

本技术通过国内外查新，查新结果为：在所检国内外文献范围内，未见有相同报道。

五、第三方评价、应用推广情况

1. 第三方评价

本项目开发的"基于人工智能的大宗物资采购管理云平台"主要是应用人工智能、互联网等技术，实现建筑企业采购过程中上下游企业间数据的联通，促进建筑企业数字化转型，提升物资收验管理效率、降低企业运营成本。2023 年 5 月 22 日，科技成果评价中心依据科技部《科学技术评价办法》有关规定，通过会议形式对云筑"基于人工智能的大宗物资采购管理云平台研发与应用"项目进行了科技成果评价。

经成果评价专家组讨论，一致认为该成果总体达到国内领先水平。其中，对输入的任意材料字符串自动匹配和材料层次分类模型达到国际先进水平。

本项目研究成果已成功应用于全国建筑行业大宗物资采购供应链，助推建筑企业采购管理向数字化转型，并取得了显著的经济效益和社会效益。

2. 推广应用

目前平台上线以来，累计交易金额达成 6 万亿，累计招标次数超 130 万次，覆盖超 80 万家供应商，接入项目 300 余项，现场物资验收 1139.37 万吨，平台现有物料 195 万条，物料库种类由百万级通过归一化降到了千级，现场部署效率提升 65%，为客户带来经济效益 5 亿元以上。

六、社会效益

中建电子商务有限责任公司将不断引进人员促进平台的推广应用及持续性研发，为投标单位、材料商、供应商、运营商等不同的客户群体提供信息资源服务。在细分领域，收验货管理系统能够帮助建筑行业现场快速建设物资验收场景与实际作业，在系统运作期间可 7×24h 进行无人物资验收、场景还原、作弊监管等功能。为项目减少人力成本的同时高效实施物资验收，从而有效助力项目建设与社会发展。物料库管理系统可以为建筑设计和施工提供更快捷、更准确、更可靠的材料信息和解决方案，节省设计和施工时间和成本，提高建筑设计和施工效率；可以为建筑材料采购提供更多的选择，根据材料的性能、质量和价格等因素进行比较和评估，为建筑企业降低采购成本，提高企业盈利能力；可以促进建筑行业的技术创新和转型升级，通过采集挖掘处理各子系统平台的材料信息数据生成各类材料相关价格及使用等数据，促进建筑行业的精细化管理进程，达到降本增效的社会作用。

上海国际航运中心绿色港口建设技术集成与示范

完成单位：中建港航局集团有限公司、上海国际港务（集团）股份有限公司、同济大学、上海沪东
集装箱码头有限公司

完成人：朱鹏宇、罗文斌、郑永来、曹宏泰、范强龙、邹　鹰、夏祯捷

一、立项背景

上海港作为全球重要的枢纽港，同时也是国家战略目标中的国际航运中心。2019年上海港完成集装箱吞吐量4330.3万标准箱，连续十年保持世界第一。"十二五"期间，上海港开展了国家绿色港口主题性试点示范工作，在绿色港口建设方面取得了显著的成效，一系列节能减排技术得到应用，其中集装箱龙门式起重机"油改电"、岸电技术和清洁能源的应用均走在了全国前列。《"十三五"时期上海国际航运中心建设规划》中提出了在节能环保港区、绿色海空港口、绿色航运技术等领域达到世界先进水平的绿色港航发展目标。绿色港口建设是一项长期持续的工作，对标国家、行业对世界一流绿色港口的相关要求，对标上海国际航运中心建设国家战略的相关要求。"十三五"期间，上海港继续深入开展绿色港口系统性建设。

首先，项目从促进传统港口向绿色港口转型，实现港口可持续发展的角度出发，为上海在"十三五"期间践行"绿色作为增强可持续发展能力"的关键要素，提供港口方面的解决思路和综合方案；其次，项目形成的绿色港口创建成套方案将全面提升上海港绿色港口创建水平，助力上海深度参与"一带一路"建设，为我国乃至世界港口输出先进绿色发展理念和绿色发展提供示范；最后，项目研究的成果将会促进相关产业的发展，科学技术价值与潜力巨大，社会意义影响深远。

本项目的总体目标是：以上海国际航运中心国家战略为指引，推动港口绿色低碳转型，形成系统化港口绿色技术体系，并在上海港进行示范应用，促进港城联动的可持续发展；同时，为行业提供可复制、可推广的绿色港口成套技术，带动全国港口的绿色发展。

二、详细科学技术内容

1. 总体思路

依托上海市科研计划"绿色港口建设技术集成与示范"项目，从理论、技术、工艺等方面，围绕港口设施设备开展绿色港口建设、应用、监测等系列研究，形成绿色港口成套建设技术，并在上海港进行传统集装箱码头岸桥绿色智能化转型关键技术、轮胎起重机油电混合动力改造技术和港口基础设施绿色发展技术应用，推动港口绿色低碳转型，起到了绿色港口建设的引领示范作用。

2. 技术方案

遵循"绿色港口工艺、设施和装备三个专题研究＋技术集成与示范应用"的技术路线。项目整体技术方案如图1所示。

3. 关键技术

关键技术一：提出基于绿色港口的道路系统模型

建立与泊位能力、堆场能力及运输方式相匹配的道路系统模型，实现集约化利用岸线资源，优化港区交通组织，形成提升港口岸线资源利用效率及道路系统疏散能力的规划设计理论与方法。

在提升港口岸线利用效率的规划设计理论与方法部分，选取顺岸式、挖入式和突堤式三种基本岸线

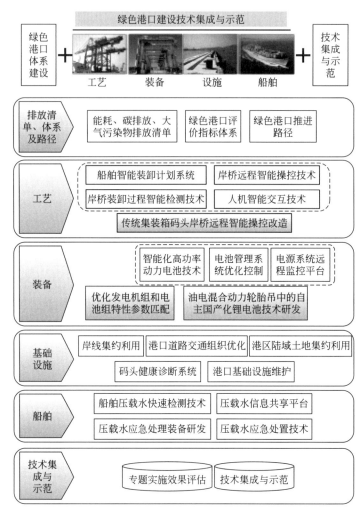

图 1　项目整体技术方案

的利用形式，以及由三种基本形式演变而来的顺岸挖入式、港池突堤式、F 形、L 形和 T 形等布置形式进行讨论。见图 2、图 3。

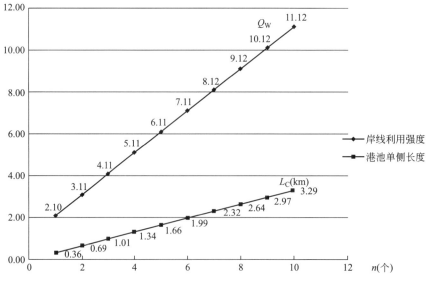

图 2　挖入式布置岸线利用强度（Q_W）、港池宽度（L_C）与单侧泊位数 n 关系图

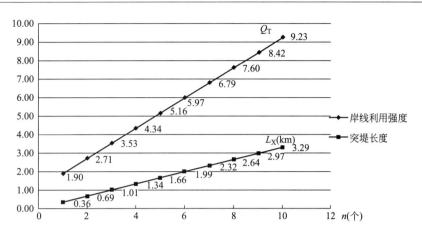

图 3　突堤式布置岸线利用强度（Q_T）、突堤长度（L_X）与单侧泊位数 n 关系图

在港口道路交通组织优化设计方法研究部分，综合考虑众多因素，选取以 2000m×800m 作为预设堆场大小，并假设方案一（采用轮胎起重机作业工艺）和方案二（采用双悬臂轨道吊作业工艺）两种方案作为参照进行情景分析及讨论，如图 4、图 5 所示。

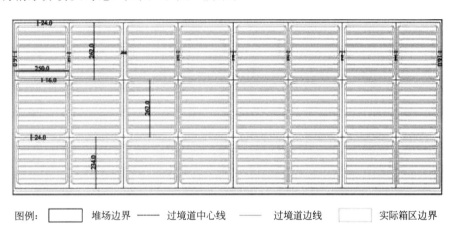

图例：　⬜ 堆场边界　—— 过境道中心线　—— 过境道边线　⬜ 实际箱区边界

图 4　方案一轮胎起重机作业工艺示意图

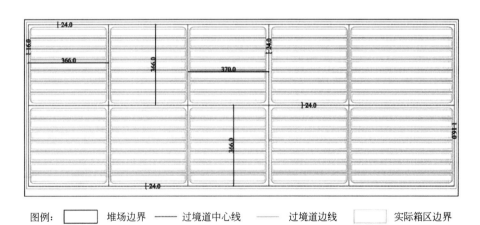

图例：　⬜ 堆场边界　—— 过境道中心线　—— 过境道边线　⬜ 实际箱区边界

图 5　方案二双悬臂轨道起重机作业工艺示意图

关键技术二：建立绿色港口结构全寿命周期内健康诊断分析系统

结合上海港高桩码头结构工程，建立码头结构的全寿命周期内健康诊断分析系统，实现码头结构维修和保养的预报、预警智能化、实时化，保证码头结构的健康、安全，显著降低码头结构全寿命周期的运行维护工程量及费用。

通过模拟中国某沿海城市深水港码头处于潮汐区的混凝土梁，来验证混凝土内钢筋损伤在线检测软件的准确性。模拟试验（图6）采用两根试件梁，编号为 A_1、A_2。其中，A_1 用于神经网路模型的训练，A_2 用于实际结果的检测。A_1 梁得到的数据中，75％用于神经网络的训练，25％用于模型结果的测试，在程序中会输出训练数据和测试数据的均方误差（MAE）对比图（图7），便于验证神经网络模型的正确性。

图6 模拟试验现场图

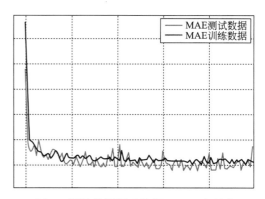

图7 训练数据测试数据 MAE 对比图

关键技术三：创新码头桥式起重机操控方法，提出智能计划、过程检测、远程操控、人机交互四位一体融合体系

为实现效率与成本双向控制的码头精益化管理，项目以智能计划、过程检测、远程操控、人机交互为切入点（图8），通过应用吊具自动防摇、激光扫描（图9）、视频识别等技术形成针对传统桥式起重机的远程操控改造成套技术，有效提高岸桥装卸效率，降低作业能耗10％以上，减少操作人员33％，改善操作环境，实现岸桥多对多的操作工艺和整体效率的大幅提升。自动化无人堆场作为当今世界集装箱码头的发展趋势，对于已经建设投入使用的传统码头来讲，该项目对传统码头桥式起重机自动化改造有广阔的应用前景。

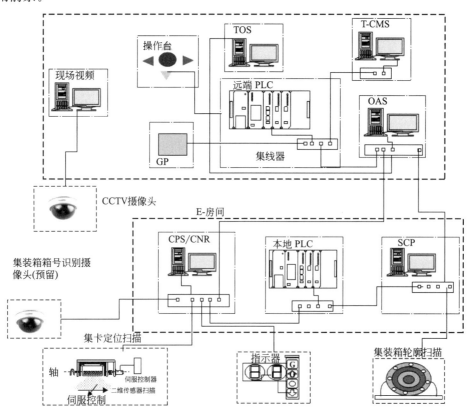

图8 岸桥半自动化远程操控系统总体结构

图 9　船舶集装箱轮廓扫描示意图

关键技术四：采用大电流均衡技术，首次研发港口设备混合节能新技术

在行业内首次采用 10A 大电流均衡技术，开发高功率快充快放锂离子电池，最优化发动机组和电池组的特性参数匹配技术、电池管理系统多支路并联控制技术，并将远程监控与大数据分析技术有机结合；通过对 RTG 油电混合动力系统的动态控制及能量管理技术研究，优化发动机组与锂离子电池系统的功率及能量特性匹配，通过智能控制系统（图 10），实现充电用柴油发电机组的自动启停和调速，对锂电池实施智能充电。项目完成 4 台油电混合 RTG 改造（图 11），形成油电混合动力 RTG 节能新技术，符合高效节能型港口机械的技术发展趋势，为在港区大面积推广 RTG 油电混合动力系统改造提供示范应用样本，对传统集装箱码头堆场设备的节能改造工作具有示范意义。

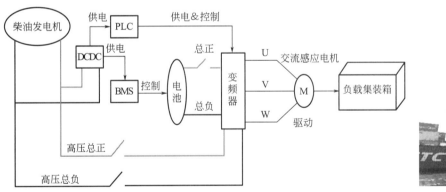

图 10　混动系统工作原理图

图 11　实际运行场景图

4. 实施效果

从工艺、设施和装备三个方面，开展了传统集装箱码头岸桥绿色智能化转型关键技术、港口装备混合动力节能减排技术和港口基础设施绿色发展技术研究攻关，并实施示范工程；评估了传统集装箱码头装卸设备及工艺节能环保技术应用现状及效果；从装卸生产工艺、装卸运输装备、清洁能源应用、生态环境保护等方面，系统梳理国内外集装箱码头节能环保领域的前沿技术，形成了覆盖领域全面、技术先进的绿色港口建设集成技术。

三、创新点

1）创新提出基于绿色港口的道路系统模型，优化港区交通组织，集约化规划利用岸线及土地资源，形成提升港口岸线资源利用效率及道路系统疏散能力的规划设计理论与方法。

2）结合上海港高桩码头结构工程，建立码头结构全寿命周期健康诊断分析系统，实现码头结构运行维护的智能化管理，保证码头结构健康安全，显著降低码头结构全寿命周期运行维护成本。

3）创新码头岸桥作业方法，实现岸桥多对多的操作工艺和整体效率的提升。提出智能计划、过程检测、远程操控、人机交互四位一体融合体系，完成传统集装箱码头岸桥绿色智能转型技术应用；形成针对传统岸桥的远程操控改造成套技术，有效提高岸桥装卸效率、降低作业能耗、减少操作人员、改善操作环境。

4）采用大电流均衡技术，首次研发港口设备混合节能新技术，完成在轮胎起重机上的技术改造和应用，节能降耗 50％以上。

四、与当前国内外同类研究、同类技术的综合比较

国外在绿色港口建设方面起步较早，长滩港"绿色港口政策"、美国洛杉矶-长滩两港联合实施的"圣佩罗湾洁净空气行动计划"（San Pedro Bay Clean Air Action Plan）、荷兰鹿特丹港实施的"里吉蒙地区空气质量行动项目"（Rijnmond Regional Air Quality Action Program）、澳大利亚悉尼港实施的"绿色港口指南"（GreenPort Guidelines）等行动有效地改进了港口环境质量，掀起了全球港口绿色转型的发展浪潮。亚太港口服务组织（APSN）是 APEC 框架下亚太地区第一个服务于港口的非营利国际组织，秘书处设在中国。2016 年，APSN 设立了"亚太港口绿色奖励计划"（GPAS），旨在搭建交流分享和协调合作平台，使区域港口绿色发展有章可循。

我国港口企业从 21 世纪初开始了建设绿色港口的广泛实践，绿色港口建设工作虽起步较晚，但通过国外先进经验借鉴、创新研发、行业系统推进，绿色港口创建水平在国际上已处于领先地位。"十二五"期间，我国在绿色港口建设方面开展了诸多工作。交通运输部为发挥行业引领带动作用，印发了《加快推进绿色循环低碳交通运输发展指导意见》，要求以科学发展观为指导，以节约资源、提高能效、控制排放、保护环境为目标，以加快推进绿色循环低碳交通基础设施建设、节能环保运输装备应用、集约高效运输组织体系建设、科技创新与信息化建设、行业监管能力提升为主要任务，以试点示范和专项行动为主要推进方式，将生态文明建设融入交通运输发展的各方面和全过程，加快建成资源节约型、环境友好型交通运输行业，实现交通运输绿色发展、循环发展、低碳发展。同时，开展了绿色港口主题性试点工作，陆续确立了上海港、天津港、广州港等 4 批 13 个绿色港口试点单位，中央安排专项资金支持绿色港口建设，取得了显著的成效。

2015 年，中国港口协会在交通运输部的指导下，以推进港口行业节能减排工作和绿色港口建设为宗旨，正式启动了绿色港口等级评价试点工作。上海港已有 1 家单位获评首家五星级码头，3 家四星级码头。

本技术通过国内外查新，查新结果为：项目的研究具有新颖性、综合性，在研究方案、关键技术等方面具有较高的研究和技术优势，在国内外未见相同报道，有重要的实际应用和市场开发价值。

五、第三方评价、应用推广情况

1. 第三方评价

2022 年 7 月 26 日，上海市交通委员会在上海市组织召开了"上海国际航运中心绿色港口建设技术集成与示范"项目成果鉴定会。专家们听取了项目研究工作汇报，审阅了研究报告、科技查新报告等相关资料，经讨论，专家鉴定委员会一致同意通过成果鉴定，认为该项目研究形成的绿色港口建设技术集成与示范成套技术成果，总体达到国际先进水平，部分成果达到国际领先水平。该项目研究成果及示范应用为行业提供了可复制、可推广的绿色港口创建成套方案，对港口绿色发展具有重要的示范带动作用和推广价值。

2. 推广应用

本项目在上海港罗泾港区、外高桥港区、洋山港区的绿色港口建设改造工程进行了应用推广。

1）完成 3 台岸桥多对多远程操控示范应用，以此技术方案为模板，先后有 28 台远控桥式起重机在上海港尚东码头、沪东码头投入实操应用。

2）应用研制国产化锂离子电池系统，完成 4 台轮胎起重机油电混合动力改造，系统均衡能力达到 10A，改造后轮胎起重机动态节能率达到 50％以上，形成港口堆场设备清洁化能源示范工程。截至目前，上港集团先后更新改造 264 台油电混合动力轮胎起重机，节能型轮胎起重机比例达到 98％以上，切实履行了企业节能减排的社会责任。

3）建立了一套完整的高桩码头局部锈蚀损伤实时监测及高桩码头智能健康监测系统，利用声发射技术对钢筋混凝土构件进行了损伤识别。研究并提出了提升港口岸线、土地资源利用效率的规划设计理论与方法，对港口道路交通组织优化设计方法进行了研究与总结。在罗泾港区改造项目中，本技术被应用到港区规划、堆场改造设计、日常维护等方面，并为港口地区建设土地、岸线资源节约利用、交通规划流向及基础设施加固修复提供设计依据。

4）推进上海港绿色港口建设，4 家码头获得中国港口协会绿色港口称号，其中 3 家四星级绿色港口，1 家五星级绿色港口（国内首家），树立了上海港良好的社会形象。

六、社会效益

本项目从理论、技术和工艺等方面，围绕港口设施设备开展绿色港口建设、应用、监测等系列研究，形成绿色港口成套建设技术和评价体系，在上海港进行传统集装箱码头岸桥绿色智能化转型关键技术、轮胎起重机油电混合动力改造技术和港口基础设施绿色发展技术的应用，推动港口绿色低碳转型，形成了绿色港口建设技术集成与示范成套技术，并开展了示范应用，全面推动了上海港实现绿色低碳发展、转型升级。为行业提供了可复制、可推广的绿色港口创建成套方案，对港口绿色发展具有重要的示范带动作用和推广价值。

大跨径钢混组合连续刚构桥建造关键技术

完成单位：中建三局第三建设工程有限责任公司、重庆大学、重庆交通大学

完 成 人：袁　俊、刘爱莲、王　平、董传洲、徐　振、徐梁晋、杨　俊

一、立项背景

预应力混凝土连续刚构是 20 世纪 60 年代在预应力混凝土连续刚构和 T 型刚构的基础上发展起来的一种新型结构。它既保持了连续刚构无伸缩缝、行车平顺的优点，又继承了 T 型刚构不设支座、不需要转换体系的优点，且具有很大的顺桥向抗弯刚度和横桥向抗扭刚度。在过去的 30 年里，连续刚构得到了迅速发展，最大跨径的纪录一次次被刷新，推动了结构分析理论的发展，也带动了相关研究课题的不断深入。

1）大跨径预应力混凝土连续刚构桥的下挠问题，具有普遍性和难以稳定的特点，严重威胁到大跨径预应力混凝土桥的结构安全和使用性能。最主要的病害为主跨跨中挠度过大以及箱梁梁体开裂，而挠度的增大加剧了箱梁底板的开裂，梁体开裂的增多也促使结构刚度的下降，进而加剧了跨中挠度的发展。这两者相互影响，形成恶性循环。

2）连续大跨刚构桥建造中，用钢箱梁在中跨取代混凝土箱梁可大大减少桥梁结构内力，同时降低刚构桥全寿命周期内的费用。对于预应力混凝土连续刚构桥，随着跨径的增大，梁高需相应增加，且箱梁底板、腹板也变得更厚，这不仅增加了箱梁自重，也增加了工程的造价。减小结构自重的办法主要是采用轻质混凝土主梁和钢结构主梁两种方式。

3）现有与超大跨度混合梁刚构桥建造相关的研究处于起步探索阶段，如果需要对混合梁刚构桥进行推广应用，所需要攻关的科学技术问题，仅针对重庆长江大桥复线桥和温州瓯江大桥开展的研究工作则远远不够。

嘉华轨道专用桥作为世界最大跨钢-混组合梁轨道连续刚构桥，具有一定的特殊性，有必要以嘉华轨道专用桥为依托，针对上述两个建造关键技术展开进一步深入系统的研究，为后续混合梁刚构桥建设提供一定的指导作用。另外，已有研究鲜有针对该类桥梁基础施工和智慧监测技术的相关工作。因此，有必要围绕上述两点展开研究，完善超大跨度混合梁刚构桥的研究体系，扩充其技术储备。

二、详细科学技术内容

1. 主要科技创新一：钢混组合刚构桥结构优化研究

1）深入研究了钢混组合连续刚构桥边主跨比 k_1、钢箱梁长度与主跨跨度之比 k_2 的参数范围，为同类型桥梁结构设计提供了借鉴。

采用结构力学的计算方法，将桥梁整体简化为合适的力学模型，计算各超静定力，然后解算出桥梁模型中各个控制点内力，通过分析各控制点内力确定出边主跨比和钢箱梁段长度与主跨跨度比例的最合理取值。

2）通过计算在车道荷载下跨中挠度值以及所需要的主梁截面惯性矩来确定主跨的最大取值。

钢混组合刚构桥边主跨比的合理取值范围为 0.4～0.55，其最优点在 0.45～0.5；钢箱梁段长度与主跨跨度的比值合理取值范围为 0.40～0.55，其中早取值为 0.45～0.50，有一个绝对平衡点，因此，最优点可以取值 0.45～0.5。见图 1、图 2。

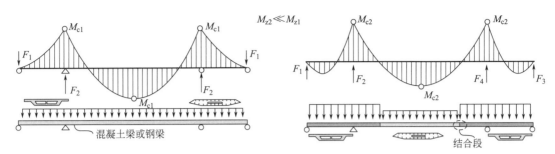

图1 不同结构组合弯矩分布图

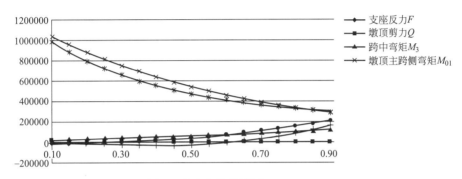

图2 内力变化曲线图（$k_1 = 0.4$）

2. 主要科技创新二：深水大流速岩石河床主墩基础施工关键技术

1）首创深水高流速无覆盖层钢围堰机械成槽施工技术，研发了一种水域河床岩层钢管桩锚固结构。

主桥主墩位于嘉陵江主航道中，水位变化大且流速最高达5m/s，承台嵌固于河床岩层中，主墩基础施工难度大。针对这些特点，设计和应用了适用于桩基施工和承台机械开挖成槽的作业平台。通过机械开挖成槽，顺利保障了双壁钢围堰的安装就位，并安全度过汛期，极大地支撑了嘉华轨道桥的建设。见图3。

图3 围堰基槽施工示意图

2）创新提出了一种工程钻机定位导向结构和一种无覆盖层大流速水域钢管桩可拔除锚固结构。

利用现场既有机械设备，解决了光板岩、大流速水域钢管桩无法插打施工的难点，实现了钢管桩锚固基岩深度不小于设计长度的要求，提高了钢管桩锚固性能，提高平台安全性，确保平台在汛期的结构安全。见图4。

3. 主要科技创新三：钢混结合段施工关键技术

研制了一种钢混组合结构梁桥中钢箱梁与混凝土箱梁的连接结构，确保了钢混段湿接头的施工质量。

图 4　钢管桩示意图

钢箱梁与混凝土连接结合部位是全桥的关键受力部位，受梁面施工荷载、风压及日照、温度影响大，施工过程中通过对钢混结合段建模分析，验证了钢混结合段的受力机理，以满足钢箱梁与混凝土梁同步变形要求，有效保障了结合段混凝土施工质量。见图5、图6。

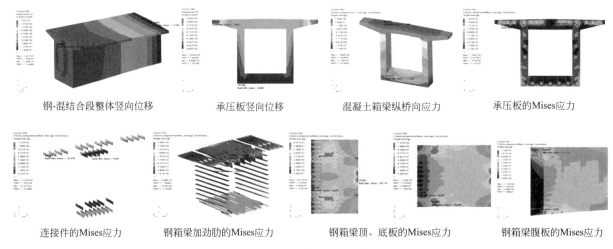

钢-混结合段整体竖向位移　　　承压板竖向位移　　　混凝土箱梁纵桥向应力　　　承压板的Mises应力

连接件的Mises应力　　　钢箱梁加劲肋的Mises应力　　　钢箱梁顶、底板的Mises应力　　　钢箱梁腹板的Mises应力

图 5　钢混结合段有限元分析

图 6　架梁起重机结构示意图

4. 主要科技创新四：大节段钢箱梁整体安装施工关键技术

1）对钢箱梁在吊装过程中各种正常和极端工况下的力学性能进行分析和研究，从力学角度提出了吊装施工工艺的合理建议。见图7。

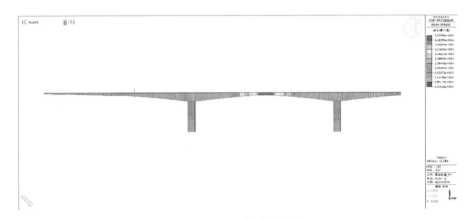

图 7 钢混段单元组成

大跨度、大吨位的钢箱梁整体吊装难度较大，其质量和安全控制的好坏直接关系到桥梁的后期施工。嘉华轨道大桥中跨大节段吊装长度为 87m，对该阶段大节段主梁各种工况下应力进行验算。见图 8。

图 8 全桥整体应力计算

2）研发了一种大节段钢箱梁精确匹配整体吊装的新技术，实现快速合龙。

大节段钢箱梁制造时，根据合龙口实测数据和理论计算，得出钢箱梁的合龙尺寸，提前在加工厂将大节段钢箱梁的富余长度进行切除，钢箱梁运输至现场后采用桥面架梁起重机整体一次性提升至合龙口，精确对位后，先进行临时锁定，再进行合龙口的焊缝焊接、快速实现合龙。见图 9。

图 9 钢箱梁整节段吊装实景

5. 主要科技创新五：智慧建造关键技术

将 BIM 和数字孪生技术应用到大型桥梁建设中，提高了大型桥梁的信息化和精细化水平，提高建设效率。

以构造细节和结构体系的多尺度疲劳损伤评估理论为基础，结合智能化非接触式传感器进行了区域性疲劳损伤监测。对疲劳损伤部位进行了剩余寿命预测，确定了损伤等级。建立了智能监测与检测体系，研发监测可视化、远程化管理系统。提出的建设大跨钢混组合连续刚构桥梁安全评估理论和技术，在嘉华轨道专用桥的建设中得到了很好的应用，相关研发成果和实际应用经验为大型桥梁智慧监测技术的应用和推广奠定了基础。见图10、图11。

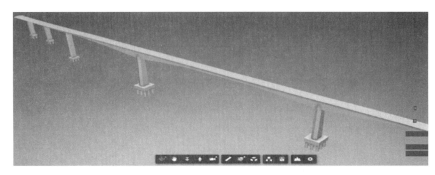

图 10　全桥 BIM 模型

图 11　全桥通车后实景

三、发现、发明及创新点

1）首创深水高流速无覆盖层钢围堰机械成槽施工技术。采用非爆破机械开挖成槽技术，减少了对周边构造物的影响，保护生态环境；研发的水域河床岩层钢管桩锚固结构，大幅提高了锚固性能。当前，国内外围堰基坑多采用爆破方式，整体开挖，对周边环境及安全影响较大，常规的承台施工方法是将整个围堰基坑浇筑封底混凝土，将围堰锚固于钻孔桩护筒上，工程量大、耗时长。

2）研发了一种大节段钢箱梁精确匹配整体吊装的新技术，实现快速合龙。大节段钢箱梁制造时，根据合龙口实测数据和理论计算，得出钢箱梁的合龙尺寸；提前在加工厂将大节段钢箱梁的富余长度进行切除，钢箱梁运输至现场后采用桥面架梁起重机整体一次性提升至合龙口、先进行临时锁定，再进行合龙的焊缝焊接、实现快速合龙。当前，国内外常规做法采用预留坎补段进行合龙，钢箱梁必须提升就位到合龙口后才能确定坎补段钢板的准确数据，因此存在合龙施工持续时间长、工序多等缺点。

3）研制了一种钢混组合结构梁桥中钢箱梁与混凝土箱梁的连接结构，确保了钢混段湿接头的施工质量。该结构后端锚固于已浇筑的混凝土箱梁上，前端与钢混段焊接进行精确定位固定，同时作为湿接头钢筋混凝土的施工吊架，两种功能集于一身。当前，国内外钢混结合部连接定位结构一般是分开设置，工作量大。

4）深入研究了钢混组合连续刚构桥边主跨比、钢箱梁长度与主跨跨度之比的参数范围，为同类型桥梁结构设计提供了借鉴。

该成果总体达到国际先进水平。其中，"深水高流速无覆盖层钢围堰机械成槽施工技术"达到国际领先水平。

四、与当前国内外同类研究、同类技术的综合比较

较国内外同类研究、技术的先进性在于以下 5 点：

1）钢混组合刚构桥结构优化研究：采用结构力学的计算方法，将桥梁整体简化为合适的力学模型，通过分析各控制点内力确定出边主跨比和钢箱梁段长度与主跨跨度比例的最合理取值。

2）深水大流速岩石河床主墩基础施工关键技术：针对嘉陵江水域流速大，水位易暴涨暴跌，且主墩嵌固于河床岩石层等特点，首创深水高流速无覆盖层钢围堰机械成槽施工技术。

3）钢混结合段施工关键技术：钢箱梁与混凝土连接结合部位是全桥的关键受力部位，研制了一种钢混组合结构梁桥中钢箱梁与混凝土箱梁的连接结构，确保了钢混段湿接头的施工质量。

4）大节段钢箱梁整体安装施工关键技术：对钢箱梁在吊装过程中各种正常和极端工况下的力学性能进行分析和研究，优化了吊装施工工艺；研发了一种大节段钢箱梁精确匹配整体吊装的新技术，实现快速合龙。

5）智慧建造技术：将 BIM 和数字孪生技术应用到大型桥梁建设中，提高了大型桥梁的信息化和精细化水平，提高建设效率。

本技术通过国内外查新，查新结果为：在所检国内外文献范围内，未见有相同报道。

五、第三方评价、应用推广情况

1. 第三方评价

2022 年 5 月 13 日，湖北省建筑业协会在武汉组织召开了"大跨径钢混组合连续刚构桥建造关键技术"科技成果评价会。与会专家审阅了评价资料，听取了成果完成单位的汇报，经质询和讨论，最终形成评价意见如下：该成果总体达到国际先进水平，其中"深水高流速无覆盖层钢围堰机械成槽施工技术"达到国际领先水平。

2. 推广应用

嘉华轨道专用桥施工中根据工程实际情况，基础及下部结构施工中应用了深水大流速岩石河床主墩基础施工技术；上部结构主梁施工中，钢混结合段应用了"一种钢混组合结构梁桥中钢箱梁与混凝土箱梁的连接结构"施工方法、大节段钢箱梁应用了"一种大节段钢箱梁整体吊装合龙技术"，有力地保障了主桥施工的安全和质量，加快了嘉华轨道专用桥建设速度，得到了项目公司、设计单位、监理单位的一致好评，为类似工程施工提供了宝贵的经验，值得推广应用。

六、社会效益

依托重庆轨道交通九号线嘉华轨道专用桥项目，通过理论分析和施工工艺研究，对大跨径钢混组合连续刚构桥设计、建造关键技术进行深入研究，在支撑和推进嘉华轨道专用桥优质、高效建成的基础上逐步形成、积累中国建筑在轨道交通桥梁建设领域的技术优势和品牌效应，建设过程中获得多家媒体的广泛报道，社会效益显著。

海外机场航站楼施工关键技术研究与应用

完成单位：中建国际建设有限公司、中国建筑第八工程局有限公司、中建钢构股份有限公司、上海中建海外发展有限公司

完成人：彭世红、申明华、陈振明、刘崇明、徐伟涛、李　淼、胡凤琴

一、立项背景

泰国地处中南半岛中心位置，既是丝绸之路经济带的重要地区，也是海上丝绸之路的必经之地，成为共建"一带一路"的重要伙伴。泰国素万那普的发展，不仅加强了泰国和东南亚地区在基础设施、物流系统方面的互联互通，同时也是泰国"东部经济走廊"实现与"一带一路"倡议对接的一大助力。

随着泰国素万那普机场二期项目的实施，由于法律、文化及标准的差异，中国建筑在建造技术及精细化管理上面临巨大考验。泰国素万那普机场二期项目是中资企业在泰国市场承接的最大工程项目，有多处超高支模大体量混凝土浇筑作业，需要进行大量临时工程设计。而泰国标准体系不成熟，建筑市场上美、日、英、中、泰等多国标准混杂使用，同时当地工具式模架供应商规模小、周转能力弱，导致单一模架难以满足施工要求，必须选用多国标准的支撑体系，而市场上各种支架多为周转材料，承载能力不足，安全隐患较高，而对多国标准融合的支撑体系的研究目前在国内尚未见报道，研究多种规范融合的支架计算方法十分必要；本项目屋面桁架主要包含双曲 Y 形柱、单曲弧形柱、双曲弧形桁架、单曲弧形桁架以及双曲飘带等。具有如下特点：控制下料精度控制难度大，弯曲加工质量和尺寸精度难度大，有效控制电渣焊质量难度大，螺栓孔群精度控制难度大，弯扭构件运输距离远，运输过程损坏控制难度大。本工程属二期项目，部分航站楼需在不停航条件下施工，施工组织难度大，双曲管桁架屋面、大曲率负角度幕墙、预应力无梁楼盖等方案实施风险高，临时措施和安装方案需参照多国不同标准执行，缺少可供参考借鉴的机场项目资料，需要组织力量统一开展研究；另外，泰国地区项目设计及施工管理理念与国内不同，为了满足机场建筑精细化管理目标，开展了 P6 技术在海外项目的联合应用研究，并进行了全过程全维度 BIM 的深度应用研究。

海外机场航站楼施工关键技术研究与应用，不仅可助力泰国素万那普机场项目的设计与施工，同时为深度参与共建"一带一路"项目提供宝贵经验。

二、详细科学技术内容

1. 多国标准融合的结构重载高支撑体系设计与施工技术

本项目选取了适应工程要求的 EFCO、CA、TCB 和 COFF 四家供应商的 5 种产品同时作为主要结构的支撑体系。无梁板下支撑体系布置方案根据工程实际特点，如下图所示，以第三层楼板为例，其楼板下模板的支撑体系为 EFCO 和 CA 组合梁板模体系，双斜线交叉阴影区域板厚为 800mm，采用 EFCO 梁板模体系，单斜线阴影区域板厚为 300mm 厚，采用 CA 梁板模体系，充分发挥 EFCO 承载力高的优势，而在薄板区选用 CA 梁板模体系，经济性较为显著。见图 1。

本项目提出的"多国标准融合的重载支架设计方法"能够适应不同的立杆材质、不同的接头连接形式，也沿用了部分国标对计算长度的修正思路，总体看来，对于各种形式的支架具有较强的统一性。经过计算公式的改进，对原设计支架进行了验算，本项目方法下 EFCO 支架单立柱的最大承载力为 90kN，比厂家提供的 124.5kN 小。为安全计，重新微调了原设计中立杆的间距。在实践中效果良好，在重载

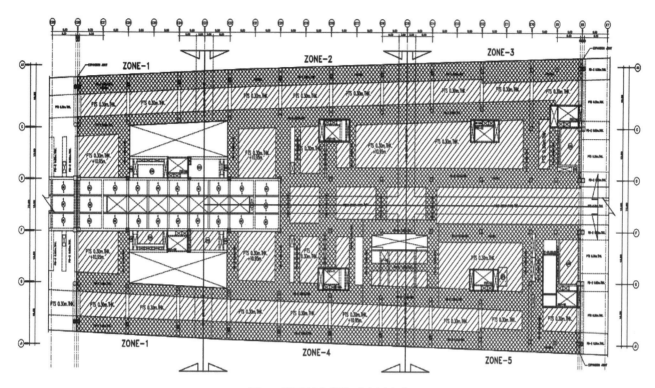

图 1　梁下板支撑体系布置方案

区其变形也符合预期计算，确保了项目安全落地。多种桌模体系组合施工技术的应用充分挖掘了各种支架的优势，扬长避短，达到了最佳组合，并解决了供应不足的问题。

2. 承插式脚手架作为屋面桁架临时支撑的施工技术

本项目提出"多国标准融合的重载支架设计方法"，根据施工模拟计算提取的支点最大反力，进行各种架体的安全验算，结合数智建造技术，从设计出图阶段就规避后期可能发生的安全隐患以及与主结构的碰撞问题。

本工程所研究的承插式脚手架支撑体系相较于传统的格构式支撑具有质量轻，装拆速度快，节约材料，无需大型机械，不占用关键线路等显著优点。使用承插式脚手架体系作为大跨度钢桁架临时支撑体系在国内外当属首例，也是一种大胆尝试，解决了资源（机械、材料）不足的难题。

采用承插式脚手架支撑体系，不仅能够减少成本，而且可根据实际需要进行定做，可对不满足吊装的设备和构件等进行运输，可操作性高、实用性强；脚手架采用标准件进行配套组装，各个部件配置及运输方便，循环使用率高；布置灵活，无需反撑；其相较于布置在楼板上的重型支撑架体，具有明显优势，特别是在大型场馆或者机场屋面钢结构工程具有较好的应用前景。

承插式脚手架在泰国当地资源丰富，并且在成本上具有较大优势，可在确保安全、经济、工期可控的前期下，减少一次性使用的施工技术措施投入。同时承插式脚手架还可采用租赁形式，在节约施工成本的同时可以实现相关材料的多次多工地循环使用，非常契合节材要求。该技术避免了使用大型格构柱支撑，突破了传统支撑体系的禁锢，按时完成了屋面封顶，获得业主及各界的一致好评。

3. 复杂弯扭构件数智化加工技术

屋面桁架整体造型为空间三维弯曲构件，连接节点多且复杂，制造精度要求高，难度大。通过应用数字化工艺设计软件技术，提升弯扭构件工艺设计准确性和效率；应用机器人焊接技术，实现弧形焊缝成形美观，保障了焊缝质量，焊缝合格率达 99％以上；应用空间三维坐标定位装配技术，提升了弯扭构件制作精度，关键节点制作偏差控制在 3mm 以内；整个项目通过应用 3D 激光扫描模拟预拼装技术，大幅提升了预拼装检验的效率，节约了大量人力和物力，保障了现场的安装精度要求。见图 2。

图 2　复杂弯扭构件制造实施效果（一）

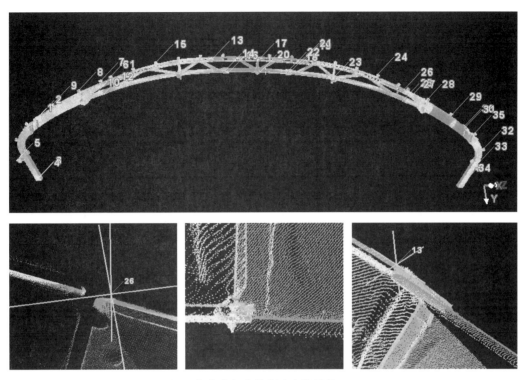

图 2　复杂弯扭构件制造实施效果（二）

4. 大曲率幕墙航站楼建筑结构创新施工技术

楼层单支撑回顶技术中回顶层数和支撑布置间距的理论公式方便现场施工时手动计算校核，能够很好地指导施工，便于推广和应用，有限元计算分析表明，采用此方法布置的回顶支撑，能满足承载力及稳定性要求。创新采用单立杆支撑形式，大大节省回顶支撑体系钢材用量，达到降本增效的目的。高大空间曲面铝条板与软膜组合吊顶模块化安装技术采用了模块化组合、地面拼接、高空组装的方法，极大地加快了施工进程，同时减少了大量的高空作业，降低了施工风险；另外通过深化设计，采用了可移动、可调节的机械固定生根的技术，解决了焊接定位偏移的问题；同时设计了一种吊杆连接件，该连接件具有工艺简单、安装方便、绿色环保等优点。大曲率幕墙安装技术根据项目幕墙特点，针对不同部位采取不同安装工艺。对于正角度幕墙，采用常规的曲臂车加起重机的组合安装方式，负角度幕墙则采用满布式脚手架＋高效率玻璃提升及水平转运装置的安装方式，刚方式允许大量工人同时施工，为压缩工期，保证履约提供了条件。同时，脚手架能够提供平稳的施工平台，工人工作便利，可进一步提高安装精度，提升工程质量。见图3、图4。

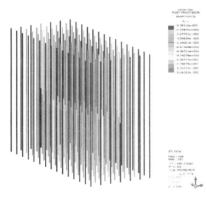

图 3　支撑杆有限元计算校核

图 4　吊顶安装完成实景

5. 基于"PCM＋P6＋BIM"的精细化数智化管控技术

1）基于 PCM 系统的海外项目全过程精细化管理技术

本项目管理流程均采用了 PCM 管理软件系统，建立了合同为核心的管理思想，对项目进行了全面的费用控制、变更管理、文档管理与协作，利用基于角色的包括 KPLs 和仪表板、责任事项和合同往来文件存储功能快速识别流程中责任方及影响，并对相关项目往来文件、建议、合同、送审件、图纸、联系单、变更、支付申请、发票及问题等信息进行数字化存储，真正实现了无纸化办公，提高了协作效率，缩短了文档流转时间，确保了项目利润的最大化，达成了保质按时交付项目的目标。

图 5 以合同为核心的文档管理与协作

2）基于 P6 软件的海外项目进度精细化管理技术

通过 P6 管理软件内置的企业项目结构（EPS）、企业组织分解结构（OBS）、工作分解结构（WBS）、费用分解结构（CBS）将合同范围、责任体系、工期、资源、费用进行串联，建立起一套覆盖准备工作、计划编制、计划执行与控制、报告决策等全过程的精细化管控体系，实现了高质量的进度计划编制、切实可行的资源组织策划、动态及时的进度计划更新、多维全面的进度信息分析，并通过与 BIM 结合进行进度管控。见图 5、图 6。

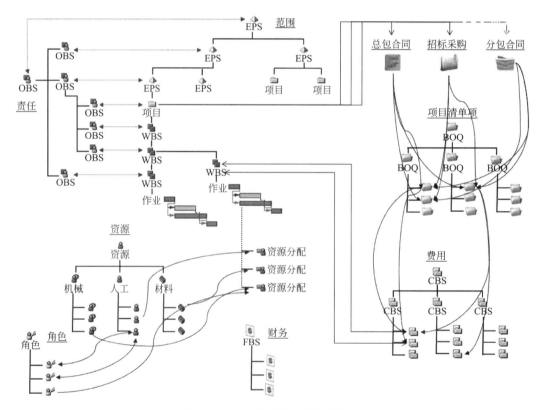

图 6 基于 P6 的项目计划管控体系

3）全过程全维度 BIM 应用技术

使用 BIM 系统模拟建筑信息，用于编制施工图、施工方案及各施工阶段的进度报告，直到最后一道施工程序，并交付最终竣工 BIM 模型。在初期对项目 BIM 应用进行整体策划，制定相应执行标准，搭建对内对外协同平台，针对项目重难点部位分析 BIM 技术应用切入点，利用 BIM 技术实现了各项流程精简、信息传递高效、过程精细化管理等一系列目标成果，有效地提高了项目管理水平，减少了项目成本投入，提高了效益。见图7。

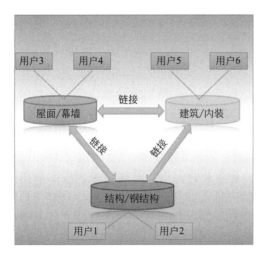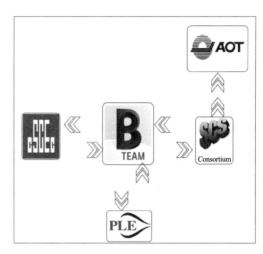

图 7　BIM 协同平台

三、发现、发明及创新点

1）首创"多国标准融合的结构重载高支撑体系设计与施工技术"，统一了多国标准体系下的模架计算方法，提高了安全性和设计效率，解决了海外项目模架和钢结构安装的技术难题。

2）创新研发"复杂弯扭构件数智化加工技术"，实现了复杂结构数智化制作，全面提升了弯扭构件制造效率和质量。

3）创新研发"大型钢结构航站楼创新综合施工技术"，解决了预应力楼板、大曲面铝条板吊顶、大曲率幕墙等施工技术难题。

4）创新研究应用了"PCM＋P6＋BIM"等数字化与智能化手段，构建了覆盖"业主＋设计＋监理＋总包＋分包"以及"深化设计＋施工管理"等多维度全过程管理体系，解决了由于项目体量大及责任方多而带来的进度信息繁杂、责任划分不清、进度与成本难以协同管理等问题，实现了项目进度计划的实时精细化管理、多专业联合管理以及进度与成本的协同管理。

5）在泰国素万那普机场发展项目建设过程中，获得专利 22 项（发明 2 项，国际专利 1 项），软件著作权 3 项，省部级工法 1 项，主参编专著 2 部，主参编标准 5 部，发表论文 11 篇。项目先后获得 2021 年度中国钢结构金奖、2021 年度优秀焊接工程一等奖、第十届"创新杯"BIM 应用大赛总承包管理类第二名、2020 年度建设工程 BIM 大赛一类成果奖、2020 年上海市建设工程优秀项目成果一等奖等。

四、与当前国内外同类研究、同类技术的综合比较

泰国大型卫星候机楼关键施工技术研究与应用的查新报告：经国内外查新与对比，结论如下该项目是针对泰国大型卫星候机楼关键施工技术的研究与应用，海外项目精细化过程设计管理总结与推广；多种工具式飞模体系的施工技术研究与国内工程推广价值；履约全过程全维度 BIM 深度应用。经检索，未见有与该项目设计及采用的关键技术相对应的文献和专利。因此，该项目具有新颖性。

承插式脚手架作为大跨度钢桁架临时支撑的施工工法的查新报告：泰国素万那普机场项目研发曲空间桁架结构三维建模技术，为保证双曲空间桁架结构准确定位，使用 Tekla、犀牛等三维建模软件进行建模出图，使用 midas 软件对施工全过程进行模拟分析。研发承插式脚手架体系作为钢桁架临时支撑，单个支撑点最大承载力达到 261kN，使用顶部工装将承载力平均分布至两个架体、八根立柱，通过增设底部架体保证侧向的稳定性。大跨度钢桁架安装及临时支撑卸载过程中进行全过程变形监控。本项目在

国内具有新颖性。

五、第三方评价、应用推广情况

1. 第三方评价

2022 年 7 月 28 日，中国建筑集团有限公司邀请专家对《海外机场航站楼施工关键技术研究与应用》（中建科评字［2022］第 22 号）进行了鉴定，专家组一致认为该成果总体达到国际先进水平。其中，多国标准融合的结构支撑体系设计施工、变截面弯扭构件冷成型加工、精细化数智化管控等技术达到国际领先水平。

2. 推广应用

在新技术应用示范工程的实施过程中，项目共应用建筑业十项新技术 8 大项 33 子项。应用局级十项新技术 6 大项 12 子项，自主创新技术 14 项，共计 59 项技术的应用，对新技术的推广应用起到了积极的推动作用，取得了较好的经济效益和社会效益。该技术推广应用于泰国素万那普机场项目、杭州萧山国际机场三期项目中。

六、社会效益

素万那普机场发展项目是 2018—2021 年期间，中资企业在泰国市场承接的最大基础设施民生工程项目，是中建集团深入践行"一带一路"倡议下的高标准、可持续、惠民生的示范项目，对中建在泰国以至整个东南亚市场的开拓具有重要意义。

素万那普机场扩建项目是泰国"东部经济走廊"计划以及"泰国 4.0"经济战略重要民生工程之一，创造大量就业岗位。新航站楼总建筑面积 21.6 万 m^2，可容纳客流量将从此前的每年 4500 万人次增加到 6000 万人次，是泰国政府又一标志性民生工程，可为当旅游经济消除发展瓶颈，对当地政府政治意义重大。

素万那普机场发展项目在各种限制条件下交出了令业主、监理满意的答卷，先后斩获国内外多项质量、安全、技术奖项，基于素万那普机场项目出色实施能力及履约成果，中国建筑工程（泰国）公司成功获得成为泰国机场房建一级资质（最高级）和泰国曼谷市政府房建一级资质（最高级），也是目前唯一拥有以上两项资质的中资企业承包商，助力中国建筑业国际化水平。

高烈度设防区建筑物减震隔震技术研究与应用

完成单位： 中国建筑一局（集团）有限公司、哈尔滨工业大学（威海）、北京堡瑞思减震科技有限公司

完 成 人： 金晓飞、崔婧瑞、王化杰、韩　伟、曹自强、黄　豆、宋志强

一、立项背景

自 20 世纪 80 年代以来，我国建筑结构减隔震技术得到了迅速发展，但是现有减隔震技术主要关注技术工艺本身对结构减隔震的性能效果，对于震后的快速更换恢复技术少有关注。实际上如果建筑物的减震隔震设备安装精度不足，会严重影响减隔震效果，且在重大地震后，隔震支座、阻尼器、防屈曲支撑等减隔震部件往往会遭受不同程度的破坏，使其难以继续正常工作（图 1、图 2），如何在震后实现这些减隔震设备或部件的快速更换和恢复也是影响建筑物能否继续工作的决定性因素。因此，对建筑结构减隔震措施的安装、修复及更换等全寿命周期内的关键工艺进行研究，对我国无论是当下还是未来的结构减隔震技术的顺利发展和高效应用都具有重要的理论意义和实用价值。

图 1　地震中损坏的隔震支座　　　　　　　　　　图 2　地震中损坏的阻尼器

二、详细科学技术内容

针对高烈度设防区建筑结构减隔震技术的施工控制及其快速修复更换等关键问题进行系统研究，形成了五项关键技术，如图 3 所示。

1. 大吨位隔震支座安装及托换分析控制技术

高烈度区设置的隔震支座，通常直径大、构配件多，安装精度需求高。课题组有如下关键技术成果。

1）隔震支座安装偏差对上部结构影响分析技术

建立了铅芯橡胶支座有限元模型（图 4），通过试验模拟对比验证了支座模型的准确性。将支座模型与上部结构模型相结合（图 5），基于多尺度有限元和时程分析，建立了隔震支座安装偏差对上部结构力学性能影响分析方法，提出了可供实际工程应用的隔震支座施工安装偏差控制建议，为隔震支座的安全施工和精度控制提供了重要的技术保障。

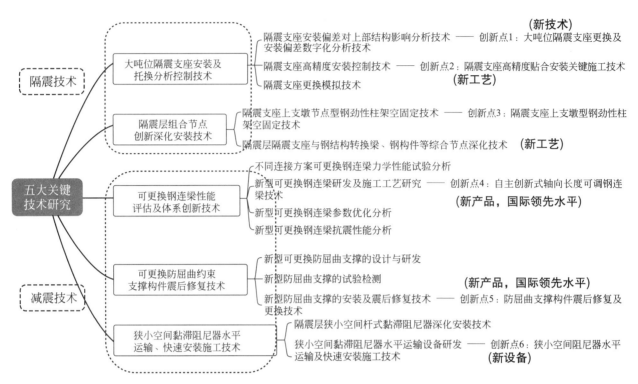

图 3　减隔震高质量施工及震后修复更换研究技术架构图

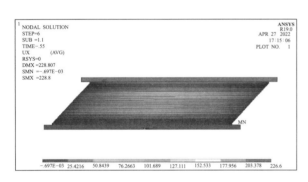

图 4　隔震支座精细化有限元模型

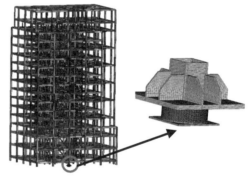

图 5　带隔震支座上部结构一体化多尺度模型

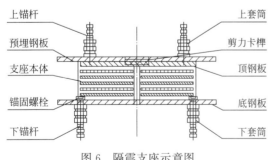

图 6　隔震支座示意图

2）隔震支座高精度安装控制技术

根据上述分析，隔震支座（图 6）的安装精度对于隔震体系影响较大。研发形成包含①预埋件避让式四点定位技术、②狭小空间预埋定位板安装技术、③隔震支座本体快速安装对孔技术、④隔震支座防变形临时固定技术、⑤层间隔震复杂结构节点 BIM 网络定位放样技术、⑥下支墩混凝土浇筑一次性成形技术、⑦隔震支座变形智慧监测技术的整套隔震支座高精度贴合安装综合施工技术。

预埋件避让式四点定位技术可提升预埋板就位准确性（图 7）。研发可部分回收的机械安装装置（图 8），通过底部机械支撑托举安装调整预埋定位板精度。

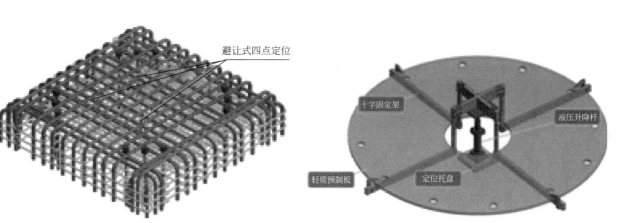

图 7　反丝套筒四点定位构造图　　　　　　图 8　隔震支座顶升定位预埋板装置

下支墩混凝土浇筑一次性成型技术，减小预埋定位板尺寸，增加排气孔数量及气泡排出的区域面积（图 9），并采用高流动性自密实细石混凝土，结合微超灌一次成型浇筑方法（图 10），大大减少混凝土空鼓等质量问题，避免进行二次修补浇筑。

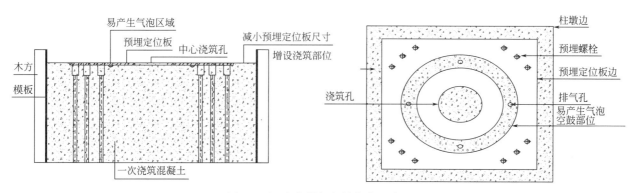

图 9　预埋定位排气振捣优化示意图

隔震支座安装后，随着建筑物上部施工结构荷载不均衡增加，为防止因施工荷载造成支座水平位移过大而影响后期使用功能：①研发了一种能够将橡胶隔震支座临时固定的卡件装置技术，待建筑物整体结构施工完成后拆除临时固定装置；②研发一种无线智慧监测支座变形技术装置，并形成一项可自动收集数据监测预警的软件程序，用于监测隔震支座在项目施工及运营阶段产生的累计变形（图 11）。

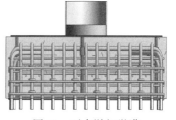

图 10　下支墩超微灌
混凝土构造示意图

整套隔震支座高精度安装控制技术成功应用于川投西昌医院工程和西昌健康学府项目。实现了西昌医院工程 513 个支座的高精度安装，安装后检测数据表明，现场支座安装偏差整体明显低于施工验收规范要求。新工艺有效提高了隔震支座的施工效率和安装精度。见图 12。

3）隔震支座更换模拟技术

为了满足未来隔震支座的安全更换需求，创新性地建立了大吨位隔震支座更换全过程仿真技术，并首次对不同方案大吨位隔震支座更换全过程进行系统分析（图 13），为类似支座更换工程的方案设计与选择提供了可靠的指导和建议。

2. 隔震层组合节点创新深化安装技术

为解决基础隔震与型钢混凝土组合存在的隔震支座与钢骨柱、型钢转换梁等一系列难题，传统方法无法完成施工。

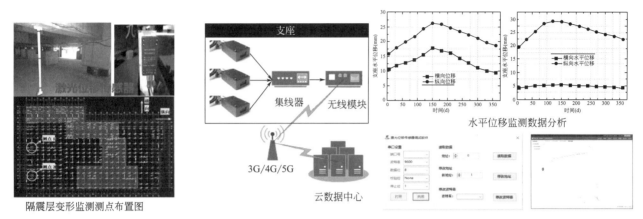

隔震层变形监测测点布置图

水平位移监测数据分析

图 11　智慧监测变形技术

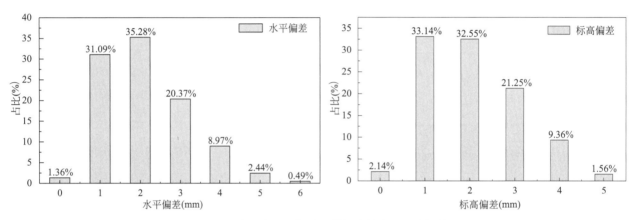

图 12　隔震支座实际现场偏差模拟建模有限元分析结果

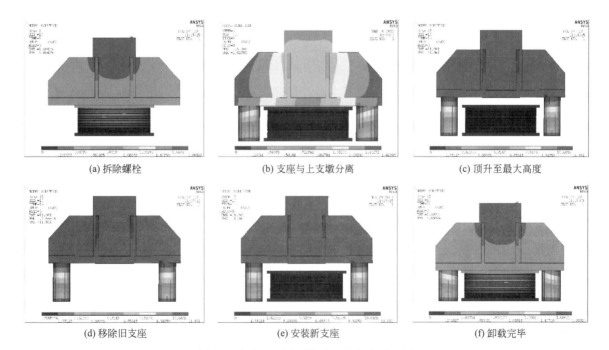

(a) 拆除螺栓　　　　(b) 支座与上支墩分离　　　　(c) 顶升至最大高度

(d) 移除旧支座　　　　(e) 安装新支座　　　　(f) 卸载完毕

图 13　方案一顶升更换过程支座变形云图

1）创新研发出隔震支座上支墩节点型钢劲性柱架空固定结构及施工方法

提供一种隔震支座上支墩节点型钢劲性柱架空固定装置，有效解决了隔震支座上支墩与型钢劲性柱节点形式中，上支墩底部主筋穿筋绑扎困难，焊接工作量大以及后期隔震支座无法托换等多项技术难题。见图14、图15。

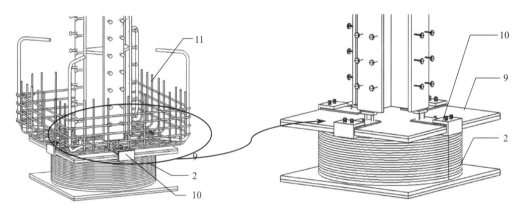

图14　隔震支座精细化有限元模型　　　　图15　带隔震支座上部结构一体化多尺度模型

2）创新研发出适用于隔震层特一级抗震的节点图集

《高烈度设防区隔震层特一级组合节点图集》运用软件技术开展可视化三维模型节点深化，最终形成可指导8度及以上地区隔震区结构设计及施工的节点图集。见图16～图19。

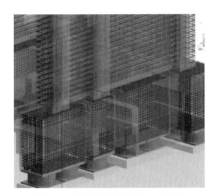

图16　隔震层上肢墩＋钢板
墙＋型钢转换梁复杂节点

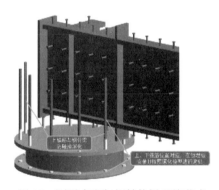

图17　隔震支座与钢结构梁碰撞节点

图18　暗梁优化节点

图19　《高烈度设防区隔震层特一级组合节点图集》

3. 可更换钢连梁性能评估及体系创新技术

1）不同连接方式可更换钢连梁性能评估

针对钢筋混凝土连梁在地震中极易受到破坏，普通消能减震耗能器地震破坏后无法更换的难题，课题组对混合联肢剪力墙结构中可更换钢连梁技术展开研究，通过全尺度静载试验、抗震滞回试验及仿真分析，掌握了不同装配连接方式对连梁工作性能的影响规律，实现了连梁综合性能的评估。见图20。

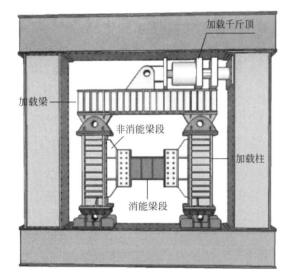

图 20　连梁加载试验设计及实物

2）新型轴向长度可调钢连梁技术创新

针对已有钢连梁设计没有考虑震后非消能梁段轴向间距变化导致的更换困难问题。创新性地提出了轴向长度可调的新型可更换钢连梁关键技术（图21）及其施工方法。

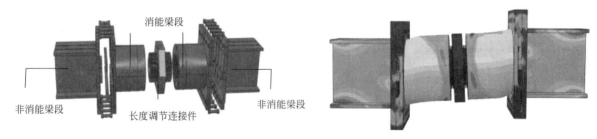

图 21　新型轴向可调钢连梁

4. 新型可更换防屈曲支撑构件震后修复及更换技术

传统钢管混凝土防屈曲支撑构件在较大地震后，可能因过度损伤而失去减震功能，使建筑物和人员处在危险之中。

1）创新研发出组合式全钢型 H 型钢内芯防屈曲支撑构件

新型支撑主要由内芯和外部约束单元组成（图22）。外部约束构件采用 U 型钢。内芯采用 H 型钢。防屈曲支撑装配式芯板更换技术在地震后只需对芯板单元进行更换，而保留原约束单元继续使用，减少震后更换的时间和成本。

2）新型防屈曲支撑安装及震后修复技术

优化传统节点设计，采用多接头槽式螺栓连接技术（图23），在传统单一接头基础上增设附加连接接头，并通过标准孔与槽孔螺栓连接巧妙装配，实现高承载力、易装配和易更换的目标。试验见图 24。

5. 狭小空间黏滞阻尼器水平运输及快速安装技术

在阻尼器安装阶段，隔震层基本已经处于大型密闭空间状态，且隔震层净高较低，空间狭小，无法运用大型吊装设备对黏滞阻尼器进行安装。为解决这一难题，创新研发出一种轻型便捷的水平运输安装，能够安全、快速地将黏滞阻尼器运输到安装位置，并提出一种便捷式吊装设备配合安装（图25）。

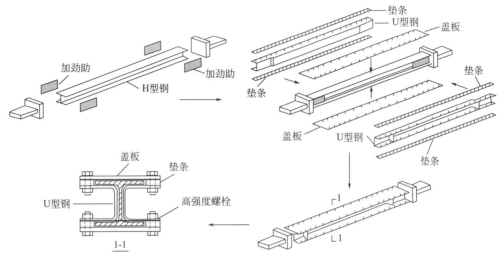

图 22　可更换防屈曲支撑构件示意图

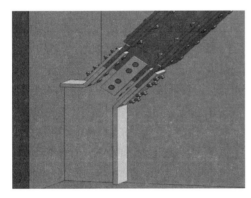

图 23　节点连接形式由焊接改为多接头槽式螺栓连接

图 24　新型防屈曲支撑试验室试验

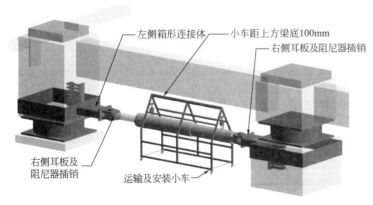

图 25　现场加工的微调阻尼器运输吊装设备

三、发现、发明及创新点

1. 大吨位隔震支座更换及安装偏差数字化分析技术

基于多尺度有限元和时变仿真技术，创新性地建立了大吨位隔震支座更换过程及安装偏差综合分析技术，并首次对不同方案大吨位隔震支座更换全过程、安装偏差对上部结构的静动力影响规律进行系统分析，提出了各隔震支座更换方案的适用条件和安装偏差的控制建议，为未来隔震支座的合理更换和安装提供了重要的技术保障。

2. 隔震支座高精度贴合安装关键施工技术

针对隔震支座安装易出现返工问题，综合提出全新四点定位技术、下支墩混凝土微超灌技术等多种新工艺，建立了隔震支座高精度贴合综合安装技术，解决多项施工难题，节约人工成本，避免返修浪费，采用创新智慧方法大大提升了隔震支座的安装高精度和施工质量。

3. 隔震支座上支墩型钢劲性柱架空固定技术

为解决隔震支座上支墩密集钢筋与型钢劲性柱复杂节点穿筋绑扎的施工难题，创新性地提出上支墩型钢劲性柱架空固定技术，发明一种全新的便捷式临时固定装置，实现型钢劲性柱与隔震支座上支墩的节点施工。

4. 自主创新式轴向长度可调钢连梁技术

创新性地提出轴向长度可调的新型可更换钢连梁关键技术，在保留传统可更换钢连梁耗能和传力优点的基础上，通过消能连梁长度的可调技术，有效地解决了震后残余变形对更换施工带来的影响，大大降低了连梁更换施工的难度，有效地提升了震后修复的效率。

5. 防屈曲支撑构件震后修复及更换技术

研发出可更换的防屈曲支撑芯板单元，震后只需对核心芯板进行更换，保留原约束单元继续使用。同时，优化传统节点设计，采用多接头槽式螺栓连接技术，在传统单一接头基础上增设附加连接接头，并通过标准孔与槽孔螺栓连接巧妙装配，实现高承载力、易装配和易更换的目的。

6. 狭小空间阻尼器水平运输及快速安装施工技术

研发出一种可以在狭小空间行走并吊装安装超大黏滞阻尼器的运输设备，能够安全、快速地将黏滞阻尼器运输到安装位置，同时满足行走、固定吊装、止推系统功能，实现了狭小空间黏滞阻尼器的快速安装。

四、与当前国内外同类研究、同类技术的综合比较

见表1。

同类综合比较 表1

主要技术	技术创新	国内、外同类技术
自主创新式轴向长度可调钢连梁技术	在钢连梁的快捷、高效更换方面取得了重大突破，通过对消能连梁的轴向长度调节，解决了连梁轴向长度改变引起的钢连梁更换难题	国内外对可更换钢连梁的研究应用主要是集中在优化连梁的耗能能力上面，而对钢连梁实际更换的可操作性和便捷性关注得较少
大吨位隔震支座更换及安装偏差数字化分析技术	首次对不同方案大吨位隔震支座更换全过程、安装偏差对上部结构的静动力影响规律进行系统分析，为未来隔震支座的合理更换和安装提供了重要的技术保障	国内外对于隔震支座的研究更多地集中在施工安装方面。但是，针对民用建筑隔震支座更换的研究较少，对其进行系统化的分析研究则更为少见
防屈曲支撑构件震后修复及更换技术	有效降低建筑在施工的难度及震后修复成本，并能简单、快速地恢复减震效果	国内外防屈曲支撑主要以钢管混凝土防屈曲支撑为主，存在加工周期长、需要浇筑混凝土、自重偏大的一系列问题，整体经济性较差，且破坏后更换成本较高

五、第三方评价、应用推广情况

1. 科技成果评价

2023年4月6日，中国建筑集团有限公司在北京市中建一局大厦组织召开"高烈度设防区建筑物隔震减震技术研究与应用"科技成果评价会。鉴定专家一致评定"高烈度设防区建筑物隔震减震技术研究与应用"整体达到国际先进水平。其中，可更换耗能连梁技术、防屈曲支撑修复更换技术达到国际领先水平。

2. 中建集团示范工程

2022 年 11 月 22 日，中国建筑集团有限公司组织召开川投西昌医院项目科技示范工程验收会。推广应用了《建筑业 10 项新技术（2017 版）》中的 8 大项 30 子项；形成 6 项创新技术。验收专家组认为，该工程整体达到"国内领先"水平（专家可给予最高水平）。

3. 应用效果

综合成果成功应用于川投西昌医院工程和西昌健康学府项目后，其经历了多起大中小型地震，如 2022 年 6.8 级"9·5"泸定地震、"6·1"芦山地震，建筑结构完好，隔震减震效果显著。

六、经济效益

见表 2。

经济效益

表 2

序号	技术成果名称	经济效益(万元)
1	超大直径铅芯橡胶隔震支座安装施工技术	32
2	内嵌单片连续式超厚钢板剪力墙安装施工技术	499.5
3	层间隔震复杂结构节点 BIM 网格定位放样施工技术	37.298
4	隔震层狭小空间杆式黏滞阻尼器安装施工技术	28.4
5	橡胶隔震支座与下支墩高精度贴合安装施工技术	43.88
6	建筑隔震超长柔性管道施工技术	80.575
7	隔震支座上支墩节点钢骨柱架空施工技术	665.6
8	震后可修复型防屈曲支撑构件更换安装施工技术	43.88
合计		1431.13

综合以上技术，共产生 1431 万元的经济效益。

七、社会效益

通过高烈度设防区建筑物隔震减震技术系统研究，本研究成果产生的新工艺、新产品、新设备、新产品均可以服务于中国减隔震市场，提高隔震设备和减震设备的安装工效，推进建筑减震隔震技术行业进步发展，对于高烈度区设防区居民的健康安全具有积极作用。

八、环境效益

隔震减震作为绿色建筑技术，不仅提高建筑物的使用寿命，强化"韧性城市"能力，更能保护人类生命财产安全，具有极其深远的意义。应用隔震和减震技术，可以大大减少建筑物地下结构中的高强度钢筋和高强度混凝土，节约材料，减少碳排放，推动建筑行业的可持续绿色健康发展。

医疗建筑模块化高性能建造关键技术研究与应用

完成单位：中建五局第三建设有限公司、深圳华大基因股份有限公司、广州大学

完 成 人：吕基平、蔡志立、陈兆荣、陈戊荣、许　勇、廖　飞、郭朋鑫

一、立项背景

1. 建筑产品全生命周期管理急需在医疗建筑建造领域实现突破

2019 年我国医疗卫生机构总数已突破 100 万个，且在以年均 1% 的速度快速增长，医疗建筑的需求呈现持续增长趋势。从 20 世纪 90 年代开始，航天、汽车和船舶等高端制造领域先后利用产品全生命周期管理（PLM）的先进理念，实现了全产业链的数据连通。但是，医疗建筑建造的管理模式、组织架构和软件系统中存在大量的数据孤岛，项目建造尚未完全实现关联设计，建筑产品设计与工艺设计大都处于分离状态，数值仿真、数字制造较弱甚至缺失，项目缺少高维度管理能力，BIM 技术与项目管理存在"两张皮"的等现象，急需对医疗建筑物联网平台及理论进行创新。

2. 医疗建筑的工业化和智能化建造是当前重要的国家战略

作为装配式建筑的新风向，模块化建筑在资源能源节约、施工污染减量、生产效率提升、安全水平提高和新产业新动能培育等方面表现出了巨大的前景，但仍存在智能制造水平低等前沿科学及工程技术问题。面向我国大规模城镇化进程中医疗建筑工业化和智能化建造的重大需求，以《关于大力发展装配式建筑的指导意见（国办发〔2016〕71 号）》和《中国共产党第二十次全国代表大会上的报告》等为指导，打造医疗建筑产业平台，突破模块化建筑智能建造过程中出现的安全、质量和效率等方面的关键技术瓶颈，构建高质量创新驱动型医疗建筑产业已成为重要的国家战略。

3. 医疗建筑的防震减灾是生命线工程性能提升的重大课题

我国大中型城市处于高烈度地震区的比例高达 31%，2016 年我国正式开始执行的《第五代地震动参数区划图》将传统的三基准调整为四基准，2021 年国务院公布的《建设工程抗震管理条例》（国务院令第 744 号）强调要保证发生本区域设防地震时医疗建筑能够满足正常使用要求。然而历次震害调查表明，作为重要的生命线工程，医疗建筑内的人员、设备及装饰装修等往往容易出现严重问题，不利于保障灾后应急指挥和救助。建立医疗建筑性能化减隔震设计方法是摆在广大工程技术人员面前的重大课题。

二、详细科学技术内容

1. 模块化医疗建筑全产业链一体化设计理论与方法

1）EPC 模式下模块化医疗建筑一体化设计理论与平台

针对模块化医疗建筑"多专业、大系统、高品质"建造面临的信息孤岛难题，以基于"物联网＋BIM"技术的数字化和智能化升级为动力，搭建了 EPC 模式下全产业链协同的模块化医疗建筑技术平台，建立了 5 化一体的模块化医疗建筑设计技术体系（图 1），创建了由三级模块（基本模块、功能模块、组合模块）与四级部品部件建造医疗建筑体系的标准模块库，提出了全专业一体的模块医疗建筑平疫快速转换设计方法（图 2），解决了模块化医疗建筑全流程多专业协同设计、全过程信息化个性化集成管理及应急医疗建筑模块快速回收利用等产业技术难题，为资源能源节约和"碳达峰碳中和"提供了有力的支持。

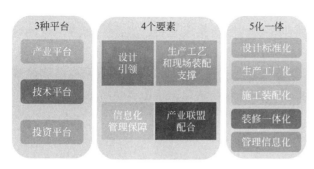

图 1　医疗建筑全产业链一体化模式

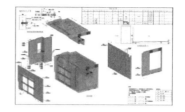

图 2　平疫快速转换全专业一体的模块化设计

2）高气密性模块化医疗建筑新技术

针对应急及防疫医疗建筑的"高质量、高效率、高性能"建造需求，研发了模块化气膜结构采样亭、隔离病房、检测试验室等模块化医疗建筑体系，开发了气膜结构的数字化喷涂技术、正负压转换技术（图3）、模膜组合（图4）、可移动技术和舱压控制系统，提出了模块化医疗建筑智能化数字管理技术措施，创建了气膜结构与永久性医疗建筑的布局技术及连接节点平疫结合设计方法（图5），提升了应急及防疫医疗建筑建造质量与效率，解决了模块化医疗建筑的高气密性、高效保温、防火安全等设计难题，为模块化医疗建筑的平疫功能快速转换奠定了基础。

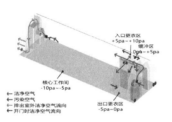

图 3　正负压转换技术

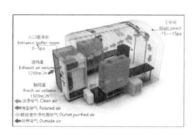

图 4　模膜组合技术

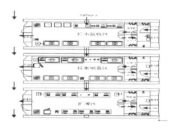

图 5　布局技术

3）高装配率模块化医疗建筑新技术

针对复杂医疗建筑模块化设计面临的"真三维、多层次、轻量化"难题，创造了医护一体新型轻质钢木结构医疗建筑模块（图6），研制了板、梁、柱等"4＋X"混凝土叠合部品部件，开发了少支撑、免支模混凝土医疗建筑模块及其体系（图7），研发了医疗建筑空间模块的分拆技术，创立了模块组合、装配式钢木结构＋预制部品部件混合和空间模块化设计技术（图8），实现了模块化医疗建筑预制构件标准化率达93.9%，将工厂化高集成模块单元单位建筑面积平均总重量控制在500kg以内（含装饰装修及医疗设备在内），解决了医疗建筑整体造型的复杂性与局部构件的轻型化、标准化的矛盾。

图 6　轻质钢木结构医疗建筑

图 7　混凝土医疗建筑模块

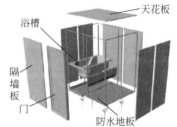

图 8　空间模块化设计

2. 模块化医疗建筑精细化制造与施工技术

1）模块化医疗建筑产品的数字化制造技术

模块化医疗建筑产品的"高精度、无缺陷"工厂化制造是现场精细化施工的关键。为此，建立了模块化医疗建筑全产业链智能建造技术体系（图9），提出了全产业链多参数融合智能决策算法，研发了基于BIM的建造管理系统及多层次人、机、物融合规划的制造集成平台，确保了一体化设计与数字化加工数据的无缝对接，解决了多工厂计划排程、生产最优均衡配置及全面应用机器人制造的问题；创新了医疗建筑模块部品部件及构件的拆分制造及工厂组装方法（图10），研发了轻质钢木结构建筑模块折叠技术（图11），满足了工厂标准化流水线生产要求，实现了模块化医疗建筑的高精高速加工。

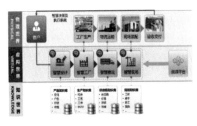

图9　全产业链智能建造技术

图10　模块拆分、组装技术

图11　模块折叠技术

2）模块化医疗建筑的高精度机械化施工技术

针对多高层模块化医疗建筑施工过程"多自由度、超高精度"控制难题，提出了高气密性及装配率模块化医疗建筑安装工艺，建立了基于BIM＋安装模拟、倾斜摄影及3D扫描的工业上楼技术体系、数字化吊装系统及智慧工地系统（图12、图13），构建了新型模块化医疗建筑装配施工方法、工艺和验收技术，创立了医疗建筑功能性集成模块安装施工技术（图14），降低了建造安全隐患与建造成本，提高了建造效率，消除了运营阶段医患交叉感染的隐患。

图12　工业上楼技术

图13　智慧工地系统

图14　功能性集成模块安装

3）模块化医疗建筑远程智慧管控技术

针对模块化医疗建筑全链条人、机、环、物、料"智能化、精细化"控制难题，开发了基于功能性指标反演分析的模块化医疗建筑远程无线监测AI技术（图15），提出了医疗建筑平疫结合监测预警指标和监测系统安装方法，开发了模块化医疗建筑智慧管控四屏合一系统（图16），建立了模块化医疗建筑智能舱压控制技术（图17），实现了模块化医疗建筑施工物联提升建造工艺水平与贯通全链条质量控制水准，为智能运营管控提供了条件。

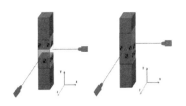

图15　远程无线监测AI技术

图16　四屏合一系统

图17　智能舱压控制

3. 模块化医疗建筑减隔震控制理论与技术

1）模块化医疗建筑性能化减隔震设计理论与方法

针对基本烈度不确定性带来的突发强地震作用下建筑"高延性、多性能"设计难题，提出了"小震不坏、中震不坏、大震可修、巨震不倒"模块化医疗建筑四基准两阶段抗震设计方法，建立了基于中震承载力与性能的减隔震一体化直接设计方法，提高了模块化医疗建筑的结构、装饰装修、人员及医疗设施设备的安全性，为建造地震中不倒的医疗建筑提供了理论方案。

2）模块化医疗建筑减隔震新体系

针对医疗建筑抗震性能提升存在的"自恢复、高效率"等难题，研发了装配式金属消能减震复合墙板、扭转钢管阻尼器（图18）、双弯曲板阻尼器等减隔震新装置，提出了模块化框架减震结构体系（图19），揭示了强震作用下模块化医疗建筑结构新体系的灾变机理（图20），发展了基于复振型分解反应谱法的减隔震设计理论和方法，实现地震动响应降低30%～60%。

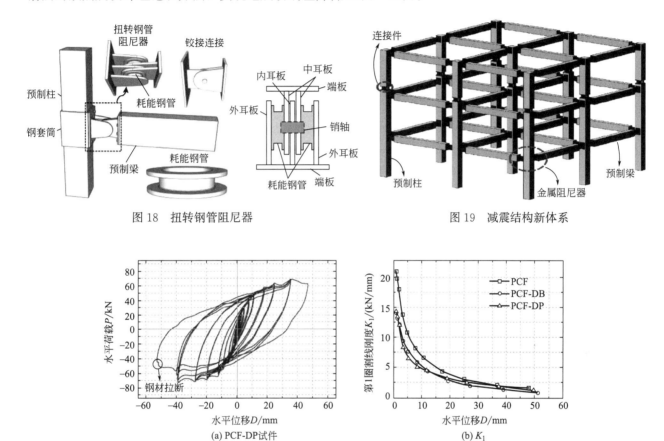

图18 扭转钢管阻尼器　　　　　　　　　　图19 减震结构新体系

(a) PCF-DP试件　　　　　　　　　(b) K_1

图20 减隔震体系强震灾变机理

3）模块化医疗建筑减隔震建模分析和优化设计技术

针对模块化医疗建筑减隔震设计面临的"等同化、同质性"等难题，构建了以关键域为基本结构的模块化医疗建筑减隔震设计模型（图21），建立了模块化减隔震结构体系建模分析技术，研究了不同结构方案的塑性铰分布（图22），揭示了模块化医疗建筑减隔震响应演变规律（图23），创新了减隔震优化设计技术，为提升巨震下医疗建筑生命线工程的抗震性能提供了解决方案。

图21 基于关键域的减隔震设计模型

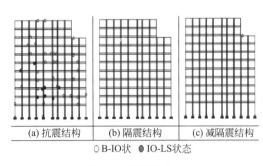

(a) 抗震结构   (b) 隔震结构   (c) 减隔震结构

○ B-IO状 ● IO-LS状态

图 22 塑性铰分布

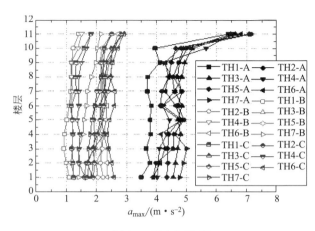

图 23 最大加速度

三、发现、发明及创新点

创新点一：模块化医疗建筑全产业链一体化设计理论与方法

搭建了 EPC 模式下一体化设计理论框架与平台，突破了设计的专业界限，解决了全产业链设计的难题，建立了模块化医疗建筑的结构新体系，创新了设计、制造与建造融合的新技术理论，为工程设计技术的发展提供了保障。

创新点二：模块化医疗建筑精细化制造与施工技术

建立了模块化医疗建筑智能建造体系，研发了数字化制造平台与装备，创建了施工远程管理系统，解决了模块化医疗建筑的智能化制造、全生命周期可视化动态监测等难题，全面提升了医疗建筑"中国智造"水平。

创新点三：模块化医疗建筑减隔震控制理论与技术

提出了建筑"四水准、两阶段"的隔减震设计方法及性能化抗震设计理论，研发了新型减隔震装置和减隔震结构体系，解决了模块化医疗建筑抗震性能化设计的难题，大幅提升了医疗建筑、建筑内医疗设备及装饰装修的抗震性能。

四、与当前国内外同类研究、同类技术的综合比较

本项目成果的技术参数指标均达到或优于国内外同类技术（表 1）。

本项目技术与当前国内外同类技术主要参数对比表 表 1

同类或相关医疗建筑技术	装配式混凝土结构	装配式钢结构	装配式木结构	本项目模块化医疗结构
全寿命一体化设计	无	无	无	全专业全寿命周期一体化
建筑智能建造	少	基本实现	少	完全无缝对接
预制比	25%	70%	80%	60%～95%
制作误差	2～20mm	3～5mm	2～6mm	1～5mm
百米高空安装误差	3～10mm	1～5mm	4～6mm	0.3mm
节能降耗	35%	60%	65%	60%～70%
减隔震效果	国外较少考虑	国外较少考虑	国外较少考虑	性能化设计，降低响应30%～60%

五、第三方评价、应用推广情况

1. 第三方评价

2023 年 5 月，对"模块化医疗建筑关键技术创新与实践"项目进行了科技成果评价，以院士为组

长的专家组认为：该成果达到国际先进水平。

主流媒体评价：高气密性模块化气膜结构多次获得中央电视台、人民日报报道。

地方政府和北京冬奥会评价：高气密性模块化气膜结构获张家口市冬奥会城市运行和环境建设指挥部、国家体育总局、香港等 30 余个地方政府赞誉；高装配率模块化医疗建筑技术经 30 家单位应用，获得了一致好评。

国外政要评价：高气密性模块化气膜结构医疗建筑获塞尔维亚总统、哈萨克斯坦卫生部长、沙特麦地那省长好评。

2. 推广应用

成果应用于长沙市方舱医院、深圳市龙华区中医院等项目，被推广应用到 11 个发达国家和地区近百项工程，完成建筑面积 3542 万 m^2，实现了模块化医疗建筑设计制造一体化、减少人工、缩短工期、提升抗震性能的目标，近三年产值 107.324 亿元、利润 26.909 亿元，社会效益和经济效益显著。

六、社会效益

项目成果确保了全球疫情关键时期长沙市方舱医院、深圳市龙华区中医院以及全球 46 座模块化气膜结构医疗建筑的快速建造，实现了检测通量超 100 万单管/d，为医务人员筑起了一道道保护屏障，给更多的病患带来了生的希望，推动了传统建筑生产方式进行重大变革，对双碳目标和人本理念的实现发挥了积极作用。

项目实现了智能建造技术在工程建设全链条的应用，打破了建筑业千百年传统，在 11 个国家进行了原创性的技术主张和知识变革，提升了中国建筑企业"走出去"的国际竞争力和影响力，为建筑科学教育、科技普及和学术交流发挥了重要作用。

项目提出的性能化设计理念和研发的减隔震装置及体系大幅度提升了作为生命线工程的医疗建筑的抗震安全水准，为国际建筑防震减灾事业的发展树立了标杆。相关成果写入规范及专著，为建筑工程防震减灾技术的创新发展、完善和人才培养提供了技术及智力支持。

聚变设施厂房性能提升关键技术

完成单位：中国建筑第五工程局有限公司、中建五局第二建设有限公司、中建五局华东建设有限公司

完 成 人：邓红亮、郑志涛、施旭光、李 昕、谢福美、章 程、张跟柱

一、立项背景

聚变堆主机关键系统综合研究设施（CRAFT）是《国家重大科技基础设施建设"十三五"规划》中优先部署的大科学装置，目标是建成国际核聚变领域参数最高、功能最完备的综合性研究及测试平台。该项目包括 CFETR 磁体性能研究平台、低温系统、导体性能研究平台、偏滤器研制系统等重要设施设备，对厂房结构与环境微振动、地坪平整度、厂房及设施设备综合接地性能等指标均有极高要求，目前国内外已有的相关研究已不能完全满足工程需求，主要体现的一下几个方面：

（1）聚变设施厂房结构微振控制。厂房设置有 CFETR 磁体平台、导体性能研究平台、偏滤器研制系统等科研设备及 200～450t 行车，各类微振动将对设备产生严重影响。需保证在运行期间聚变设施厂房振动需要满足三向峰值速度皆小于 VC-B 限值，Z 向上所有节点的峰值速度皆小于 VC-C 限值，厂房屋面达到零渗漏。该方面也是厂房结构设计中首要解决的技术难题。

（2）大面积超平地坪施工。本项目试验厂房总面积约 67000m²，部分设备重量较大单位面积压力可达 40t/m²，且设备运行过程中会产生微振动，要求地坪无开裂，承载力要求不小于 40t/m²，3m 靠尺落差≤1.6mm，平整度≥100，水平度≥60。故需要对地坪施工各个环节进行严格把控，确保满足超平地坪相关指标要求。

（3）聚变设施及厂房综合接地。试验厂房内部分精密设备对雷击、漏电、短路较为敏感，如负离子源中性束系统需保证主接地电阻小于 4Ω，电源系统安全接地电阻小于 4Ω，控制与诊断系统接地电阻小于 1Ω，故厂房综合接地系统需同时满足保护性接地和功能性接地的需求。

本项目结合各试验厂房构造特点和工程需求，对厂房围护结构进行减振优化，研发厂房既有结构自动减震关键节点加固方法，同时解决结构优化后带来的风揭和渗漏水技术难；建立大面积厂房地坪裂缝与平整度控制关键技术体系；创建聚变设施雷电防护需求的接地网多维度评价与综合接地技术体系。助力聚变设施厂房性能提升，为我国大科学装置技术研究提供宝贵经验。

二、详细科学技术内容

1. 聚变设施厂房结构减振控制技术

创新成果一：聚变设施厂房围护结构减振控制技术

1）大跨度钢结构厂房围护结构减振优化方法

聚变设施厂房跨度大，内部贵重精密试验设备种类繁多，为削弱厂房外部环境、内部重型起重机运行及结构自振等振动对各类设备精度和性能影响，全面揭示厂房围护结构微振效应下动态响应规律，创新提出了屋盖结构连续波形减振和不锈钢幕墙结构减振优化设计方法。

根据厂房结构特点，基于有限元软件建立空间厂房微振动响应模型（图 1），模拟节点数 575 个（图 2），通过特征值 Lanczos 分析识别系统的模态参数，探明不同屋盖结构在微振动响应规律，对比敏感设备通用振动准则可知，波形屋面受微振作用影响更小，为聚变堆关键系统厂房最优结构（图 3）。

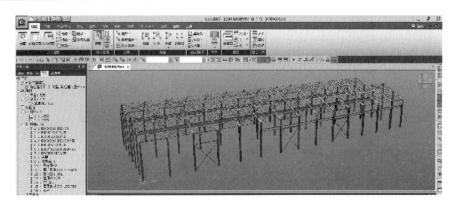

图 1　厂房结构仿真图

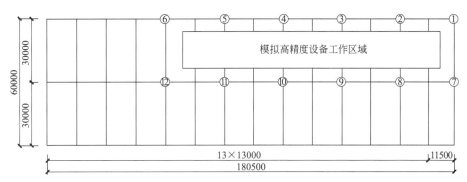

图 2　模拟节点布置图

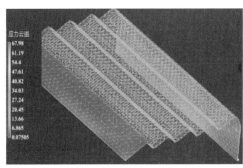

(a) 波形屋面

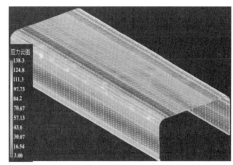

(b) 平屋面

图 3　不同屋面风荷载分布云图

结合幕墙结构特点，建立了镜面不锈钢幕墙和玻璃幕墙在风振作用下动态模型（图 4），结果表明在风振作用下，采用玻璃幕墙时的位移变化幅度小于镜面不锈钢幕墙时的变形，最大位移约为镜面不锈钢幕墙最大位移的 2/3，采用镜面不锈钢幕墙可相对有效减小风振效应影响。

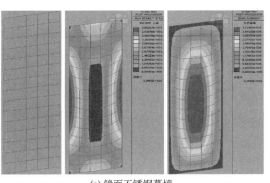

(a) 镜面不锈钢幕墙

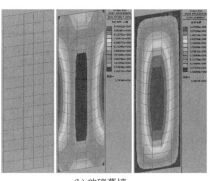

(b) 玻璃幕墙

图 4　风振作用下的幕墙位移云图

厂房内各测点微振动峰值图见图5。厂房盖结构连续波形减振和不锈钢幕墙结构减振优化后，对比VC准则参考表可知，厂房内各测点三向峰值速度皆小于VC-B限值（图6），满足聚变堆关键系统厂房在微振环境激励下防微振水平限值，防微振效果较好。

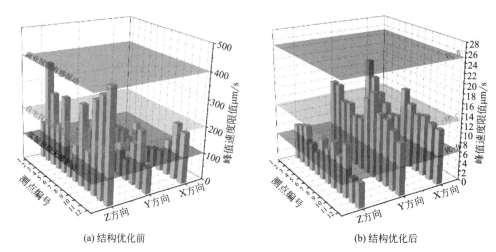

(a) 结构优化前　　　　　　　　　　　(b) 结构优化后

图5　厂房内各测点微振动峰值图

标准	峰值	环境描述
一般工业区级	800	明显振动
商业区级	400	有感振动
住宅区级	200	微感振动
实验室级	100	无感振动
VC-A	50	400倍光学显微镜环境水平
VC-B	25	1000倍光学显微镜环境水平
VC-C	12.5	1μm线宽平板印刷机和大部分光电精密设备环境水平
VC-D	6	高要求电子显微镜环境水平

图6　VC玻璃幕墙准则参数表

2）跨度连续波形复杂金属屋面抗风防渗技术

优化后的连续波形屋面、屋脊处均为复杂异形曲面构造，屋面坡度为20°～65°不等，较线性平屋面更易产生风揭破坏或渗漏水问题，一旦发生将对各类聚变设施产生严重影响，造成重大经济损失。

研究团队采用抗风揭/风压试验对金属屋面板的抗风揭、风压性能进行分析，深入探析了铝镁锰板金属屋面体系在风荷载作用下应力分布规律和破坏模式（图7），得到屋面系统疲劳寿命评估方法，研发了直立锁边屋面抗风夹具装置（图8），形成了金属屋面风效应控制技术体系。

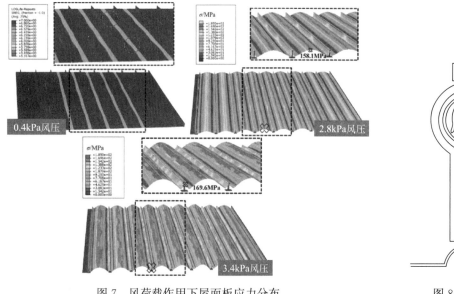

图7　风荷载作用下屋面板应力分布 　　　　　　图8　抗风夹具

创新应用 BIM＋FUZOR 软件模拟找出暴风、暴雨和暴雪天气下屋面渗水易发部位，研发了曲线形直立锁边屋面卷材防水压槽密封装置、装配式钢结构屋面系统的天沟结构、天窗收边结构等（图9），对屋面排水及关键节点施工方案进行优化，解决了屋面固定座施工破坏防水卷材完整性问题，确保了防水卷材的有效性，实现屋面零渗漏。

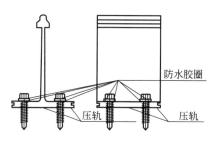

图9 压槽密封装置

3）大面积镜面不锈钢幕墙结构吊装技术

针对 3mm 厚的镜面不锈钢幕墙板在运输、存放和吊装过程中易出现变形扭曲问题，研发了镜面不锈钢瓦楞支撑装置（图10）、一种镜面不锈钢附着提升装置（图11）和一种用于镜面不锈钢成品保护装置（图12）；针对幕墙龙骨安装精准定位和镜面不锈钢板不共面问题，创新应用了测量机器人（图13）垂直定位技术，保证了幕墙施工质量和整体观感。

图10 镜面不锈钢瓦楞支撑装置

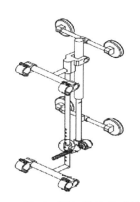

图11 镜面不锈钢附着提升装置

图12 成品保护装置

图13 测量机器人

创新成果二：聚变设厂房既有结构微振控制技术

针对聚变设施厂房运行期间微振控制问题，首创了大跨度科研厂房结构关键部位的防微振的方法，研制了关键节点的自动减震加固装置和既有结构自动减震关键节点加固方法（图14），实现了聚变堆厂房结构防微振控制。不同结构的易损性曲线见图15。

2. 大面积地坪平整度及裂缝质量控制技术

创新成果一：大面积厂房地坪开裂控制技术

研制了一种地坪分隔缝固定支座装置和自由伸缩成品变形缝装置（图16），实现了混凝土地坪在纵向和横向四个方向上的凝固收缩以及在长期使用中温度变化导致的自由伸缩，解决了传统传力杆连接体系下真缝部位易开裂的问题。

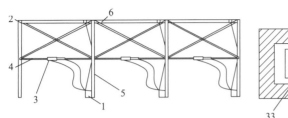
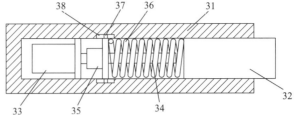

图 14 关键节点的自动减震加固装置

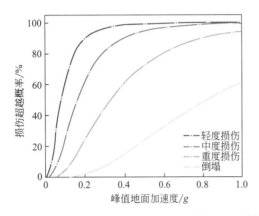
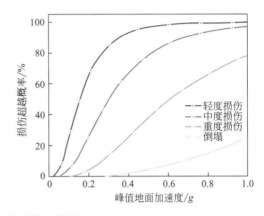

图 15 不同结构的易损性曲线

图 16 重载地坪自由伸缩变形缝装置

创新成果二：大面积地坪平整度精确控制技术

研发了一种基于钢锚栓及冷拉扁钢为主的大面积地坪真缝部位棱角保护系统（图 17），有效解决了大面积地坪真缝部位在行车荷载作用下易缺棱掉角问题。改进了一种智能找平施工机器人（图 18），有效控制浇筑过程中地坪平整度，满足超平地坪相关要求（3m 靠尺落差≤1.6mm，平整度≥100，水平度≥60），一次验收合格率提升了 35%，厂房重载地坪开裂现象减少 30%。

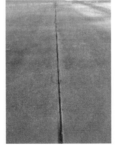

图 17 真缝部位棱角保护系统　　　　图 18 改进智能找平施工机器人

3. 聚变设施厂房运行期间防雷技术

创新成果一：重点区域接地网多维度评价方法

深入分析影响聚变堆园区重点区域安全性各个要素的评价依据与安全限制取值原则，提出涵盖接地网电位时空分布特性、散流特性和均压特性的多个要素的大型接地网多维评价方法，对科研厂房重点区域的接地性能进行了综合评估分析并给出优化建议。

创新成果二：重点区域综合接地技术

建立园区内部分重点区域三维电磁瞬态计算模型（图19），深入分析厂房接地网自身参数、雷电流参数与电缆参数等对模型过电压特性的影响规律，发明了工频接地、跨接网接地方法和钢铜组合接地体防双金属腐蚀装置（图20），保证工艺接地系统性能优良，解决雷击及过电压状态下聚变设施接地难题。

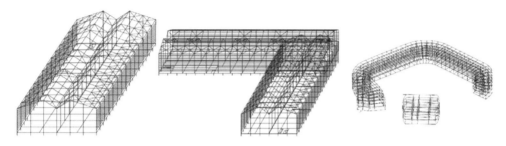

图19　园区内部分重点区域三维电磁瞬态计算模型示意图

图20　聚变设施厂房防雷处理

三、发现、发明及创新点

1）创新了聚变设施厂房围护结构微振动控制技术，研发了大跨度钢结构厂房既有结构新型减振装置和方法，研究解决了因结构优化带来的系列难题，形成了聚变设施类厂房结构减振与性能提升关键技术体系。确保厂房微振动满足 VC-B 要求，精密设备分布区域满足 VC-C 要求。

2）研制了超大面积重载地坪自由伸缩变形缝和棱角保护装置，开发了大面积地坪平整度精确控制施工方法，建立了大面积厂房地坪裂缝与平整度控制关键技术体系，确保地坪平整度和水平度满足超平地坪相关指标要求。

3）创建了一套适应聚变设施雷电防护需求的接地网多维度评价与工程设计方法，发明了工频接地、跨接网接地方法和防腐蚀装置，使接地系统降阻效率可达 41％以上，有效保证了雷击及过电压状态下的聚变设施安全性。

4）项目研究过程中形成国家专利44项（授权29项，其中发明专利2项，1项为国际专利），行业核心论文11篇，软件著作10项，省部级工法3项，局级工法2项；QC成果7项，国家级BIM奖项5项，合肥市优质结构工程奖2项，中国钢结构金奖1项，中国质量协会质量技术二等奖1项，中建集团科技进步三等奖1项，安徽省建筑节能与科技协会科技进步二等奖1项，中建五局科技进步二等奖1项。研究成果经以院士为首的专家组鉴定认为项目总体关键技术达到国际先进水平，其中既有结构新型减振技术达到国际领先水平。相关成果已在"聚变堆主机关键系统综合研究设施园区一期、二期""安庆经开区智慧制造产业园"等工程中成功应用，并被中央电视台大型纪录片《大国建造》、中央电视台新闻频道等多家国内外权威媒体报道，经济效益和社会效益显著。

四、与当前国内外同类研究、同类技术的综合比较

较国内外同类研究、技术的先进性在于以下三点：

1）对厂房围护结构进行减振优化，研发厂房既有结构自动减震关键节点加固方法，确保厂房微振动满足 VC-B 要求，精密设备分布区域满足 VC-C 要求，同时基于 BIM＋Fuzor 软件优化排水及节点做法，解决了结构优化后带来的风揭和渗漏水技术难题，避免了各类自然灾害破坏屋面后对聚变设施产生的严重影响。

2）研发地坪分格缝装置、新型超平地坪自由伸缩成品变形缝装置、真缝部位棱角保护系统及相关施工方法，使大面积地坪满足超平地坪要求（3m 靠尺落差≥100，平整度≥60，水平度≤1.6mm），一次验收合格率提升了 35％，厂房重载地坪开裂现象减少 30％，提高了大面积地坪抵抗变形能力，有效地保证了地坪的平整度。

3）发明钢铜组合接地体防双金属腐蚀装置和工频接地与跨接接地网接地方法，提高了接地体防腐蚀性能的同时，使接地系统降阻效率可达 41％以上，聚变设施防雷接地电阻小于 4Ω，厂房结构接地电阻小于 1Ω，有效保证了雷击及过电压状态下的聚变设施安全性。

本技术通过国内外查新，查新结果为：在所检国内外文献范围内，未见有相同报道。

五、第三方评价、应用推广情况

1. 第三方评价

2023 年 5 月，在中建集团组织的成果评价会上，以院士为组长的专家组给予高度评价，评价委员一致认为，该成果总体达到"国际先进"水平，其中既有结构新型减振技术达到"国际领先"水平。

2. 推广应用

研究成果推广应用于公司承建的聚变主机关键系统综合研究设施园区一期、二期试验厂房项目、安庆智慧制造产业园项目厂房、新能源汽车零部件战略新基地（一期）、千岛湖银泰城（广场店）工程、千岛湖银泰城（新城店）（B 区块）工程项目中，取得了良好的社会经济效益。

六、社会效益

本项目从聚变堆科研厂房结构出发，有效解决了当代大型科研设施复杂设计所带来的一系列施工难题，方便了工程建造，提高了重要科研设施全寿命运行过程中的安全性与可靠性，并且培养了一批针对科学装置厂房项目安全快速建造的技术人员。对提升聚变设施科研厂房在施工和运行期间大事故防控能力，有着重要的理论价值和工程实践意义，也成为公司争取客户认同的重要手段，产生良好的社会效益。

异形柱-双钢板组合剪力墙建筑体系研究与应用

完成单位：中建科工集团有限公司、天津大学、中建钢构天津有限公司、天津大学建筑设计规划研究总院有限公司

完 成 人：陈华周、陈志华、张相勇、周　婷、王红军、钱　焕、贾　莉

一、立项背景

自 2015 年国家开始推广建筑工业化以来，从政府主导的调研、试点到论证、推广，钢结构装配式建筑已成为重要的发展方向。近年来钢结构装配式建筑政策力度持续加大，2020 年 8 月住建部发布《关于加快新型建筑工业化发展的若干意见》中指出大力发展钢结构建筑：鼓励医院、学校等公共建筑优先采用钢结构，积极推进钢结构住宅和农房建设。2022 年 1 月住建部印发的《"十四五"建筑业发展规划》中指出：到 2025 年装配式建筑占新建建筑的比例达 30% 以上，培育一批装配式建筑生产基地。2021 年，全国新开工装配式建筑面积达 7.4 亿 m^2，占新建建筑面积的 24.5%，增长迅速；其中新开工钢结构建筑 2.1 亿 m^2，占新开工装配式建筑 28.8%，增长 10.5%，钢结构建筑有较大的发展空间。

现阶段钢结构装配式住宅成套技术体系还不够完善，钢结构与外围护系统的结合还存在一些痛点，制约钢结构住宅建筑的发展。主要体现在以下方面：

1）结构体系不完善。现有钢结构体系与建筑平面及户型匹配度不高，结构（尤其斜撑等构件）不易布置；钢构件尺寸大影响室内效果（如露梁露柱等问题）；钢柱外凸又影响建筑外立面及做法。高层钢结构住宅常采用钢框架-支撑体系等结构体系，计算指标难以满足规范要求。

2）钢结构装配式住宅技术标准及设计工具还不完善。目前市面上有多种钢结构体系形式，但是国家现有技术标准难以满足各类结构体系的设计需求，新型钢结构装配式体系缺乏设计依据。同时目前的结构设计软件与新型结构体系匹配度不够，给一线设计人员带来难题，影响了结构分析及绘制施工图效率，进而阻碍了钢结构装配式行业的发展。

3）构件标准化程度不足。住宅建筑柱距小、柱网不规则，目前尚未采用标准化设计，构件截面种类多、数量多，也没有充分考虑与外围护结构、门、窗及施工的结合，影响了施工效率，违背装配式建筑发展理念。

4）钢结构装配式建筑围护系统不成熟。钢结构与围护系统的连接技术尚存在许多问题，外墙保温、墙板开裂、防火处理等问题仍是制约钢结构装配式住宅发展的重要因素。

二、详细科学技术内容

1. 提出了异形柱-双钢板组合剪力墙建筑体系

创新成果一：研发了异形柱-双钢板组合剪力墙新型结构体系

基于异形柱及双钢板组合剪力墙结构受力特点，通过鱼尾板连接组成墙肢共同受力，提出了一种适用于高层住宅建筑的新型抗侧力结构体系，通过结构体系比算分析、试验研究及有限元分析，证明该结构体系抗侧刚度大、用钢量省、布置灵活，解决了高层钢结构住宅室内露梁、露柱等问题。见图 1、图 2。

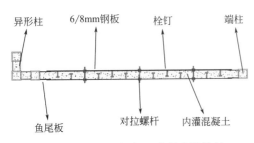

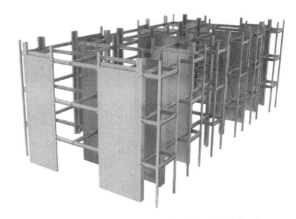

图1 异形柱-双钢板组合剪力墙构件

图2 异形柱-双钢板组合剪力墙结构体系

创新成果二：研发了扁钢管混凝土柱梁连接π形件节点

基于扁钢管混凝土柱的截面特性及现有钢管混凝土柱梁节点的基础上，提出了一种适用于扁钢管混凝土柱的新型梁柱连接节点，通过试验研究及有限元分析，证明该节点构造合理、抗震性能优。该节点构造实现了柱内无隔板，解决了小截面矩形钢管灌浆困难等难题。见图3。

图3 梁柱连接π形件节点

创新成果三：研发了钢筋桁架楼承板与双钢板组合剪力墙的连接节点

基于双钢板组合剪力墙及钢筋桁架楼承板的构造特点，结合H型钢及支撑连接角钢，提出了连续式、打断式双钢板组合剪力墙与楼板连接节点，通过试验研究及有限元分析，证明该节点形式承载力大。该节点构造充分考虑了墙体分段，提高了施工效率。见图4、图5。

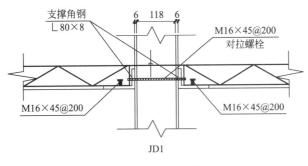

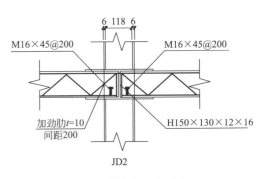

图4 剪力墙连续节点

图5 剪力墙打断节点

创新成果四：研发了双钢板组合剪力墙与外围护墙板的配套连接技术

考虑双钢板组合剪力墙与外围护系统、机电系统的相对关系，利用剪力墙内部的连接螺杆将外围护墙体、内装龙骨进行连接，通过试验研究与有限元分析，以及耐火试验的有效验证，证明该构造形式安全可靠。该构造形式实现了结构系统与外围护系统、内装系统的一体化设计，提高了工业化水平。见图6、图7。

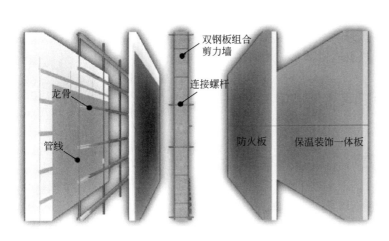

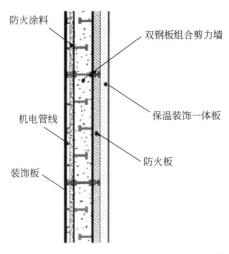

图 6　双钢板组合剪力墙与外围护墙板连接

图 7　双钢板组合剪力墙与外围护墙板连接

2. 提出了异形柱-双钢板组合剪力墙结构体系成套计算方法

创新成果一：首次提出了双钢板组合剪力墙面外承载力计算公式

基于现有组合钢板剪力墙计算方法，通过有限元分析及理论研究，分析得到双钢板组合剪力墙受力机理，首次推导了双钢板组合剪力墙面外承载力计算公式，填补了该项领域的空白。见图8。

$$\frac{N}{\varphi N_0} + \frac{M}{1.4M_u} \leqslant 1$$

$$M_u = \left[0.5A_s \left(t_c - \frac{L}{2} + e \right) + Lb \left(b + \frac{L}{2} - e \right) \right] f$$

图 8　双钢板组合剪力墙面外承载力计算公式

创新成果二：提出了异形柱承载力及长细比计算公式

基于双板连接组合异形柱的受力特点，通过有限元分析及理论研究，推导了异形柱承载力成套计算公式；通过压杆稳定欧拉公式，结合数据回归分析得到异形柱长细比计算公式，实现异形柱整体稳定计算，提高计算效率。见图9、图10。

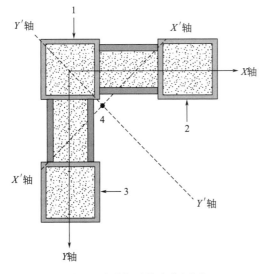

$$\lambda_x = \lambda_y = \frac{KL}{i_x} = \frac{KL}{i_y}$$

$$i_x = \sqrt{\frac{I_{sx} + I_{cx} E_c/E_s}{A_s + A_c f_c/f}}$$

$$i_y = \sqrt{\frac{I_{sy} + I_{cy} E_c/E_s}{A_s + A_c f_c/f}}$$

图 9　异形柱承载力分析图

图 10　异形柱承载力及长细比计算公式

创新成果三：推导了 π 形件节点的承载力计算公式

基于 π 形件节点的屈服机制分析，通过有限元分析及理论研究，推导了 π 形件节点的受弯承载力计算公式，为该新型节点的计算、设计提供了依据。见图 11。

$$\beta_m M_p \leq \frac{1}{\gamma_{RE}} M_{u1}^p$$

$$\beta_m M_j \leq \frac{1}{\gamma_{RE}} M_{u2}^p$$

$$M_p = 1.2 \, C_{pr} R_y f_b \, W_{pb}$$

$$W_{pb} = S_{1n} + S_{2n}$$

图 11 π 形件节点受弯承载力计算公式

3. 开发了异形柱-双钢板组合剪力墙结构体系专用设计软件

基于有限元计算核心系统等进行集成化开发，以理论研究及设计方法为依据，编写了结构体系设计方法软件代码。采用叠加法确定异形柱及双钢板剪力墙的计算刚度，按照"二道防线原则"调整框架部分承担的地震剪力，实现了该体系模型输入、荷载施加、工况分析、效应组合、承载力计算、节点设计、施工图绘制等完整设计流程，同时编制了软件使用手册，提高设计效率，保证设计精度。见图 12、图 13。

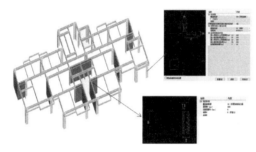

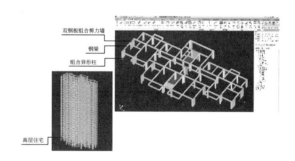

图 12 异形柱-双钢板组合剪力墙参数化建模　　　　图 13 异形柱-双钢板组合剪力墙建模分析

4. 主编了异形柱-双钢板组合剪力墙建筑体系成套技术标准

基于该体系的试验研究、理论分析、设计方法及快速建造技术，联合全产业链单位，结合示范项目应用，总结设计、制造、施工等经验，编制并发布了技术标准《异形柱-双钢板组合剪力墙住宅建筑技术标准》T/CSCS 021—2022、《矩形钢管混凝土组合异形柱结构》T/CECS 825—2021、设计手册及图集。相关成果纳入国家、行业技术标准 7 部，为该体系应用提供了设计依据。

三、发现、发明及创新点

1）提出了异形柱-双钢板组合剪力墙结构体系。基于异形柱及双钢板组合剪力墙结构特点，通过鱼尾板连接组成墙肢共同受力，提出了适用于高层住宅建筑的新型结构体系。研发了扁钢管混凝土柱梁连接 π 形件节点、双钢板组合剪力墙与楼板连接节点、双钢板组合剪力墙与外围护墙板连接等新型节点，完善了成套体系。通过试验研究及有限元分析，验证该结构体系布置灵活、抗侧刚度大、抗震性能优。

2）提出了异形柱-双钢板组合剪力墙结构体系成套设计方法。通过理论分析得到双钢板组合剪力墙受力机理以及梁柱连接 π 形件节点的屈服机制，首次提出了双钢板组合剪力墙面外承载力计算公式，推导了 π 形件节点的受弯承载力计算公式。通过压杆稳定欧拉理论，结合数据回归分析得到异形柱长细比计算公式，实现异形柱整体稳定计算。总结了该结构体系成套设计方法，为该体系结构设计提供依据。

3）开发了异形柱-双钢板组合剪力墙结构体系专用设计软件。基于三维图形建模平台、有限元计算核心系统等进行集成化开发，以异形柱-双钢板组合剪力墙结构体系的理论研究及设计方法为依据，编写了结构体系设计方法软件代码，采用叠加法确定异形柱及双钢板剪力墙的计算刚度，采用考虑扭转耦联的振型分解反应谱法计算地震作用，按照"二道防线原则"调整框架部分承担的地震剪力，实现了该体系模型输入、荷载施加、工况分析、效应组合、承载力计算、节点设计、施工图绘制等完整设计流程，同时编制了软件使用手册，提高设计效率，保证设计精度。

4）编制了异形柱-双钢板组合剪力墙建筑体系成套技术标准。基于该体系的试验研究、理论分析及设计方法，联合全产业链单位，结合示范项目应用，总结设计、制造、施工等经验，编制并发布了技术标准《异形柱-双钢板组合剪力墙住宅建筑技术标准》T/CSCS 021—2022、设计手册及图集，为该体系应用实施提供设计依据。

5）该成套技术应用于廊坊新奥上善颐园、宁波北仑小浃江青墩 9 号地块、宁波鄞州区 JDO1-02-10a 地块、宁波鄞州区 JD08-D1-1 地块、沧州福康家园公租房、湛江东盛路公租房等项目建设中。该技术整体达到国际领先水平，其中《异形柱-双钢板组合剪力墙住宅建筑技术标准》达到国际先进水平。授权发明专利 3 项，实用新型专利 14 项，软件著作权 4 项。发表论文 9 篇，其中 SCI 6 篇。主编并发布行业标准 2 本。

四、与当前国内外同类研究、同类技术的综合比较

1. 国外研究现状

20 世纪 50 年代，压型钢板混凝土组合墙板就在美国开始应用，20 世纪 70 年代，此种结构体系被引入英国并得到了广泛应用。20 世纪 80 年代，日立造船工程公司就提出了钢板内填混凝土组合墙的构想。2002 年，日本的 Emori 提出了内填混凝土箱形钢板组合墙，即墙体两侧钢板之间设置横向和纵向的钢隔板从而形成多个箱形单元，然后填充混凝土形成组合墙体。国外研究相对较早，未见针对高层钢结构装配式住宅的成套技术体系。

2. 国内研究现状

近年来，国内对双钢板组合剪力墙以及钢结构装配式体系研究较多，未见针对异形柱与双钢板组合剪力墙组合构件的研究，且针对钢结构体系开发专门计算软件、编制相关成套技术标准的案例较少。该体系具有抗震性能优、标准化程度高、布置灵活等优势，有专用计算软件和标准作为支撑，有利于推动钢结构装配式建筑应用落地。

五、第三方评价、应用推广情况

1. 第三方评价

2023 年 1 月 5 日，天津技术产权交易有限公司组织对课题成果进行鉴定，专家组认为该项成果整体达到国际领先水平。

2. 推广应用

该成套技术应用于廊坊新奥上善颐园、宁波北仑小浃江青墩 9 号地块、宁波鄞州区 JDO1-02-10a 地块、宁波鄞州区 JD08-D1-1 地块、沧州福康家园公租房、湛江市东盛路南侧钢结构公租房、蔡甸奓山街产城融合示范新区一期、新都区人居香城置业新建人才住房（三期）、杭州三塘安置房等项目建设中。总建筑面积约 36.32 万 m²，产生经济效益约 4290.04 万元。为钢结构装配式建筑发展探索了新道路，具有较高的推广及应用价值。

六、社会效益

本项目通过研究形成的异形柱-双钢板组合剪力墙建筑体系成套技术，适用于高层钢结构装配式住宅建筑。目前已在九个项目中应用，其中廊坊新奥上善颐园为高品质洋房项目，湛江市东盛路南侧钢结构公租房荣获"2020 年度住建部钢结构装配式住宅建设试点项目""广东省建设工程优质结构奖"；蔡甸奓山街产城融合示范新区一期是"住房和城乡建设部绿色技术创新综合示范-装配式建筑科技示范工程""湖北省（2021 年度）装配式建筑示范项目""湖北省建设优质工程（楚天杯）"；新都区人居香城

置业新建人才住房项目（三期）是"四川省2020年度第一批装配式建筑示范项"、全国首个AAA级钢结构装配式住宅群。通过高标准交付获得了政府及业主的一致认可，在业内产生了积极影响。

该结构体系具有布局灵活、抗侧刚度大、抗震性能优、标准化程度高、用钢量省等优点，另外构件截面小，室内不露梁、不露柱，结合与外围护系统的统一，提升了舒适度与住宅品质。

目前针对钢结构体系开发专用计算软件及标准的案例较少，课题组针对该结构体系开发了专用计算软件，编制了成套技术标准，为该体系落地提供了设计依据与计算工具，提高了设计效率。课题组探索了从试验研究、理论研究、软件开发、标准编制、到示范项目应用的完整路径，寻找了一条钢结构装配式建筑发展切实可行的道路，具有良好的社会效益，推动了钢结构装配式建筑行业的工业化、绿色化发展。

非对称双塔超大跨度连体及悬挑复杂钢结构建造关键技术

完成单位：中建科工集团有限公司、西安建筑科技大学、中建丝路建设投资有限公司、中建钢构股份有限公司

完成人：王　博、朱邵辉、廖　彪、李龙飞、汤　伟、陈　萌、令狐延

一、立项背景

随着建造技术的进步与建筑功能、美学的需求不断提高，连体结构作为一种复杂建筑类型，近年来得到较为广泛的应用。复杂连体结构也不断对施工技术提出新挑战。

由于非对称双塔、大跨度悬挑、大跨度连体、超重连桥偏心布置多种不利因素的并存，同时结构施工阶段的"力"与"形"控制对结构建成后受力性能影响较大，结构设计、制造、施工安装难度极大。需要解决的主要建造技术难题如下：

一是施工阶段复杂钢结构仿真分析及施工监测难题，目前国内外施工时变分析多根据施工过程方案进行前置一次分析，保证结构和施工过程的安全性。由于项目施工周期短、结构形式复杂，超大跨度连体和悬挑对主塔受力影响较大，提升和卸载等施工过程混合交叉，传统一次分析已无法解决全过程问题；另一方面应变计无法直接读取安装钢构件内部应力，施工监测如何服务于项目监控为难题。

二是大体量异形连桥动态成型线形与焊接应力控制难题，由于存在较大范围内加腋结构影响，连桥采用多阶段悬停提升工艺，对连桥线形控制提出了新的挑战；连体结构设计状态一次成型，两端刚结，施工阶段分阶段安装成型，两端铰接，存在多阶段应力不断重分布，如何保证施工到设计的体系顺利转换为难题；全钢大跨结构存在超厚板复杂节点、全钢大跨桁架等特点，如何做好整体焊接应力控制为难题。

三是大悬挑结构基于力形及位形控制下的卸载难题，常规悬挑结构多采用支架法，由端部向根部卸载，其本质上是"悬挑长度不断增大，最终达到设计悬挑长度"的思路，卸载过程中多次发生弯矩突变，尤其以受力最大最为关键的根部最为明显，同时支撑胎架及其底部楼板，在卸载过程中荷载不断增大，尤其以靠近根部的胎架最为明显，如何实现施工态与完成态结构受力体系的平缓过渡为难题。

团队以项目解决复杂钢结构地标工程技术难题为研发背景，在包括企业、高校的支持下，联合研发，依托重大项目，形成了突破性成果。

二、详细科学技术内容

1. 复杂钢结构时变模型仿真分析及监测数据处理技术

创新成果一：时变模型仿真技术

目前，国内外施工模拟分析多在施工前进行一次性的计算分析，未形成施工过程数据采集与施工模拟的交互迭代机制。对于结构形式复杂的连体钢结构，施工顺序混合交叉，传统的施工计算仿真分析方法无法保证结构施工的安全性；尤其对于具有抢工特点的工程，建造过程的仿真分析计算更为关键。

时变模型仿真技术：将每个阶段施工监测得到的关键内力和变形实时与计算模型进行对比、修正（即根据监测数据修正计算模型，偏于安全地对结构进行仿真跟踪计算；根据计算结果指导应力监测，将监测与计算混合交叉仿真分析），解决了计算结果与实际施工内力的相符性差的问题。见图1～图3。

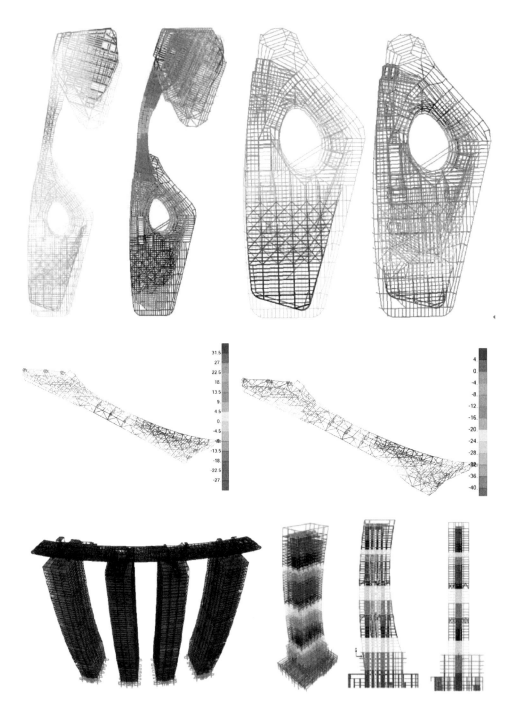

图 1　时变模型仿真分析验算

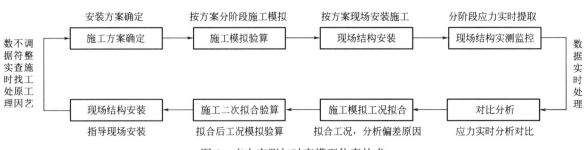

图 2　应力实测与时变模型仿真技术

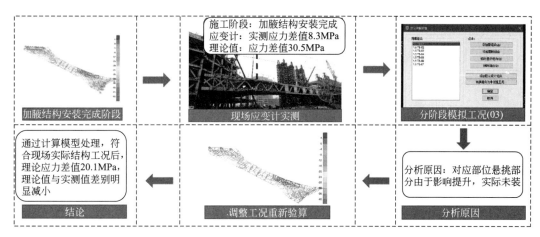

图 3 应力实测与时变模型仿真技术应用示例（长安云项目）

创新成果二：应力监测数据处理技术

施工阶段的应力监测，由于安装应变计时钢构件已经不可避免的经历了钢材由工厂加工成构件、现场由构件拼装成结构的阶段，而行业内目前的监测手段无法准确读出构件内在的实际应力。

针对钢结构健康监测过程中，应变计无法测量钢构件初始应力，且读数受提升、卸载等关键施工行为以外的干扰因素（如焊接变形等）影响较大，结构应力监测判别准则缺失，健康监测难以指导实际施工，提出了"差值法"应力判别标准。

"差值法"应力判别标准：采用振弦式应变计远程控制系统实时捕捉应力数据，将关注点放在关键施工阶段结构应力造成的变化值，以应力增量作为主要控制指标，与计算仿真应力、变形增量对比，确保施工阶段的健康监测真正起到实际效用，在施工监测技术应用领域起到了一定的推进作用。

"差值法"应力判别标准：

1）实测差值提取：应变计于提升前进行数据清零，则各个阶段实时观测值（需转换为应力值）为相对提升前的变化差值。

2）理论差值提取：通过施工模拟验算提取提升前各个监测点的初始应力值，再通过提取各个阶段的应力值与初始值之差（理论应力差值）即为与应变计实际观测值（实际应力差值）同级别的数值。

3）差值比较分析及结论：通过理论差值 2）与实测差值 1）的比较。当理论应力差值包络实际应力差值，则反映出结构施工阶段的应力变化满足施工模拟验算所提取出的变化上限值，结构安全可控；反之，则反应结构可能存在安全问题，须进行详细检查。见图 4～图 6。

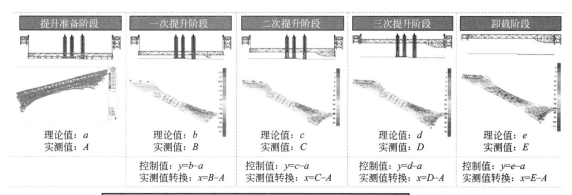

图 4 "差值法"应力判别标准制定说明

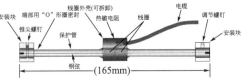

GL无线广域网数据采集系统

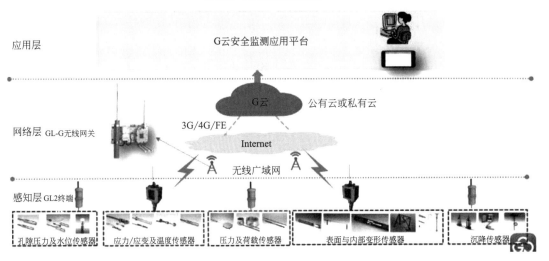

图5 应变计布设实施监测（数据采集系统）

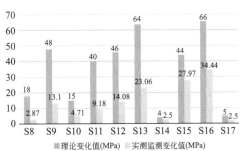

提升3m阶段最大应力差值

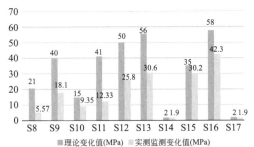

提升8m阶段最大应力差值

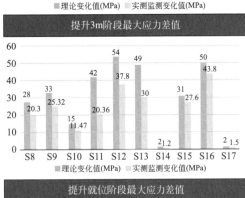

提升就位阶段最大应力差值

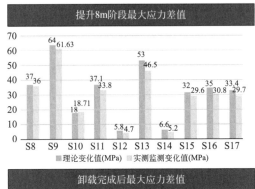

卸载完成后最大应力差值

图6 "差值法"应力判别示例

2. 大体量异形连桥动态成型线形与焊接应力控制技术

创新成果一：大体量异形连桥动态成型线形与应力控制关键技术

针对非对称、大跨度等结构特点，提出了基于累积提升的动态成型安装思路；基于动态成型连体结构，连体线形随重心移动而不断变化的问题，提出了根据成型过程分析确定起拱值的方法。开发了非对称预拱技术，以设计的力形和位形为目标，通过多阶段施工模拟，提取非对称结构对上部结构各对接点的变形影响值，将该数据附加至拼装预拱施工中。随着连桥动态安装成型，非对称预拱结构的变形影响消失，有效提高大跨连桥施工完成态与设计计算状态匹配度，解决了多阶段提升对大跨连桥线形影响控制难的问题。见图7～图10。

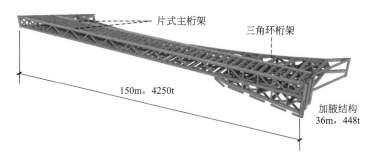

图 7　大跨连桥结构示意图

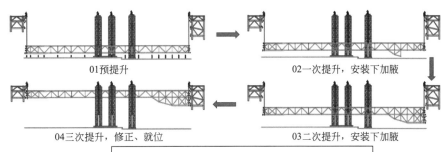

01预提升　　　　　　　　　02一次提升，安装下加腋

04三次提升，修正、就位　　03二次提升，安装下加腋

地面拼装：除加腋结构外连桥主体
一次提升：提升3m悬停静置，倒装法安装加腋第一段
二次提升：提升8m悬停静置，倒装法安装加腋结构第二段
三次提升：最终提升就位

图 8　动态成型安装思路

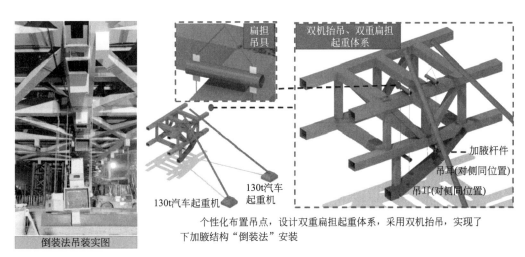

图 9　加腋结构"倒装法"安装示意图

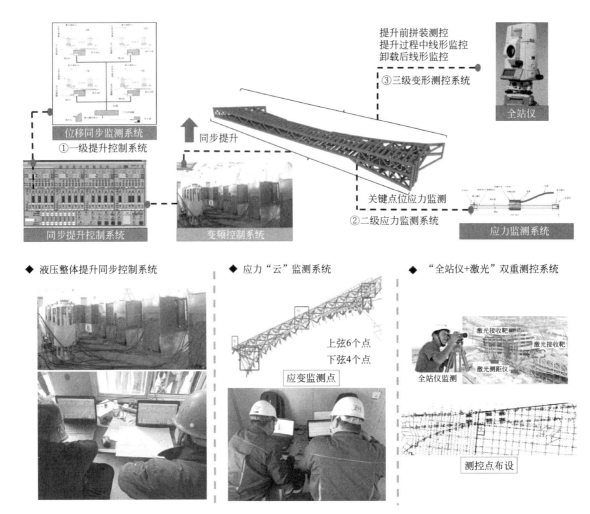

图 10　三级控制设备可视化监控系统

创新成果二：研发了"多吊点分布、主被动力结合"的提升体系

鉴于超长连桥的多阶段提升过程及连体合拢存在内力转换，对提升位置及提升力施加方式进行了优化，研发了"多吊点分布、主被动力结合"的提升体系，解决了提升对终态内力影响较大的难题。见图 11～图 14。

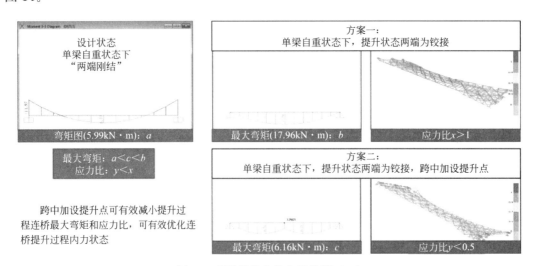

图 11　多种提升点位布设分析（一）

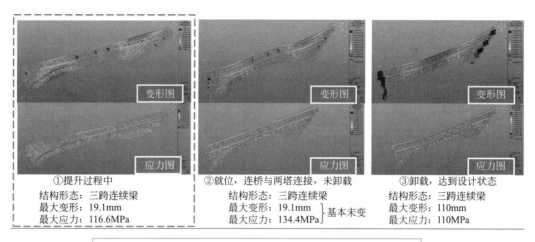

①提升过程中	②就位，连桥与两塔连接，未卸载	③卸载，达到设计状态
结构形态：三跨连续梁	结构形态：三跨连续梁	结构形态：三跨连续梁
最大变形：19.1mm	最大变形：19.1mm	最大变形：110mm
最大应力：116.6MPa	最大应力：134.4MPa	最大应力：110MPa

基本未变

跨中施加主动力，可更好控制提升过程中由于自重下挠产生的内应力

图 11　多种提升点位布设分析（二）

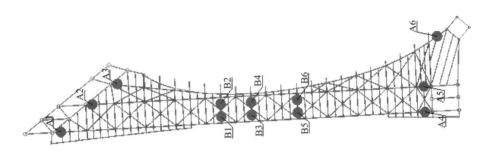

图 12　提升点位置布设图

图 13　多吊点分布、主被动力结合

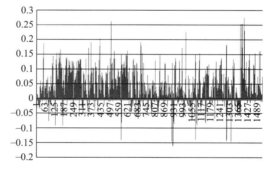

图 14　一次成形与阶段成形杆件应力比差

创新成果三：大跨结构合拢焊接应力释放技术

开发了大跨结构焊接应力释放技术，通过对焊接顺序合理优化，有效控制焊接变形。见图15。

3. 研发了大悬挑结构多点位同步分级逆向卸载技术

创新成果一：超大悬挑结构多点位同步分级逆向卸载施工技术

针对常规卸载方法对结构内力及建造措施的影响问题，开发了超大悬挑结构多点位同步分级逆向卸载施工技术，优化了支撑体系实施方案，有效达成了大悬挑结构力形和位形控制目标。该种卸载方式本质为"由多跨简支-半悬挑半简支-悬挑"过渡。这种卸载方式在每一级卸载完成后，悬挑根部的弯矩值依次变大，避免发生突变。同时，每次卸载完成后结构自身参与受力抵抗变形，胎架顶部的荷载出现的峰值减小，可以有效地降低胎架底部对楼面的荷载。见图16～图18。

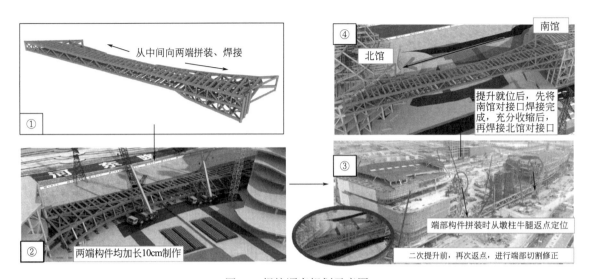

图 15　焊接顺序规划示意图

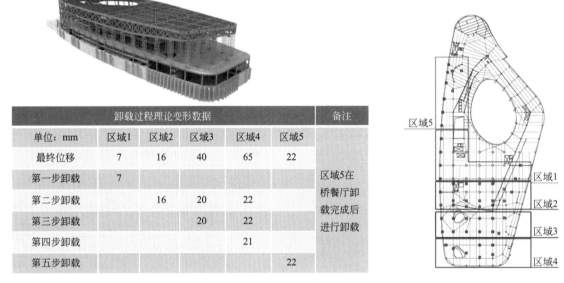

卸载过程理论变形数据						备注
单位：mm	区域1	区域2	区域3	区域4	区域5	
最终位移	7	16	40	65	22	区域5在桥餐厅卸载完成后进行卸载
第一步卸载	7					
第二步卸载		16	20	22		
第三步卸载			20	22		
第四步卸载				21		
第五步卸载					22	

图 16　大悬挑结构多点位同步分级逆向卸载应用示例

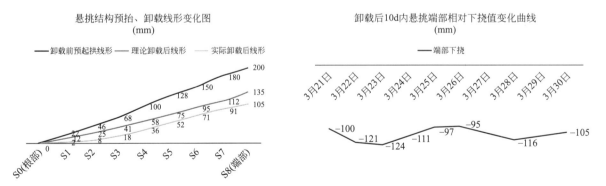

图 17　大悬挑结构变形监测

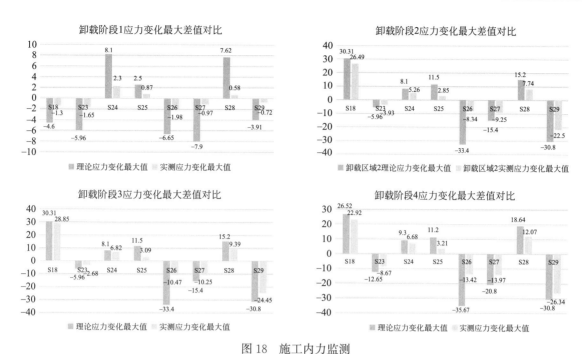

图18　施工内力监测

三、发现、发明及创新点

项目综合考虑工程设计构造、总体安装流程等特点，充分分析连体结构各阶段的施工风险，充分运用规范及有限元软件系统分析各阶段各施工流程的结构变形趋势，研发了"复杂钢结构时变模型仿真分析及监测数据处理技术""大体量异形连桥动态成型线形与焊接应力控制技术""大悬挑结构多点位同步分级逆向卸载技术"，具体如下。

创新点一：研发了复杂钢结构时变模型仿真分析及监测数据处理技术

1）开发了基于监测数据的时变模型仿真分析技术，提高了仿真分析结果的可靠性，保证了施工安全；

2）开发了应力监测数据处理技术，提出了应力监测判定准则，解决了施工过程中结构安全监测的问题。

创新点二：研发了大体量异形连桥动态成型线形与焊接应力控制技术

1）开发了非对称预起拱技术，解决了连桥提升就位状态外形控制难的问题；

2）开发了超长连体结构提升体系，发了"多吊点分布、主被动力结合"提升体系，解决了提升对终态内力影响较大的难题；

3）开发了连体结构动态成型加腋结构安装技术，确保非对称结构在上部结构稳定的情况下快速完成安装；

4）提出了三级控制系统（液压提升设备、同步控制系统、云平台实时应力监测）可视化监控组合监控理论，有效保障了连桥结构在提升体系下的多点位同步提升、应力状态实施反馈。

创新点三：研发了大悬挑结构多点位同步分级逆向卸载技术

开发了超大悬挑结构多点位同步分级逆向卸载施工技术，优化了支撑体系实施方案，有效达成了大悬挑结构力形和位形控制目标。

四、与当前国内外同类研究、同类技术的综合比较

较国内外同类研究、技术的先进性在于以下七点：

1）开发了基于监测数据的时变模型仿真分析技术，提高了仿真分析结果的可靠性，保证了施工

安全。

2）开发了应力监测数据处理技术，提出了应力监测判定准则，解决了施工过程中结构安全监测的问题。

3）开发了非对称预起拱技术，解决了连桥提升就位状态外形控制难的问题。

4）开发了超长连体结构提升体系，发了"多吊点分布、主被动力结合"提升体系，解决了提升对终态内力影响较大的难题。

5）开发了连体结构动态成型加腋结构安装技术，确保非对称结构在上部结构稳定的情况下快速完成安装。

6）提出了三级控制系统（液压提升设备、同步控制系统、云平台实时应力监测）可视化监控组合监控理论，有效保障了连桥结构在提升体系下的多点位同步提升、应力状态实施反馈。

7）开发了超大悬挑结构多点位同步分级逆向卸载施工技术，优化了支撑体系实施方案，有效达成了大悬挑结构力形和位形控制目标。

本技术通过国内外查新，查新结果为：在所检国内外文献范围内，未见有相同报道。

五、第三方评价、应用推广情况

1. 第三方评价

2021年7月8日下午，中国建筑金属结构协会在西安主持召开了由中建钢构工程有限公司、中建科工集团有限公司完成的"非对称双塔超大跨度连体及悬挑复杂钢结构建造关键技术"的科技成果评价会。院士、大师等9名专家担任专家组评委，专家组一致认为该成果总体上达到国际先进水平，其中超大悬挑结构多点位同步分级逆向卸载技术达到国际领先水平。

2019年10月25日，重庆市住房和城乡建设委员会组织专家对《超限群塔高位复杂连体结构建造技术》项目成果进行鉴定，鉴定意见如下：项目结合工程实际，形成超长弧形连廊与群塔整体变形分析和精度控制技术、超高空群塔与弧形连廊高位连接施工技术、超高空连廊液压整体提升施工技术，确保连廊施工安全和整体变形受控，保障了施工精度，减小了连廊安装阶段支座不利转角和弯矩，解决了多塔楼不同步变形对连廊定位带来的影响，解决了超高空整体提升风荷载影响难题以及提升同步性和稳定性难题。经鉴定，专家组一致认为，该技术达到国际领先水平。

2022年12月28日，陕西省土木建筑学会组织召开了"巨型高大复杂钢结构建造关键技术"科学技术成果鉴定会，该技术成功应用在西安丝路国际会议中心项目，专家组一致认为该成果总体达到国际先进水平。

2. 推广应用

本成果中复杂钢结构时变模型仿真分析及监测数据处理技术、大体量异形连桥动态成型线形与焊接应力控制技术、大悬挑结构多点位同步分级逆向卸载技术完备成熟，能够快捷有效的提高工程质量，已成功应用于西安长安云、青海国际会展中心、迈科金属国际、重庆来福士、西安丝路国际会议中心等地标性工程中。具有极大的适用性和通用性，为后续类似项目提供有效的技术支撑。

成果解决了非对称连体结构重大施工难题，取得显著的经济和社会效益。引领了我国钢结构技术创新，提升了我国钢结构的设计与建造能力，推动了钢结构产业化发展，促进了我国建筑业的可持续发展，具有广阔的推广应用前景。

六、社会效益

1. 解决技术难题，促进产业发展

连体结构作为一种复杂建筑类型，近年来得到较为广泛的应用。复杂连体结构也不断对施工技术提出新挑战。需要解决的主要建造技术难题如下：施工阶段复杂钢结构仿真分析及施工监测难题；大体量异形连桥动态成型线形与焊接应力控制难题、大悬挑结构基于力形及位形控制下的卸载难题等。本项目研究成果创新性解决了上述难题，促进建筑产业良好发展。

2. 助力企业发展，推动行业进步

通过产学研紧密结合，应用本技术成果服务社会的同时，提升了中建科工集团有限公司等的技术水平和国际竞争力，助力中建科工集团成为中国最大的钢结构企业、国家高新技术企业，也是全国首个年产量百万吨、年产值过百亿的"双百"钢结构企业，连续 11 年钢结构行业排名第一。

本项目的研究成果，丰富和发展了复杂连体结构相关建造技术，提升了我国钢结构的设计与建造能力，推动了钢结构产业化发展，促进了我国建筑业的可持续发展和进步，具有广阔的推广应用前景。

跨座式单轨桥跨结构优化设计及施工关键技术

完成单位： 中建五局土木工程有限公司、中国建筑第五工程局有限公司、柳州市龙建投资发展有限
责任公司、中铁第四勘察设计院集团有限公司

完成人： 罗桂军、周　帅、曾昭武、张　胥、周志强、王　竺、杨　坚

一、立项背景

发展准时，快速，大运量的城市轨道交通是"交通强国"战略实施的首要任务，也是"双碳"战略实施的重要路径。大规模地铁建设为我国一线城市公共交通高质量发展做出了重要贡献。面对地铁建设蜂拥而上的势头，2018年国务院发布了52号文，规范引导分层次，多制式轨道交通发展。以跨座式单轨交通为代表的中运量轨道交通每公里造价仅为地铁的1/3，与二三线城市财政承受能力更为匹配，运能满足客流需求，迅速成为"新基建"七大领域之一，展现了万亿级的市场紧迫需求。跨座式单轨"梁轨合一"，车辆抱轨走"独木桥"，形成了活载占比大、系统刚度弱等技术特点。传统简支体系桥跨结构标准跨径小，桥梁接头多，预应力混凝土轨道梁收缩徐变效应明显，运营平稳性不足。

柳州市城市公共交通配套工程是全国首条简支转连续体系跨座式单轨交通线路，钢混组合后浇带免预应力新结构为全球首创，属全新结构体系，在施工过程中存在以下难题：

1）复杂线形多曲面轨道梁高精度预制难度大；

2）轨道梁吊装完后的全过程稳定控制难度大；

3）轨道梁高精度线形调节一次到位难度大；

4）凌空窄高型轨道梁精准定位难度大；

5）复杂高空环境钢板焊接难度大。

二、详细科学技术内容

1. 跨座式单轨窄高钢-混组合轨道梁等效刚度理论

创新成果一：提出了大活载窄高截面组合结构滑移分析方法

针对跨座式单轨活载占比大、钢混组合界面滑移影响大的问题，提出了对群钉和满铺剪力钉组合梁均可适用的大活载窄高截面组合结构滑移分析方法，解决了常规组合梁理论不适用于该类特殊截面组合梁非线性滑移分析的问题。见图1～图3。

创新成果二：建立了考虑非线性滑移的组合结构等效刚度理论

针对该类窄高截面的剪力钉抗剪刚度不同于现有规范计算值的问题，提出了考虑非线性滑移的焊钉抗剪刚度公式，解决了现有规范计算剪力钉抗剪刚度误差过大的问题；针对非线性滑移下的轨道梁竖弯刚度、静动力特性不同于一般组合梁的问题，建立了考虑非线性滑移的组合结构等效刚度理论，解决了非线性滑移下的组合梁变形、应力和基频无法由解析公式直接确定的问题。见图4、图5。

2. 负弯矩区免预应力简支转连续新型结构体系及设计方法

创新成果一：建立了跨座式单轨简支转连续新型结构体系

从结构体系，标准跨径，下部结构刚度对多固定体系轨道梁桥，后浇带结构形式进行研究，提出了多固定连续梁体系，该体系可以增加轨道梁桥整体刚度，也会引起一定的次内力。经过计算分析，由多固定引起的结构次内力对结构强度影响不大，但是能大幅提高轨道梁桥整体刚度。证明多固定体系能够

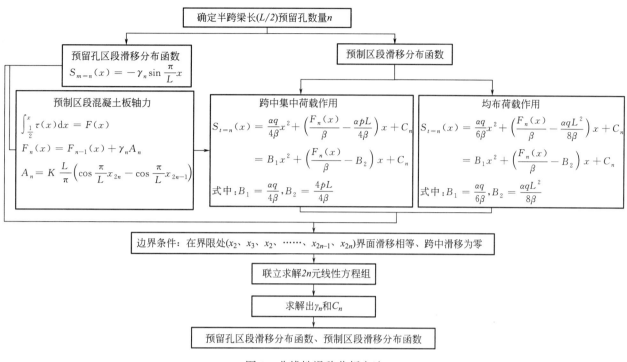

图 1 非线性滑移分析方法

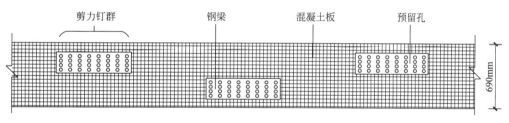

图 2 群钉组合轨道梁

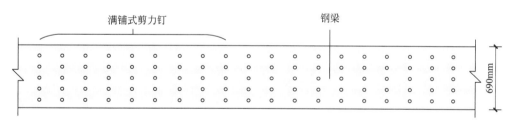

图 3 满铺剪力钉轨道梁

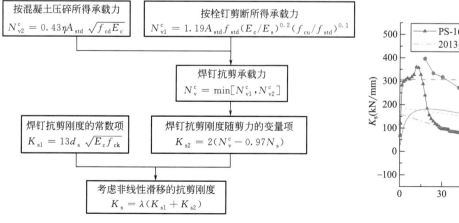

图 4 非线性滑移的焊钉抗剪刚度公式

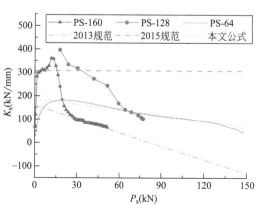

图 5 抗剪刚度公式与试验值的对比

较好地适应跨座式单轨桥梁。见图 6、图 7。

图 6　简支转连续结构体系

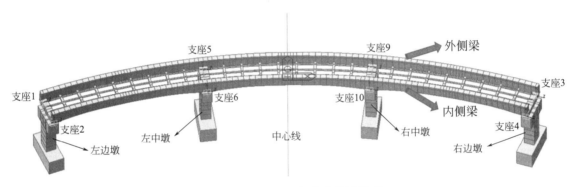

图 7　曲线段桥梁空间优化设计模型

创新成果二：首创了基于新型组合结构的负弯矩区免预应力后浇带结构形式

以简支转连续体系轨道梁"混凝土梁上覆钢板"后浇带为研究对象，对结构进行合理性和受力分析，建立多种相关的精细有限元模型，开展不同参数下的比较研究，重点研究了结构的承载力和抗裂性能，并提出了合理的分析方法，可以直接指导该类结构的设计并大幅减少建模分析工作量；同时，明确了此新结构体系的可行性与可靠性，保障了运营期结构性能的稳定。

创新成果三：形成了基于"混凝土梁上覆钢板"后浇带的轨道梁设计方法

为了解决预制预应力混凝土轨道梁在跨越既有路线，大型路口等障碍时存在的缺陷，以及提高轨道梁的预制线形精度，实现快速建造，创新研发了群钉连接装配式组合轨道梁新结构，实现了钢箱、预制混凝土板的工厂化标准预制，现场装配化施工，极大地提高构件的预制质量与效率，缩短现场作业时间，为后续线路跨越既有路线、大型路口、名胜古迹等提供新的技术解决方案。见图 8、图 9。

3. 复杂线形预应力混凝土轨道梁毫米级精度预制与建造关键技术

创新成果一：研发了纵移式可调钢模板系统

针对线路空间曲线预应力混凝土轨道梁预制线形，精度和质量控制困难的技术难题，提出复杂线形预应力混凝土轨道梁毫米级成桥精度预制与建造关键技术，解决直线、曲线、空间复合曲线预应力混凝土轨道梁的高精度、高质量和高效率预制；同时，底模和侧模系统的灵活设置，可以实现底模和侧模系统高效周转，使轨道梁的预制实现流水线作业，高效利用制梁场空间资源，轨道梁在成形精度、质量及作业效率上得到大幅度提升，解决因轨道梁预制表面精度及质量不满足设计要求而进行表面打磨、返工等浪费资源的问题。见图 10、图 11。

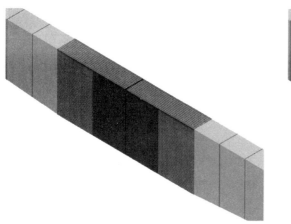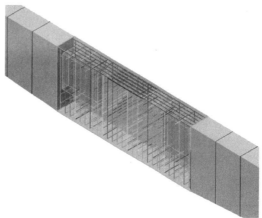

图 8　后浇带精细化仿真模型

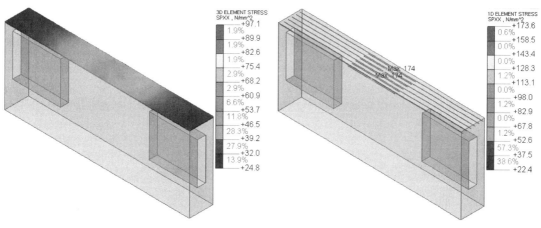

图 9　钢板及钢筋应力结果

图 10　纵移式可调钢模板系统　　　　　图 11　纵移式可调钢模板系统——侧模

创新成果二：研发了跨座式单轨智能焊接机器人

跨座式单轨智能焊接机器人的研发，实现了跨座式单轨连续体系轨道梁钢混组合后浇带钢板智能化与高效率焊接作业，8条平、立、侧焊缝可一次性连续精准作业完成，整机可以自适应沿轨道梁走行，并精确定位焊接点，解决传统人工焊接机具设备反复吊装的问题，焊接效率较人工焊接技术提高近10倍，焊接效率和质量的提高，极大地减少了传统技术产生的返工返修工作量，从而降低了成本费用。新设备的研发针对性地解决了跨座式单轨高质量建造的痛点问题。见图12。

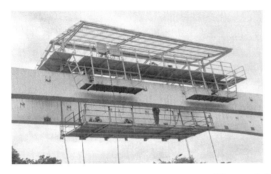

图 12　自行式焊接作业车

创新成果三：自行式移动焊接作业车

钢结构疏散通道采用厂内整体组装，现场整体吊装的施工方法，减少钢结构疏散通道现场高空焊接工作量；通过自行式移动焊接作业车实现钢结构疏散通道的现场高空吊装并提供高空安装平台，且可沿轨道梁面自动行走，同时满足直线梁和曲线梁不同工况的安装施工，解决高空条件下焊接空间狭小的难题；通过增加安装平台可形成连续循环施工，提高施工效率。见图13。

机器臂回到初始位置

图 13　跨座式单轨智能焊接机器人

4. 连续桥跨结构窄高型轨道梁空间姿态精准调节及线形自动化联测关键技术

创新成果一：研发了线形精调联测装置

为了快速及时掌握轨道梁的线形偏差，完成实测坐标与理论坐标之间的换算，指导了轨道梁空间姿态的调整，降低了人员手动计算的偶然误差，提高了轨道梁的线形调节速度，根据轨道梁梁宽固定的特点，研发了自动中棱镜装置及适应窄高轨道梁的全站仪支架，提出了自动对中轨道梁中线技术，解决了轨道梁上作业空间有限的难题，实现自动采集轨道梁空间坐标。工作效率的大幅提高。见图14～图16。

图 14　线形测量

创新点二：研发了线形精调安装设备

针对预应力混凝土轨道梁初步架设后线形精度无法满足设计成桥线形精度要求，研发多维可调临时支座装置，智能油泵控制系统，实现对轨道梁纵桥向，横桥向以及竖直高度方向上的位移调节控制，线形精

图 15　线形拟合

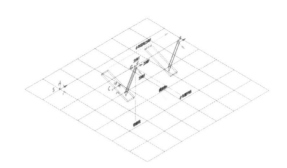

图 16　坐标体系换算示意

调无级联动装置的研发，为轨道梁在进行空间姿态调整时提供稳定支撑力，保障全过程的安全与稳定，智能油泵控制系统的研发，集成了触屏操控，数显可视化，蓝牙通信，油泵电机无级变速等功能于一体，提供了由多维可调临时支座装置，线形精调无级联动装置，智能油泵控制系统组成的线形精调设备高效、精准运转的动力。见图 17～图 19。

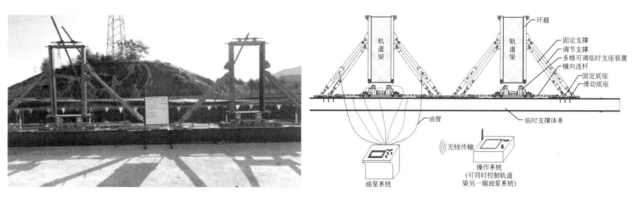

图 17　线形精调安装设备

图 18　智能油泵控制系统

图 19　多维可调临时支座装置

三、发现、发明及创新点

1）建立了跨座式单轨窄高型、群钉连接装配式钢-混凝土组合轨道梁等效刚度理论，丰富了现有钢-混组合结构等效刚度理论体系。

2）首创了基于"混凝土梁上覆钢板"后浇带的新型简支转连续轨道梁结构体系，系统性地提出了合理分析和设计方法，可取代传统的预应力后浇带技术。

3）研发了连续桥跨、窄高型轨道梁空间姿态线形自动化联测及高精度调节关键技术，可推广应用于高铁、地铁等传统制式轨道交通的轨道线形精调。

4）研发了跨座式单轨纵移式可调活动钢模板系统、焊接机器人等智能工艺设备，实现了高空、有限作业面环境下的智能建造。

项目组以柳州跨座式单轨交通工程为载体开展技术攻关与应用研究，授权国家发明专利 12 项，实用新型专利 30 项，省部级工法 9 项，软件著作权 2 项，著作 1 部，发表 SCI 等期刊论文 12 篇。

四、与当前国内外同类研究、同类技术的综合比较

较国内外同类研究、技术的先进性在于以下四点：

1）跨座式单轨窄高钢-混组合轨道梁等效刚度理论

现有技术：未对跨座式单轨这种窄高截面形式的组合梁静动力性能开展研究，且一般按平截面假定研究，未考虑不同荷载等级下其滑移效应带来的显著不同的非线性受力特性。

本技术：针对跨座式单轨窄高截面组合梁开展了理论分析，数值模拟和静动力试验研究，给出了窄高截面组合轨道梁等效刚度，为该类结构的静动力性能分析和设计提供了坚实的理论依据和方法指导。

2）基于"混凝土梁上覆钢板"后浇带的新型简支转连续轨道梁及其设计方法

现有技术：在简支转连续后浇带负弯矩区布置通长预应力钢绞线，贯穿三跨轨道梁通长张拉，此方法工序较为复杂，需要投入较多的材料及人工资源，增加成本，后期对于毫米级的成桥线形有一定影响。

本技术：经结构受力，行车舒适，施工线形，景观，造价和运维等多方面比选研究，提出了基于"混凝土梁上覆钢板"后浇带的跨座式单轨简支转连续结构，并系统性地给出了该类结构的合理分析方法，简化施工工艺，节约材料与现场资源，实现了技术经济效益综合最优。

3）复杂线形预应力混凝土轨道梁毫米级精度预制与建造关键技术

现有技术：无法同时满足直线，曲线，复合空间曲线的轨道梁的预制，且模板系统周转使用效率低。钢混组合后浇带槽型钢板焊接均采用传统人工焊接技术，两线间疏散平台采用落地支架搭设平台进行人工焊接。

本技术：可满足不同曲线线形的轨道梁的预制，侧模和底模设置为可移动式，具备一模多用功能，周转效率高。钢混组合后浇带槽型钢板焊接采用智能焊接机器人代替传统人工焊接，工效提高 10 倍，一级焊缝合格率提高至 99.5％。两线间疏散平台采用焊接车提供安全稳定的无落地焊接作业平台，并可沿轨道梁行走，工效提高 3 倍以上。

4）续桥跨结构窄高型轨道梁空间姿态精准调节及线形自动化联测关键技术

现有技术：轨道梁成桥安装采用汽车起重机与人工配合的方式开展，自动化程度低，无法实现联动联调，线形调节需要反复调试才能到位。采用常规测量手段，需要花费大量人力资源在有限高空进行反复测算，测量效率低，误差较大。

本技术：运用线形精调无级联动装置及自动化联测设备系统，有效解决了轨道梁安装过程中稳定性差，多维空间姿态可视化高精度调控难，线形精调一次联调到位难等痛点问题，实现了轨道梁空间坐标的采集，换算，对比分析自动化操作，可实时进行数据反馈，保证测量效率，精度及准确性。

本技术通过国内外查新，查新结果为：在所检文献以及时限范围内，国内外未见相同文献报道。

五、第三方评价、应用推广情况

1. 第三方评价

2022 年 4 月 25 日，中国建筑集团有限公司在长沙组织召开了由中建五局土木工程有限公司等单位完成的"跨座式单轨桥跨结构优化设计及施工关键技术"项目科技成果评价会。以院士为首的评价委员会一致认为，该成果整体达到国际领先水平。

2. 推广应用

2017 年 10 月至 2021 年 1 月，在柳州市公共交通配套工程（一期）土建施工 01 标、土建施工 02 标及土建施工 03 标跨座式单轨轨道梁施工过程中首次应用了项目自主研发的《跨座式单轨桥跨结构优化设计及施工关键技术》，切实解决了跨座式单轨交通优化设计及施工的技术难题，提供了一种跨座式单轨轨道梁的设计及施工方法。成套技术具有可实施性强、自动化程度高、可视化操作性优、安全保障性佳、精准调控度好，为跨座式单轨的建设提供了强有力的技术参考，在类似的工程建设中具有很强的应用前景。

六、社会效益

本项目紧密结合"交通强国"与"双碳"的国家战略，以国内首条简支转连续轨道梁结构体系跨座式单轨交通等轨道交通线路为主要载体，开展跨座式单轨桥跨结构优化设计及施工关键技术研究，通过理论分析、数值计算、试验研究、设备研制以及现场应用等技术方式，取得一系列研究成果，解决了工程实际问题，有效推进工程的建设进度，促进了行业技术进步，产生了巨大的社会效益。

成套技术体系的研发与应用，既解决了工程的难题，又缩短了工期，降低了造价，发挥着巨大的社会效益的同时，也产生了显著的经济效益，确保了工程安全、质量、进度、环境及社会效益的最大化。项目在研发过程中，为跨座式轨道交通领域培养了一批高水平的科学研究、技术创新、施工管理等人才，填补了企业在该领域的空白，为未来类似工程建设项目提供了人才储备和技术积累。

城市大跨超宽空间自锚式悬索桥建造关键技术研究

完成单位：中建三局集团有限公司、西安市政设计研究院有限公司、柳州欧维姆机械股份有限公司、德阳天元重工股份有限公司

完成人：骆发江、卢华勇、龙　刚、王招兵、李华龙、黎建宁、任乐平

一、立项背景

与地锚式悬索桥相比，自锚式悬索桥是将主缆锚固系统由锚碇转移到加劲梁，省去了造价较高的锚碇系统，对地形和地质条件适应性较强，具有良好的经济性。与此同时，当自锚式悬索桥采用空间缆索系统，即由主缆和吊索组成的三维索系，不但保持了桥梁良好的竖向承载能力，还显著增强了横向刚度和扭转刚度，提升了桥梁整体的动力稳定性。

在可预见的未来，随着悬索桥跨径的不断增大，提高桥梁的横向受力性能和抗扭刚度，同时改善动力稳定性变得尤为重要。因此，在城市景观桥梁设计方案中，大跨空间自锚式悬索桥将得到更广泛的应用。

本课题针对空间双索面自锚式悬索桥设计与建造特点，围绕空间自锚式悬索桥塔柱基础设计与施工、异形钢桥塔-主梁高效建造、空间索鞍设计、制造与施工、体系转换及缆索系统防腐技术等五个方面开展系统研究，重点解决建造过程中的下述问题：

1）传统的钻孔灌注桩后压浆技术由于压浆阀不具备防堵、全方位出浆及定压打开、卸压关闭等功能，实际压浆施工过程中，钢筋笼自重导致压浆阀被压入沉渣底部并挤死底部出浆口而造成堵塞，使得压浆无法完成。

2）复杂空间曲线钢-混混合桥塔引起显著的弯矩及扭转效应加剧结合段结构受力传力的复杂性，导致此处部位易发生开裂问题。

3）既往高位水地质条件下，锁口钢管桩围堰施工流程存在复杂、施工周期长、造价高等问题。

4）自锚式悬索桥"先梁后塔"工效低、工期长。

5）异形钢桥塔造型复杂，测量定位难度大。

6）当前空间缆索悬索桥主索鞍基于两台索鞍的分体结构，并且空间缆在塔顶处由主缆产生的水平分力对塔产生的附加应力，导致空间缆受力状态不佳和找形难的问题。

7）空间自锚式悬索桥索面由空缆到成桥状态差距非常大，体系转化过程中吊索与索夹/索导管存在发生折角等问题。

8）传统缆索系统防护体系，大多是通过延缓构件腐蚀速度来提高缆索系统耐久性，对于防护问题还缺乏足够的研究。

课题从以上问题出发，结合参研各方已有技术成果，开展课题研究并进行总结推广。

二、详细科学技术内容

1. 空间自锚式悬索桥塔柱基础设计与施工关键技术研究

创新成果一：新型定压开关防堵式压浆阀研发与应用

针对常规压浆阀及其工艺无法实现定压打开、卸压关闭功能，且不同压浆管之间存在串浆、漏浆现象，导致浆料压力不足，无法完全填充桩端附近空隙，桩基承载力得不到足够的提升，研发了一种新型

定压开关防堵式压浆阀，确保注浆效果。见图1、图2。

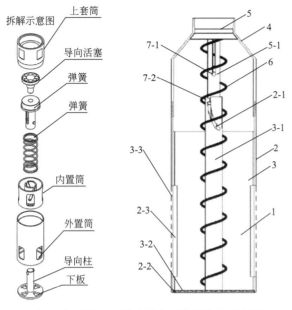

图1　新型定压开关防堵式压浆阀结构示意图　　　　　图2　现场测试图

创新成果二：空间异形钢索塔钢-混结合段力学行为研究

瀍河元朔大桥索塔-承台连接采用外置PBL＋斜向拉筋的钢塔与基础连接技术。研究采用数值模拟、模型试验的方法对其连接性能、传力机理进行分析，结果表明该技术实现了钢-混结合段内力可靠传递，具有良好的抗裂性和耐久性。见图3、图4。

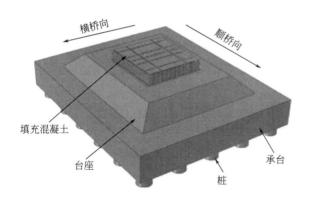

图3　索塔与承台钢混结合部构造示意与施工图

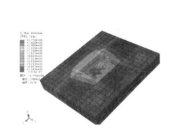
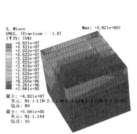
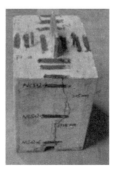

图4　数值模拟与模型试验图

创新成果三：高水位复杂地层无封底混凝土锁口钢管桩围堰施工关键技术研究

提出一种高水位复杂地层无封底混凝土锁口钢管桩围堰施工方法，通过在锁口钢管桩内设置降水井降水，取消了高水位地层水下封底混凝土工序，实现了基坑干开挖，成功降低了施工难度，缩短了施工周期，且极大地节约了施工成本。见图5、图6。

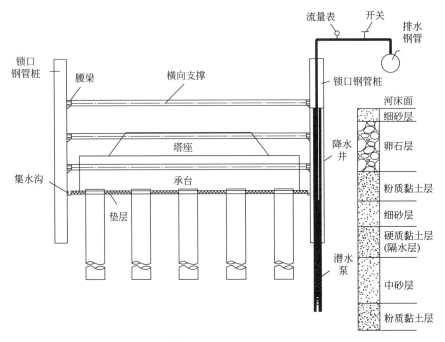

图5 无封底混凝土锁口钢管桩围堰构造示意图

图6 无封底混凝土锁口钢管桩围堰现场施工图

2. 空间自锚式悬索桥异形钢桥塔-主梁高效建造关键技术研究

创新成果一：基于二维线形的三维空间钢塔分节段吊装精确定位方法

提出一种基于二维线形的三维空间钢塔分节段吊装精确定位方法，克服了既往异形钢塔测量定位方法效率低，精度差等缺点，实现了对曲面结构钢塔简洁、快速及高效定位。见图7。

创新成果二：空间自锚式悬索桥"高塔宽梁"同步施工关键技术研究

提出了"高塔宽梁"同步顶推施工技术，即将整幅钢箱梁划分为分幅钢箱梁和嵌补段，在进行分幅钢箱梁顶推的同时安装钢塔节段，大幅缩短了施工周期，且极大地节约了施工成本。见图8。

3. "一鞍双槽"主索鞍设计、制造与安装关键技术研究

创新成果一："一鞍双槽"主索鞍设计关键技术

研发了空间双缆自锚式悬索桥铸焊结合的"一鞍双槽"主索鞍，克服了空间缆在塔顶处由主缆产生

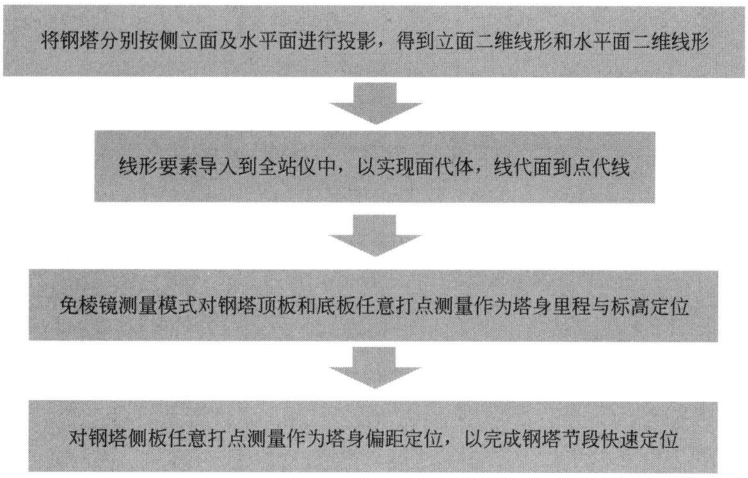

将钢塔分别按侧立面及水平面进行投影，得到立面二维线形和水平面二维线形
线形要素导入到全站仪中，以实现面代体，线代面到点代线
免棱镜测量模式对钢塔顶板和底板任意打点测量作为塔身里程与标高定位
对钢塔侧板任意打点测量作为塔身偏距定位，以完成钢塔节段快速定位

图 7　操作方法及流程图

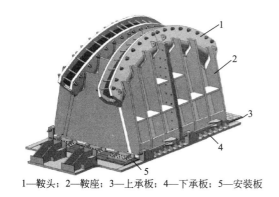

图 8 “高塔宽梁”同步施工

的水平分力对塔产生的附加应力，该设计理念属国内首创。见图 9、图 10。

1
2
3
4
5

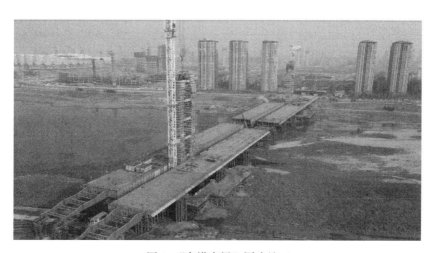

1—鞍头；2—鞍座；3—上承板；4—下承板；5—安装板

图 9 “一鞍双槽”主索鞍构造图

von Mises (N/m^2)
1.107e+008
1.015e+008
9.229e+007
8.306e+007
7.383e+007
6.461e+007
5.538e+007
4.615e+007
3.693e+007
2.770e+007
1.847e+007
9.247e+006
2.106e+004
最大: 1.107e+008
屈服力: 2.700e+008

图 10 “一鞍双槽”主索鞍受力有限元分析图

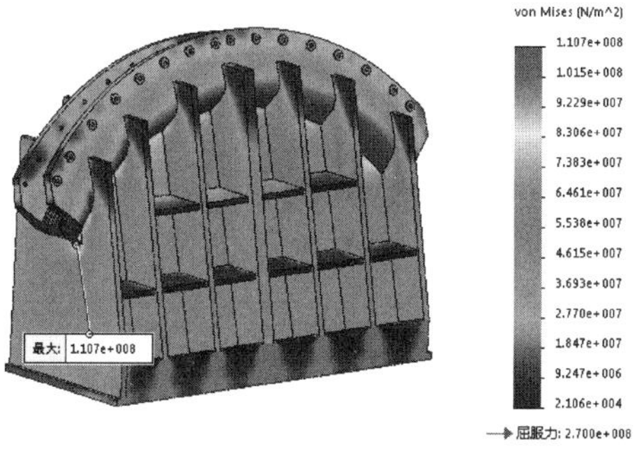

创新成果二：“一鞍双槽”主索鞍制造关键技术

针对主索鞍鞍体结构特点，采用“铸焊结合”的制造方式：鞍头铸钢件采用组芯地坑造型、双层浇道浇筑的铸造工艺；同时，制定科学、合理的装焊顺序进行主索鞍的装配与焊接，确保各零部件间焊缝的可操作性及焊缝质量。见图 11、图 12。

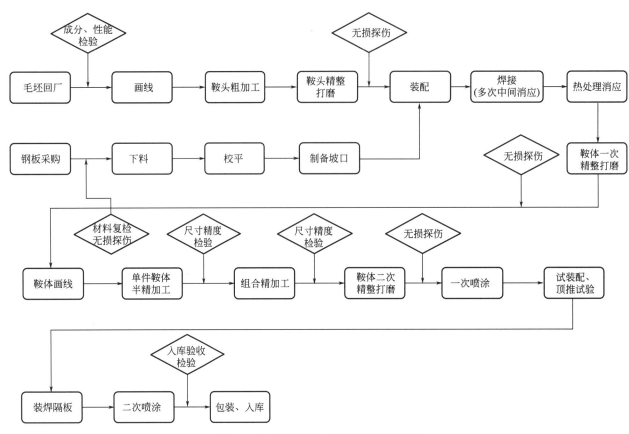

图 11 "一鞍双槽"主索鞍制造流程图

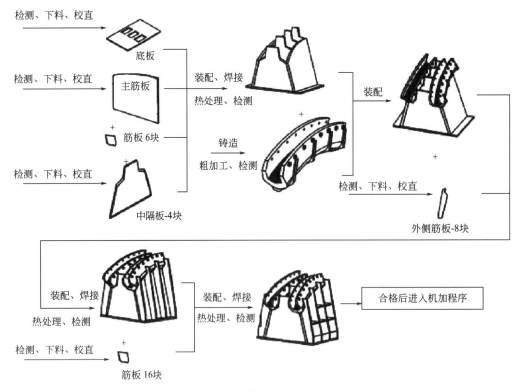

图 12 主索鞍装焊顺序示意图

创新成果三:"一鞍双槽"主索鞍安装关键技术

结合"一鞍双槽"主索鞍特点,制定了最优施工方案,将主索鞍分块运到施工现场,利用高强度螺栓连接成整体，经多次顶推后顺利到达设计成桥位置，以满足大桥空间缆线形及体系转换需要。见图13、图14。

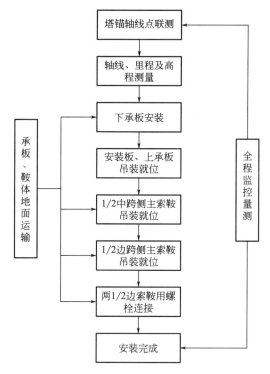

图 13 "一鞍双槽"主索鞍施工流程图

图 14 "一鞍双槽"主索鞍现场施工图

4. 空间自锚式悬索桥施工控制关键技术研究

创新成果一：基于"五点法"空间双索面自锚式悬索桥体系转换关键技术

提出了"五点法"即"缆间临时横撑＋反力牛腿"体系转换法，设计并制作了一套自适应主动横撑装置将中跨主缆撑开，辅以在钢箱梁桥面焊接反力牛腿，将空缆线形对撑至接近设计线形位置，后逐步安装永久吊索并与钢箱梁锚点连接，进行体系转换。该方法实现了主缆由平面索形向空间索形的转换，转换后的主缆线形接近成桥线形，大幅度减小了吊索横向倾角，削弱附加弯矩与扭矩作用，化解了吊索在安装过程中的弯折风险，具有很强的可施工性。见图15～图17。

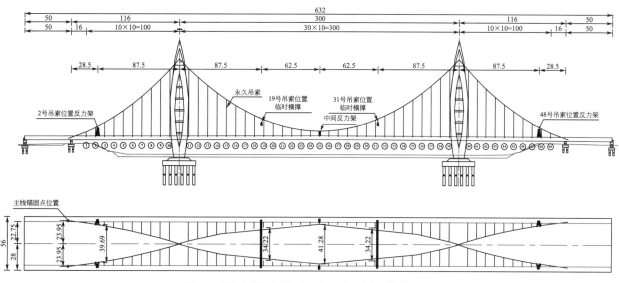

图 15 灞河元朔大桥"五点"布置图（单位：m）

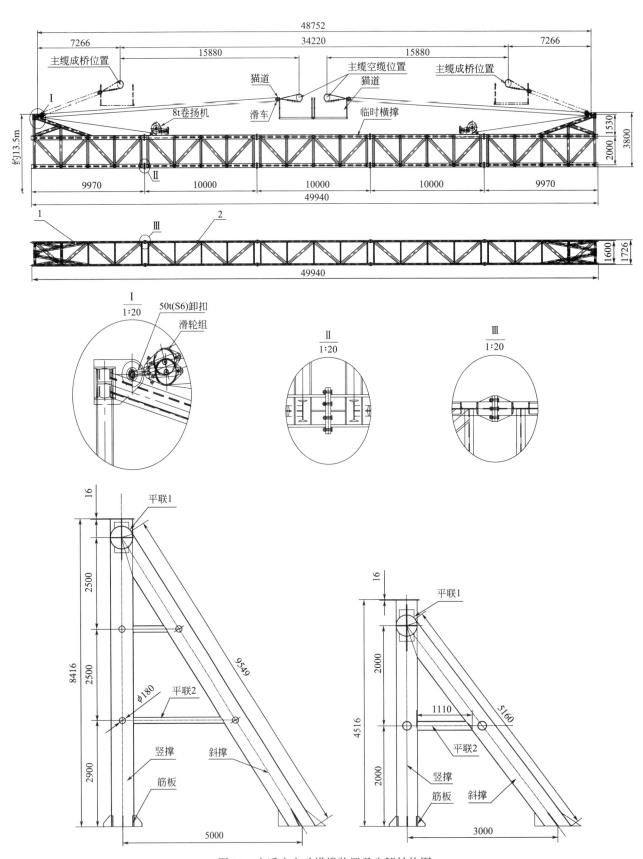

图 16　自适应主动横撑装置及牛腿结构图

图 17　灞河元朔大桥"五点"法体系转换施工图

5. 基于 OTC 包覆技术的悬索桥缆索防腐体系与工程应用

创新成果一：氧化聚合型包覆防腐（OTC）技术与工程应用

针对传统悬索桥缆索系统防腐技术的不足，创新应用了氧化聚合型包覆防腐技术（OTC）。该技术作为一种海洋工程钢结构主动防护手段，能够填充钢材表面缺陷，形成致密氧化亚铁膜，能有效隔绝空气和水分等腐蚀介质，提高钢材抗腐蚀性能。见图18、图19。

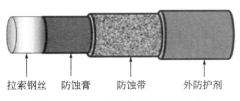

　拉索钢丝　防蚀膏　防蚀带　外防护剂

图 18　OTC 防腐技术结构示意图

图 19　OTC 防腐技术应用照片

创新成果二：喷涂聚脲在悬索桥缆索系统防腐中的应用

聚脲作为绿色环保的防护材料，具有优良的物理性能和施工性能，将其作为悬索桥缆索系统外防护层，有利于解决悬索桥主缆腐蚀问题，可有效阻断钢制构件腐蚀途径，提高防腐性能，进而延长悬索桥使用寿命。本课题开展了喷涂聚脲紫外线辐射老化加速试验，研究结果表明将聚脲作为外防护层，可将拉索护套使用寿命由15～25年提升至45～75年，进而提高悬索桥缆索系统防腐性能。

创新成果三：吊索新型柔性防水装置研发与应用

研发了一种适用于悬索桥吊索的新型柔性防水装置。该装置密封效果更加可靠、耐用，不会因拉索振动影响而导致密封失效；同时，具有以一种防水罩就能适应多种规格的拉索的优点，大大降低了生产成本及后期维护成本；本发明同时提供了运用该种桥梁拉索用柔性防水装置实现索体防水罩防水密封的方法，较好地解决了已有技术存在的防水罩在拉索产生振动时易造成其密封失效，生产和维护成本比较高，索体和索导管偏心时其安装困难等问题。见图20、图21。

三、发现、发明及创新点

1）提出了"高塔宽梁"同步施工方法，将整体式钢箱梁采用分体顶推法＋嵌补安装，实现塔、梁同步施工，解决了传统自锚式悬索桥"先梁后塔"工效低、工期长的问题。

2）提出了基于"五点法"空间双索面自锚式悬索桥体系转换关键技术，设计并制作了一套自适应主动横撑装置，辅助桥梁体系转换。

3）研发了空间双缆自锚式悬索桥铸焊结合的"一鞍双槽"主索鞍，克服了空间缆在塔顶处由主缆产生的水平分力对塔产生的附加应力，实现了良好的受力状态和空间缆找形目的。

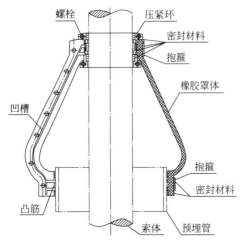
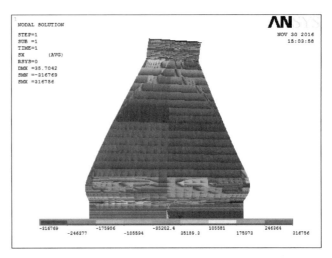

图 20 新型柔性防水装置设计

图 21 新型柔性防水装置水密性试验与工程应用

4）将海洋工程防腐技术——OTC（氧化聚合包覆技术）技术创新应用到悬索桥缆索系统防腐施工中，系统总结了一套基于 OTC 技术的桥梁缆索长效腐蚀防护施工技术，为今后同类桥梁防腐施工提供参考。

四、与当前国内外同类研究、同类技术的综合比较

较国内外同类研究、技术的先进性在于以下三点：

1. 先进性

本课题研究成果获得国家发明专利 5 项、实用新型专利 8 项；在核心期刊发表相关论文 15 篇；形成省级工法 2 项，局级工法 4 项；本课题研究总结的空间索面自锚式悬索桥设计与建造关键技术，从设计技术、材料技术、测量技术以及施工技术等进行研究，完善丰富了国内外空间自锚式悬索桥从设计研究到实践应用的重点总结。

2. 系统性

本课题针对空间双索面自锚式悬索桥设计与建造特点，围绕空间自锚式悬索桥塔柱基础设计与施工、异形钢桥塔-主梁高效建造、空间索鞍设计、制造与施工、体系转换及缆索系统防腐技术等五个方面开展系统研究，采用建模分析、计算复核、试验、现场实践等各项方法，系统的研究并总结了空间自锚式悬索桥重点研究的关键技术。

3. 实用性

研究成果已在西安灞河元朔大桥设计及施工中成功应用，有效解决了设计及施工中遇到的一系列技术难题，确保了现场施工安全、质量、进度，同时也为今后类似工程提供参考依据。本项目的研究成果共计创造经济效益 4656.2 万元，为工程建设创造了显著的经济和社会效益。

本技术通过国内外查新，查新结果为：在所检国内外文献范围内，未见有相同报道。

五、第三方评价、应用推广情况

1. 第三方评价

2022 年 7 月 21 日，陕西省土木建筑学会组织对课题成果进行评价，专家组认为该项成果整体达到国际先进水平。

2. 推广应用

西安市会展中心外围提升改善道路 PPP 项目建材北路（北辰大道-迎宾大道）工程主桥-灞河元朔大桥通过城市大跨超宽空间自锚式悬索桥建造关键技术研究，共计节约工期约 280d，创造经济效益 4656.2 万元。

六、社会效益

灞河元朔大桥自投入使用后，运行通畅，安全性能良好，东西向交通通行时间由原来 30min 缩短为 6min，通行效率提高 5 倍。大桥不仅方便市民的出行，也为十四届全运会架起一座友谊之桥，与奥体中心交相辉映，成为西安城市新地标。大桥在建设过程中得到新华社、央视新闻、中国建筑业协会、西安晚报、西安电视台等多家媒体报道。

本课题研究与应用形成了一套完整的，可供指导悬索桥设计、施工与运营的科技成果，推动了行业悬索桥建造技术进步，提高了工程质量，提升了悬索桥实际寿命，具有很好的推广和应用前景。实现了助推优质工程、降本增效、和谐环保的建造目标，有效提升行业科技创新的影响力，成效显著，具有很好的社会效益。

基于 BIM 技术大跨度地下空间支护新技术研究与应用

完成单位： 中国市政工程西北设计研究院有限公司

完 成 人： 童景盛、马国纲、王　斌、蒲北辰、张伟强、李文栋、赵丽萍

一、成果背景

1. 成果基本情况

本研究技术属于原创性基础计算理论与产业化工程应用，其关键技术创新点如下：

1）研究并明确了隧道与地下空间围岩承载机理和有效承载范围，补充了隧道衬砌支护在共同承载力学分析中采用的方法和机理的不足。

2）建立了围岩压力计算分析空间立体模型，修正了多因素围岩基本计算通式。

3）采用信息化智能监控技术，创新了"蜂巢"支护施工工艺，将 BIM＋3S 技术应用于地下空间支护安全智能监测，可视化指导施工，保障施工安全。

4）首次采用数值模拟＋监控量测方法，研究和探讨了应力-渗流场多场耦合对围岩压力的影响作用。

5）改进发明构件并拓展应用于大跨度深基坑支护中，支护合一，解决常规基坑横向支撑的设置而干扰施工的问题，创新基坑支护采用预制拼装构件进行施工的新工法。

该项目研究成果，适用于各种地质结构和围岩级别情况下的围岩压力分析计算和围岩稳定分析判断，能够可视化智能监测和指导设计和施工；可在公路与城市道路隧道、地下深隧、人防通道、地下综合管廊、深基坑支护等领域广泛使用，为产业化和标准预制生产提供了一种新的构件和施工工艺，能显著提高工程施工效率、施工质量和安全。

2. 技术基本来源

该技术研究在总结国内外对围岩压力计算理论研究成果的基础上，采用统计实测数据与数值模拟分析相结合的方法，建立多因素围岩压力计算理论分析模型，研究并提出围岩压力计算理论和隧道衬砌支护技术。

3. 国内外应用现状

本技术已在国内多项隧道与地下空间工程中应用，对隧道与地下空间的设计、指导施工及大跨度深基坑支护工程起到了指导作用，获得了显著的经济、社会、环境效益，与现有技术相比较，在安全、质量和施工速度等方面都有明显改善。

4. 技术成果实施前所存在的问题

目前，国内外围岩压力计算公式以普氏理论、太沙基理论和公路、铁路隧道设计规范公式使用最多，普遍存在参数少、关键影响因素如洞长、衬砌承载长度等未考虑，主观经验参数偏多等问题，概括如下：

1）国内外围岩压力计算普遍存在参数少、关键影响因素未考虑，主观经验参数多等问题；按平面压力计算围岩压力，未考虑洞室纵向承载长度空间的影响；"规范"计算公式在深、浅埋处不连续，围岩压力出现"突变"情况，与实际不符。

2）比尔鲍曼公式计算围岩压力其曲线为"抛物线"形，存在随着深埋增大围岩压力逐渐减小并出现负值情况，因而不科学；太沙基理论的 K 值（弹性抗力系数）定义为岩层水平应力和垂直应力的比

值，积分计算中按常数处理，但是在具体实际应用中按照变量考虑，概念含糊；未考虑垂直围岩压力向两侧传递，引起侧压力增大问题。认为侧压力与洞室形状无关，无洞室尺寸影响参数，因此计算侧压力值一般均比实测侧压力值偏小；未考虑拱形对结构受力的影响；未反映地质因素和施工方法、时间等对围岩压力的影响。

3）目前，传统的隧道与地下空间支护和施工，基本都是将传统的压浆加固围岩、管棚、管幕临时支护、深井降水、水控制安全保障技术等技术。支护中以横向支撑为主，影响了施工机械的进入和施工工作面狭窄而难以开展的问题。

5. 选择此技术成果的原因

该技术明确了隧道与地下空间围岩承载机理和有效承载范围，补充了隧道衬砌支护在共同承载力学分析中采用的方法和机理的不足，使围岩承载有效范围更接近于工程实际；该技术修正了多因素围岩基本计算通式，使该计算理论参数更加完善并更符合实际工况；该技术能够利用信息化智能监控技术，将BIM＋3S 技术应用于地下空间支护安全智能监测，可视化指导施工，保障施工安全；该技术研究和探讨了应力-渗流场多场耦合对围岩压力的影响作用，为合理计算并分析隧道与地下空间在外荷载作用下的受力变形和判断稳定安全创新了新的研究思路。

6. 拟解决的问题

1）通过对多因素围岩压力计算理论与支护承载机理的研究，明确研究理论的承载机理和围岩有效承载范围；与当前常用围岩压力计算方法及其岩承理论进行分析和比较，指出当前各理论概念特点和计算方法的局限性。

2）建立围岩压力计算分析空间立体模型，修正多因素围岩压力基本通式，使该计算理论参数更加完善并更符合实际工况；在综合因素影响分析中，采用最佳拱轴线求解方法，对三心圆拱形优化前后的内力进行分析和对比。

3）采用信息自动化监控量测技术，结合数值力学模拟，对初始应力、各工况开挖阶段的应力和内力、塑性区及围岩压力、隧道整体位移、支护管片内力等云图和计算结果进行分析比较和研究，并对数值模拟结果与试验段实测值进行比较，研究预支护构件对围岩的变形控制、稳定性和安全性等方面支护优势。

4）进一步研究和探讨应力-渗流场耦合对围岩压力的影响作用，分析应力大小和渗流参数是否存在一定的数值对应关系、耦合效应作用下围岩应力的变化等，为更加合理地计算并分析隧道与地下空间在外荷载作用下的受力变形和判断稳定安全提出新的研究思路。

二、详细科学技术内容

1. 技术方案

1）采用的技术原理

该研究采用统计实测数据与数值模拟分析相结合的方法，建立多因素围岩压力计算理论分析模型，研究并提出围岩压力计算理论和隧道衬砌支护技术。

2）计算理论模型

该计算理论依据土力学和岩土工程理论，综合考虑地层的空间受力作用，对围岩承载影响范围洞室周边 $1D$ 范围围岩承载拱，建立轴对称结构模型，推导围岩压力计算通式。模型如图 1 所示。

该研究技术计算参数由目前国内外理论的 3～7 项增加至 10 项，并考虑了其他 6 项隐含参数，修正理论计算推导通式如式（1）所示。

$$\delta_{\text{H修}} = \frac{100(1+k)}{K_c \cdot E \cdot S'} \gamma H \left[1 + \frac{1+2n}{2a_1 n} \left(\frac{H}{2} \xi \tan\varphi + \frac{c}{\gamma} \right) \right] \tag{1}$$

式中：K_c 为黏聚力折减系数；E 为变形模量 GPa；k 为弹性抗力系数 MPa/m；S' 为围岩级别（按 6、5、4、3、2、1 整数取值）。

2. 支护承载机理

1）围岩承载计算范围

围岩是产生荷载的主要来源，又是承载结构的一部分，围岩与支护共同承载，围岩承载是洞室横断面方向 1D 范围的围岩承载拱承载；空间立体荷载的主要影响因素是初期支护的承载长度，初期支护只承担二次衬砌施作前的围岩压力，并不承担全部极限压力，如图 2 所示。

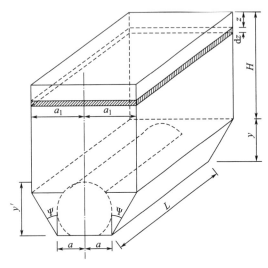

图 1　隧道围岩压力空间分析模型图

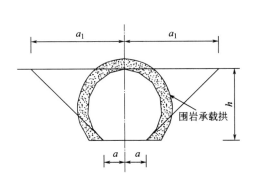

图 2　围岩承载计算范围图

2）真收敛机理

在真收敛状态下，一衬和二衬共同有效承载，方能确保工程安全，如图 3 所示。

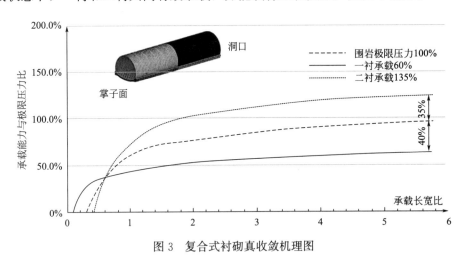

图 3　复合式衬砌真收敛机理图

3）合理支护时机与强度

提前支护对变形控制比较有利，但是对支护构件的强度要求较高，而通常在支护初期，支护结构难以满足支护强度的要求。支护和开挖对应强度与位移曲线如图 4 所示。

3. 监控量测及数值模拟

1）传感器布设

安装监测传感器对应编号如图 5 所示。

2）数据监测

选具有代表性桩号断面，对预埋好传感器后近 50d 的监测数据进行分析，获得其围岩压力分布和围岩压力时态曲线如图 6 所示。

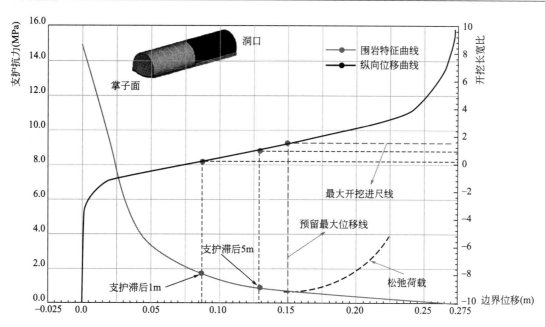

图 4　支护与开挖对应强度与位移曲线图

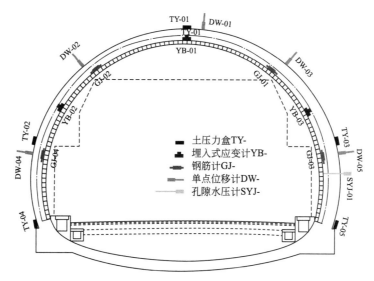

图 5　传感器布设图

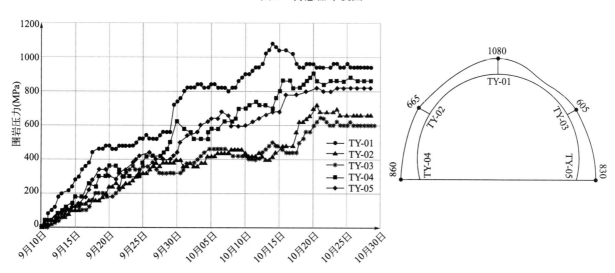

图 6　某断面围岩压力时态曲线与分布图

从监测数据来看，拱顶最大压力值达到 1080kPa，最终稳定值约 860kPa；拱腰处最大压力值达到 680kPa，最终稳定值约 600kPa；从时态曲线可知，围岩应力在监测初期增长较快，但经过 40d 左右基本趋于稳定。

图 7 为拱顶竖向围岩压力-沉降曲线图，为了清晰地表示围岩压力与沉降关系，仅选用开挖段第三节反映开挖起始端、中间与结束端关系曲线。

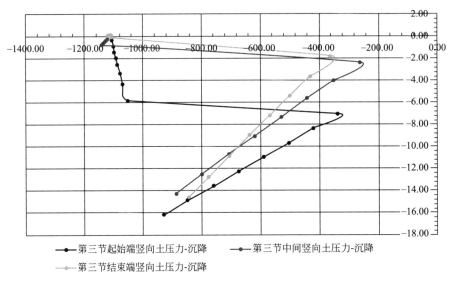

图 7 第三节开挖段竖向围岩压力-沉降曲线图

图示显示，起始开挖后，围岩应力与沉降迅速增大，变形明显；随着开挖和支护进行，中间阶段与第三节结束段围岩应力与沉降趋于缓和，最终拱顶围岩应力稳定在 820～920kPa 之间，沉降变形趋于 14.2～16.2mm 之间。

3）数值模拟

数值模拟分析采用 GTS NX 岩土通用有限元分析软件，模型采用三角形网格划分，模型边界均约束平动和自由度，岩体本构关系采用摩尔-库仑本构模型。该研究对不同工况下的隧道围岩压力、初支和预制构件内力、隧道整体位移等方面进行数值模拟分析。见图 8。

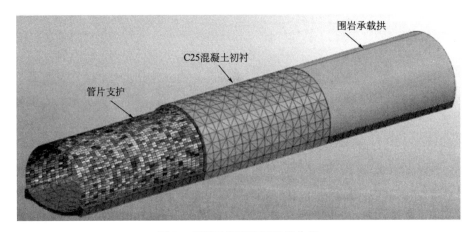

图 8 有限元模型及网格划分图

（1）围岩压力模拟结果

根据初始地应力云图，围岩压力在三个轴 X、Y、Z 方向的有效应力均为压应力，分别为：

$S-XX_{max}=-16.08kPa$，$S-XX_{min}=-1290.39kPa$；$S-YY_{max}=-15.23kPa$，$S-YY_{min}=-1290.46kPa$；$S-ZZ_{max}=-32.12kPa$，$S-ZZ_{min}=-2760.49kPa$。

在隧道水平方向、前进开挖方向围岩压力较小而且均衡，深埋隧道在垂直方向围岩压力较大。研究试验段监测值拱顶最大压应力 1080kPa、最终稳定值 860kPa 在此模型有效范围内，与研究方法计算值 892.78kPa 非常接近。如图 9 所示。

(a) 初始地应力-土压力

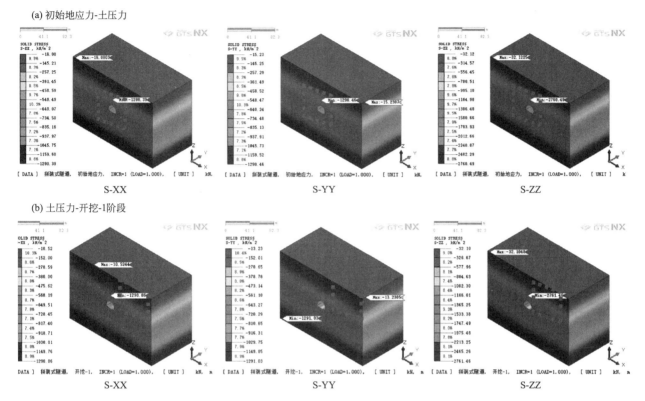

S-XX   S-YY   S-ZZ

(b) 土压力-开挖-1阶段

S-XX   S-YY   S-ZZ

图 9　初始地应力与分段开挖应力-土压力云图

（2）整体位移模拟结果

图 10 为隧道开挖整体位移云图，各开挖步骤分别在三个轴 X、Y、Z 方向的位移如下：

开挖-1：$TX_{max} = +13.07mm$，$TX_{min} = -13.18mm$；$TY_{max} = +1.55mm$，$TY_{min} = -136.67mm$；$TZ_{max} = +45.83mm$，$TZ_{min} = -26.31mm$；

从数据可以看出，整体位移在第一阶段与第二阶段受开挖影响，前进方向向反方向位移明显较大，最大达到 $-136.67mm$，等开挖至第三阶段，已开挖并支护部分基本达到稳定，因而能够抵抗第三阶段开挖引起的变形，向内位移很小；整体位移在垂直 Z 轴方向向内最大位移为 $-20.94mm$，与现场监控量测最终稳定值 $-19.52mm$ 相符。

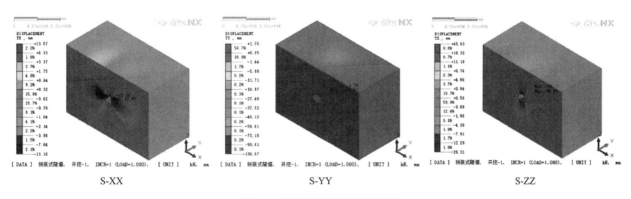

S-XX   S-YY   S-ZZ

图 10　隧道开挖整体位移云图

（3）围岩压力结果对比分析

根据试验段监测数据所得围岩压力及其分布规律，对数值模拟取值、实测围岩压力、研究计算公式结果与规范公式计算围岩压力值对比如表1所示。

围岩压力结果对比表　　　　　　表1

序号	监测断面桩号	围岩类别	实测拱顶围岩压力值（kPa）	有限元数值模拟有效取值（kPa）	《规范》计算值（kPa）	研究公式计算值（kPa）
1	AK16+550	V	860.0	920.0	344.45	909.27
2	AK16+660	IV	790.0	835.0	149.76	820.12
3	AK16+760	IV	780.0	825.0	149.76	820.12
4	AK16+820	V	865.0	930.0	344.45	909.27
5	AK16+980	V	862.0	920.0	344.45	909.27
6	AK17+100	IV	795.0	830.0	149.76	820.12
7	AK17+220	V	850.0	920.0	344.45	909.27

由表1对比数值可以看出，研究计算公式基本大于实测围岩压力值，但是非常接近实测值；但是比规范计算值大很多，且在有限元模拟云图有效数值范围之内。

4. 正确性检验与验证

该研究对多年来国内外大量工程实例的实测数据进行了汇总统计和分析，结合36项具体工程，采用试验工程实测数据和文献资料统计数据，进行该研究的整体计算验证，并与实测荷载值比较，最大误差13.17%，最小误差−22.02%，证明多因素围岩压力计算理论计算结论与实测值非常接近。

5. 关键技术拓展应用

深基坑支护技术。研究计算理论拓展应用至深基坑支护中，采用研制隧道支护构件，拼装成"蜂巢"状结构形式应用至深基坑支护中，是计算理论在工程中的拓展应用体现，基坑开挖与支护模型如图11所示。

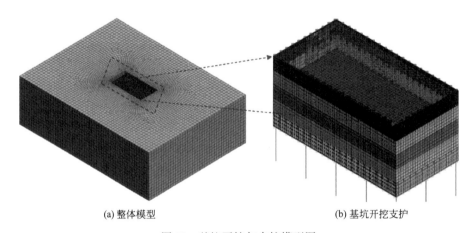

(a) 整体模型　　　　　　(b) 基坑开挖支护

图11　基坑开挖与支护模型图

该施工工法可通过开发应用软件，计算出每次开挖范围内基坑的安全稳定系数、侧向水平力和安全开挖的深度、长度以及基坑可以稳定的时间等数值，限时进行有效衬砌等施工控制措施，达到优化设计和指导施工的目的。支护及施工完成后，预制拼装构件可作为基坑永久性防护，也可以作为主体结构外墙应用在地下室、地下停车场等工程中。也可以逐层拆除，重复利用，达到节能、环保的效用。深基坑分步开挖1~3阶段云图如图12所示。

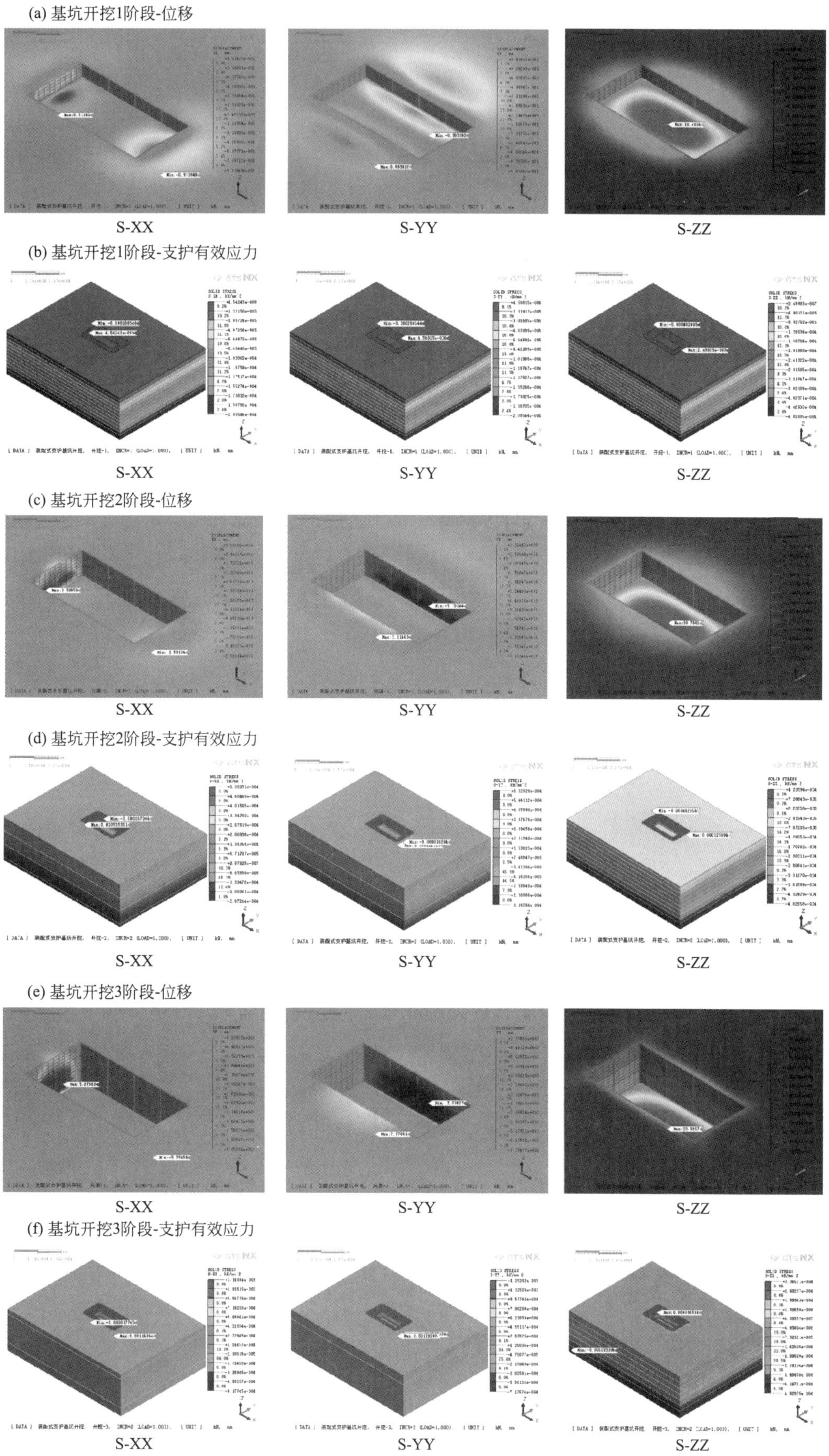

(a) 基坑开挖1阶段-位移

S-XX　　　　　　　　　S-YY　　　　　　　　　S-ZZ

(b) 基坑开挖1阶段-支护有效应力

S-XX　　　　　　　　　S-YY　　　　　　　　　S-ZZ

(c) 基坑开挖2阶段-位移

S-XX　　　　　　　　　S-YY　　　　　　　　　S-ZZ

(d) 基坑开挖2阶段-支护有效应力

S-XX　　　　　　　　　S-YY　　　　　　　　　S-ZZ

(e) 基坑开挖3阶段-位移

S-XX　　　　　　　　　S-YY　　　　　　　　　S-ZZ

(f) 基坑开挖3阶段-支护有效应力

S-XX　　　　　　　　　S-YY　　　　　　　　　S-ZZ

图 12　基坑开挖 1～3 阶段内力云图

6. BIM 技术及深基坑支护安全智能监测

1）系统架构设计（图 13）

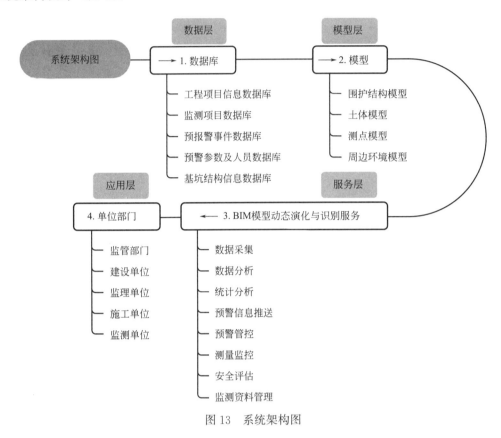

图 13　系统架构图

2）智能监测设计

建立深基坑支护三维模型，将施工现场自动地下自动采集感应模块与 BIM＋3S 模型关联，实现基坑支护施工的可视化。如图 14 所示。

图 14　BIM 可视化三维模拟图

三、成果技术创新点

1. 基础型创新

1）研究并明确了围岩承载机理和有效承载范围，补充了支护在共同承载力学分析中采用的方法和机理的不足。

2）建立了围岩压力计算分析空间立体模型，修正了多因素围岩基本计算通式。

2. 复合型创新

采用信息化智能监控技术，创新了"蜂巢"支护施工工艺，将 BIM＋3S 技术应用于地下空间支护安全智能监测，可视化指导施工，保障施工安全。

3. 改进型创新

首次采用数值模拟＋监控量测方法，研究和探讨了应力-渗流场多场耦合对围岩压力的影响作用，为合理计算并分析隧道与地下空间在外荷载作用下的受力变形和判断稳定安全创新了新的研究思路。

四、取得的成效

该研究成果已获得"第六届联合国工业发展组织全球科技创新大会奖银奖、2022 年度中国产学研合作促进会工匠精神奖、第十一届中国技术市场协会金桥奖、甘肃省土木建筑学会科技进步一等奖、甘肃省科学技术进步三等奖、甘肃省技术发明三等奖"等 18 项科学技术奖励，在行业中具有技术领先优势；该技术具有较强的示范引领和辐射带动能力，能够促进隧道与地下空间设计与施工的技术改造与升级，对行业的发展起到积极促进作用。

五、总结及展望

1）进一步研究实时、动态、智能的监控量测技术，方能准确提供施工过程中围岩的应力和应变真实情况，从而更准确地指导实施，确保施工安全。

2）进一步研究多场设计理论与施工阶段可视化三维效应对设计及施工控制精确的指导作用。

3）该研究亟须与现行规范对接，并编写地方及行业标准。

高速铁路 40m 大跨度简支箱梁精益建造技术研究

完成单位：中建铁路投资建设集团有限公司、中建三局集团有限公司

完 成 人：张书国、刘衍文、郝传志、曾建国、王　维、周东旭、瞿　波

一、立项背景

国家铁路局发布的《"十四五"铁路科技创新规划》是我国铁路领域关于科技创新的首个五年发展规划，《规划》明确到 2025 年铁路创新能力、科技实力进一步提升，技术装备更加先进适用，工程建造技术持续领先，智能铁路技术全面突破，绿色低碳技术广泛应用，总体技术水平世界领先。重点要求加强现代工程装备技术研发，强化工程建造技术攻关，推动前沿技术与铁路领域深度融合，加强智能铁路技术研发应用。此外，中国铁路总公司《铁路工程设计措施优化指导意见》（铁总建设［2013］103 号）规定："梁部结构宜采用预应力混凝土结构并以简支梁为主"。在既有常用跨度预应力混凝土简支箱梁的成熟应用基础上，研究发展高速铁路大跨度预应力混凝土箱梁。这为我国高速铁路大跨度简支箱梁的发展提供了政策依据和技术导向。中国信通院所印发的《数字建筑发展白皮书（2022 年）》就提出，"十四五"时期是我国推进建筑业全面转型升级的关键时期，也是数字建筑发展的重大机遇期，建筑业应坚持以新一代信息技术为驱动，加快数字建筑技术攻关、应用推广、生态完善，实现城乡建设绿色发展和高质量发展战略目标。

2016 年，高速铁路 40m 千吨级预制箱梁（以下简称 40m 箱梁）作为一种铁路领域新型大跨度简支箱梁，是中国高铁重大科研创新成果的工程化应用。相对于以前普遍采用的常规 32m 箱梁，40m 千吨箱梁跨度更大、吨位更重，能有效减少梁体和桥墩数量，减少桥墩连接共振点，让列车运行更平稳、高效，发挥更优的技术优势，将作为我国今后高铁发展的主导梁型。

二、详细科学技术内容

1. 基于 BIM 的智慧梁场规划设计研究

创新成果一：BIM 技术在梁场规划设计中的应用

利用 BIM 技术对地表地形进行建模，获得三维数字化模型，综合分析梁场选址因素，建立梁场规划设计 BIM 模型，实现功能区布置建模，开发梁场台座规划设计系统、开展台座结构验算，进行台座布置规划，基于梁场规划设计 BIM 模型对梁场台座布置合理性进行验证，实现经济性比较及可视化交底。见图 1。

创新成果二：梁场规划设计工具开发与应用

研究了不同梁型、不同跨度和单双线台座的共用原则，并将台座布置和共用原则进行总结，形成台座设置计算公式，利用软件编程设计了梁场规划设计工具，并基于梁场规划设计 BIM 模型，对梁场布局合理性进行验证，降低了返工率，节省建设成本。见图 2、图 3。

2. 基于 BIM 技术的 40m 大跨度简支箱梁工装设计与制作研究

创新成果一：40m 大跨度简支箱梁模板设计和制作

针对箱梁端模拆除工序，研发端模快速拆除工装，通过液压千斤顶配合龙门式起重机实现端模的快速拆除，进而达到节省人工成本、提高工作效率的目的。同时，优化内模安装方式，对内模安装形式进行改进优化并应用，实现内模的自行走式安装。见图 4。

图 1 梁场规划设计 BIM 模型

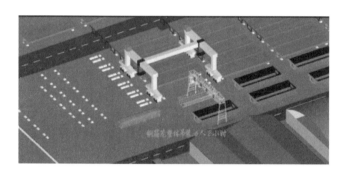

图 2 梁场功能区规划建模

图 3 自动工程量计算

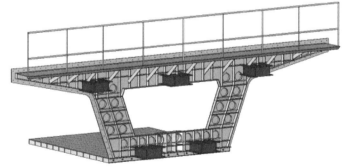

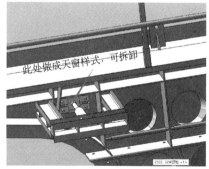

图 4 BIM 辅助预制箱梁端模快速拆除装置设计及使用

创新成果二：40m 大跨度简支箱梁钢筋绑扎胎卡具设计和制作

传统钢筋绑扎胎卡具采用角钢整体焊接，钢筋限位凹槽采用机械冲压成型，绑扎胎卡具整体稳定性较差，钢筋定位精度低，且无法周转使用。课题组对钢筋绑扎胎具进行优化设计，横向钢筋定位采用定位凹槽定位，定位凹槽采用激光切割加工，纵向钢筋定位采用可抽拔式纵向钢筋定位架定位，钢筋绑扎胎卡具整体采用螺栓连接的形式，利用 Revit 进行装配式工装设计，总结形成 40m 箱梁钢筋绑扎胎具标准设计图。见图 5。

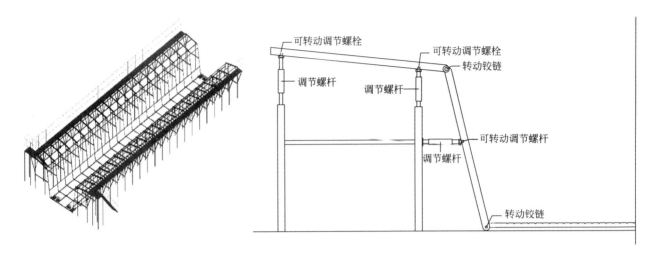

图 5　钢筋绑扎胎卡具

创新成果三：40m 大跨度简支箱梁内卡式千斤顶的研发与应用

相对于常用的穿心式千斤顶，内卡式千斤顶具有节省钢绞线、节约成本的优点，其在 32m 简支箱梁虽有应用，但无法实现钢绞线伸长量、压力值的自动检测，并且张拉力不能满足 40m 简支箱梁的张拉作业，课题组联合设备厂家，共同研发 40m 箱梁内卡式千斤顶，实现钢绞线伸长量、张拉力值的自动检测，并在梁场内应用。见图 6、图 7。

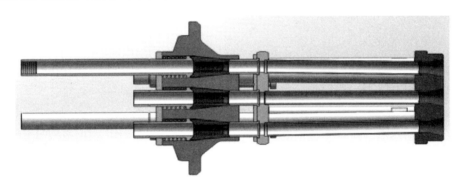

图 6　内卡式千斤顶自动工具锚

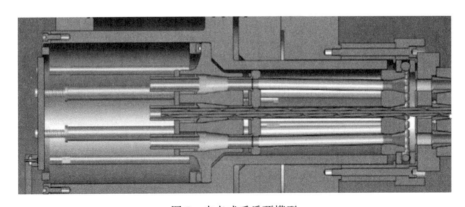

图 7　内卡式千斤顶模型

3. 40m 大跨度简支箱梁精益建造与智能建造技术研究

创新成果一：梁场生产调度管理系统开发与应用

开发智慧梁场生产调度管理信息系统，精确管控每一榀箱梁的生产过程，细化至每一个制存梁台座每一道施工工序，同时优化双层叠梁的存梁布局，减少非正常二次搬运，打造梁场智能调度系统，把控生产管理阶段的生产节奏调节和指定梁的制存架。见图8、图9。

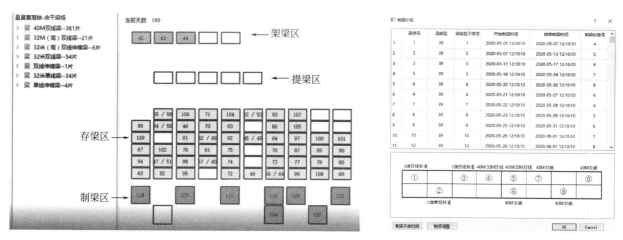

图 8 生产调度管理系统平面调度示意图

图 9 制梁计划自动排布示意图

创新成果二：智能检测新技术的应用研究

将数字化测量技术应用于梁体外形外观检测、模板结构尺寸检测和孔道压浆密实度检测，采用激光扫描或红外线等非接触式测量技术测量梁体实体或模板尺寸，与 BIM 模型对比分析，从而得出超差部位，提高梁体外形和模板尺寸检测精度；采用超声波检测方法检测支座混凝土密实度和管道压浆密实度。见图10。

图 10 工字梁体智能检测数据自主生产

4. 40m大跨度简支箱梁静载技术研究

创新成果一：40m预制简支箱梁桁架式免开孔静载试验台架设计与制造研究

联合静载试验厂家研发桁架式免开孔静载试验反力架，满足40m、32m、24m标准箱梁及伸缩梁、单线梁和T梁静载试验需求，减少静载试验工装成本投入，提高综合利用率。见图11。

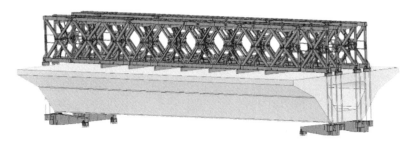

图11 一种多梁型静载试验台BIM模型

创新成果二：40m预制简支箱梁静载试验自动控制系统应用研究

应用箱梁静载试验自动控制系统，集加载、检测、记录、计算等功能为一体，实现一键启动、自动加载、实时计算、远程监控、试验数据及现场图像实时上传等功能，节省试验人员数量的同时提高试验精度，满足箱梁质量控制和铁路建设信息化管理的需求。见图12、图13。

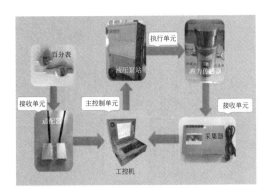

图12 静载试验自动控制组成

图13 静载试验自动控制实施

5. 40m大跨度简支箱梁提、运、架智能控制技术研究

创新成果一：40m预制简支箱梁提运架过程中纠偏与防裂风险预防及控制对策研究

课题组与运架厂家共同研究在大型搬提运架设备上安装箱梁挠度监测及运架设备安全运行监测设备，实时监测箱梁挠度数据和安全运行监测数据，针对运架工作实施全周期实时监控，对箱梁开裂、设备维护、安全风险形成报警系统。见图14、图15。

图14 提运架设备实时监测

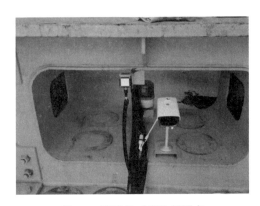

图15 运梁车对接防撞设备

创新成果二：40m 预制简支箱梁落梁自动控制技术研究

现有技术中，箱梁落梁至临时支点后，人工读取四个千斤顶压力值，现场计算千斤顶压力值偏差，测量、计算工作量大，人工读数误差较大。课题研发箱梁落梁临时支点反力及高差自动监测调整装置，自动监测箱梁落梁时临时支点反力及同端千斤顶顶面的高差，并根据监测数据远程自动调整落梁。见图 16、图 17。

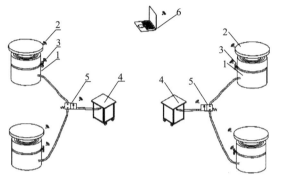 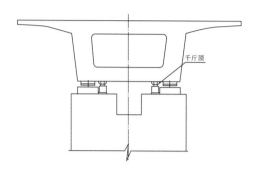

图 16　落梁自动控制技术原理图　　　　图 17　千斤顶控制落梁示意图

三、发现、发明及创新点

1）基于 BIM 的智慧梁场规划与生产调度智能管理。基于梁场规划设计 BIM 模型，利用梁场台座布置合理性进行验证，实现工程量计算、经济性比较以及可视化交底，达到智慧梁场精确规划调整。研发生产调度智能管理系统，根据录入的进度计划，通过短信和 APP 每日自动对各工序管理人员进行工单任务派发，实现制、架梁有序高效施工。自动生成制梁、存梁、架梁计划，实现每榀梁制梁、存梁台座合理规划，减少箱梁二次倒运；有效节约工期，实现降本增效。

2）智慧梁场智能化工装。模块化可调节钢筋绑扎胎具，通过对筋绑扎胎具链接部分进行调节，胎具支撑调节螺杆、可转动调节螺栓和转动铰链的配合使用，可在一定范围内调节钢筋绑扎胎具腹板和翼板的角度，实现多梁型绑扎胎具通用的效果。具有结构简单、加工成本低、提高施工效率等特点。端模快速拆除装置，通过泵站对多个液压千斤顶同步施压，从而实现端模快速拆除，同时改装置配备电磁阀，实现遥控器遥控控制，电磁阀上配备手动拨杆，可切换为手动操作状态，该装置可有效保护箱梁端头混凝土，实现箱梁端模的快速拆除，具有结构简单，加工成本低，易加工，灵活性强等特点，实用效果显著。内卡式千斤顶，实现工具锚自动安装，省去人工安装工具夹片的过程，减少钢绞线的预留长度，达到在施工质量标准不变的前提下，节约钢绞线及人工。集计算机、电控及液压一体化新设备，操作简单，自动化程度高。

3）梁体外形外观照相检测。研发梁体外形外观照相检测软件，利用拍照图像处理技术对二维数字图像信息进行处理，实现对检测的三维物体外观尺寸进行智能分析与预警，达到梁体外形外观快速检测与数据自动化呈现。梁体外形外观照相检测工具的使用，解决了人工逐项检测、手动记录、检测结果与设计值比对的问题，实现了梁体外形外观高效化、智能化检测，完成 1 项发明专利，具有重要推广意义。

4）桁架式免开孔静载试验台架。联合厂家研发桁架式免开孔静载试验台架，取消预应力钢拱架，取消张拉双锚具，将原有预应力结构优化为桁架结构，最大限度利用了材料，使结构变形量最小，结构应力大幅度下降，结构安全系数提高。可通过调整桁架构件节段长度，实现了梁长 32.6～40m 全梁型匹配，实现装置简便、快速安拆、转运方便的效果、

5）箱梁落梁自动控制。开发箱梁落梁临时支点反力及高差自动监测调整装置，兼具支点反力及梁端高差自动调整功能，较传统箱梁架设落梁方式控制更为精准，操作简单，满足箱梁架设落梁 4 支点反力之差不超过 5% 的要求。

四、与当前国内外同类研究、同类技术的综合比较

目前国外暂无 40m 箱梁施工技术，国内仅有部分工程试点应用探索，对于大规模工程化应用，关键在于配套工艺工装的研发制造技术。通过全面开展高速铁路 40m 大跨度简支箱梁精益建造技术研究，有助于全面推进 40m 箱梁大规模工程应用，能够在铁路智慧梁场规划建设 40m 箱梁制、运、架技术领域起到领先带头作用，解决梁场台座智能计算排布、40m 箱梁智能建造、自动化静载等关键问题，克服 40m 箱梁技术落地的工业化生产、质量标准化等瓶颈问题，从而实现技术跨越和进步。项目的研究成果具有较高的经济价值和社会价值，能够实现企业增收节支、提高效益、降低成本的目标。

本技术通过国内外查新，查新结果为：在所检国内外文献范围内，未见有相同报道。

五、第三方评价、应用推广情况

1. 第三方评价

全套技术于 2022 年 9 月 29 日河北省技术专家组进行科技成果鉴定，高速铁路 40m 大跨度简支箱梁精益建造技术整体达到"国际领先水平"，其"中国内领先"5 项，"国际先进"2 项。

2. 推广应用

目前各项成果均在昌景黄铁路鄱阳制梁场、鄱阳南制梁场、余干制梁场全面开展应用，应用效果良好。此外，智慧梁场生产调度系统、梁场台座规划设计系统、端模快速拆除装置、模块化可调节钢筋绑扎胎具、内卡式千斤顶等新技术、新装备于沪渝蓉铁路京山、钟祥南梁场开展全面推广应用，应用效果良好

六、社会效益

项目先后被江西日报、江西频道、新华社、中国商务网、央企头条等主流媒体广泛报道。其中，江西频道的余干梁场创造世界高铁箱梁破坏性试验加载记录等多次报道浏览量超过百万次。成果受到行业及社会各界的高度关注。

寒旱地区 40 万吨全地埋污水厂建造运维关键技术研究与应用

完成单位： 中国建筑第四工程局有限公司、山东中欧膜技术研究有限公司、中国市政工程西北设计研究院有限公司、中建四局安装工程有限公司

完 成 人： 陈朝静、马　军、史春海、伍山雄、王　丽、张瑛洁、华海洁

一、立项背景

随着中国城市发展的进步，环境友好理念及地下空间利用技术已得到充分普及，地埋式污水处理厂的出现，主要是为了解决城市中心人口密集、用地紧张、景观规划难度大、环境污染的问题。地埋式污水处理厂采用全地下或半地下建设，处理过程均位于地下。

本工程项目距离黄河 100m，设计难点在于进水水质较差，进水 COD、SS 远高于远远高于《污水排入城镇下水道水质标准》上限值，也远高于国内其他市政污水厂，但占地非常有限仅为 10.82hm²（如采用常规地上污水厂模式建设占地约为 36.68hm²）。故污水处理工艺首选占地省、出水稳定的 A2O＋MBR 工艺，既要考虑设计参数合理、节约投资、绿色环保节能设备和技术应用、设备选型适度，又要便于运行管理维护、巡检通行顺畅，故整个箱体高度叠合，整体地下二层，局部地下三到四层，空间布局非常紧凑。高度叠合造成箱体结构复杂，埋深较大，抗浮和基坑支护、防水等技术难度高，施工难度大。

本工程地下水类型属于松散岩类孔隙水，开挖后场地内有不同属性土质交叉存在，加之黄河水位高及水体波动，导致基坑内降水及抗浮工程施工难度较大。

通过对本工程的设计及施工过程进行优化，提升工程建造效率、增进环境控制和人文保护、实现绿色低碳，是本项目的主要研究方向。课题从以上问题出发，结合参研各方已有技术成果，开展课题研究并进行总结推广。

二、详细科学技术内容

1. 大型污水厂绿色化设计施工关键技术

1) 创新成果一：深度脱氮除磷工艺

针对兰州现有市政污水中工业废水比例高、水质波动大的特征，水质可生化性差的特点，构建了 ASM2D 模型，基于模拟运行工艺，在传统 A2O 的基础上，增加前置和后置各增加 A 池，增加多点进水多级 AO 强化脱氮除磷，并通过中试试验及生产线试验研究，优化调整膜池产水系统及风机联合运行，形成了一套适用于高浓度废水的深度脱氮及节能降耗技术。见图 1。

2) 创新成果二：臭气高效收集与去除技术

基于 CFD 通风管内流动特性的研究分析，通过 FLUNT 计算平台数值模拟了两种不同的除臭系统的流动情况。选取最优方案进行管路系统的定型。

制备 CS/PVA 复合膜并组装除臭装置，采用"化学＋生物"的组合除臭模式，提升了臭气去除效率。见图 2、图 3。

3) 创新成果三：热源回收利用、光导照明技术

研究全地埋式箱体结构，在热空气密度、温度梯度、人员活动区温度等方面的环境和因素。设计适

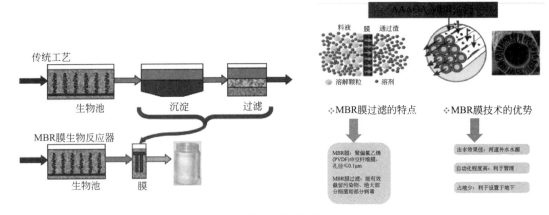

图 1　深度脱氮除磷工艺

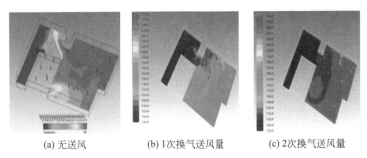

(a) 无送风　　　　(b) 1次换气送风量　　　(c) 2次换气送风量

图 2　臭气高效收集技术

图 3　臭气高效去除技术

用于西北寒旱地区地下空间热能量高效利用方案。研究地下空间光照度环境，设计绿色健康、节能环保的照明方案。见图 4。

图 4　热源回收利用、光导照明技术

4）创新成果四：寒旱地区超长池体低碳混凝土抗渗、抗裂技术

通过对混凝土材料微观结构分析，优选出在当前干燥、高温差环境下最佳的混凝土的外加剂种类及掺量，提出配合比抗裂优化设计，开展外加剂、胶凝材料相容性试验，优选出镁质高性能复合外加剂，减少种类的同时降低施工成本 47%，到达绿色施工节约材料的要求。见图 5、图 6。

2. 节约化用地的设计施工关键技术

1）创新成果一：地下叠合集成地上生态景观综合开发技术

地下污水厂多采用主体构筑物组团布局共壁合建的箱体式构筑物，组拼成预处理区、泥区、生化区、膜区等多个矩形模块，中间保留必要的人行通道、检修通道、管线通道，各种构筑物和设备在不同的标高层垂直布置，充分利用空间以便节约用地，占地仅为常规污水厂的 30%。地上设置生态绿肺公园，调节区域小气候。见图 7。

2）创新成果二：防火分区面积扩大技术

经消防安全评估报告论证、消防技术审查会评审通过、兰州市公安消防支队审核批复同意等程序，

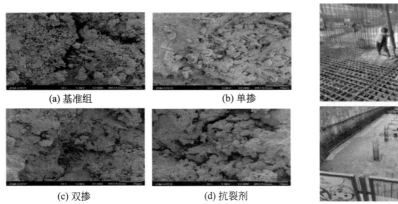

(a) 基准组　　　　　　　(b) 单掺

(c) 双掺　　　　　　　　(d) 抗裂剂

图 5　不同方案砂浆微观形貌图

图 6　寒旱地区超长池体低碳混凝土抗渗、抗裂技术

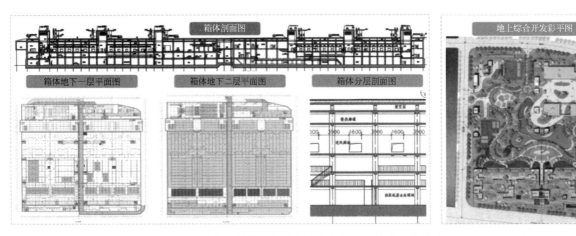

图 7　地下叠合集成地上生态景观综合开发技术

采用消防火灾场景的火灾烟气运动模拟分析等，并采取消防强化措施后，地下箱体的初沉池、生化池池面等戊类车间的防火分区面积扩大至 $6000m^2$。为后续的规范、标准等的制定提供了参考。见图 8。

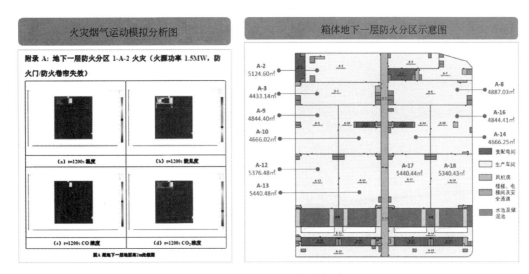

图 8　防火分区面积扩大技术

3）创新成果三：地下空间支护建造技术

采用深基坑支护智能监测系统，创新性地采用滤水管引流，排水横管集中引排，有效地控制了基坑侧壁渗、漏水，并形成专利"一种基坑侧壁外渗水疏排结构"。基坑施工过程中采用"轻型真空井点"

进行地下水控制，既节约成本，又大大缩短施工工期。见图9。

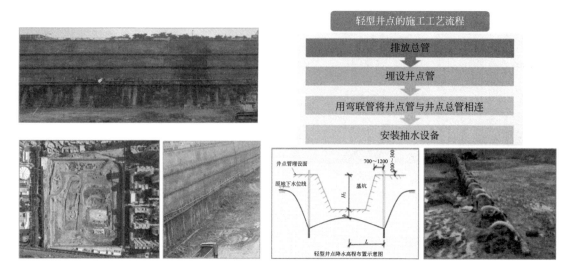

图9 地下空间支护建造技术

3. 工艺管路高精度高效建造关键技术

1）创新成果一：受限空间大型管道高效转运技术

利用BIM技术对大型管道场内至箱体内的各工序进行模拟，分析环境包括转运空间（水平、垂直）、转运地形、提升就位空间、提升就位地形、楼板载荷、管道自重、装置自重与载重等。通过三维模拟预演，对运输路线进行最优选择。对转运装置进行改装与研制，确保大型管道最高效的进行转运就位。见图10。

图10 受限空间大型管道高效转运技术

2）创新成果二：角钢法兰风管高效建造技术

利用BIM技术确定穿墙风管套管的尺寸和位置，风管穿墙套管的保温及套管内封堵采用地面整体批量预制施工，然后整体吊装，完成穿墙风管预制安装。根据项目施工工程中遇到的受限空间内作业面受限的问题，研发了一种受限空间风管连接装置。见图11。

图 11　角钢法兰风管高效建造技术

4. 低碳污水处理智慧化运维关键技术

1) 创新成果一：低碳污水处理厂性能诊断技术

通过对污水处理厂进行多层面、多维度的性能诊断，分析现状污水处理厂的底层工艺路径，分析现有工艺可实现的极限处理能力，并在此基础上通过专家系统和大数据分析进行数字建模，用最小的投资和运行成本实现污水厂的达标排放和稳定运行。见图 12。

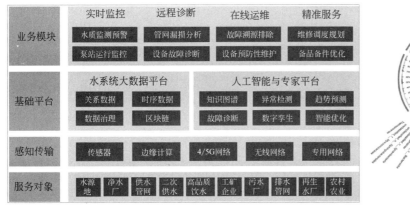

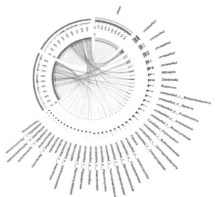

图 12　低碳污水处理厂性能诊断技术

2) 创新成果二：污水处理厂智慧运维的数字化建设技术

采用信息交互技术（BIM 技术、GIS 技术）、在线监测技术、数字化管理技术、大数据及专家服务云技术等主流技术手段，开发一种智慧城市污水处理系统管理平台，通过优化数字建模，结合专家系统和大数据分析，实现全流程的智慧化运行指导及自动控制，为污水厂的日常运营提供提前预警、延时控制及建议方案。见图 13。

三、发现、发明及创新点

1) 研发了深度脱碳脱氮除磷省地高效工艺。

2) 提出了针对不同臭气类型的分区收集和差异化布置方法，研发了基于光催化反应的新型光解除臭设备。

3) 提出了"热源回收＋高效送风＋自然光导入"组合式节能设计。

4) 研发了针对寒旱区的大体积混凝土的抗渗外加添加剂，形成了新的防渗防裂防腐的大体积混凝

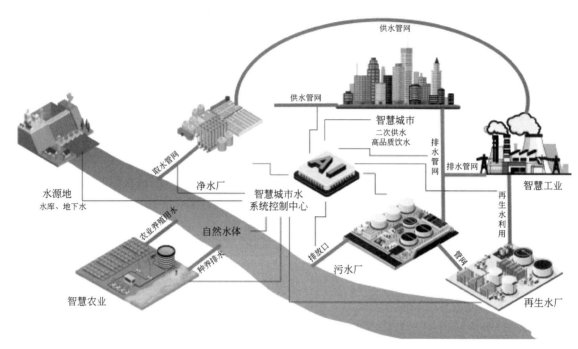

图 13　污水处理厂智慧运维的数字化建设技术

土施工工艺。

5）提出了高度叠合的污水处理设施集约化垂直布置新思路。

6）提出了新的适用于全地埋污水厂的防火分区划分标准。

7）提出了多组合的富水地层地下空间支护建造技术。

8）形成了新型适用于全地埋污水厂的大型管道多级高效转运就位的施工工艺，研制了多级高效转运的辅助装置。

9）形成了受限空间风管套管集成安装施工工艺。

10）首创了污水处理全周期集成性能诊断分析技术。

11）开发了污水处理智慧运维的数字化技术。

12）总结和获得了 25 项专利、7 项工法、34 篇论文、11 项标准规范、1 本著作、2 项软件著作、5 项 BIM 奖、11 项科技奖。

四、与当前国内外同类研究、同类技术的综合比较

较国内外同类研究、技术的先进性见表 1。

与当前国内外同类研究、同类技术的综合比较　　　　　　　　　　　　　　　　表 1

子技术名称	国内外研究状况	本项目研究状况
深度脱氮除磷省地技术	国内全地埋式污水厂通常采用 AAO＋MBR 工艺，南方地区为充分利用污水中的碳源也有 AAOA＋MBR 的工艺，但是缺乏针对高工业废水混入的高标准排放的市政污水处理工艺	开发了基于 A2O 工艺的五段式 AAAOA＋MBR 深度脱氮除磷污水处理工艺，前置预缺氧池可有效强化后续的厌氧区释磷，而且前置和后置缺氧池均可强化脱氮技术，减少药耗
臭气高效收集与去除技术	臭气去除方法主要有生物洗涤＋UV 光解、碱洗喷淋＋UV 光解、活性炭与生物除臭技术结合等方法	借助 Phonice、FLUENT 和 COMSOL MULTIPHYSICS 等模拟软件，以及现场试验的方式，分析臭气成分、浓度及其流动特性，设计研发活性氧-UV 一体化光解除臭设备

续表

子技术名称	国内外研究状况	本项目研究状况
热源回收利用、光导照明技术	国内寒旱地区的大型全地埋式污水厂暂未采用本类技术	创新性地采用了污水源热泵技术＋高大空间垂直送风设备(旋流风口送风＋无线集成控制)和光导照明系统
寒旱地区超长池体低碳混凝土抗渗、抗裂技术	目前国内对混凝土抗渗、抗裂性能研究较多,不同条件下的分析实验对比理论及实践成果普遍,针对现场抗裂抗渗施工技术措施多样	通过混凝土微观分析,优化了原设计混凝土配合比,得到适用于本项目的施工控制技术,有效保证了混凝土在此环境中的抗渗、抗裂性能
地下叠合集成地上综合开发技术	国内外目前案例较多,但全部构筑物均叠合在箱体上方较少	在国内同类全地埋市政污水厂中水质最差的情况下,箱体高度叠合,厂区全部构筑物均设置在箱体内及箱体上,做到占地最省
防火分区面积扩大技术	设计时国内尚没有地埋式污水厂相关规范可遵循	突破性地将生化池池面等防火分区面积扩大到 $6000m^2$,为后续的规范、标准等的制定提供了参考,并被采纳入《城镇地下式污水处理厂技术规程》
地下空间支护建造技术	国内未见滤水管引流,排水横管集中引排的基坑侧壁渗水导流措施	基坑支护创新性地采用智能安全监测系统;基坑侧壁渗水、漏水,创新性地采用滤水管引流,排水横管集中引排
受限空间大型管道高效转运技术	国内在桥梁、综合管廊、管井中大型管道及桥梁研究应用较多,结合现场情况完成设备转运工作,但在大型地下式污水厂的转运缺乏系统性、连续性的研究	在水平转运上,设计、加工并改制适合狭窄空间转运管道的运输装置;在竖直吊装转运上,设计高效提升装置;在提升就位上,设计高效举升组对装置;在管道"吊卸-转运-就位"的流程上达到连续、高效
角钢法兰风管高效建造技术	国内未见到有与"角钢法兰风管高效建造技术"查新点相同的文献报道与研究	针对现有的风管角钢法兰半自动化的生产现状,拟对其进行升级改造,采用先进的工业机器人和非标设备进行自动上料、冲剪、焊接、堆垛以及运转,采用 solidworks 和 ANSYS 软件技术进行关键结构的优化,配置智能化管理系统,实现风管角钢法兰自动化生产
低碳污水处理厂性能诊断技术	国内未见有与"污水处理全周期集成性能诊断分析技术"查新点相同的文献报道与研究	进水营养状态、物质转化路径、宏基因组分析、降解酶分析、处理过程分析、全年度水质水量波动分析、设备状态分析与判断,从根本上分析污水处理厂的处理能力和处理过程,为污水处理实现减污降碳、提质增效提供底层分析和运行维护决策
污水处理厂智慧运维的数字化建设技术	国内现有技术的问题在于缺乏顶层设计、数据利用不充分、模型参数不足、偏重展示层面、实际应用能力不足等问题	本项目通过在线监测技术、数字化管理技术、大数据及专家服务云技术等数字化技术的构建和应用,实现了实时监控、远程诊断、在线运维及精准服务、运维预判、规划调度、节能降耗、减污降碳和应急管理,辅助运维单位制定精准、科学的决策方案,提升污水处理的生产、调度和管理水平

五、第三方评价、应用推广情况

1. 第三方评价

2023 年 6 月,由广州市科技查新咨询中心组织对"寒旱地区 40 万吨全地埋式污水厂建造运维关键技术研究与应用"进行查新,查新结果为"未见国内外有集成本委托项目技术特点的文献报告,该研究成果具有新颖性。"

2023 年 6 月 5 日,由贵州省土木建筑工程学会组织对"寒旱地区 40 万吨全地埋式污水厂建造运维关键技术研究与应用"进行成果评定,结果为"该项目成果整体达到了国际先进水平,其中'基于光催化反应的新型光解除臭技术'达到国际领先水平"。

2. 推广应用

本技术已在"兰州七里河安宁污水处理厂""潮州市城区饮用水应急水源及潮安区第三水厂""安徽省舒城县水环境（厂-网-河）一体化综合治理 PPP""浙江玖龙纸业清污""遵义市南郊水厂迁建及配套

管网"等多个项目成功应用，取得了较大的经济效益与社会效益。其研究成果将为集团在水务环保、水环境类似工程提供重要的理论基础与科技支撑，具有广泛的推广应用前景。

六、社会效益

本工程作为中建集团 21 个重点项目之一，相继参加了"国家会展中心（天津）首展——中国建筑科学大会暨绿色智慧建筑博览会""第 18 中国-东盟博览会先进技术展"。展示了企业强大技术力量，同时也体现了中建四局推动绿色发展的坚定理念，为集团建立企业形象、树立品牌效应做出了重大贡献。

本项目总结和获得的科技成果与科技奖项，助力工程的高质、高效完成，对兰州城市环境及黄河流域水环境的综合改善具有重要作用，是中建集团响应国家"绿色发展、民生保障"推动"黄河生态环境保护、城市环境综合治理、生态城市综合体"的生动实践，获得了良好的社会反响。

生态智慧型片区开发关键技术与应用

完成单位：中建方程投资发展集团有限公司、中国中建设计研究院有限公司、中规院（北京）规划
设计有限公司、中国建筑科学研究院有限公司

完 成 人：周宇骢、辛同升、左长安、吴克辛、刘　辉、刘妍晨、李壮壮

一、立项背景

随着我国城镇化进程的不断推进，在严控政府债务，防范金融风险的背景下，片区开发成为很多地方政府基础设施建设的"首选"模式。全球许多国家都在打造生态智慧城市创新的关键区域，深度倡导公私合营片区开发模式的落地。

习近平总书记在二十大报告中提出，推动绿色发展，促进人与自然和谐共生。通过以物联网、数字孪生等为代表的新一代信息技术与生态环境、绿色建筑、资源与碳排放等绿色低碳技术深度融合，提升片区生态环境治理能力，促进绿色低碳科技革命，绘就高质量发展新图景。

中建方程投资作为城市综合开发投资平台，充分发挥投资、规划、建设、运营一体化的全产业链经营模式，融入创新、协调、绿色、开放、共享等可持续发展的新发展理念与价值取向，提供综合性、定制化解决方案，协助政府提升区域价值、助力城市发展、创想幸福空间。

所以，当前亟须研究建立一套生态智慧型片区开发关键技术与应用的系统化、集成化、多元化的理论框架、建设标准、技术体系和实施方法，高质量推进生态智慧城市建设，全力打造生态智慧新片区。

亟须解决以下问题：

1）片区开发过于重视空间利用与开发的经济性，对于绿色生态方面的关注度有限，各类绿色生态技术体系存在流于概念、可实施度不足。

2）片区开发中往往重视某一个建筑或者局部的绿色生态，展示单一的试验性绿色生态建筑，对于整个片区的系统化、整体化绿色生态管控缺失。

3）通过运营前置，采用数字化智慧管控，实现城市运营管理信息资源的全面整合共享、业务应用的智能协同、为城市管理者提供决策支持，以保证生态智慧片区实现智慧化管理与运维。

二、详细科学技术内容

1. 多元规划与生态智慧系统集成的关键技术

创新成果一：生态智慧型片区空间规划

1）可持续土地利用设计技术应用于片区开发规划与建设。采用用地混合、组团布局、滚动开发的模式，在确保人口与用地规模相匹配的基础上，促进用地集约节约发展。

2）采用基于智慧管控的绿色交通系统设计技术。通过对城市道路、公路等交通网络的实时数据采集，合理进行交通规划，倡导公共交通、慢行交通优先，提高道路交通的通行效率。

3）融合绿色低碳与数字共享的智慧生态社区设计技术。构建以"社区"为基本单元的弹性格局，强化公共设施复合利用，通过数字化构建城市安全底线、人口结构、职住平衡、15min社区生活圈、绿色低碳等典型场景。见图1～图3。

图 1　葛沽镇总体规划设计

图 2　公共交通体系规划图

图 3　公共空间网络规划图

创新成果二：生态智慧型片区产城融合规划

通过规划产城交融，多元复合的用地方式，均衡布局产城组团内部产业及生活功能，通过产业导入人口，实现产城交融、职住平衡；在地块和建筑群组尺度强调功能的复合性，打造活力多元城市街区。见图 4、图 5。

图 4　葛沽镇产业片区效果图

图 5　葛沽镇功能业态规划图

创新成果三：生态智慧型片区建设和运营规划

采用先进的资源循环利用技术，实现片区内各类资源的最大化利用，借助大数据、物联网、云计算等信息技术，实现片区的智能化运营管理，提高管理效率，降低运营成本。

创新成果四：生态智慧型片区投融资规划

开发了"分门别类做项目包—划分盈利与非盈利项目—谋划投资闭环项目—构建合适的交易模式—吸引各类社会资本积极参与—缓解政府压力—实现开发目标"的投融资闭环体系，探索"片区土地自平衡＋PPP＋投资运营＋投资/资产升值"的投融管退闭环模式。

2. 生态智慧多要素协同的建设实施关键技术

创新成果一：基于低影响开发的城市片区生态环境修复协同技术

因地制宜综合采用"渗、滞、蓄、净、用、排"等措施，最大限度地减少城市开发建设对生态环境的影响；有效控制雨水径流、修复城市水生态、改善水环境、涵养水资源，增强城市防涝能力；统筹片区海绵城市建设，沿河道水系打造特色空间（图6）。

1）构建生态环境质量的评价及指标体系。围绕水生态恢复、水安全保障、水环境改善、水资源涵养四个方面，因地制宜选取 12 个生态环境质量的评价及指标体系。

2）实施海绵城市技术措施。提出系统实施方案的战略目标和分类目标，通过生态格局的项子目标分解，最终实现生态、安全、活力的海绵城市建设。

3）设定低影响开发设计指引。针对不同控制分区，分析其空间条件和规划用地布局，从水生态、水安全、水环境、水资源方面构建海绵系统。

4）构建水系连通规划衔接体系。提出指标落地和项目实施完成后的保障措施，包括规划系统衔接、规划制度体系、监测考核体系和技术标准体系等部分。

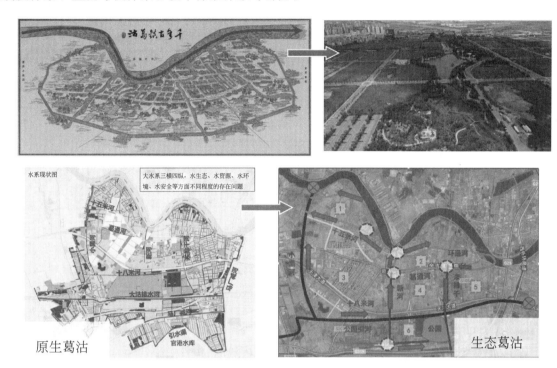

图 6　葛沽镇依据清朝水系图及现有干枯河道肌理进行连通修复

创新成果二：城市片区建筑绿色节能多要素协同技术

通过对规划评价因子进行分析，确定片区的绿色建筑星级布局，并结合片区能源禀赋分析，建立了1套可再生能源技术路径；针对当前工业化建造的降碳潜力，片区建筑采用与装配式协同的建筑围护结构集成应用技术。

1）建立基于地域特色及建筑特点的新能源应用技术体系。构建绿建用能节能技术统一体系，形成建筑用能节能应用技术与住区能源应用技术的绿色综合系统设计方法和技术方案。见图7。

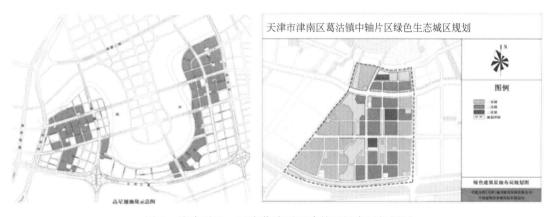

图 7　塘沽项目、天津葛沽项目建筑星级布局规划图

2）建立基于围护结构优化的节能技术体系。构建涵盖太阳能热水体系、被动式太阳能采暖体系、太阳能光伏发电体系、遮阳及防西晒体系的住宅太阳能一体化技术体系，通过与建筑围护结构的高效融合，实现太阳能建筑一体化的应用与推广。见图8。

创新成果三：城市片区多能源利用技术路径与多源碳排放预测协同技术

以整体协同的视角深入分析绿色低碳协同规划技术措施，创新性提出城市片区多能源利用技术路径与多源碳排放预测协同应用技术。

图 8　塘沽片区南部新城社区文化活动中心项目
2019 年获得国际 APEC ESCI 最佳实践奖（第四届）评选银奖

1）建立面向片区低碳开发的碳排放预测模型与情景分析技术。构建涵盖建筑、基础设施、交通及碳汇等模块的片区多源碳排放计算方法。见图 9。

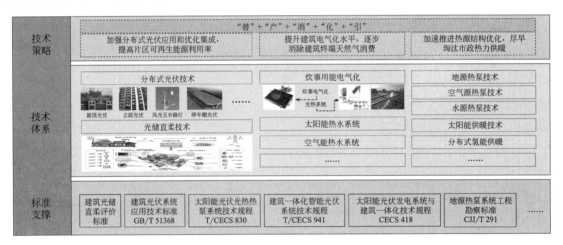

图 9　片区可再生能源及电气化应用技术路径

2）构建数据调研与典型建筑动态负荷模拟计算相结合的片区用能需求预测方法，建立了"替-产-消-化-引"为导向的可再生能源及电气化应用技术路径。见图 10～图 12。

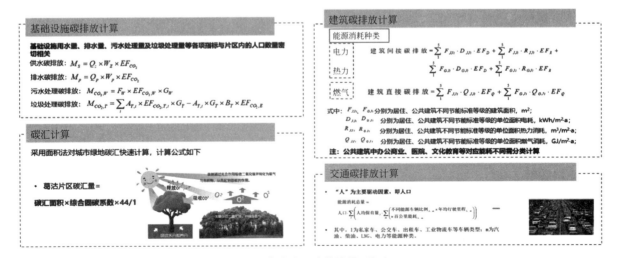

图 10　葛沽片区碳排放模型框架

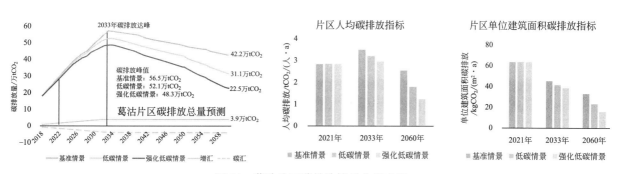

图11 葛沽片区碳排放情景分析应用

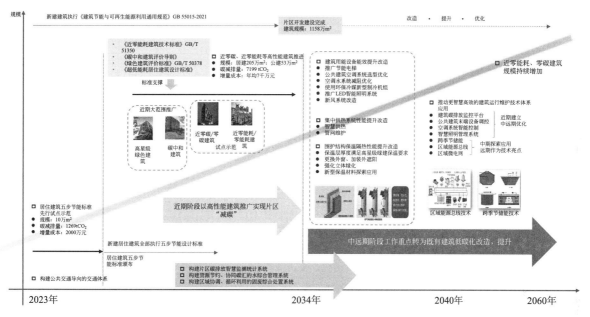

图12 协同碳排放预测的片区建筑减碳实施路径

创新成果四：多主体绿色低碳智慧平台及数字化基础设施运营平台协同技术

通过构建CIM基础平台，按照住建部标准对片区进行分级建模，形成一套CIM数据底座，并搭建各类智慧平台，有效支撑各专项智慧应用的可视化与精准化管理。

1）构建不同使用主体融合的全域智慧化管理平台。构建政府管理、便民应用、投资商城市运营、产业运营、游客服务等不同主体相融合的全域化管理平台。见图13。

2）搭建基于多网络系统协同的全域智慧基础设施。发挥片区开发的优势，建设城市基础设施同步感知设施系统，形成集约化、多功能监测体系，搭建多网络协同的智慧基础设施，构建城市物联网统一开放平台。见图14。

3. 数字化资产运营管理关键技术

创新成果一：基于项目特点的片区CIM模型优化技术

依托城市信息化模型，通过数字技术应用与治理模式实践，将城市运营管理经验不断迭代优化，实现精细化管理控制与长效运营，支撑各专项智慧应用实现可视化、精准化管理，推进虚实交互、数据驱动的数字孪生城市建设。见图15。

创新成果二：片区综合运营管理中心数字化运维

实现多数据中心资源统一管理，形成片区的数字化运维统一门户。宏观层面通过一张图了解整个区域的核心情况，实现对于整个区域的实施监测；中观层面各类应用场景通过可视化指标的方式呈现管理数据，帮助管理者发现、解决问题；微观层面系统后台可实现对于某一特定区域或特定感应设备的数据

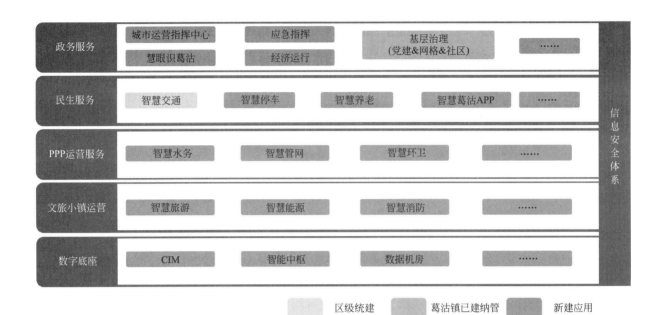

图 13　葛沽智慧城市总体建设内容

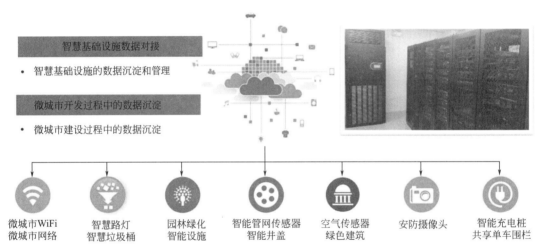

图 14　智慧基础设施与运营管理协同技术框架

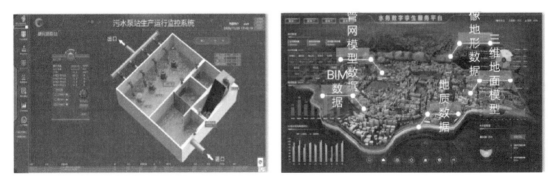

图 15　可视化管理系统

收集，为未来的经营场景积累决策依据。见图 16。

图 16 天津智慧葛沽城市指挥中心

三、发现、发明及创新点

1）针对片区开发前期，从空间、产业、运营、投融资以及生态智慧规划五大方面，构建多元规划与系统集成的技术体系。

2）针对建设实施期，以系统化视角，研究分析影响整个片区的关键要素，构建生态环境、绿色建筑、资源与碳排放、智慧城市四大关键要素协同的耦合技术体系，实现融合创新。

3）针对后期运营，建立了数字化全过程的开发运营管控平台，有效支撑各专项智慧应用，实现可视化、精准化管理，推进虚实交互、数据驱动的数字孪生城市开发建设。

4）项目出版著作 5 部，完成标准规范 11 部，获奖 8 项，获得专利 11 项，完成国家及省部级课题 10 项，发表学术论文 14 篇。

四、与当前国内外同类研究、同类技术的综合比较

项目针对提出的生态智慧型片区开发关键技术与应用"1＋4＋1"的理论、方法与技术标准规划体系、关键技术和重点实施应用体系以及搭建多元规划与系统集成的技术体系、片区开发关键要素协同的耦合技术体系、数字化全过程运营管控技术体系等方面的研究内容与技术创新成果，以"国家科技图书文献中心（NSTL）文献检索数据库（中文、西文）""Orbit 全球专利检索系统""Ei Compendex"等 14 个国内外成果与文献数据库进行查新检索，在所查的国内外文献范围内，除项目自身发表专利文献涉及查新内容外，未见其他相同或类似报道，本项目具有新颖性。

综上所述，本项目在国内外有关技术领域具备创新型，在技术体系和成果方面填补了国际与国内空白。

五、第三方评价、应用推广情况

1. 第三方评价

2023 年 6 月 2 日，中科合创（北京）科技成果评价中心组织专家，在北京以现场会议的形式召开了本项目科技成果评价会。专家评审组认为：该成果总体达到国际先进水平，其中面向片区低碳开发的碳排放预测模型与情景分析达到了国际领先水平。

2. 推广应用

本项目技术成果应用于：

1）天津市滨海塘沽湾片区综合开发项目，总投资额 124 亿元，占地 22 平方公里，全国低碳生态试点城区示范项目、"智慧微城市"、天津市示范小城镇试点、"十二五"课题"公共机构新建建筑绿色建设关键技术研究与示范"示范项目、天津市绿色建筑综合示范城区。

2）天津市津南区葛沽镇综合开发项目，总投资额 188 亿元，占地 44km²，天津市首个城镇综合开发 PPP 项目、天津市第一批市级特色小镇、住房城乡建设部第二批全国特色小镇，"葛沽宝辇花会"被

列入第四批国家级非物质文化遗产代表性项目名录。

3）郑州市高新区双湖科技城综合开发项目，总投资额约 100 亿元，占地 6km²，中共中央党校新型城镇化课题研究试点项目，郑州市及中建总公司海绵城市建设示范区，河南省新型城镇化办公室、团省委、中建总公司联合命名的"新型城镇化青年创新实践基地"。

4）西安市高陵区通远创想小镇综合开发项目，总投资额 63.5 亿元，占地 3.5km²，建设内容包括土地整理、安置区及配套建设、文体中心、游客服务中心与文创空间、田园综合体、基础设施六个板块。

5）南京市江宁区横溪新市镇建设项目，总投资额 74 亿元，占地 2.6km²，南京市发改委确定首批新市镇建设试点项目。

6）泉州市台商投资区白沙片区棚户区改造项目，总投资额约 188 亿元，占地 9.15km²，福建省投资规模最大的棚改项目，泉州市首个以政府购买服务模式实施的棚改项目。

7）北京市北安河新型城镇化示范项目，总投资额约 100 亿元，占地 0.7km²，建筑面积约 122 万 m²，北京规模最大安置住区。

8）北京市顺义区杨镇新型城镇化项目，总投资额 232 亿元，占地 2.2km²，首批国家级小城镇，北京城市学院疏解的承接地。

六、社会效益

在创新发展中提升新型城镇化质量，将生态智慧关键技术应用于片区开发的全生命周期，不断提高人民的生活品质。

1）对推进生态智慧型城区起到示范作用。成果滨海新区塘沽南部新城为住建部认定的低碳生态试点城（镇）；成果葛沽智慧城市是住房和城乡建设部首个通过验收的城镇级 CIM 平台示范项目；成果北京市北安河新型城镇化示范项目获评保尔森可持续发展奖。

2）为新型城镇化发展提供新路径。首次采用"1+4+1"片区开发绿色生态管控技术集成体系，将生态、绿色、智慧、创新理念应用到新型城镇化建设的规划策划、开发建设、运营维护的全过程，打造高品质生活空间。

3）体现了人民城市人民建，人民城市为人民的原则，打造中建方程幸福空间。集成教育医疗、文体休闲、科技创新、现代服务、高端制造等产业资源，为城市发展和人民宜居宜业打造全周期、高质量产品，不断满足人民对美好生活的向往。

新型预制装配组合结构理论方法与关键技术

完成单位：中国建筑西北设计研究院有限公司、西安建筑科技大学、苏州科技大学
完成人：辛 力、杨 勇、方有珍、杨 琦、王先铁、刘 源、史生志

一、立项背景

建筑工业化是改变我国建筑产业发展模式，推进行业高质量发展，走节能环保可持续发展的必由之路，也是支撑建筑行业作为我国经济增长长期支柱的必然需求。2017 年 2 月 24 日，国务院办公厅发布《关于促进建筑业持续健康发展的意见》提到"推动建造方式创新，大力发展装配式混凝土和钢结构建筑"。2021 年 3 月 11 日，十三届全国人大四次会议表决通过了《中华人民共和国国民经济和社会发展第十四个五年规划和 2035 年远景目标纲要》，在规划纲要中明确提出了发展智能建造，推广绿色建材、装配式建筑和钢结构住宅，建设低碳城市的任务。2021 年 10 月 24 日，国务院印发的《2030 年前碳达峰行动方案》把推进城乡建设绿色低碳转型列为城乡建设碳达峰行动之一，具体指出了推广绿色低碳建材和绿色建造方式，加快推进新型建筑工业化，大力发展装配式建筑。

现行装配式结构在实际应用推广中遇到了一系列问题，相比技术体系成熟的现浇结构体系，装配式混凝土结构节点连接难以满足等同现浇要求，整体性较差，建设成本高昂。装配式钢结构自重轻、抗震性能好、工厂化程度高、施工速度快，是发展工业化装配式建筑的较好的选择，然而也存在防火、耐腐蚀、经济性和适应性等问题。在钢结构与混凝土结构之间寻求两者高效组合的新型结构形式，提高装配式结构的安全性、经济性、舒适性、耐久性及工业化程度，是装配式建筑发展的必要途径。

二、详细科学技术内容

1. 型钢混凝土界面剪力传递机理与粘结滑移性能研究

针对型钢混凝土结构构件中钢-混凝土界面粘结应力和相对滑移难以准确测量的难题，发明了内置式电子滑移传感器和分布嵌入粘贴应变片的界面粘结应力测试方法，建立了考虑多参数影响的型钢部分包裹混凝土粘结强度计算理论和考虑位置函数型钢部分包裹混凝土粘结滑移本构模型，提出了考虑结滑移的型钢部分包裹混凝土结构数值模拟技术，解决了型钢与部分包裹混凝土之间的界面粘结强度、界面应力传递和界面数值模拟等关键科学问题。见图 1、图 2。

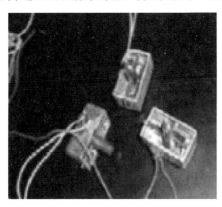
(a) 电子滑移传感器

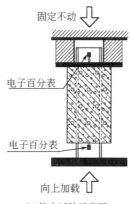
(b) 推出试验示意图

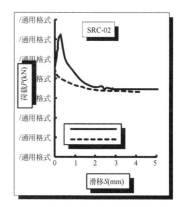
(c) 荷载-滑移曲线

图 1　型钢与混凝土界面粘结滑移性能

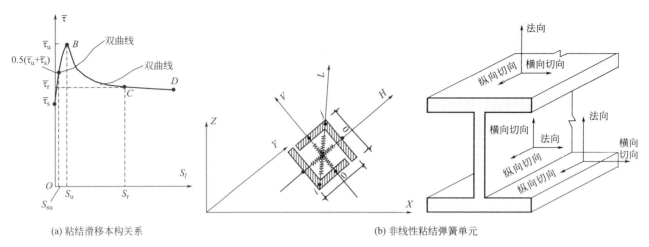

(a) 粘结滑移本构关系

(b) 非线性粘结弹簧单元

图 2 型钢与混凝土界面粘结滑移本构模型与数值分析方法

2. 型钢混凝土构件非线性剪切与非线性扭转性能研究

结合 32 个大比例型钢混凝土梁的静力剪切试验、18 个型钢混凝土柱的静力压剪试验与 11 个型钢混凝土短柱的拟静力试验研究，提出了型钢混凝土构件在非线性剪切行为中型钢与混凝土间的相互作用机理及在不同受力阶段的剪力分配机制。见图 3。

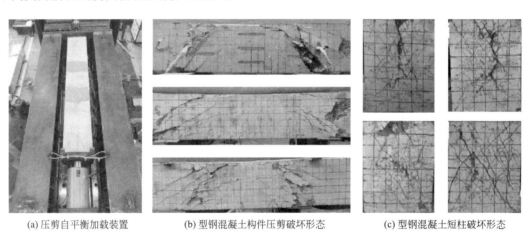

(a) 压剪自平衡加载装置　　(b) 型钢混凝土构件压剪破坏形态　　(c) 型钢混凝土短柱破坏形态

图 3 非线性剪切破坏机理

通过 103 个试件的纯扭、剪扭、弯扭、弯剪扭、压弯剪扭试验研究了型钢混凝土构件受力全过程的受扭性能、破坏形态和破坏机理。建立了剪扭、弯扭、弯剪扭和压弯剪扭型钢混凝土构件的强度相关方程与纯扭、剪扭、弯扭、弯剪扭、压弯剪扭型钢混凝土构件的强度计算公式。见图 4。

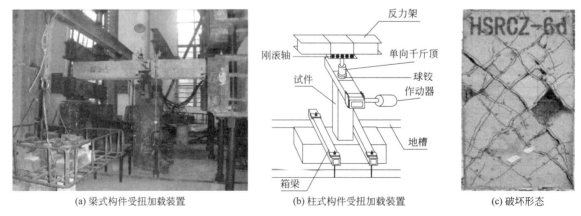

(a) 梁式构件受扭加载装置　　(b) 柱式构件受扭加载装置　　(c) 破坏形态

图 4 非线性扭转破坏机理

3. 部分预制装配型钢混凝土结构体系受力行为与抗震性能研究

对部分预制装配型钢混凝土梁、部分预制装配型钢混凝土空腹梁和部分预制装配蜂窝型钢混凝土梁三种类型的预制装配型钢混凝土梁的受力性能、传力机理、失效机制进行了全面研究，进一步形成了考虑二阶段受力的部分预制装配型钢混凝土梁设计理论和设计方法。见图5、图6。

结合50个大比例部分预制装配型钢混凝土柱的静力试验研究，对部分预制装配型钢混凝土柱与部分预制装配型钢混凝土空腹柱的轴压、偏压及压剪性能进行了全面研究。提出了部分预制装配型钢混凝土柱正截面与斜截面承载力计算方法与刚度计算理论，建立了部分预制装配型钢混凝土长柱的抗震耗能机制及部分预制装配型钢混凝土短柱的抗剪机制，并提出了轴压比限值取值方法及弹塑性恢复力模型。见图7。

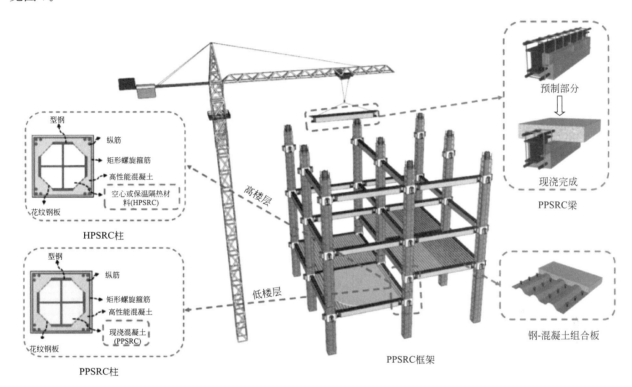

图 5　部分预制装配型钢混凝土结构体系

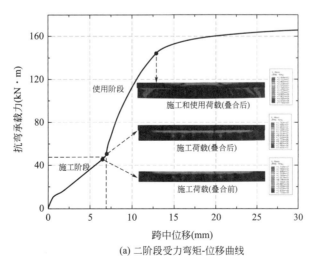

(a) 二阶段受力弯矩-位移曲线

图 6　预制装配型钢混凝土构件中二阶段受力机理（一）

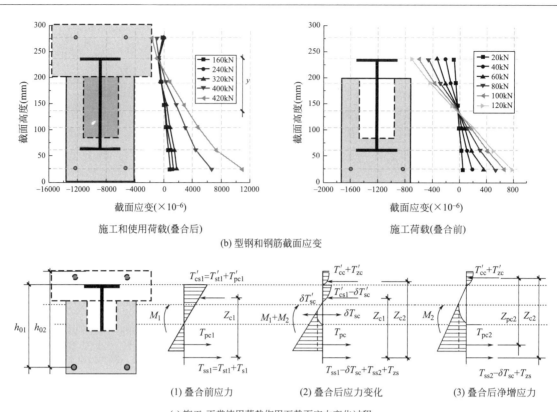

(b) 型钢和钢筋截面应变

(c) 施工-正常使用荷载作用下截面应力变化过程

图 6 预制装配型钢混凝土构件中二阶段受力机理（二）

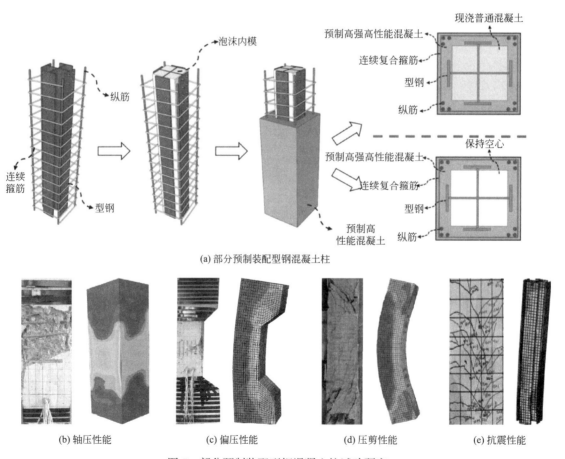

(a) 部分预制装配型钢混凝土柱

(b) 轴压性能　　(c) 偏压性能　　(d) 压剪性能　　(e) 抗震性能

图 7 部分预制装配型钢混凝土柱试验研究

4. 钢管混凝土框架-钢板剪力墙结构体系抗震性能研究

对 10 个 1/3 比例单跨两层的方钢管混凝土框架-钢板剪力墙试件进行了拟静力试验研究，提出了考虑竖向边缘构件变形影响的钢板剪力墙承载力公式和薄钢板剪力墙边缘构件的内力计算公式，形成了方钢管混凝土框架-钢板剪力墙结构的水平承载力计算方法，建立了方钢管混凝土框架节点地震损伤模型及方钢管混凝土巨型组合框架的地震倒塌评估方法。

5. 新型自复位钢-混凝土组合结构体系抗震性能研究

按照"分阶段复位、分阶段耗能"的理念，创新发明了新型自复位装配式混合框架结构，通过 3 榀新型自复位钢-混凝土组合框架结构的拟静力试验研究，基于试验结果建立了复位与耗能解耦机制的设计对策。对 4 个 2/3 比例带楔形装置的自复位方钢管混凝土柱-钢梁节点试件进行了拟静力试验研究和非线性有限元分析，研究了其抗震性能、自复位性能、承载能力、受力机理及破坏机制，明确了楔形装置、耗能钢棒的直径和屈服强度、钢绞线初始预应力、长度及数量对带楔形装置的自复位方钢管混凝土柱-钢梁节点性能的影响，提出了节点恢复力模型和节点设计方法。对 3 个 3/4 比例的外张拉式自复位方钢管混凝土柱脚节点试件进行拟静力试验研究和数值模拟分析，研究了外张拉式自复位方钢管混凝土柱脚的抗震性能、自复位能力及承载能力，提出了自复位柱脚的转动刚度和弯矩计算公式，建立了外张拉式自复位方钢管混凝土柱脚设计方法。见图 8、图 9。

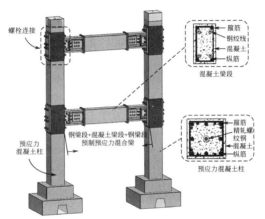

(a) 新型自复位钢-混凝土混合结构

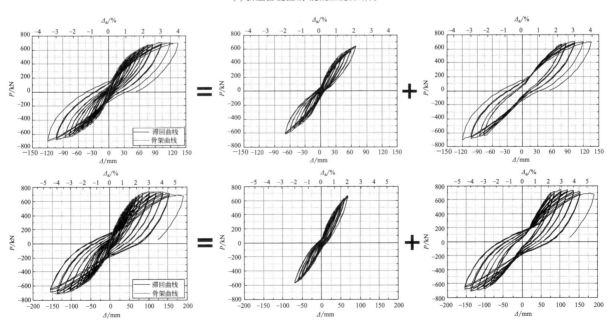

(b) 复位与耗能机制的解耦

图 8　新型自复位钢-混凝土混合结构抗震机理

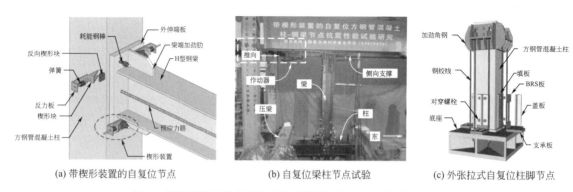

(a) 带楔形装置的自复位节点　　(b) 自复位梁柱节点试验　　(c) 外张拉式自复位柱脚节点

图 9　带楔形装置的自复位方钢管混凝土柱-钢梁节点抗震性能

6. 分段控制钢-混凝土组合结构体系抗震性能研究

对新型 PEC 框架梁的受弯、受剪破坏机理和低周反复荷载下失效机制、滞回性能、延性耗能进行了研究，建立了新型 PEC 框架梁受弯、受剪设计理论和抗震设计方法。提出了分段控制钢-混凝土组合结构体系，将结构构件划分为耗能控制区、强度控制区、刚度控制区和连接控制区，通过 8 个子结构试件的拟静力试验对其抗震性能进行了系统全面的研究。见图 10、图 11。

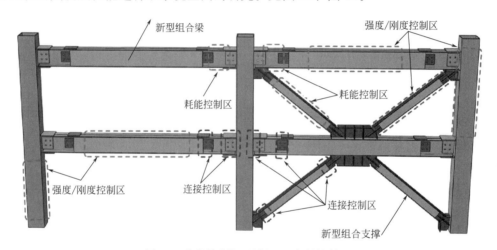

图 10　分段控制钢-混凝土组合结构体系

图 11　分段控制钢-混凝土组合结构体系试验研究

三、发现、发明及创新点

1. 型钢与混凝土界面剪力传递机理与粘结滑移量化

创新发明了内置式电子滑移传感器和分布嵌入粘贴应变片的界面粘结应力测试方法，实现了界面粘结应力和相对滑移的准确测量，深入分析了型钢与混凝土界面粘结应力和相对滑移的分布规律，建立了型钢混凝土界面粘结强度计算理论和粘结滑移本构关系。

2. 型钢混凝土构件非线性剪切和扭转破坏机理

提出了型钢混凝土构件在非线性剪切行为中型钢与混凝土间的相互作用机理及在不同受力阶段的剪力分配机制，建立了基于剪切变形协调关系的型钢混凝土梁、柱构件受剪承载力统一计算模型。揭示了型钢混凝土构件受扭过程中型钢与混凝土间的扭矩分配机理，基于钢筋混凝土部分的变角空间桁架模型与薄壁杆件的相关理论提出了复合扭矩作用下型钢混凝土构件的开裂扭矩及峰值扭矩计算方法。

3. 钢管混凝土框架-钢板剪力墙内力传递机制与屈服失效机理

提出了方钢管混凝土柱作为钢板剪力墙的竖向边缘构件，组成方钢管混凝土框架内置钢板剪力墙结构。基于轴力和钢板剪力墙拉力场作用下竖向边缘构件的挠度微分方程，得到了考虑竖向边缘构件变形影响的钢板剪力墙承载力公式，提出了方钢管混凝土柱作为开洞钢板剪力墙竖向边缘构件的刚度限值。

4. 自复位结构中复位与耗能机制的耦合与解耦

提出了"自复位-耗能全耦合、部分复位部分耗能、分阶段自复位耗能"三种设计理念，并创新发明了自复位方钢管混凝土结构体系、自复位薄壁钢板组合截面 PEC 柱-钢梁体系、自复位混合框架结构体系，探明了自复位方钢管混凝土节点和框架的受力机理和损伤演化机制，对自复位结构的耗能机理和复位机制进行了研究，建立了自复位节点的恢复力模型和设计方法。

5. 分段控制钢-混凝土组合结构体系屈服机制和抗震性能

分段控制钢-混凝土组合结构的质量、刚度、变形指标在与纯钢结构相近的前提下，能大幅降低钢材和防火涂料用量。其承载性能、抗震性能等同或高于传统纯钢结构体系，具备精细、高效、环保、经济等一系列建筑工业化特征和优势。

四、与当前国内外同类研究、同类技术的综合比较

项目组按照"材料—界面—构件—结构"多尺度研究技术路线，对多种创新发明的新型预制装配组合结构基础理论与和关键技术进行了深入研究，建立了相应的计算分析和设计理论，对促进组合结构和装配结构的发展具有重要意义。本项目围绕新型预制装配组合结构体系的关键科学问题和关键技术问题进行了全面深入研究，取得了一批具有自主知识产权的原创性理论成果和技术方法，相关研究成果被国家标准《装配式混凝土建筑技术标准》GB/T 51231—2016 等采纳。

2020 年 5 月 25 日，陕西省土木建筑学会组织专家对"新型预制装配组合结构理论方法与关键技术"科学技术成果进行鉴定。鉴定委员会一致认为，本项目成果整体达到国际先进水平，其中自复位组合结构体系的相关研究成果达到国际领先水平。

五、第三方评价、应用推广情况

1. 第三方评价

对于设计单位，新型预制装配组合结构可以充分发挥钢材和混凝土两种材料的优势，并且充分利用高强高性能材料优势，有效减小构件截面面积，优化结构设计，提高结构的抗震性能和安全性能，完美解决了复杂结构的抗震设计难题。

对于施工单位，新型预制装配组合结构可以实现产品工厂化生产、一次成型，保证了产品质量，简化了施工工序，方便快捷，受到施工人员广泛欢迎。

对于建设单位，新型预制装配组合结构大幅提升了结构抗震安全性，实现了建筑功能和结构设计的完美融合，技术成熟、性价比高、社会影响力好，业主普遍乐意接受。

2. 推广应用

项目相关专利产品已经授权多家装配式构件加工企业生产推广，如陕西投资远大建筑工业有限公司、韩城伟力远大建筑工业有限公司、西安方平建筑科技有限公司等。在许多知名施工企业和设计企业

的大型建筑工程中得到应用，如中国建筑西北设计研究院有限公司、西安高压电器研究院有限公司、新时代（西安）设计研究院有限公司、宁夏建筑设计研究院有限公司、中海油基建管理有限责任公司深圳分公司、浙江精工钢结构集团有限公司等施工设计的多种类型的工程项目。项目相关技术已在延长石油科研中心、开元剧场、天下雄关演艺中心、枫林九溪、马术馆、西凤酒厂多功能厅、西宁汽车客运中心站工程、西咸新区空港新城综合保税区事务服务办理中心钢结构工程、曲江文化大厦项目钢结构工程、西安咸阳国际机场二期扩建工程 T3A 航站楼钢结构工程等几十项工程中得到实际应用。

本成果所研究的均为新型组合结构体系，各结构体系均具有显著的性能优势和特点，可以适用于各类新建高层大跨建筑，其中部分预制装配型钢混凝土结构、（自复位）装配式新型卷边 PEC 柱结构更加适合于预制装配建筑结构中，已经具备推广应用的技术条件，可进行推广应用。

六、社会效益

项目从"材料—界面—构件—体系"多个尺度出发，对所创新发明的多种新型组合结构体系的受力机理、失效机制和分析理论进行了深入研究，准确面向预制装配组合结构体系所存在的关键理论问题、实际应用难题和未来前沿领域。项目组在完成大量试验研究、理论分析与数值建模的同时，多次在国内外重要会议上作相关报告，引起了国内外研究学者广泛关注，推动了装配式建筑业的发展。

创新发明了多种新型装配式组合结构体系，研发的预制结构构件可以实现工厂化生产、现场拼装，减少现场施工作业量，缩短施工周期，提高生产效率，节约大量的人力、物力和财力。研究成果可以有效促进装配式组合结构设计、施工及相关产业链的发展和完善，同时也能促进低碳化、智能化、网络化和信息化的快速发展，符合现阶段建筑行业绿色技能可持续发展的需求。

中央援建北大屿山医院香港感染控制中心设计及建造关键技术

完成单位： 中国建筑工程（香港）有限公司、中建国际医疗产业发展有限公司、中海建筑有限公司、中建海龙科技有限公司

完 成 人： 张　毅、张宗军、关　军、赵宝军、邵瑞喆、张志健、邹晓康

一、立项背景

2020 年初，新冠肺炎疫情暴发并肆虐全球，给各地医疗系统带来巨大挑战。如何快速兴建符合要求的隔离或治疗设施，成为疫情期间给建筑业的重要命题。从 2020 年初到 2021 年中，香港的疫情已持续反复经历了四波。其中，2020 年 7 月初爆发的第三波疫情最为严峻，连续两周日增病例破百。彼时，香港仅有一线负压隔离病床约 1200 张，医疗系统压力巨大，亟须建设方舱医院和临时医院，以供抗疫使用。但由于香港特殊的机制，该项目在香港立法会难以短期内通过，为项目快速实施，特区政府写信请求中央援助，习近平总书记亲自批示，由中央援助香港抗疫"三大项目"。作为"三大项目"之一，香港临时医院由深圳市负责具体援建，启用后被正式命名为北大屿山医院香港感染控制中心。

北大屿山医院香港感染控制中心项目是"中央要求、香港所需、深圳所能"的"同心抗疫"工程，由深圳援建、按香港永久建筑标准实施，是全球首家全 MiC 负压隔离病房传染病医院、全国首家采用 MiC 技术建造的永久医院、香港最大规模的负压隔离病房医院（配备 816 张负压隔离病床，占地面积约 29000m²，总建筑面积 44000m²）。项目面临如下挑战：

1）工程建设周期极短。常规香港医院建设需经历策划、设计、施工阶段，短则 3～4 年、长则 5～9 年才能完成，而此项目需在 4 个月完成设计及建造。严峻疫情导致跨境交通运输受限、物资供应短缺、安全防疫风险剧增。

2）管理挑战巨大。项目属于中央事权，又涉及广东省和深圳市、香港特别行政区，同时基于"一国两制"的特殊环境，项目建设组织体系注定由多层级组织结构组成，决策指挥跨度大。

3）工程建设质量要求高。工程在香港实施，需要严格按照香港政府质量标准和建设程序，按照香港永久医院建筑标准设计、建造及验收，实现"完工即达标"。

针对以上重大技术难题，课题组积极组织资源开展科技攻关，采用自主创新、成果引进再集成创新等模式，形成此套成果。

二、详细科学技术内容

1. 国际标准的传染病医院策划与设计技术

创新成果一：国际标准的传染病医院策划技术

创新采用基于循证研究的"三区单通道"医疗工艺流程设计、基于全面人本理念的精细化设计，打破了"三区两通道"的设计惯例，通过合理的"三区单通道"平面组织设计、严谨规范的收治流程设计、高气密性和精准气压控制的病房设计，实现 2021 年 2 月下旬启用至今零院感事故发生。见图 1、图 2。

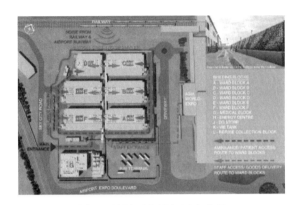

图1 总平面布局与医患分流

洁区 Clean Zone   半污区 Warm Zone   污区 Dirty Zone

图2 病房大楼"三区单通道"设计（平面示意图）

创新成果二：国际标准的负压隔离病房设计技术

项目所有负压隔离病房均采用国际标准、自主研发的 MiC（Modular integrated Construction，模块化集成建筑）负压隔离病房产品，具有阶梯负压、高气密性、高新风换气、高效过滤排气、配备可扩展人性化的床头设备带、配备多种智慧化系统等特性。见图3。

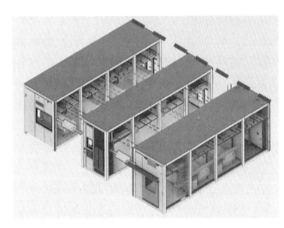

图3 自主研发的 Athena Ⅲ MiC 负压隔离病房

创新成果三：国际标准的传染病医院韧性设计技术

本项目基于 HTM（Health Technical Memorandum）、HBN（Health Building Notes）等国际标准，充分考虑各类交叉感染风险，系统有各种极端情况下的安全使用设计，并为使用方配套制定了防感染控制的运作流程及方案，最大限度地保障了医护人员的安全，实现韧性医院。见图4。

中央电池系统(CBS)   加高的防虹吸管   回水式模型隔气弯管   气密性测试

图4 系列防交叉感染设计及极端情况下的安全使用设计（示例）

创新成果四：CFD 模拟辅助的防感染设计

项目针对病房大楼、医疗中心等进行了大量的 CFD 模拟，比如对负压隔离病房进行了温度、气压、气流轨迹、气流速度、污染物浓度等模拟分析，充分循证研究，确保防感染控制设计的可靠性。见图5。

2. 基于 DfMA 的模块化医院设计技术

创新成果一：基于模块化设计理念的医疗设施快速设计技术

在建筑、结构、机电等方面创新采用了模块化设计理念，大大压缩了建设周期。在整体建筑设计方面，选择了"从微观到宏观"的逆向设计法，基于"模块划分—模块设计—模块组合"3个主要设计阶段，通过对不同子模块的组合快速形成复杂建筑整体。见图6、图7。

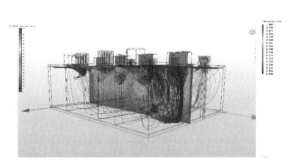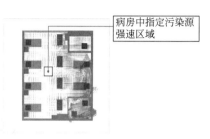

图 5　负压隔离病房 CFD 模拟示意图

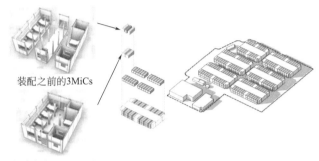

图 6　病房大楼内模块设计示意图　　　　　　图 7　"从微观到宏观"的逆向设计法

创新成果二：基于 DfMA 方法的结构设计技术

病房大楼公共区域采用基于 DfMA 方法的装配式钢框架结构，136 间负压隔离病房全部采用 MiC 技术建造。凭借 DfMA 理念及 MiC 技术，使得医院建造的传统线性模式得以革新，大幅压缩建设周期。

创新成果三：MiMEP 设计及建造技术

项目大量应用了 MiMEP 设计技术，如集成的空气处理机组 AHU/PAU、机房和屋顶的预绝缘制冷剂管模块、集成消防阀组、集成床头综合槽（带医疗气体管道和内部布线）、配电室电气面板模块、屋面集成冷水配管/电缆桥架、室内 MEP 模块等，大幅压缩了现场施工工期，且使建筑空间更加集约化。见图 8～图 10。

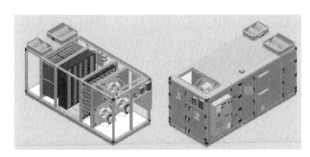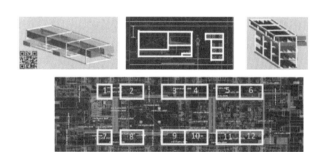

图 8　集成的通风设备（AHU/PAU）　　　　图 9　室内 MiMEP 模块（包括给水排水、通风、
　　　　　　　　　　　　　　　　　　　　　　　　　强弱电、医疗气体等系统管道）

3. 全生命周期、全产业链、全参与方的智慧建造集成关键技术

创新成果一：基于全过程 BIM 的智慧设计技术

创新采用了基于云平台的 BIM 正向设计，利用线上协同云平台，项目团队只耗时 1 天便完成模块化负压病房所有相关专业图纸的上传、分析、整理、建模等相关工作。运用 BIM 进行多专业协调过程，有效提高了沟通效率，节省 67% 沟通时间；创新采用了 BIM＋VR 辅助室内设计，令设计团队和项目使

图 10　病房大楼走廊 MiMEP 的安装示例

用者第一时间可以体验到最新的室内设计并给出专业意见，在早期确定相关设计细节，推动项目进展；创新采用了 BIM 模型从 3D 到 7D 的多维度应用，基于全过程 BIM 模型，使设计和生产最大程度紧密结合，有效降低设计及施工过程中沟通错误和返工的概率。见图 11～图 13。

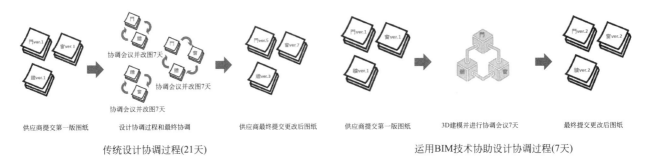

图 11　利用 BIM 线上协同云平台开展高效设计协调原理

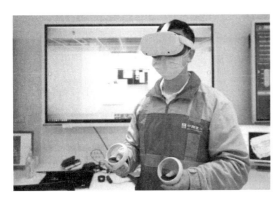

图 12　负压隔离病房内部使用 BIM＋VR 辅助室内设计　　　图 13　BIM＋AR 用于辅助施工检查

创新成果二：智慧生产技术

项目在生产阶段采用了 BIM＋MES 的生产管理技术，深化 MiC 箱体机电和龙骨布置、精确定位管线并出图，高效管理千多名工人的生产工作，提高生产效率，有效保障了每个钢箱模块质量的一致性和可追溯性。

创新成果三：智慧物流技术

创新采用基于运筹学的交通指挥调度体系，确立了"海陆交通一体化"和"三体系"的总体思路，以保证内地及香港段的快速接驳，实现原料的高效运送，并为货物生成专属"身份证"（电子标签），实现了建筑单元自生产至投入使用全流程跟踪与指导。

创新成果四：基于 C-SMART 平台的智慧施工技术

公司自主研发了 C-SMART 智慧工地平台，利用 BIM＋IoT 技术辅助进度管理与防疫管理、BIM＋AR 技术以及 BIM＋三维激光扫描技术辅助质量管理，链接 CIMS（Construction Inspection Management System）移动质检系统，移动端即可随时查看执行修改整改进度，助力多方协同高效验收。见图14、图15。

图 14　C-SMART 智慧工地平台主页

图 15　BIM＋AR 技术辅助质量管理

创新成果五：基于 BIM 的可视化运维管理技术

项目智能运维平台以 BIM 模型为载体，融合 AR、IoT 等技术，将建筑设备运维 FM（Facility Management）过程中的各个系统统一整合，实现了人、设备与建筑之间的互联互通，提高智能化管理，全方位提升其运营与管理效率。见图16、图17。

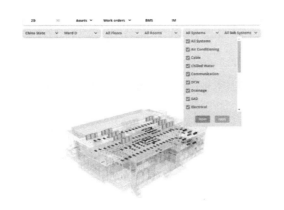

图 16　基于 BIM 的 FM 平台

图 17　BIM 结合 AR 运维界面

4. 基于"一国两制"的援建项目新型组织模式

创新成果一：基于"一国两制"的两地政府层面联合实施机制

创新采用了新的工程建设机制，解决了"一国两制"环境下中央援建项目在政府层面的大跨度实施难题：深港双方通过签署合作协议明晰了责任义务，建立了合作机制，在香港特区政府、深圳市层面成立了委托工程联合工作小组，在该小组下，两地政府各自成立工作组（专班），整个香港政府全员参与，项目建设严格执行香港质量标准、履行香港报批报建程序。见图18。

创新成果二：紧急援建项目 IPMT 管理模式

项目成立了项目建设领导小组、项目指挥部、现场指挥部的三级指挥调度机制，采用了 IPMT 模式，将原本的至少9

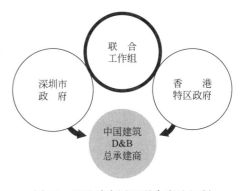

图 18　两地政府层面联合实施机制

级组织缩减为 3 级的扁平化组织，解决了项目实施面临的大跨度协调难题，既能够高效对接政府相关机构，又保证了对项目建设的统一指挥和调度，达到了统一指挥、分工明确、高效协同。公司发挥自身全产业链的优势，调动各大平台参与项目的各个环节，包括策划、设计、生产、物流、施工、运维，实现了项目的高效实施。

三、发现、发明及创新点

1）项目基于国际标准开展传染病医院策划、设计与创新，打破了"三区两通道"的惯例，采用了"三区单通道"，设计充分考虑了使用者需求、习惯以及香港传染病医院防感染控制的要求，可保障各种极端情况下的安全使用，最终实现了运营期零院感事故发生；自主研发了 MiC 负压隔离病房产品，达到了高气密性、高新风换气率、高效过滤排气等安全可靠效果。

2）项目创造性地采用了基于 DfMA 方法的模块化医院设计理念，实现结构、机电、装修等超过 80％的工厂预制，其中自主研发的 MiC 负压隔离病房是该类产品全球首次成功应用。在严格遵守香港政府工程管理制度的前提下，524 个 MiC 单元件在 2.5 个月完成工厂制造、在 1 个月内完成现场安装，实现 120 天极限工期内完成设计及建造，有效压缩整体工期 90％。

3）通过系统化集成智慧设计、生产、物流、施工、运维等技术，实现了项目全生命周期、全产业链、全参与方的智慧建造，为 120 天建成高质量防疫医院提供关键技术支撑。

4）项目由中央援建、按香港永久建筑标准实施，开创性地将"两地政府层面联合实施机制"与"IPMT 管理模式"相结合，保证了项目建设高品质履行，探索了"一国两制"下中央援建项目实施新模式，于全国范围内开了先河，为我国建筑业高质量发展提供了成功范例。

本项目已获授权专利 21 件（其中发明专利 3 件、外观设计 3 件），软件著作权 8 项，主编或参编 6 项标准（其中参编 1 项地方标准、主编 1 项 CECS 团体标准、主编 3 项企业标准、参编 1 项 CECS 团体标准），获批企业工法 4 项（其中省部级工法 1 项），发表论文 13 篇，荣获中国建设工程鲁班奖（境外工程）、欧洲医疗健康设计优异奖、亚洲最具影响力设计大奖、英国皇家屋宇设备工程师学会香港 2021 年度大奖——防疫建筑成就奖、香港优质建筑大奖等海内外大奖近 20 项。

四、与当前国内外同类研究、同类技术的综合比较

见表 1。

同类综合比较   表 1

主要创新成果	先进性
关键技术一：国际标准的传染病医院策划设计技术	项目是全球首家全 MiC 负压隔离病房传染病医院，在全球范围内都没有建设先例可参考，既需要满足国际标准及用户要求，同时亦需要在极限工期内完成。其中，气密性测试等验收测试流程、指标以及各种极端情况下的系统安全使用设计填补了我国内地传染病医院建设标准的空白
关键技术二：基于 DfMA 的模块化医院设计技术	系统性建立了基于 DfMA 的模块化医院设计建造技术，其中 DfMA 设计方法在建筑业中属于新方法，模块化医院设计理念虽属于已有的建筑设计理念，但将这两种设计方法融合应用并打造了全国首家采用 MiC 技术建造的永久医院，这在我国尚属首次
关键技术三：全生命周期、全产业链、全参与方的智慧建造集成关键技术	实现了从设计、生产、物流、施工及运维等全生命期、全产业链、全参与方的智慧管理，集成度高、系统性强，在我国建筑工程领域未见其他先例
关键技术四：基于"一国两制"的援建项目新型组织模式	开创了中央援建模式的先河，国内外均无先例

本技术通过国内外查新，查新结果为：在所检国内外文献范围内，未见有相同报道。

五、第三方评价、应用推广情况

1. 第三方评价

2022 年 7 月 22 日，项目成果经以院士为组长的专家组评价，总体达到国际先进水平，其中"基于

国际标准的传染病医院策划设计技术"和"基于 DfMA 方法的模块化医院设计与建造技术"达到国际领先水平。

2. 推广应用

项目相关成果已成功推广应用于近 20 单港澳及大湾区医疗或防疫设施相关工程，包括 2022 年中央援建香港系列社区隔离及治疗设施项目、香港广华医院重建一期、香港中医医院及政府中药检测中心、香港启德新急症医院、香港圣母医院重建、澳门离岛医疗综合体、深圳国际酒店项目等，近三年累计合约额逾 580 亿港元，其中累计新增产值 250.3 亿港元，工程总建筑面积近 226 万 m^2，具有广阔的推广与应用前景。

此外，项目研究成果助力公司赢得深圳市政府的青睐，成功中标"前海深港现代服务业合作区建设工程管理制度港澳规则衔接、机制对接改革创新研究"课题，为增强前海与港澳等国际规则内外衔接、建立湾区标准、走向世界、促进市场互联互通提供管理技术支撑。

六、社会效益

北大屿山医院香港感染控制中心于 2021 年 2 月下旬正式启用，作为香港重要的抗疫设施，纳入香港医院管理局使用体系，医院主要接收 16～65 岁、轻度至重度病情的新冠肺炎病人，使香港医院一线负压隔离病床数增加 75%，医院整体核酸测试能力提升 15%，大大提升香港应对疫情的能力。项目成为香港抗击新冠疫情的中流砥柱，凸显了"一国两制"的制度优越性，得到了中央、地方各级政府及社会各界的高度评价，包括人民日报、新华社、中央电视台等在内的近 40 家内地媒体，大公报、文汇报、香港商报、明报等在内的 30 多家香港媒体对项目持续报道。

项目树立了模块化设计、绿色化建造、智慧化建造、工业化建造、高效率建造的行业典范，极大地推动了香港建造业 2.0 的发展，亦为我国新型建筑工业化树立了行业标杆。

轻质超高性能混凝土开发及其在桥梁功能提升与改造中的应用研究

完成单位：中建商品混凝土有限公司、中建三局科创产业发展有限公司、武汉理工大学、中建西部建设股份有限公司、武汉理工大学

完成人：赵日煦、谯理格、熊　龙、杨　文、黄汉洋、宋正林、陈　晨

一、立项背景

我国是桥梁大国，随着交通承载量、运输量的日益增多，相当部分在役桥梁需要进行加固维修以满足运营要求，对桥梁工程等基础设施的性能提升及改造技术研究也是中建集团的中长期重点研发方向之一。桥梁性能提升与改造需要混凝土兼具轻质化和高性能化，轻质化可降低加固材料自重对结构恒载的影响，高性能是加固性能提升效果的根本保障。

但轻质化与高强化是材料学届永恒的根本矛盾，混凝土的轻质化势必带来弹性模量降低、变形强度下降、材料脆化等问题，而高强混凝土（≥2450kg/m³）和 UHPC（≥2700kg/m³）自重较大，也易产生收缩大、易开裂等病害；同时混凝土的轻质化，易造成泵送、振捣等施工工况下匀质性劣化明显，用于既有设施改造其施工质量难以保证。

针对上述问题，本项目经技术攻关，取得如下创新性成果：

1）提出了混凝土"轻质化-超高强-高韧性-高模量-低收缩"协同设计方法，制备出轻质、低收缩、免蒸养超高性能混凝土（LUHPC），其 28d 抗压强度≥100MPa、弹性模量≥3.8×10⁴MPa、365d 收缩≤3.5×10⁻⁴，表观密度≤2100kg/m³。

2）基于流变学原理建立 LUHPC 超高层泵送流变模型，提出了泵送性能优化设计与评价方法，实现了垂直高度 400m 和水平距离 750m 的轻集料混凝土泵送，形成 LUHPC 生产及泵送施工质量控制成套技术。

3）基于 LUHPC，建立了应力-应变本构关系，给出轴心受压短柱和正截面受弯梁的极限承载力计算公式，基于上述公式优化了预应力 LUHPC 简支小箱梁桥设计方法，并形成了 LUHPC 材料生产及预制拼装桥梁设计施工成套技术。

二、详细科学技术内容

关键技术一：轻质、低收缩免蒸养超高性能混凝土（LUHPC）的设计制备技术

1）LUHPC 的低密度、超高强度、高模量的协同设计方法

从胶凝组分、水胶比、胶砂比、钢纤维掺量以及轻集料级配、粒型的多维度试验得到影响 LUHPC 工作性能和力学性能的关键参数，最终获得 LUHPC 的低密度、超高强度、高模量的协同设计及制备方法。

综合考虑 LUHPC 工作性与力学性能，选用 LUHPC 中粉煤灰微珠的最佳掺量应为 15%，硅灰的最佳掺量应为 17%，最适宜水胶比和胶砂比分别为 0.18 和 0.9，钢纤维的掺量不宜超过 2%。轻集料的颗粒特性如颗粒级配、吸水率、粒型和取代率均对 LUHPC 的工作性能和力学性能产生一定影响。生产应用中应优选出圆球形颗粒细轻集料完全取代石英砂进行 LUHPC 的制备。见图 1。

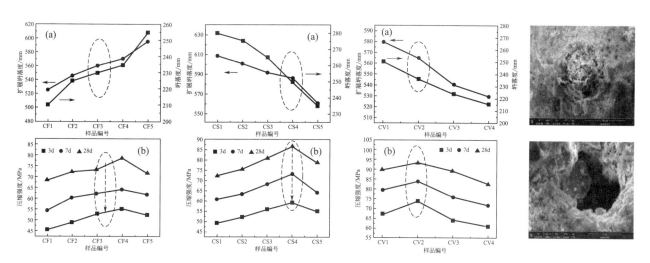

图 1　LUHPC 的低密度、超高强度、高模量的协同设计方法

2）LUHPC 的内养护机制实现超高强度与低收缩协同设计

结合 3D XRM 三维重构分析方法，探明了轻集料替代石英砂的内养护释水特性，结合 SEM 形貌分析、纳米压痕试验，揭示了 LUHPC 水泥石-轻集料界面过渡区拱壳强化机理，掺入预湿近似球形页岩质集料的界面过渡区呈类似隧道衬砌的拱壳状结构，这种特殊的拱壳结构能够均匀分散压应力，弱化界面过渡区所受应力大小，阻碍裂纹沿径向方向扩展，避免轻集料成为混凝土的薄弱区域，从而赋予了 LUHPC 更为优异的力学性能，最终形成预湿球形轻集料内养护作用形成高强拱壳结构提升强度和模量机制。见图 2～图 4。

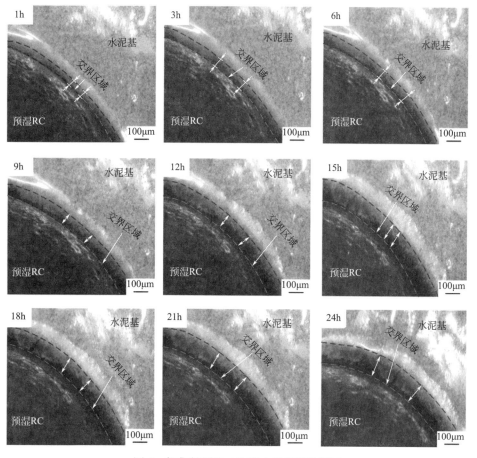

图 2　轻集料颗粒二次释水效应特性测试

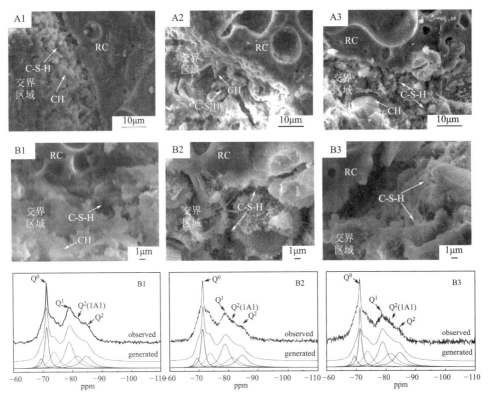

图 3　释水影响区 SEM 形貌与能谱图

图 4　内部孔结构三维重构分析

　　湿轻集料的加入可以有效解决低水胶比下膨胀剂膨胀效能无法发挥的难题，轻集料内养护作用释放的自由水，可以确保膨胀剂有足够的水分进行反应，充分实现其对轻质超高混凝土的补偿收缩作用，大幅度降低 LUHPC 的收缩。轻集料内养护提高胶凝材料水化程度，形成高强拱壳结构，实现轻质、超高强度、高模量的协同，同时也可以降低混凝土的收缩，收缩率由 UHPC 的 $800\sim1000\mu\varepsilon$，降低到 $500\mu\varepsilon$ 以下。见图 5～图 9。

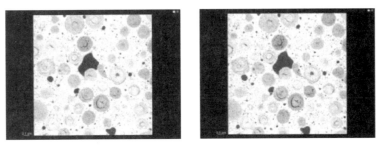

图 5　试样扫描图像的二值化分割处理

图6　试样三维重构图及其内部孔结构模拟

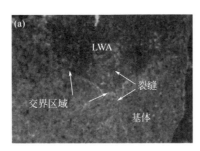
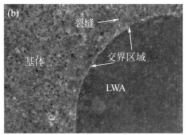

图7　水泥石-轻集料界面过渡区形态

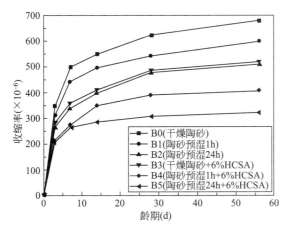

图8　轻集料内养护与膨胀剂的协同减缩作用

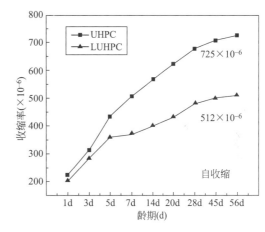

图9　LUHPC自收缩率

关键技术二：轻质超高性能混凝土高泵送性能设计与评价方法

1）轻集料混凝土超高层泵送性能关键因素分析，提出了轻集料混凝土泵送性能评价方法及其关键技术指标

见图10～图12。基于流变学基础理论，以轻集料混凝土拌合物中的轻集料-水泥砂浆体系，选取粒子-流体模型为基础，选取泵送管道内拌合物微元，以泵送压力、泵管阻力、拌合物自身流变特性，考虑粒子-流体运动模型中的 Bernoulli 效应，建立轻集料混凝土泵送栓流区、剪切区、摩擦区流变模型及其流变区域边界参数，研究屈服应力 τ_0、塑性黏度 η_p、泵送压力 P、水泥砂浆密度 ρ_c、轻集料颗粒直径 d 等流变学关键参数对泵送管道内拌合物不同流态的流体力学边界层特性

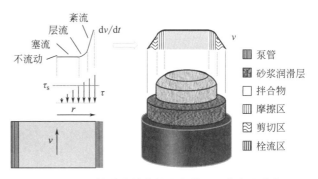

图10　泵送管道中拌合物流变模型及其流速分布

影响规律，分析得到泵送管道中轻集料颗粒有向泵送管道外侧、竖转横弯管处富集趋势，从而造成拌合物分层、离析、堵管，结合轻集料混凝土拌合物自身流变特性，提出轻集料混凝土泵送性能评价关键指标为：匀质性、流动性、泵送压力作用下拌合物体积稳定性。

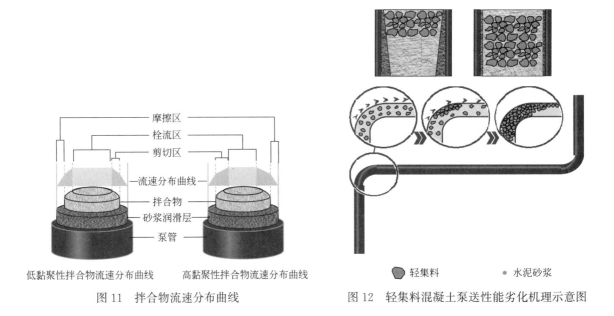

图 11　拌合物流速分布曲线　　　　图 12　轻集料混凝土泵送性能劣化机理示意图

2）开发了轻集料混凝土匀质性和压力作用下体积稳定性的测试装置及评价方法，并提出了不同泵送高度的轻集料混凝土泵送与施工质量关键指标控制区间

基于所提出的轻集料混凝土泵送施工和振捣施工质量控制关键技术指标，针对尚无有效方法评价的指标，分别设计开发了轻集料混凝土匀质性和压力作用下体积稳定性的测试装置及评价方法，经验证所开发的测试与评价方法具有较高的准确性和可靠性，并提出了不同泵送高度的轻集料混凝土泵送施工质量关键指标控制区间。见图 13～图 16。

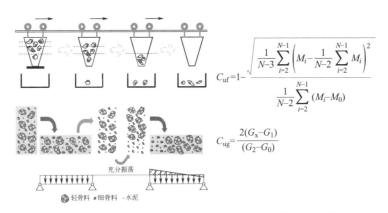

$$C_{uf}=1-\sqrt{\dfrac{\dfrac{1}{N-3}\sum\limits_{i=2}^{N-1}\left(M_i-\dfrac{1}{N-2}\sum\limits_{i=2}^{N-1}M_i\right)^2}{\dfrac{1}{N-2}\sum\limits_{i=2}^{N-1}(M_i-M_0)}}$$

$$C_{ug}=\dfrac{2(G_x-G_1)}{(G_2-G_0)}$$

图 13　基于分层度-流空速度和重心偏移的匀质性测试与评价方法

提出基于体积压缩的泵送稳定性测试方法，对于轻集料混凝土拌合物，若其在压力下产生了体积压缩，由于压力泌水容器具有相当的刚性，其竖直方向的高度变化应等于其体积变化。通过对轻集料混凝土进行长期的跟踪测试试验，对其压力下体积压缩性能进行了测试。经验证，采用体积压缩率来评价拌合物的泵送性能稳定性是可行的，且拌合物的泵送性能稳定性主要取决于轻集料在压力下的吸水行为。见图 17、图 18。

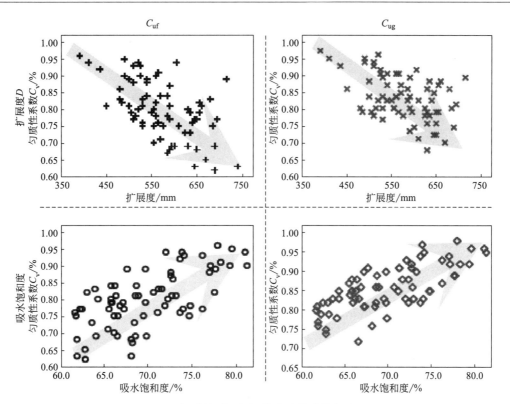

图 14 匀质性测试与评价方法统计数据验证

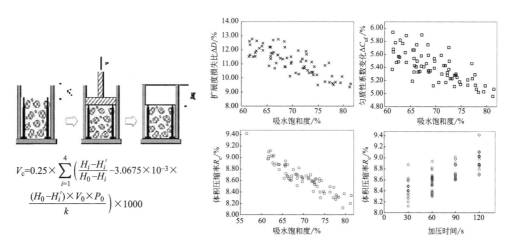

图 15 基于体积压缩率的泵送压力下体积稳定性测试与评价方法及其统计数据验证

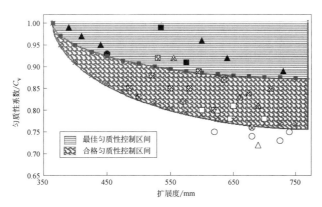

图 16 轻集料混凝土泵送与振捣施工质量关键技术指标控制区间

轻集料颗粒运动自由平衡条件：

$$m_l \frac{d(v_l - v_c)}{dt} = F_浮 - G - F_D - F_{vm} - F_{Basset}$$

修正Stocks方程：

$$v_l - v_c = \frac{d_l^2 g(\rho_c - \rho_l)}{18\eta_c \varphi_A}$$

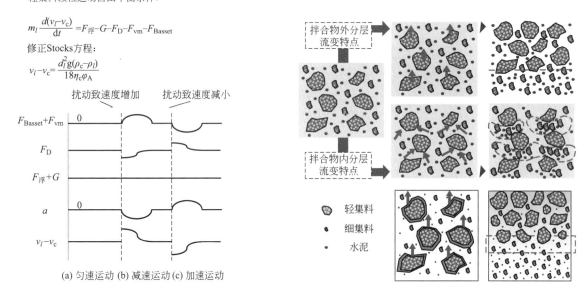

(a) 匀速运动 (b) 减速运动 (c) 加速运动

图 17　振捣对轻集料颗粒运动自由平衡的影响　　图 18　轻集料混凝土内、外分层流变特性及泵后二次释水效应示意图

3）轻集料混凝土可泵性提升关键技术，开发高泵送和振捣施工性能轻集料混凝土专用超分散高保坍多功能专用外加剂

选用不同增稠剂组分研究影响拌合物流动性和匀质性的关键因素，发现浆体流动性与匀质性协同提升关键点二：采用超分散、增黏、保坍等多功能外加剂协同调控浆体流动性与匀质性。见图19～图21。

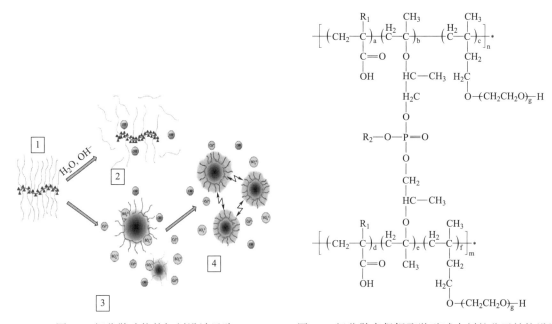

图 19　超分散功能外加剂设计思路　　图 20　超分散高保坍聚羧酸减水剂的分子结构设计

关键技术三：建立 LUHPC 材料本构关系模型，给出轴心受压 LUHPC 短柱和正截面受弯 LUHPC 梁的极限承载力计算公式，提出 LUHPC 桥梁设计及施工质量控制方法

1）LUHPC 材料力学性能研究

本部分研究轻质超高性能混凝土的基本力学性能，通过开展立方体抗压强度、棱柱体抗压强度、泊松比、静力受压弹性模量和单轴受压应力-应变试验。建立了轻质超高性能混凝土立方体抗压强度与轴心抗压强度的关系，提出了 LUHPC 的受压应力-应变曲线的数学表达式。见图22～图24。

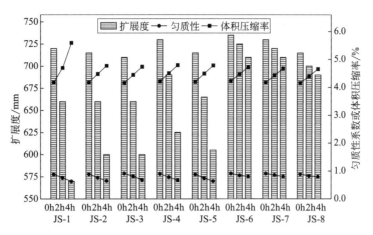

图 21　高泵送与振捣施工质量轻集料混凝土配合比设计

图 22　LUHPC 应力-应变加载图

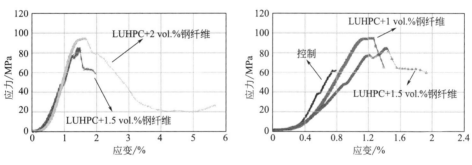

图 23　LUHPC 应力-应变曲线

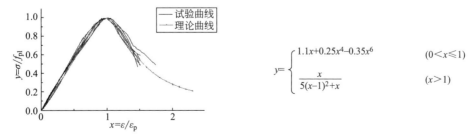

$$y=\begin{cases} 1.1x+0.25x^4-0.35x^6 & (0<x\leqslant1) \\ \dfrac{x}{5(x-1)^2+x} & (x>1) \end{cases}$$

图 24　应力-应变本构关系公式

　　2）LUHPC 短柱正截面受压承载力计算公式、梁正截面受弯承载力计算公式、预制箱梁钢筋临界锚固长度计算公式的提出

　　根据试验研究与理论分析的对比验证，LUPHC 短柱的正截面受压极限承载力公式建议取为：

$$N = 0.9kJ(f_cA + f_yA_s)$$

式中：N—轴向压力设计值；0.9—可靠度调整系数；k—材料影响系数；J—钢筋混凝土构件的稳定系数；f_c—混凝土轴心抗压强度；A—构件截面，当配筋率大于 3% 时，$A = A_c - A_s$；A_s—全部纵向钢筋截面面积；f_y—钢筋屈服强度。

对于本 LUPHC 材料，k 取 1.07；J 按《混凝土结构设计规范》GB 50011—2010 的规定取值。该公式的计算值与试验值比值的平均值为 1.001，变异系数为 0.409，即考虑材料影响系数 k 后的该计算式能非常准确地计算 LUHPC 短柱的轴心受压承载力。

对于 LUPHC 梁的抗弯极限承载力，通过试验值与理论计算值的比对发现，我国《混凝土结构设计规范》GB 50011—2010 仍能较好地适用，计算公式为：

$$M_u = f_yA_s(h_0 - x/2)$$
$$f_yA_s = \alpha_1 f_cbx$$

式中：f_y 为纵向受拉钢筋的屈服强度；A_s 为纵向受拉钢筋截面面积；h_0 为截面的有效高度；α_1 为等效矩形应力系数，根据规范取为 0.94；f_c 为混凝土的抗压强度。

该公式的计算值与试验值比值的平均值为 1.10，变异系数为 0.08，且计算结果安全保守，较《钢纤维混凝土结构设计标准》JGJ/T 465—2019、瑞士 UHPC 规程等其他规范给出的计算结果，该公式的计算结果安全性与准确性俱佳。

通过轻质超高性能混凝土短柱轴心受压试验、LUHPC 梁抗弯性能试验、LUHPC 预制箱梁静荷载试验数据，参考现有计算公式，拟合出钢筋与 LUHPC 的临界锚固长度计算公式：

$$l_a = 0.19 \frac{f_y}{f_{t,s}} d$$

LUHPC 应力监测点及抗弯破坏实物图见图 25。

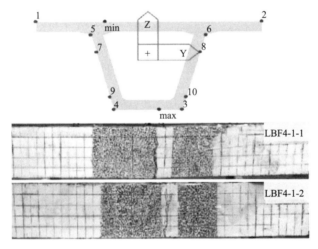

图 25　LUHPC 应力监测点及抗弯破坏实物图

3）形成 LUHPC 材料生产及桥梁设计施工成套技术

提出轻集料技术要求：筒压强度 ≥7.0MPa，密度等级 ≤800，1h 吸水率 ≤9%，饱和吸水率 ≤10%，形状校正系数 0.75~0.90（碎石型）；预湿处理要求：硅灰 0.3 水灰比，FHZC3‰，处理时间 >1h；出厂检验要求：检验频率 ≥1 次/30min，扩展度 ≥700mm，匀质性系数 ≥0.92，体积压缩率 ≤5%；改善拌合工艺。

在施工与质量控制方面，控制入泵性能：检验频率 ≥1 次/30min，扩展度 ≥700mm，匀质性系数 ≥0.92，体积压缩率 ≤5%；检测出泵性能：检验频率 ≥1 次/30min，扩展度 ≥600mm，匀质性系数 ≥0.86，体积压缩率 ≤6%；提出施工与养护技术要求：缩短振捣时间，避免过振；辊压＋人工找平；覆膜＋洒水养护。实现了 LUHPC 材料在桥墩、桥梁、桥面铺装等多种结构中的应用。

三、发现、发明及创新点

1）提出了一种混凝土"轻质化-超高强度-高韧性-高模量-低收缩"协同设计方法，制备出一种轻质、低收缩、免蒸养超高性能混凝土，其 28d 抗压强度≥100MPa、28d 抗折强度≥20MPa、弹性模量≥3.8×10⁴MPa、365d 收缩≤3.5×10⁻⁴、表观密度≤2100kg/m³。

2）基于流变学原理建立轻质超高性能混凝土超高层泵送流变模型，提出了轻质超高性能混凝土超高泵送性能设计与评价方法，成功开发轻质超高性能混凝土超高层泵送性能提升技术。

3）建立了 LUHPC 应力-应变本构关系，提出了钢筋 LUHPC 柱的承载能力、钢筋 LUHPC 梁的抗弯极限承载能力、钢筋与 LUHPC 临界锚固长度计算公式，基于上述公式进行了预应力 LUHPC 简支小箱梁桥设计方法优化，形成了 LUHPC 材料生产及预制拼装桥梁设计施工成套技术。

四、与当前国内外同类研究、同类技术的综合比较

较国内外同类研究、技术的先进性在于以下三点：

1）材料先进性对比：本成果轻质高性能混凝土密度较 UHPC 降低 20％以上（重度＜2100kg/m³），强度较普通混凝土与轻集料混凝土显著提升（强度＞100MPa），弹性模量与普通混凝土和 UHPC 接近（≥38GPa），显著降低材料收缩（≤350×10⁻⁶），可实现常规自然养护。

2）本成果提出的轻集料混凝土超高层泵送有关可泵性（流动性、匀质性）、易泵性（体积压缩率）及泵送压力的关键技术参数均未见国内外报道，填补了国内外的技术空白。在泵送垂直距离及水平距离方面，本技术可实现轻集料混凝土超高层泵送（400m 以上）、可泵送轻集料混凝土强度等级大幅度提高（LC50）。

3）在桥梁结构与施工技术对比方面：减小截面尺寸，降低混凝土用量 10％，预应力筋减少 20.5％，降低单片梁自重 20％以上，可采用普通的运输及吊装设备，实现快速施工，环境污染小，有效解决交通拥堵难题。

本技术通过国内外查新，查新结果为：在所检国内外文献范围内，未见有相同报道。

五、第三方评价、应用推广情况

1. 权威机构检测

本项目所形成的"超轻集料混凝土超高层泵送性能研究及其高性能与超高性能提升关键技术"与"轻质超高性能混凝土（LUHPC）开发及其在桥梁工程中应用"两项成果，经权威机构检测，所有产品均符合现有技术规范的相关要求。

2. 学术同行评价

本项目经成果鉴定，专家组一致认为：该技术成果达到国际先进水平。

3. 用户评价

本项目在华中科技园大桥、新田长江大桥、府河大桥等工程中实现了应用，施工单位对成果应用情况的评价为"施工效果良好，性能符合现行规范相关要求"。

4. 查新结论

项目成果经中国科学院武汉科技查新咨询检索中心进行检索查新，查新结论为"该查新项目的创新点在国内外文献中尚未发现相同的报道"。

5. 应用推广情况

项目所制备的混凝土在武汉中心大厦工程、新田长江大桥、中华科技园大桥、固府河大桥桥墩加固等工程中进行了应用，实现了项目成果在超高层建筑、大型公共设施、市政桥梁工程等大型工程中的推广，工程应用效果良好；项目实施期间累计新增销售额 2.18 亿元，新增直接经济效益 950 余万元；项目成果可在中建集团内进行进一步的推广应用，初步调查符合本成果推广条件的预拌厂占比约为 63％，

以项目近年的实施效果初步估算，预计可新增直接经济效益将超过 1.85 亿元/年，项目成果的推广应用前景广阔。

六、社会效益

和传统的混凝土施工工艺相比，本成果的应用主要具有以下几个效益：

本成果以轻集料替代石英砂，实现了超高性能混凝土的轻质化，有助于建筑物承重结构的尺寸减薄，降低胶凝材料用量。

本成果成功利用轻集料预湿与膨胀剂协同作用，解决了超高性能混凝土收缩大、易开裂的问题，实现了超高性能混凝土的免蒸养施工，能够有效降低生产能耗，大幅度减小生成成本。本成果科学组织生产，提高轻质高强混凝土工作性能匀质性，有助于轻质超高新能混凝土的预拌厂生产，避免了现场搅拌引起的环境污染，提高预拌厂设备使用效率，能有效减少轻质超高新能混凝土生产中的设备成本。

城市暗涵智能化清淤装备及关键协同技术研究与应用

完成单位：中建三局集团有限公司、中建三局绿色产业投资有限公司、武汉理工大学

完 成 人：汪小东、湛　德、阮　超、龚　杰、刘学进、吴志炎、郭二卫

一、立项背景

城市暗涵是城市排水管网的"动脉"，承担着城市大流量雨污水传输的核心功能，暗涵淤积引发城市内源污染、内涝及污水溢流等问题，需要定期清淤维护。但暗涵内外部环境复杂，淤积物特性多样，为暗涵清淤带来很大困难，暗涵清淤尚依赖于人工方式，效率低下，缺氧、坍塌、有毒有害气体、暴雨、机械伤害等因素，对涵内作业人员构成极大安全威胁。据统计，2016—2021 年以暗涵清淤为典型的有限空间作业安全事故高达 207 起，伤亡人数高达 733 人。

行业内清淤机器人的开发起步晚，成熟度有限。针对颗粒物粒径小而均匀，淤泥流动性较好的普通淤积工况，市场已开发了泵吸式清淤机器人，在一定程度上实现了部分人工替代，但该机器人作业半径小，排泥含水率高，排泥浓度难以稳定控制，整体效率偏低。针对淤积物存在板结，或淤积物裹挟了较多的大尺寸建筑垃圾、生活垃圾的复杂工况，市场上尚无可有效应对的成熟产品。

由于清淤装备开发起步晚，配套的应用技术也尚未形成体系。尚未形成可推广的系统化的解决方案。

综上，为实现城市暗涵的安全、高效清淤，城市暗涵智能清淤装备及其协同关键技术研究与应用迫在眉睫。

二、详细科学技术内容

1. 低扰动高效率装载式暗涵清淤机器人关键技术

针对垃圾混杂、泥质板结等复杂工况下市场上尚缺乏成熟产品，暗涵清淤仍大量依赖于高危低效的人工方式的突出问题，研发了国内外首台带水作业条件下，满足复杂清淤工况的低扰动高效率装载式暗涵清淤机器人智能装备。见图 1。

图 1　装载式清淤机器人

创新成果一：铲储一体式低扰动环保清淤技术

设计了高容量大推力淤泥导入系统，高效完成淤积物的攫取，提升机器人的平均作业效率。见图 2。

基于 ANSYS 软件对清淤系统底盘、吊臂、升降平台等主要部件进行建模并进行有限元静力学分

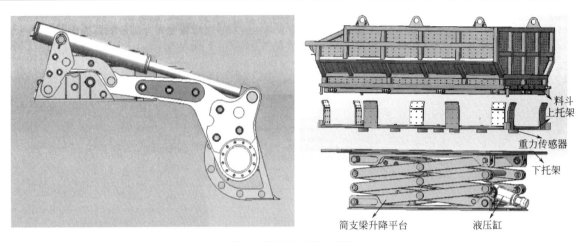

图 2　清淤系统核心部件

析，确定各部件对施加约束和载荷的满足情况。通过清淤系统对底盘、吊臂、升降平台等主要部件的静力学分析，验证设计方案的可靠性。见图 3。

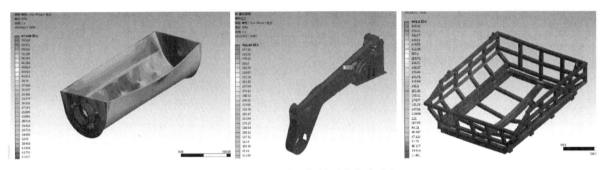

图 3　清淤系统核心部件受力仿真分析

开发的铲储一体化清淤系统，可有效应对板结/建筑垃圾或生活垃圾混杂等工况，机器人设计最大清淤效率为 18 水下自然 m^3/h，相对于人工清淤提升二三倍。清淤系统可实现泥层的整体采掘及运输，泥层扰动小，二次污染少，实现了复杂清淤工况下高效、环保的清淤效果。

创新成果二：满足污水介质、变化水位工况的多元化监测感知技术

为保证机器人在等多种水位及复杂暗涵地形环境，能够对机器人作业环境以及机器人自身状态进行有效监测，保障机器人连续稳定可靠作业，开发了集成特种传感器、自补偿微光高清模组摄像光学监测系统、高分辨率二维成像声呐声学监测系统的多元化监测感知系统，有效实现不同水位工况下对机器人作业时装备工作状态、暗涵环境信息的实时监测。见图 4、图 5。

图 4　声学、光学作业环境监测系统

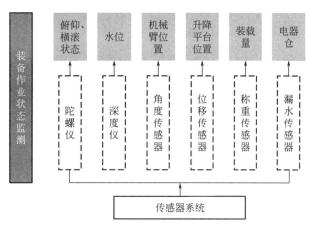

图 5　装备状态监测专用传感器类型及功能

创新成果三：低能耗节能化液压动力技术

为实现液压动力系统的节能化，开发了变量泵＋比例电磁阀匹配的液压动力系统，变量泵的输出流量可以根据系统外负载的压力变化自动地调节流量，从而节省液压元件的数量并简化了油路系统，减少热损失。见图 6。

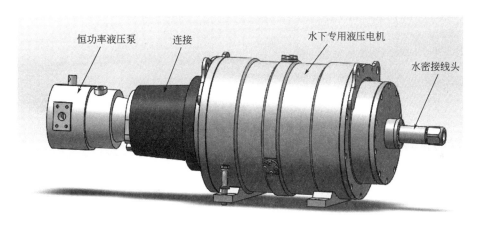

图 6　节能化液压动力系统核心——变量泵

开发了与液压动力系统相匹配的六路比例式液压阀组，实现机器人各动作的联动控制，保障高效的人机交互，从而实现机器人的高效清淤作业。见图 7。

创新成果四：智能化集成式地面控制技术

为实现机器人高效的远程操控，开发了一种基于 ARM 系统的智能化集成式地面控制系统，该控制系统不同功能采取模块化设计，可直接控制各个传感器及机械部件。系统由软件系统和地面操控平台等构成，通过地面系统层与水下控制层、执行层之间的数据交换，实现机器人高效、便捷的控制功能。见图 8、图 9。

2. 城市暗涵长距离自适应泵吸式暗涵清淤机器人技术

现有城市暗涵泵吸式水下清淤机器人存在泥浆浓度偏低

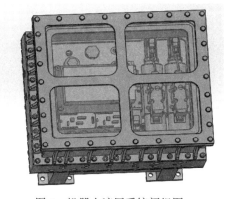

图 7　机器人液压系统阀组图

且控制不稳定，作业半径小等难点问题，基于此构建了长距离-高效率耦合控制器，开发兼具长距离与高效率清淤性能的泵吸式清淤机器人。见图 10。

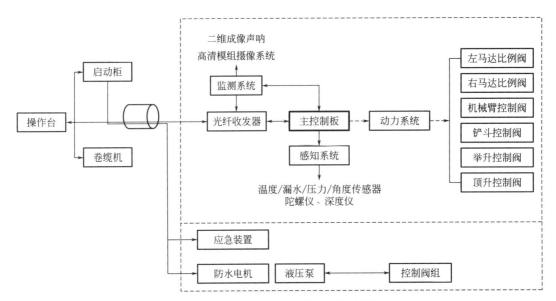

图 8 智能化集成式地面控制系统结构图

图 9 地面操作控制系统实际效果

图 10 长距离高效率泵吸式清淤机器人

创新成果一：全系数自适应高浓度智能控制技术

基于泥浆绞吸过程中绞龙下切过程中的机理性分析，搭建出"泥浆浓度-下切速度"耦合模型，并利用黄孝河暗涵实测数据进行模型验证。经历了起始阶段的波动之后，特征模型的输出和实测浓度曲线基本吻合，浓度误差在允许的误差范围（±6%）内，建立的泥浆浓度过程的特征模型能够很好地描述实际泥浆浓度过程。见图11。

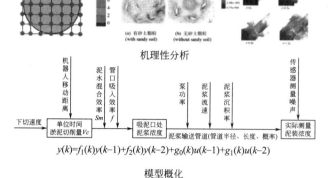

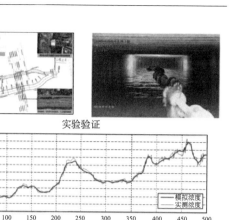

图 11 "泥浆浓度-下切速度"耦合模型

在特征模型的基础上，基于自适应全系数控制理论，搭建下切速度精准控制系统，并通过 Matlab/Simulink 仿真，结果表明泥浆浓度误差能控制在 5% 以内，具有很好的浓度保持性能。

创新成果二：长距离变调节稳流态智能控制技术

在下切速度等边界条件一定的前提下，概化泥浆输送过程，形成"泥浆浓度-输送速度"耦合模型，并设计单神经元无辨识自适应预估控制器，将其与经典的 PID 控制进行了对比测试，结果表明，在外扰基本相同的条件下，无辨识自适应预估控制器的总体性能大幅优于常规 PID 控制器。见图 12。

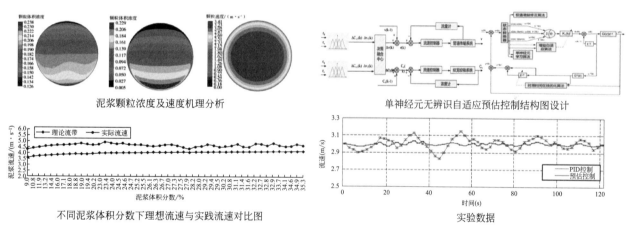

图 12 长距离变调节稳流态智能控制系统设计与验证

3. 城市暗涵智能化清淤装备高效作业协同技术

创新成果一：智能化清淤方法定量化评估模型

以"社会影响小、安全风险低、施工成本少、操作性强"为目标层，从淤积物特性、箱涵（暗涵）结构、水力条件、技术经济性、周边影响和安全风险 6 个维度出发，优选淤积物厚度、淤积物颗粒大小、底板承载力、箱涵尺寸、覆土深度、开孔距离、流速、水深、透明度、工效、清淤综合单价、雨期施工、居民点距离、交通影响、水下作业风险与有限空间作业风险 16 个关键性评价指标，采用层次分析法定量化赋值定性指标，分级隶属权重，改进模糊综合层次评价法，开发了智能化清淤方法定量化评估模型。

创新成果二：基于声光结合的高淤积环境下淤积量高精度智能化检测技术

针对传统暗涵声纳机器人只能扫描水下淤积，无法完成水面以上断面扫描，在传统声纳测量机器人的基础上搭载激光测距传感器，利用激光完成水面以上淤积测量，实现箱涵全断面扫描。优选了直射式激光三角法的激光光学结构，并设计了基于 PSD 的短距离激光测距传感器系统的硬件电路。通过该技术，将大尺寸暗涵淤积测量精度提高了将近1倍。见图13。

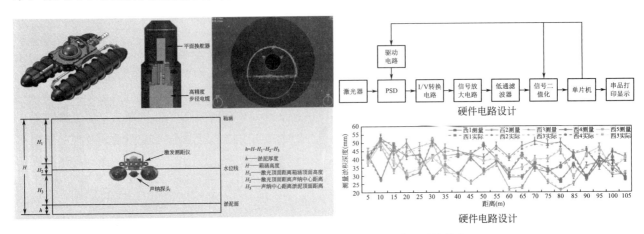

图13 高淤积环境下淤积量高精度智能化检测关键技术

创新成果三：全暗涵淤积环境下机器人清淤施工工艺

系统标化了全暗涵淤积环境下机器人清淤施工工艺，实现不同工况清淤的全覆盖，普遍提高清淤效率二三倍，实现暗涵零安全事故清淤，提供了可复制全流程标准化暗涵清淤方案。见图14。

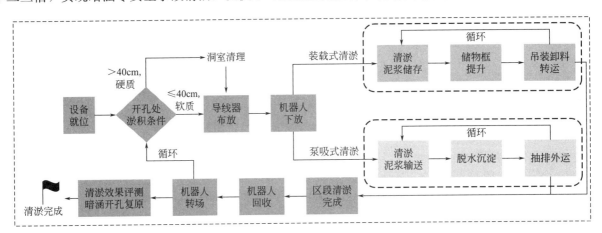

图14 全暗涵淤积环境下机器人清淤施工工艺

三、发现、发明及创新点

1）针对城市暗涵普遍存在的淤积成分复杂、清淤难度大的突出问题，研发了具有自平衡功能的铲斗与大容量可升降分体式料斗等装置，开发了铲储一体化清淤系统和装载式清淤机器人，实现了复杂淤积物的高效清理。

相关成果：机器人样机一套；授权发明专利3项；授权实用新型专利4项；登记软件著作权1项；录用论文7篇，其中SCI 2篇，中文核心4篇；完成机器人操作指南1项；获得科技奖项1项。

2）针对传统机器人作业距离短、淤泥含水率高的问题，研发了全系数自适应和浮体式流态淤泥长距离输送清淤控制技术，开发了城市暗涵泵吸式清淤机器人，大幅提升了机器人的作业效率，有效降低了淤泥含水率。

相关成果：授权发明专利3项；授权实用新型专利3项；登记软件著作权1项；录用论文7篇，其中SCI 3篇；获得科技奖项1项。

3）研发了一种城市暗涵机械化清淤应用关键协同技术，构建了暗涵清淤评估模型及声光结合淤积测量方法，解决了暗涵机械化清淤缺乏定量化评估决策方法及大尺寸暗涵淤积测量误差大等问题。

相关成果：授权发明专利2项；授权实用新型专利3项；录用论文6篇，其中SCI 2篇；参编行业标准 1 项；获评高级别工法 2 项，获得科技奖项 2 项。

四、与当前国内外同类研究、同类技术的综合比较

见表 1。

与当前国内外同类研究、同类技术的综合比较　　　　　　　　　　　　　表 1

对比内容	国内外同类技术	本技术
全场景装载式清淤机器人	国内外暗涵清淤机器人大多为适应中小型管径的管道清淤机器人，开发的少量能够满足大型暗涵的清淤机器人多为适应一般淤积工况的泵吸式，未见针对复杂清淤工况的装载式暗涵清淤机器人开发案例	创新开发铲储一体化低扰动环保清淤系统，可适应泥质板结/水位变化/垃圾混杂等工况，清淤效率达 18 水下自然 m³/h，排泥含水率可低至 60%，接近淤积物自然含水率，淤积物扰动小，二次污染小； 　　创新设计以声学＋光学＋专用传感器为核心的多元化监测感知系统，满足机器人在污水介质及浅水、半水、满水等不同水位工况下连续稳定作业
高效率节能泵吸式清淤机器人	国内外满足大型暗涵的泵吸式清淤机器人，泥浆浓度一般低于 5% 且浓度难以稳定控制，机器人作业半径一般在 150m 以内	创新开发泵吸式清淤机器人高效率清淤自适应控制系统，泥浆浓度从人为操作模式的平均 5% 以下大幅跃升至平均 10% 以上； 创新开发长距离泥浆稳态输送控制系统，机器人作业半径达到 400m，提升总体清淤效率，减少暗涵开孔数量 50% 以上
城市暗涵智能化清淤装备高效作业协同技术	未见针对暗涵清淤清淤方法评估模型的报道。 传统声呐检测无法完成水面以上断面扫描，难以实现暗涵淤积量的高精度自动化测算； 未见有全暗涵淤积环境下机器人清淤施工工艺的系统化论述	创新开发国内首套机械化清淤方法评估模型，利用三种典型工况验证，模型比选与实际优选结果高度吻合，可适用于方法清淤方法的科学决策。 集成创新基于声光结合的高淤积环境下淤积量高精度智能化检测技术，淤积量测算误差控制平均误差 2.55%，较常规检测技术精度提高了将近 1 倍； 系统标化满足两大类淤积工况的机器人清淤施工工艺为暗涵清淤提供了可复制的标准化施工方案

五、第三方评价及应用推广情况

1. 第三方评价

1）湖北技术交易所于 2022 年 11 月 3 日在武汉组织了对项目的科技成果评价，评价结论为，"该项目科技成果整体达到国际先进水平，其中装载式清淤机器人技术达到国际领先水平"。

2）湖北省建筑业协会于 2023 年 4 月 17 日在武汉组织专家对项目进行了科技成果评价，评价结论为，"该成果整体达到国际先进水平"。

2. 应用推广情况

成果应用于中山市未达标水体综合整治工程（小隐涌流域）—华南地区典型城市排水暗涵清淤检修项目，项目总投资 35 亿，服务人口 24.06 万人。2022 年 9 月，本项目研究成果在该工程完成应用，清淤总量 31.2 万 m³，实现经济效益 4743.2 万元。

成果应用于武汉东湖新技术开发区南湖片区水环境综合改造工程总承包 EPC 项目，项目总投资额 7.44 亿元，建设内容包括社区雨污分流精细化改造、雨水管涵清淤疏浚及病害修复等。2021 年 12 月，装载式清淤机器人在该项目完成清淤方量 15.6 万 m³，有效解决了南湖片区水体黑臭、城市内涝等问题，实现经济效益 2371.3 万元。

成果应用于黄孝河机场河流域综合治理一期工程，该项目为华中地区最大规模城市主干排水暗涵清淤检修典型示范项目，一期工程总投资额 5.2 亿元，服务人口 250 余万人。2022 年 6 月，泵吸式清淤机器人在该工程完成应用，清淤方量 21.7 万 m³，实现经济效益 2845.9 万元，成功打通末端堵点问题，解决了传统泵吸式清淤机器人和人工清淤难以解决的行业痛点问题，取得了良好的社会效益、经济效益

和工程示范作用。

本项目研究成果成功运用于四川省德阳市旌湖两岸、东湖山、文化娱乐城生态修复和功能完善项目，该项目总投资额 34.44 亿元，建设内容包括旌湖两岸绿色生态带建设，东湖山、文化娱乐城生态修复和功能完善，项目将实现旌湖两岸滨江慢行系统连续贯通，全方位提升城市景观品质和综合竞争力。2020 年 9 月，泵吸式清淤机器人成功完成德阳项目暗涵清淤任务，清淤方量 29.0 万 m^3，实现经济效益 3794.6 万元，快速消除了连通水体的内源污染，为城市景观品质和综合竞争力提升提供了有力的技术手段。

六、社会效益

社会效益方面，本项目代替人工下涵作业，杜绝了气体中毒、窒息、淹溺、机械伤害等安全事故风险，引领了行业技术发展，减少城市内涝风险。

环境效益方面，本项目研究成果有利于消除黑臭水体的内源污染，便于清淤淤泥后续的资源化利用，改善人居环境，大幅提高清淤装备清淤效率，降低能耗，减少碳排放，应用推广前景广阔。

大型场馆复杂钢结构一体化智能建造技术

完成单位：中国建筑第二工程局有限公司、中建二局安装工程有限公司、中冶（上海）钢结构科技有限公司、南京市江北新区公共工程建设中心

完成人：张　强、陈　峰、李　敏、游茂云、郝海龙、胡　锐、杨松杰

一、立项背景

大型复杂钢结构工程伴随着国民经济的发展和建筑领域技术水平提高而不断出现。钢结构作为大型公建场馆的绿色构筑利器，在功能、造型及文化内涵提升方面发挥着关键作用。大型复杂钢结构整体提升工程可按被提升结构空间造型复杂程度、结构体量、面积、结构刚度、刚度差等特点以及是否分区提升、设备选用、施工条件等方面来分类。即指那些空间造型复杂、面积超大或结构超重、各组成部分高差大、本身刚度差很大或本身刚度大或刚度极小的结构工程。对上述大型复杂钢结构工程已不能直接采用常用的整体提升工艺进行安装施工，必须针对工程的不同特征和施工条件进行对比、改进和优化，采用改进技术和措施，才能发挥出整体提升技术本身所具有的特征和功效。

钢结构整体质量巨大，而且整体结构刚度和质量的分布非常不均匀，在其整体提升方面存在技术短板，需要在现有提升技术基础上开展重大创新研究。通过对钢结构整体设计和提升施工技术的创新改进和施工工艺的优化，将大型、复杂钢结构安装施工的不利因素转化为有利因素，使整体提升方法能够科学合理地应用于超大体量、超大面积、大高差和结构复杂的钢结构安装施工工程，形成整套关键技术，提高施工质量，增强安全保障，安全高质地完成施工任务。

超大跨度异形钢结构的建造是普遍性难题，制约了大型公建场馆建设。现今国内外已经存在多个整体提升案例，但一般提升吊点数量较少且提升结构重量小，荷载质量分布相对稳定均匀，提升的同步性要求相对较低。本研究内容的顺利实施对超大吨位结构设计、复杂不规则空间桁架结构以及刚柔结合型结构的多点位吊装与精准定位的智能化同步控制和动态监测等方面具有重要的指导意义。

二、详细科学技术内容

1. 超大跨度异形钢结构整体位形动态控制及建造全过程分析技术

创新成果一：重载不均匀钢结构复杂建造全过程分析方法

建立了基于理论推导和仿真分析相结合的构件起拱全过程分析方法，同时通过理论推导，推算地面拼装阶段、整体提升阶段、合拢阶段和卸载阶段的理论起拱值，将误差控制在 0.1mm。考虑了温度及提升不同步的影响，对支撑体系、预装桁架吊装和提升施工进行全过程分析，确定了施工的整体流程和关键分步施工流程，并确定了流程之间的衔接关系。见图 1、图 2。

创新成果二：基于"分析＋实测"交互修正的位形动态控制技术

为解决大直径（104m）钢桁架整体预起拱拼装和重载不均匀钢结构的整体拼装过程中的位形控制难题，建立基于仿真分析与 BIM 深化设计的构件智能制造方法，通过数值模型优化桁架精度控制点及起拱值，充分发挥仿真分析的预判作用，实现了结构关键控制点变形的预测与反馈。结合迭代法等仿真分析方法得到全过程的位形修正值和各分步位形值，进而确定构件的安装修正值，实现超大跨度异形钢结构整体位形动态控制。提出了采用节点起拱和构件起拱相结合的构件起拱方法，精确确定了每根构件以及构件拼接点位置的起拱值；建立平面控制网，使用精密测控网络实现对拼装胎架、桁架拼装精度的

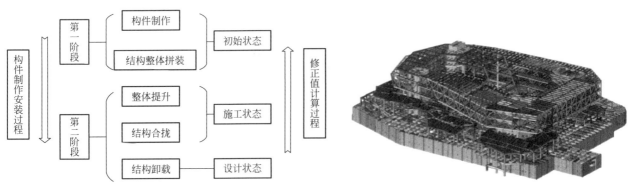

图 1 重载不规则钢结构建造全过程分析　　　图 2 考虑温度建立的有限元分析模型

控制（其中标高误差可控制在±2mm 以内，胎架调节段标高误差可控制在±1mm 以内）。见图 3、图 4。

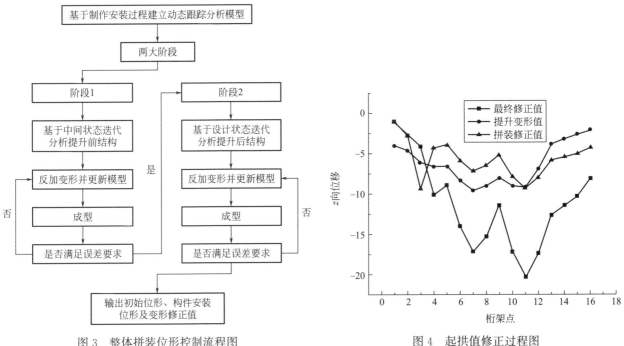

图 3 整体拼装位形控制流程图　　　图 4 起拱值修正过程图

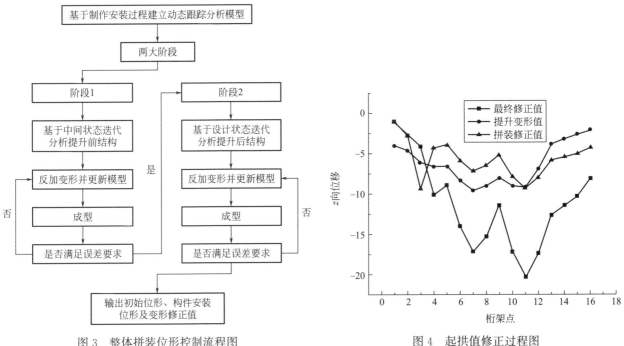

图 5 智能测量机器人

2. 超大跨度异形钢结构多点位同步提升和多点位精准定位研究技术

创新成果一：同步位移数据智能测量技术

使用智能测量机器人等设备布设二级测控点，形成了多层级、高精度的三维测量控制网，在提升过程中，使用 6 台智能测量机器人自动全方位测量对口控制点空间坐标，具有独特的 ATR 自动目标识别技术，实现精准就位和提升同步性校准。见图 5。

创新成果二：超大吨位复杂空间异形钢结构累积整体提升技术

为解决多层钢性桁架结构（直径跨度 104m，提升高度 35m 及重载 8016t）因施工限制而采用非原位拼装的难题。创新使用四个主承重体系的四肢格构式塔架柱，并在塔架柱顶安装提升支架。分两阶段进行提升控制，第一阶段提升基坑内 3/4 拼装单元至与坑顶 1/4 拼装单元等高，提升高度 6m，第二阶段与坑顶 1/4 圆拼接后整体提升至设计就位高度，提升高度 29m。以整体和局部相结合，布置 29 个提升点。开发了多点提升混合支撑体系，根据提升点反力匹配液压提升器。开发计算机同步控制系统，对液压泵源和提升器进行同步控制，研发了自动同步纠偏技术，实现相邻两点 25mm、整体 50mm 自动截止阈值的控制。集成了超大吨位复杂空间钢结构、刚度不均匀重载大型复杂异形钢结构整体提升技术，实现了我国大直径（100m）钢环梁整体提升、我国首例刚柔结合型累积整体提升工程。见图 6、图 7。

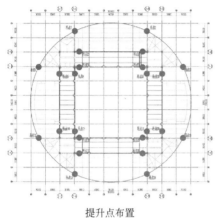 

提升点布置 　　　　　　　　　　　　　　　　整体提升

图 6　钢结构累积提升工况

多点提升混合支撑体系布置 　　　　　　　　　　整体提升

图 7　刚度不均匀重载大型复杂异形钢结构整体提升

创新成果三：空间离散多接口精准对接及控制关键技术

针对多达 97 个对接口的技术难题，研发了精准对口测量辅助系统。精准对口测量辅助系统包括全自动全站仪数据采集设备和数据处理系统，通过对口处实时采集的坐标信息的处理比对，提高了对口精度的动态微调效率，解决了合拢时多点位对口就位复杂、费时的难题，保证了对口与合拢的精度。

创新成果四：重型钢桁架对接临时支撑、锁定、加固及嵌补施工技术

为解决分段吊装、分段提升对接以及提升到位后悬停对接等过程中的钢桁架安全性、稳定性的难题，保障对接、悬停阶段防坠落安全，研发了重型钢桁架对接临时支撑和限位锁定装置。分段吊装临时支撑由路基箱底座、塔式起重机标准节支撑架主体、顶部平台及支托构成，见图 8（a）；第一阶段提升对接临时支撑由箱形截面十字底座、塔式起重机标准节支撑架以及支撑横梁构成，见图 8（b）；提升就位后悬停限位锁定装置由吊挂钢带、双销轴、箱形梁构成，见图 8（c）。

(a) 分段吊装临时支撑

(b) 分段提升临时支撑

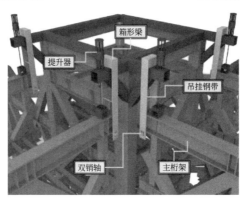
(c) 提升就位限位锁定装置

图 8　重型钢桁架对接临时支撑、锁定、加固及嵌补施工技术

3. 超大跨度异形钢结构整体提升在线监测与预警技术

创新成果一：下吊点静力水准仪实时在线监测反馈体系

在下吊点部位设置静力水准仪对钢结构整体提升同步性进行监测，相比常规上吊点监测，该方法有效地消除了提升支架下挠及钢绞线延展所带来的误差，且仪器精度达 0.2mm，更能准确掌握提升同步差异，是全国首次采用高精度静力水准仪监测技术对多点提升的下锚点进行同步性监测。见图 9～图 11。

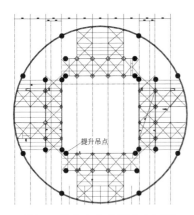
图 9　静力水准仪测点布置图

图 10　静力水准仪

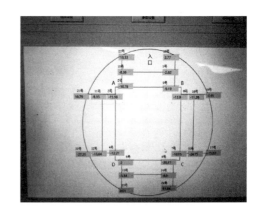
图 11　在线同步监测界面

创新成果二：智能监测与安全风险预警系统

研发了智能监测与安全风险预警系统，实现了数据智能读取与比对，提高了系统的运转效率。根据现场提升点位、结构体系受力及数值模型分析，综合考虑安全、经济、方便施工等因素，对钢桁架跨中

及特征点的位移及关键杆件的应力、应变进行现场跟踪监测，最终确定了监测过程中监测点的位置、数量。对胎架拆除逐级卸载过程及二次结构安装过程逐次、逐阶段进行结构应力及变形监测，监测工作贯穿整个安装操作过程并持续至主体钢结构吊装完成。应力监测采用振弦式应变计，变形监测采用全站仪，采用 GPRS-A 无线数据采集仪采集监测数据；使用系统软件自动连续读取被测点的监测数据，提取数据中转子系统中原始数据并导入云平台，其代替传统的人工测量、录入、比对。本监测及预警系统节省了人工和时间成本，避免了人工操作时出错的概率，保证了整个提升过程的连续性。同时，可以在提升过程不停止的情况下，进行同步性信息的自动化实时传输，取消提升暂停测量的时间。见图 12。

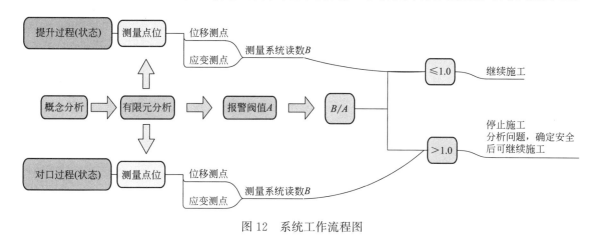

图 12 系统工作流程图

4. 钢结构制造与安装一体化智慧管理技术

创新成果：钢结构制造与安装一体化智慧管理平台

为实现超大跨度异形复杂钢结构的高效建造，研发了钢结构制造与安装一体化智慧管理平台，基于 BIM 技术和物联网管理技术，以云端数据管理为核心，建立了集设计、制造、运输、安装的多维度信息化实时动态管理平台。从下料至安装各环节全过程实时把控跟踪生产进度和质量，达到管理过程数据化、可视化，解决了传统管理方式效率低下和差错率高等问题。管理效率提高 32%，出错率降低 86%，研发了椭圆板半自动下料及坡口切割技术、数控直条切割机的割炬等技术提高了钢结构构件制作安装的效率和质量。

平台主要包括项目管理、产品管理、物资管理、工艺管理、生产管理、质量管理、成本管理、报表管理、人力管理、运行维护管理和资产管理共 11 个模块，合聚形成了一个完整的数据无损流转闭环。见图 13。

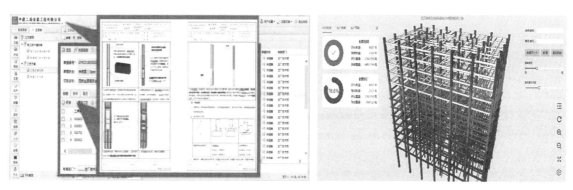

图 13 钢结构制造与安装一体化智慧管理平台

三、发现、发明及创新点

1) 超大跨度异形钢结构整体位形动态控制及建造全过程分析技术：建立了重载不均匀钢结构复杂

建造全过程分析方法，提出了基于"分析+实测"交互修正的位形动态控制技术，解决了位形预判与及时修正的难题，实现了复杂空间钢结构安全高效建造。

2）超大跨度异形钢结构多点位同步提升和多点位精准定位研究技术：建立了重载不均匀钢结构提升吊点优化设置方法，开发了超大吨位复杂空间钢结构累积整体提升与刚度不均匀重载大型复杂异型钢结构整体提升创新方法，研发了平面多点位、载荷大差异整体同步提升控制系统和空间离散多接口精准对接控制关键技术，解决了复杂钢结构整体提升多点位同步控制和精准定位的难题。

3）超大跨度异形钢结构整体提升在线监测与预警技术：构建了下吊点竖向相对位移的实时在线监测反馈方法，完善了基于有限元分析结果的关键位置应力与变形测控方法，开发了智能监测与安全风险预警系统，保障了复杂工况下施工的安全性。

4）钢结构制造与安装一体化智慧管理：建立了基于仿真分析与深化设计的构件智能制造方法，完善了基于BIM的结构拼装全过程虚拟仿真技术，研发了钢结构工厂制造与现场安装一体化智慧管理平台，实现了复杂空间钢结构的高效建造。

四、与当前国内外同类研究、同类技术的综合比较

见表1。

与当前国内外同类研究、同类技术的综合比较　　　　　　　　　　　　　　　　　　　　　　　　　表1

序号	项目成果	国内外同类技术水平
1	超大跨度异形钢结构整体位形动态控制及建造全过程数字化分析	国内采用液压整体提升施工一般质量在7000t以下，被提升结构较规则。类似南京美术馆新馆这样体量的，且构造上又是刚度分布不均匀的不规则多层复杂异形桁架结构整体提升，未有相关的资料述及。 国外对于超大体量的桁架结构整体提升施工研究资料较少，同时兼具刚度不均匀和异形造型特征的案例未见报道
2	超大吨位复杂钢结构整体提升多点位同步控制和多接口精准定位	国内外未见多点位对口及精准合拢技术通过调整预起拱等反变形技术和对口位形理论分析旋转平移量、研发了以智能测控技术为核心的精准对口测量辅助系统技术
3	重载不均匀钢结构整体提升全过程的智能监测及安全风险预警系统	研发了钢结构整体提升过程的监测及预警系统技术，未见有相关的资料述及
4	钢结构制造与安装一体化智慧管理	国内的大多数都尚未具备设备数据板块、材料进度与平台的实时传输、3D可视化管理以及数据无损流转机制，整体还是无法做到平台一体化数据内容传输和操作

五、第三方评价、应用推广情况

2021年9月25日，江苏省土木建筑学会组织的鉴定委员会认为：该项成果达到国际领先水平。

2022年5月16日，北京市建筑业联合会组织的鉴定委员会认为：该项成果达到国际领先水平。

经江苏省科技查新咨询中心（国家一级科技查新咨询单位）查新，"钢结构智慧管理平台""全过程伺服式提升施工检测及预警系统技术""刚度不均匀大型重载钢结构多点位提升混合支撑技术""多点位对口及精准合拢技术"等，在国内外"所检文献中未见述及"。

南京江北新区市民中心和南京美术馆新馆公建场馆项目，共计缩短工期317天、焊接安装质量优良率98％、节约建造成本2364.86万元。该技术极大地提高了施工效率、质量和安全性，形成了具有江苏特色并引领国内专业领域的成套应用技术。项目成果已推广应用于5项工程，建筑面积27.5万 m^2。新增销售额23186.41万元，新增利润2451.1848万元。取得了显著的经济效益、环境效益和社会效益，具有广阔的应用前景。

六、社会效益

大型公建场馆复杂钢结构一体化智能建造技术包含了一系列创新技术，实现了国内首例最大直径（104m）钢环梁和近十年国内外最大提升质量（8016t）钢结构工程的整体提升。该技术可极大提高施工效率、质量和安全性，工期缩短 317d、焊接安装质量优良率 98%、节约了建造成本 2364.86 万元，在 2019 年第七届全国建筑结构技术交流会和 2020 年绿色建筑和装配式建筑示范项目中成功推广至全省乃至全国应用，经济效益和社会效益显著。有力支撑了江苏省标志性建筑的建设进程并形成了具有江苏特色并引领国内专业领域的成套应用技术。

复杂条件下地下工程施工安全智能管控关键技术及应用

完成单位： 中国建设基础设施有限公司、中建工程产业技术研究院有限公司、中国建筑第四工程局有限公司、中国建筑第五工程局有限公司

完成人： 李继超、李　珂、刘文解、胡　绕、邱运军、郑　爽、邝利军

一、立项背景

地下空间的开发建设可舒缓交通压力、改善城市生态环境、助推韧性城市建设、缓解城市人地矛盾等。"十四五"期间，国家和众多一线城市的相关规划对城市地下工程建设提出了更高要求。

特殊条件下地下工程施工通常存在以下特点：

1）施工范围内存在岩溶、孤石等不良地质体，现有技术难以对其精准探测和提前处置；

2）施工场地狭小复杂，场地中经常存在未迁改管线、高压线、桥梁等障碍物的干扰，大型机械设备使用不便；

3）在透水性强且地下水位补给充分的地层中，透水、突涌等事故带来的损失更大；

4）周边建构筑物密度更大、重要程度更高、距离更近，故施工中对周边环境的管控更加严格。基于上述特点，传统施工技术、监测方法和管理方法在精度、效率和覆盖度方面都难以满足需求，工程安全、质量事故一旦出现，将带来了重大的经济损失和恶劣的社会影响。

近年来，以数字化、网络化和智能化为特征的新一代信息技术开启了各国、各行各业新一轮的科技变革，通过"以数据为依据、以场景为导向、以算法为支撑"的方法论取代传统靠经验、凭感觉的决策手段已成为各行业的发展导向，也同样为城市地下工程领域的技术创新指出了新的方向。

二、详细科学技术内容

针对城市复杂条件地下工程施工中常见痛点、难点，本项目从施工安全控制、结构信息感知、特殊环境感知、安全风险管理4条管理路径制定了4个方面的研究内容，通过14项具体技术手段的创新共同形成了施工安全智能管控关键技术并在全国多个项目中进行推广应用。

1. 城区复杂条件下地下工程施工安全控制技术

创新成果一：地下工程施工微扰动控制理论及施工技术

通过将MJS工法桩加固土体后形成一个整体，使基坑开挖卸载中大幅降低临近土体位移和应力影响，同时通过在基坑围护结构外侧施作"旋喷墙"加固地层以有效控制地层变形，并采用全过程自动化监控配合实时数值分析对施工进行安全管控，实时动态调整各工况的开挖深度和开挖间隔，有效确保距离依托工程仅10m的大型桥梁，最大沉降不超过10mm，最快沉降速率不超过2mm/d，最大水平位移不超过12mm，远高于规范要求。见图1。

创新成果二：狭小复杂施工场地"桩式墙"设计及施工技术

通过在核心城区中无法使用大型施工机械的狭小复杂施工场地采用"桩式墙"技术，利用高度灵活的多自由度分离式钢筋笼保证施工质量、安全与效率，大幅提升施工期间的灵活性，保证地连墙的连续，提高临水深基坑安全性，彻底解决了管线难以迁改、高压线及桥梁无法避让的难题。见图2。

创新成果三：富水地层明挖地下结构"刚柔一体"防水技术

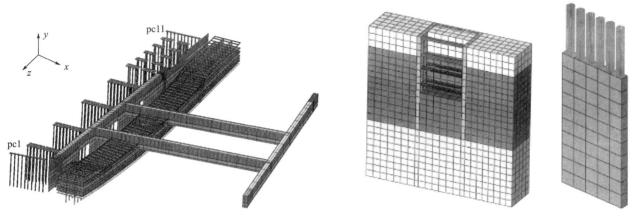

图 1　桥墩、围堰、隧道模型示意图　　　　　　　　图 2　桩式墙结构模型示意图

富水地层地下水丰富、水压力大，传统隧道防水技术更容易出现结构渗漏问题。遵循"多道设防、刚柔结合、反应抗渗"的基本理念，提出了在结构外采用两道外包式柔性防水层，各防水层均与混凝土结构粘结成整体，并在结构内侧增设自主研发的一种新型渗透结晶型防水层，形成"刚柔一体"的高可靠性多道防水新体系，有效保证了依托工程主体结构在富水地层中不渗、不漏。见图3。

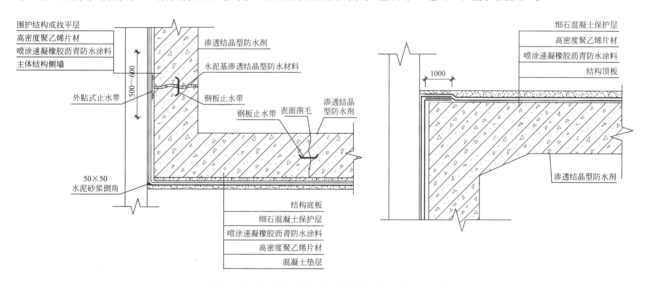

图 3　富水地层明挖地下结构复合防水设计图

创新成果四：复杂地质条件下地铁基坑地连墙高效安全施工技术

针对有坚硬岩层的情况下地下连续墙成槽，提出了空气潜孔锤引孔、液压抓斗抓槽、双轮铣槽机铣槽三者相结合的施工工艺，提升了硬岩地质地下连续墙成槽效率约80％。针对地连墙接缝漏水问题的防范与治理，开发旋挖钻＋刷壁器相结合的新型地下连续墙工字钢接头刷壁器及工艺和防绕流装置，有效解决了地下连续墙工字钢接头混凝土块等坚硬附着物清理问题及地下连续墙浇筑中混凝土绕流问题。见图 4。

2. 地下工程结构信息智能感知技术

创新成果一：融合电法超前渗漏检测技术的地下工程基坑防突涌技术

通过研发成套阵列式微电流场技术与装备进行基坑围护结构渗漏检测，实现了围护结构渗漏隐患的高效、高精度检测，针对微电流场法检测数据特点，提出了高分辨率数据处理与成像算法，并开发了相应软件，实现了现场检测与异常数据处理实时同步，整体工效提升 3 倍，水平定位精度优于 0.5m，实现了对微小渗漏隐患的高分辨率检测。对渗漏点和地连墙接缝等薄弱环节在基坑开挖前采用搅拌桩进行二次加固，同时在开挖过程进行实时渗漏监控与分析，确保水域深基坑突涌水现象零出现。见图5。

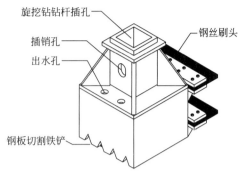

图 4 新型刷壁器

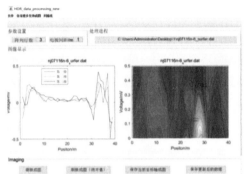

图 5 基坑围护结构渗漏探测设备及成像

创新成果二：基坑围护结构无损自动化监测技术

研发了结合井中磁梯度法与旁孔透射法的地连墙综合监测方法，并开发了实现阵列式超声波检测数据的高效高精度处理系统，攻克了地连墙钢筋笼与墙体信息无损探测难题，通过开发基于物联网技术及NB-IOT 网络架构的车站围护结构受力变形自动监测技术，实现了对复杂基坑的低延时敏感度、低设备功耗、低成本监测。见图 6。

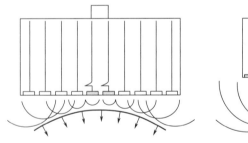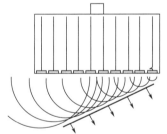

图 6 阵列式超声波技术原理图

图 7 大体积混凝土测温设备

创新成果三：大体积混凝土温度自动高精度监测设备及温度控制方法

研发了大体积混凝土温度自动高精度监测设备及温度控制方法。提出了自动高阶非线性温度修正方法，解决了感知探头非线性温度响应对测温精度的影响问题，实现了大体积混凝土温度自动高精度实时测量，精度优于 0.2℃；提出的温度场数值模拟计算方法，实现了对温度主动控制的低成本高效方案。见图 7。

3. 地下工程特殊周边环境智能感知技术

创新成果一：不良地质体精细探测技术

提出基于探地雷达、瑞雷面波、微动、井间 CT 成像的不良地质体精细化综合探测成套技术，克服了不良地质体分布随机、隐蔽性强，难以探测的技术痛点，实现了 50m 深度以内的不良地质体精细探测。针对浅部和深部不良地质体，形成了"三维探地雷达普查＋二维多频雷达精查＋井中可视化验证"的全覆盖探测技术和"微动探测＋井间 CT 成像"的组合探测技术，使整体探测精度与效率提升 3 倍。见图 8。

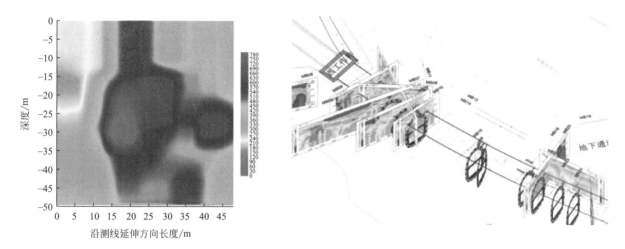

图 8　浅埋、深埋不良地质体探测成果

创新成果二：地下疑难管线及障碍物精细探测与可视化技术

研发了基于强磁示踪与梯度探测的技术与装置，可精确快速获取大埋深（埋深大于 5m）管线的三维坐标。研发了基于管道振动的声频振动探测技术与装备，首次实现了非金属管线的无损精确探测，探测精度优于 0.5m。研发了基于"旁孔透射法＋井中磁梯度法"的深埋基础探测技术首次实现对大型排水箱涵、既有建构筑物深埋基础、人防工程等障碍物精细探测，探测精度优于 1m。见图 9。

创新成果三：基于多源信息的地铁施工周边建（构）筑物自动化监测技术及系统

首次提出针对施工周围环境的融合传统监测方法、自动化气象监测、自动化振动监测和非接触应变监测方法，并自主开发和改装集成了监测设备。数据收集维度增大 2 倍，并实现了数据全自动化收集。通过开发快速数据处理算法，可自动屏蔽被监测对象光线明暗、振动、粉尘飞扬等影响，确保监测精度可维持在亚像素级。见图 10。

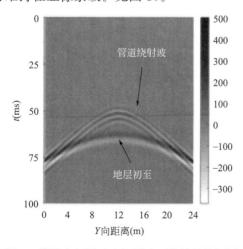

图 9　模拟声频震动法探测地下管线的检测图

图 10　自动化监测数据采集设备

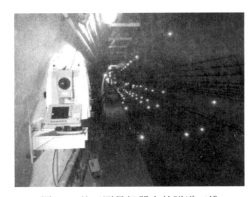

图 11　基于测量机器人的隧道三维
变形自动监测系统

创新成果四：隧道测量、巡检机器人和三维变形自动监测系统

研发了隧道测量、巡检机器人，实现了厘米级自动定位巡视、自动避障绕行、自动实时监测工区范围内气象及环境条件，开发了隧道三维变形自动监测系统，监测系统支持变形区设站而不影响数据的准确性，实现了对隧道内被测目标的三维实时自动化变形监测。见图 11。

4. 地下工程智能化安全风险防控管理系统开发

创新成果一：岩溶地段基坑开挖涌水量预测及风险评判方法

基于等效多孔介质理论，构建岩溶地层渗流特性概化分析模型，提出深基坑开挖涌水量预测及风险评判方法，开发了具有可视化功能的岩溶地层深基坑开挖涌水风险判别软件，根据基坑开挖工况的时空变化、基坑内外地下水位实时监测数据、当前开挖步基坑开挖面以下地层分布情况，实时分析与判断基坑是否发生渗漏破坏，为优化基坑开挖工况提供决策支持。见图 12。

图 12　岩溶地层深基坑开挖涌水风险判别软件总界面

创新成果二：基于万能网关设备、公共及自建 IoT 平台的通用隧道数据中台

研制集成了信号转换芯片、高性能核心板、高速数传模块于一体的万能网关设备，解决了数据的多源异构采集问题，实现了各类信号的秒级采集、计算、传输，综合性能远超传统网关数十倍。研发了基于公共及自建 IoT 平台的通用隧道数据中台，搭建了针对隧道领域多类传感器的数据中台架构，解决了海量项目部署与设备接入难题，实现了数据流的低时延辨析、抽取、清洗以及多源异构数据有效融合。见图 13。

创新成果三：隧道施工人机料法环动态感知与风险防控预警技术

实现了隧道施工人机料法环全业务流程的感知与管理、全环境自动监测和施工工序过程安全监控及预警分析。提出了数据感知获取与建筑和地理信息相结合的三维空间可视化方法，实现了数模信息物理场的动态精准映射与展示。研制基于精准定位及 AI 算法的电子围栏管理方法，实现了秒级安全风险分级预警，开发了风险信息自动采集、分析、决策与处置平台，最终实现隧道安全施工数字化管理。见图 14。

三、发现、发明及创新点

1）提出了临近桥梁水域深基坑"旋喷墙"变形控制新方法，解决了敏感环境安全施工难题。研发了一种新型渗透结晶型防水材料和高性能防裂混凝土，结合自粘双层柔性防水技术，提出了"刚柔一

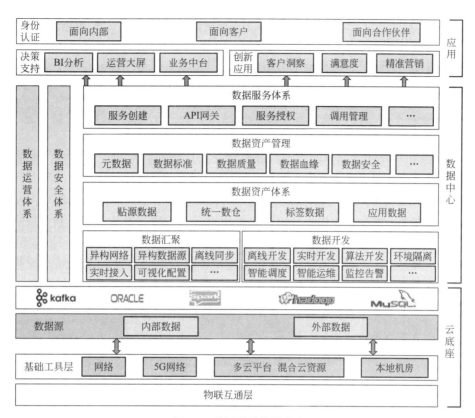

图 13　通用隧道数据中台

图 14　隧道施工全要素动态感知与风险防控预警系统

体"的多道防水新体系，有效解决了水下隧道的渗漏难题。

2）提出了基于阵列式微电流场法的基坑围护结构渗漏检测及预报方法，建立了基坑渗漏隐患的识别准则。基于阵列式超声波法和旁孔透射法等检测技术，提出了地下连续墙、支护桩无损检测方法，实现了地连墙、支护桩内部病害的无损检测。

3）基于磁梯度法等物探技术，提出了探测地下管线及障碍物的成套方法，实现了近零误差。研制了基于机器人的隧道高精度三维变形自动监测及多因素自动巡检系统，实现了隧道恶劣环境下智能监测与高精度感知。

4）开发了岩溶地区深基坑开挖涌水风险评判软件，提出了岩溶地区深基坑开挖涌水量预测及风险评判方法。研制了融合建筑信息、地理信息、物联网等技术的隧道施工多源异构数据融合的三维可视化监测和智能预警系统，有效解决了复杂环境隧道工程施工安全智能管控的难题。

四、与当前国内外同类研究、同类技术的综合比较

较国内外同类研究、技术的先进性在于以下四点：

1）在城区复杂条件下地下工程施工安全控制技术中，解决了复杂场地围护结构施做质量与效率、有效控制地下工程施工对临近环境的危害、确保富水地层地下结构零渗漏。

2）在地下工程结构信息智能感知技术中，确保富水地层渗漏高精度超前探测，实现了地下结构无损高精度实时监测，开发了精度优于0.2℃的大体积混凝土。

3）在地下工程特殊周边环境智能感知技术中，实现50m内不良地质体精细探测，确保地下疑难管线和障碍物的零误差探测，实现施工周边环境亚像素级自动化监测，开发了精度优于1mm的测量及巡检机器人。

4）在地下工程智能化安全风险防控管理系统开发中，实现岩溶地层深基坑涌水预测及防控，实现了地下工程施工中百万台设备产生的各类数据秒级采集、计算和传输，实现了施工信息多源异构数据融合和安全风险防控。

五、第三方评价、应用推广情况

1. 第三方评价

2022年6月和2023年5月，分别在深圳和北京就研究内容中的"复杂地质条件下城市轨道交通深大基坑安全建造与无损检测关键技术"和"城市复杂环境隧道工程施工安全智能管控关键技术及应用"两大部分进行了科技成果评价会，评价委员会一致认为研究取得大量创新和科技成果，达到国际先进水平。

2. 推广应用

该项目成果主要应用于多个重大基础设施项目的施工建设。自项目起始至今，成果已经应用于全国10余个城市中20余个隧道、基坑项目中，广泛受到项目各参与方的好评，取得了良好的经济社会效益。

六、社会效益

本项目与国家基础设施发展战略相一致，针对地下工程建造开展了安全控制技术的研究，形成了复杂条件下地下工程建造安全控制关键技术群，研发了地下工程结构信息和特殊周边环境自动化实时高精度监测设备和系统集合，开发了地下工程全过程建造管控平台。本项目的成功研发起到了采用智慧建造助力施工过程安全管控的作用，有效降低了施工风险、提升工程质量，为地下工程的安全、高效、高质量施工提供重要技术支持和装备保障，极大提高了中建集团城区地下工程施工建造技术水平，为我国重大基础设施建设提供强有力的技术支持，为人民生命财产安全、国家经济建设做出了积极贡献，取得了良好的社会效益。

技术发明奖

金奖

具有线性移动机构的沉管隧道管节接头防火结构

推荐单位：中国海外集团有限公司
完 成 人：何 军、陈长卿、佟安岐

一、立项背景

沙田至中环线（沙中线）是香港政府规划的一条策略性铁路，连接大围至金钟，全长 17km，是一项跨越香港多区、连接多条现有铁路线的铁路项目。沙中线过海隧道建造工程为沙中线过海段，连接红磡站至会展中心站。项目包括 1663.5m 长的沉管隧道及 94m 长的开挖回填隧道，并已于 2014 年 12 月开工。沙中线沉管隧道隧址位于维多利亚港之间，维港全年通航，海运繁忙；隧址两侧高楼林立，北侧为红磡行车高架桥；同时，拟建沉管隧道与既有红磡海底隧道平行并行，距离最小处只有 50m。隧址南侧为铜锣避风塘，毗邻中环-铜锣湾绕道，塘内私家船只众多，工程的建设面临多项重难点，尤其是对沉管管节施工精准度要求极高，比如管节水平方向安装允许误差±50mm、竖直方向安装允许误差±20mm，而且对周围环境影响要尽量降至最小，且需要满足 8 度抗震设防烈度要求。

沉管隧道是在水域中由若干预制的管节单元（一般为钢壳或钢筋混凝土结构），通过舾装、浮运、沉放及水下对接安装形成的隧道。沉管隧道防火系统分为主动防火与被动防火，其中被动防火的主要措施包括混凝土的结构内衬、喷涂防火涂料、防火板材、防火接头等。隧道顶部常采用添加聚丙烯纤维（Polypropylene Fibre）以增强混凝土结构耐火性能，但沉管隧道管节与管节之间采用 GINA 和 Ω 止水带进行防水，除了混凝土结构在高温环境下可能会产生力学性能的变化外，止水带可能因火灾导致高温环境影响而变形或损坏，失去止水作用，从而引起沉管隧道进一步破坏。丹麦的大带隧道火灾（1994年）、海峡隧道火灾（1996 年）和奥地利的卡普伦隧道火灾（2000 年）等，均造成沉管隧道结构受到严重损害，甚至导致海底沉管隧道运营被暂时中断或报废，高额的维修费用往往造成重大的经济损失。因此做好管节接头的防火工作，对沉管隧道建设来说，也是极其重要的一个环节。

二、技术新颖性、创造性与实用性

沉管隧道设计与施工前必须考虑采用何种方式进行管节接头防火，以确保合理或较长时间的隧道火灾救援时间。中海集团沉管隧道建造创新团队组织中建集团级科技攻关，采取"产学研用"的研发思路，通过试验、数字仿真、现场试验、对比分析、装备研制和成果转化等措施，在目前全球普遍采用 2h 节头防火标准的背景下，发明了一种 4h 长效防火管节接头。见图 1。

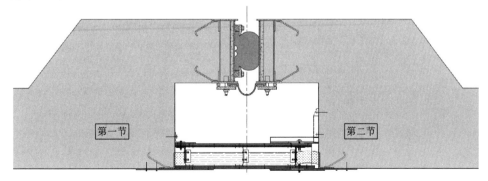

图 1 具有线性移动机构的沉管隧道管节接头防火结构

本技术发明包括防水带组件和防火组件，防水带组件和防火组件连接于相邻的第一管节和第二管节之间，防火组件包括：防护板组件，所述防护板组件包括间隔设置的第一防火板组件和第二防火板组件，以及固定连接于所述第一防火板组件和第二防火板组件之间的隔热件；以及柔性防火带，柔性防火带位于第一防火板与第二防火板之间，且柔性防火带的一端与隔热件连接，另一端与一管节连接。本发明技术方案可以使得防火组件能够同时满足防火时效和位移的需求，满足抗震设防烈度 7 度时不小于 50mm 的纵向线性位移要求。

沉管隧道管节接头目前主要采用 GINA 橡胶止水带和 Ω 止水带进行节头防水，工作状态为受压缩状态，对环境高温有严格限制，需要避免火灾情况发生或者长期处于高温环境。一旦发生火灾，GINA 橡胶止水带和 Ω 止水带暴露在 140℃ 以上温度时会发生焦化现象，从而失去防水功能，造成沉管隧道严重漏水的安全风险。因此，在沉管管节接头处安装符合技术标准的接头防火结构尤其重要。国际隧道与地下空间协会在其相应技术标准内推荐防火结构应保证 2h 内防水节头环境温度内外温差不超过 140℃。本发明技术方案的具有线性移动机构的沉管隧道管节防火结构采用中海集团完全自主知识产权的可线性移动的"三明治"防火接头进行设计，布置顶底双层防火板，顶底防火板均设置三层 9.5mm 厚防火钢板（Durasteel Panel），双层防火板中间布置三层 40mm 厚防火棉（PROMATECT-H）夹心层进行防火，防火棉总厚度为 120mm。"三明治"防火接头结构总厚度为 237mm，防火棉顶部与顶层防火板底部间须设置预留空间，高度不宜小于防火棉厚度的一半，亦即 60mm。本专利发明的管节防火接头按照 BS 476：Part 20 D-Section8 防火试验标准进行专项检测，模拟火灾温度对试验炉进行升温，平均温度在 180min 左右达到 1100℃，240min 时到达 1150℃，炉内最高温在 160min 内达到 1200℃，在 240min 时达到 1250℃。测试结果表明，在 4h 耐火时限内，本专利发明的具有线性移动机构的沉管隧道管节接头防火结构，其背火面最大升温始终未超过 130℃，完全满足 GINA 橡胶止水带和 Ω 止水带升温限制在 140℃ 以内的技术要求。见图 2～图 5。

图 2 "三明治"防火结构（成品照片）

图 3 "三明治"防火结构挂架、托架预安装

图 4 "三明治"防火结构表面预处理

图 5 "三明治"防火结构现场安装

本技术发明安装于沉管隧道防水节头的隧道内侧，以阻断沉管隧道内发生火灾时严重影响 GINA 橡胶止水带和 Ω 止水带的防水功能，在水平方向还具有可线性移动的显著特征，水平可移动距离达到最小 110mm，可灵活适应沉管隧道在运营期间可能发生的纵向位移（最大可达到 50mm 左右），本发明的管节接头防火结构采用自攻螺钉安装，简单方便，工作条件受工作区域限制小，性价比高，因此本专利发明的沉管隧道管节接头防火结构保证了主体结构的相对稳定及防火接头的灵活移动，并将沉管隧道管节接头的耐火时限标准提高到 4h，使得当前全球沉管隧道管节 2h 防火的标准成倍提升，一旦发生火灾，这为沉管隧道内开展火灾救援赢得了成倍的宝贵时间。

在实际生产中，已研发出相应的沉管隧道管节防火接头装置并投入使用。该技术应用于香港特别行政区地铁工程沙中线（南北线）过海铁路沉管隧道工程项目，沉管隧道段全长 1.67km，共安装 11 条钢筋混凝土结构预制管节，其中 10 条管节 156m 长，1 条管节 103m 长，管节沉放时间为 2017 年 6 月至 2018 年 4 月，沉管隧道管节防火装置的安装时间为 2017 年 4 月至 2018 年 5 月，管节防火装置的安装时间较合约工期整整提前 2 个月。

三、技术原创性及重要性

沉管法隧道建造中，两个相邻管节之间的连接处需要采用防水组件，例如橡胶止水胶条进行连接，防止外部的水分通过该连接处渗入到隧道内，该防水组件除了需要满足隧道管节间的纵向伸缩位移外，必须在设计年限（例如 120 年）内，满足防火要求，从而保证隧道结构整体防火性能。若隧道管节内起火，该火情势必会影响到防水组件的使用寿命和防水安全，因此，目前普遍的做法是设置一个防护板来实现防水组件的防火需求，然而，现有的防火板存在以下问题：只设置防火板，经试验检测，现有的防火设计标准仅达到两小时的防火需求，也即，管节内起火 2h 内不会对防水组件造成影响，2h 的防火时效已无法实现有效的防火需求。同时，此两个相邻的管节需要纵向位移，现有接头结构只设置一个防火板，也无法满足水平线性位移的要求。

针对当前沉管隧道管节接头防火结构存在的普遍弊端（2h 防火时效过短、无法实现沿隧道纵向水平滑移等），原创性地提出了具有"三明治"典型结构特征的管节防火结构，布置顶底双层防火板，顶底防火板均设置三层 9.5mm 厚防火钢板（Durasteel Panel），双层防火板中间布置三层 40mm 厚防火棉（PROMATECT-H）夹心层进行防火，防火棉总厚度为 120mm。"三明治"防火接头结构总厚度为 237mm。检测试验证明，可达 4h 长效防火标准；本专利还在防火结构中设计水平滑槽，保证在水平方向具有可线性移动的显著特征，在七级地震烈度条件下，固定端线性移动距离 70mm、活动端移动距离 40mm，确保水平可线性移动距离不小于 50mm，可灵活适应沉管隧道在运营期间可能发生的纵向位移。本技术发明的原创性特征极其显著。

本项技术发明及围绕具有线性移动机构的沉管隧道管节接头防火结构开发形成 14 件专利（其中，本技术发明已获得欧洲发明专利且已在英国、德国和荷兰三国落地生效，以及获得国家发明专利 6 件、实用新型专利 7 件），为解决水下沉管隧道管节接头 GINA 及 Ω 止水带实现 4h 长效防火、确保管节接头防火结构沿沉管隧道纵向可线性滑移距离不小于 50mm，奠定了坚实的技术基础；为建设 120 年高耐久性抗震沉管隧道铺平了道路，大幅延长了沉管隧道运营期间发生火灾意外时的消防救援时间，亦为超长水下沉管隧道建设提供了管节接头防火安全救灾最佳的技术解决方案。

四、与当前国内外同类研究、同类技术的综合比较

传统沉管隧道管节接头防火结构主要为多层防火板叠加结构和防火板＋柔性防火隔断结构，但这两种方法各有其条件限制和缺点。前者沉管隧道安装了防火板后，无法及时发现隧道接头部位的渗漏、裂缝的出现及位置，也无法对隧道接头的状况进行直观的检查，增加了工程造价和工程量。据估算，安装防火板会使得隧道直径增加 8～10cm，相应增加开挖工作量 1.5％～2％；后者防火隔断以及外挂防火板应与轻钢龙骨整体铆固，否则受火焰冲击容易导致整体防火失效，影响沉管隧道的长期服役性能。本技

术则具有以下优势:

1) 具有线性移动机构的沉管管节接头防火结构,具有 4h 长效防火的技术优势。本发明采用"三明治"组合结构:防火结构顶底分别为三层 9.5mm 厚的专用防火钢板、中间采用三层均为 40mm 厚的防火石棉阻断高温传递,并保持防火棉顶与顶部防火钢板内侧净空间距不得小于防火棉厚度的二分之一,即保留不小于 60mm 的净空。这种"三明治"结构具有阻断热传递和热辐射的良好效果,相应专项试验检测亦证明,本防火结构保证其背火温度在 4h 之内不超过 1300℃高温,因此可有效保护沉管管节接头处的 GINA 橡胶止水带和 Ω 止水带在 4h 内不会发生高温焦化破坏现象,从而将当前 2h 的有效防火救灾时间成倍延长至 4h,为沉管隧道防火救灾提供了更加充裕的救援时间。

2) 具有线性移动机构的沉管管节接头防火结构,具有良好的抗震安全优势。本发明的标准管节防火接头柔性设计按 7 级地震设防烈度条件下管节接头在运营期间发生纵横向张合位移大于 50mm 进行布置。顶底防火钢板一端固定在管节挂架或托架上,顶防火板一端固定在挂架上,底防火板一端固定在托架上。顶底防火钢板另一端通过活动连接组件与相邻第二管节活动连接。活动连接组件包括顶防火板连接件和底防火板连接件。顶防火板组件和底防火板组件与管节的活动连接可采用在相邻第二管道的端部设置滑动插槽,顶防火板组件和底防火板组件的端部插入至该滑动插槽内进行滑动,从而形成标准顶底防火板活动连接结构,标准顶底防火板活动连接结构线性移动最大位移量沿固定端不大于 70mm,沿活动端不大于 40mm。可确保即使发生七级地震,本管节接头防火结构仍然具有较为充裕的线性移动空间。

3) 具有线性移动机构的沉管管节接头防火结构,具有装配式生产、安装的技术优势,所有结构杆件均是在工厂完成加工、组装和测试,现场采用自攻螺栓安装即可,具有高效、简便的优势。有线性移动机构的沉管管节接头防火结构,保养维护方便,易行,避免了传统防火板安装后不易发现防火板运行期间松脱、功能失效等问题。

五、第三方评价、应用推广情况

1. 第三方评价

2021 年 6 月 21 日,中国公路学会在北京主持召开了"高耐久性抗震沉管隧道设计与施工关键技术研究与应用"项目成果评价会,院士等七位专家一致认定,该成果整体达到国际先进水平。

2. 推广应用

本技术应用于香港沙中线过海铁路隧道工程工程,沉管隧道段全长 1.67km,共安装 11 条钢筋混凝土结构预制管节,其中 10 条管节 156m 长,1 条管节 103m 长,管节沉放时间为 2017 年 6 月份至 2018 年 4 月份,具有线性移动机构的沉管隧道管节接头防火结构安装时间为 2017 年 4 月至 2018 年 5 月。

六、社会效益

具有线性移动结构的沉管隧道管节接头防火结构,具有装配式工厂化生产、现场安装高效,操作便捷,能够有效增加消防救援时间达 4h 的特点,为水下超长沉管隧道建造提供了优秀的消防救援解决方案,符合安全生产、绿色环保的建筑理念,有着广阔的市场前景。该项目可灵活应对高地震设防烈度造成的影响,有效消除了高地震设防烈度导致沉管隧道纵向位移所造成的防火结构拉裂等问题。

沉管隧道管节接头防火结构为确保沉管隧道运营期间可能发生火灾时不会因为高温灼烧造成管节接头防火失效,从而引起管节接头顶部止水带焦化失去防火功能。通过本发明研制的具有线性移动机构的沉管隧道管节接头防火结构,取得了 4h 长效防火优秀性能,为海底沉管隧道消防救援争取了成倍时间,其独特优势明显。本发明专利也能够创造可观的经济效益,掌握了市场先进技术,增加了行业中竞争的机会。本发明专利开发的具有线性移动机构的沉管隧道管节接头防火结构在香港地铁沙中线(南北线)过海隧道工程应用期间,未有发生任何轻微工伤事故,获得中建集团科技奖一等奖、英国 NCE 隧道年度大奖、香港质量、安全和环保管理等多项大奖,获批省部级工法一项、形成企业标准 1 部。

本项技术成果在合约额 43.5 亿港元的沙中线跨海沉管隧道得以成功应用，具有线性移动机构的沉管隧道管节接头防火结构为核心技术的高耐久性抗震动沉管隧道建造关键技术研究与应用为公司带来了巨大的社会效益。实践证明该技术建造速度快，提前 282 天完工，科技创效突出，净增利润高达 1.72 亿港元、经济效益高达 6.28 亿港元，同时对维多利亚港通航及两岸等周边环境影响较小，绿色建造创新技术应用成效突出，赢得了香港地铁质量、安全、环保、社区关顾多项金奖，成功夺得中建集团科学技术奖一等奖、英国工程师学会 NCE 隧道年度大奖，被认定为中国建筑第三批重大科技成果，赢得了香港及国际土木与建筑工程业界的广泛认可，新华网和香港文汇报进行了大篇幅报道，社会影响力巨大。

创新团队研发成果的顺利实施，也为中海集团及旗下中建香港在港澳地区与国际知名承建商同台竞争、脱颖而出并成功超越奠定了坚实的技术基础，中海集团及旗下中建香港通过项目设计与施工，积累了丰富的技术与实践经验，培养了一批沉管隧道建造技术与管理人才，为"一带一路"、国内外多项沉管隧道工程储备专项基础设施建设技术，为中国建筑拓展国内外海事工程市场领域奠定了相应的技术基础，进一步夯实了中国建筑行业核心竞争力，技术成果、经济效益与社会效益极其显著。

一种挂壁式自动埋弧横焊设备

推荐单位：中建科工集团有限公司
完 成 人：戴立先、蒋　礼、钟红春、邝国雄、汪永胜、叶代英、杨永彬、徐　聪、汤小明

一、研发技术背景

传统常用焊接技术效率低、对人工操作要求高、质量不稳定。自动化焊接能改善工人劳动条件、提高生产率、降低对工人操作技能的要求，同时稳定和提高焊接质量，保证其均匀性。

研发同期，市面该类设备具有无法应用建筑施工现场、焊接形式单一、设备体形笨重的特点。

参评专利申请日前关于自动埋弧焊接设备的专利较少，在建筑施工现场钢结构采用自动横焊设备的专利更是前所未有。

以往技术中，自动埋弧焊接设备大部分应用于工厂焊接，设备仅能焊接平焊。小部分应用于油罐、高炉炉壳等大型钢容器焊接，该类自动焊接设备体积大、重量大，且不能在立面上固定，无法应用于建筑施工现场的钢结构焊接。见图1。

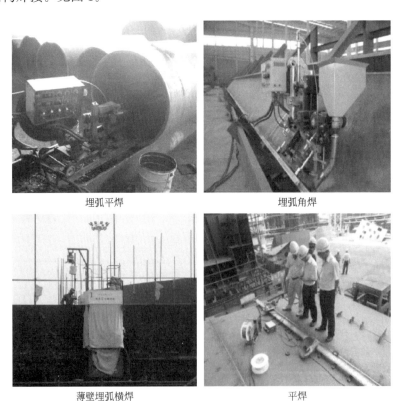

|埋弧平焊|埋弧角焊|
|薄壁埋弧横焊|平焊|

图1　以往类似设备

二、专利质量

1. 新颖性、创造性

本专利进行了全面检索，共确定 2 篇最新最接近的现有技术专利进行对比，在技术特征及焊接全自

动化方面更具新颖性和创造性。

与 D1 相比，参评专利的独立权利要求 1 至少存在以下区别技术特征：

（1）所述行走动力装置包括滑轮、与所述滑轮传动连接的驱动电机及行走控制箱，所述滑轮安装在所述框体机架上，并且可相对滚动地放置于所述导轨上；

（2）所述行走动力装置还包括曲柄机构及支撑轮，所述滑轮包括主动轮及从动轮，所述支撑轮通过所述曲柄机构可转动地安装于所述框体机架上，并靠近所述主动轮；

（3）所述曲柄机构包括相互平行且不在同一轴线上第一轴及第二轴，所述第一轴可转动地安装于所述支撑轮的圆心处，所述第二轴可转动地穿设于所述框体机架上，并与所述第一轴固定连接。

基于区别技术特征，D2 是通过传动丝杠带动横梁上下移动，调节的反应速度加快、精度能够有效保障，但 D2 并未解决焊接的自动化问题，仍须焊工手握有线控制手柄调节。参评专利权利要求 1 与 D2 的技术方案要解决技术问题的方案完全不同，采用的技术手段也不同，不属于本领域中的公知常识。如何实现高难度焊接自动化并能够提升焊接质量和效率还需要一定的技术手段，利用挂壁式横焊设备，通过限定导轨的安装位置、行动装置实现高难度焊接的技术方案需要本领域技术人员付出创造性劳动，D1 和 D2 也没有公开参评专利权利要求 1 的技术手段，且上述区别技术特征也不属于现有技术。因此，权利要求 1 的技术方案对于 D1 和 D2 以及其他现有技术属于非显而易见的，具备突出的实质性特点。

综上所述，技术方案与技术效果均有不同；没有公开参评专利权利要求 1 中的全部技术特征；对比专利 2 并未解决焊接的自动化问题，仍需要焊工手握有线控制手柄调节。

2. 实用性

本参评专利的挂壁式埋弧横焊设备具有长时间持续焊接能力，且质量稳定、效率高、无需防风、防火措施，无粉尘、弧光、有害气体等危害。特别是在超高层巨型钢结构超大截面焊缝和超厚板施焊工作中，能够克服人工作业连续性差、质量控制难等施工难点。为自动焊在建筑钢结构行业的应用打开新的局面。见图 2。

图 2　设备现场应用照片

本参评专利技术已经应用于广州周大福金融中心、平安金融中心、厦门国际中心等工程中涉及的超长异形组合钢板墙的加工制作，在装配精度和焊接变形的控制方面有极大优势，充分利用焊接时构件内部变形规律来降低、抵消构件的焊接变形，避免了反复校正工序、焊接返修等，且节省了人工费用，取得了很好的经济效益。

3. 专利文本质量

1）说明书已清楚、完整地公开发明的内容，并使所属技术领域的技术人员能够理解和实施。

在说明书中清楚、完整地公开了挂壁式自动埋弧横焊设备，实现了埋弧横焊的焊接及其自动化，提高了焊接的质量及稳定性，保证了焊接的均匀性，提高了生产效率。每一个实施例的描述都以本领域的技术人员能够理解的词句进行阐述，本领域技术人员通过说明书记载的内容可准确理解并完整实施参评专利的技术方案，能达到与参评专利相同的技术效果。

2）权利要求书清楚、简要。

权利要求书中的每一项权利要求都是本参评专利的一个完整的技术方案，每一个技术方案不存在歧义，不缺少必要技术特征，清楚明了，权利要求引用关系合理，逻辑清晰。

3）权利要求以说明书为依据，保护范围合理。

参评专利以说明书为依据，设置1项独立权利要求和13项从属权利要求，从属权利要求分别对其引用的独立权利要求进行进一步限定，梯度化、多层次地对技术主题进行保护，保护范围合理；每个技术方案在说明书中都有具体体现，且权利要求的范围没有超出说明书记载的内容。说明书中记载了每一项从属权利要求的技术方案的具体实施方式并结合附图进行了详细说明。

三、技术先进性

1. 技术原创新

专利创造性地提出了一种挂壁式自动埋弧横焊设备，包括电源系统、用于自动焊接的焊接设备本体系统及控制所述焊接设备本体系统进行焊接工作的控制系统；所述焊接设备本体系统包括框体机架、行走动力装置、供所述框体机架滑行的导轨、用于输送焊丝的送丝机构及焊枪，所述导轨固定设置在待焊接的工件壁面上，所述行走动力装置、送丝机构及焊枪固定设置在所述框体机架上。使用该设备可以满足高难度、自动化的焊接要求，同时提升了焊接的质量、效率和稳定性，有效解决了上述行业内关键性、共性技术难题。参评专利的技术原创性如下：

1）自主设计了一种挂壁式自动埋弧横焊装置和设备，实现了建筑钢结构超高空超厚板材原位现场焊接连接自动化。见图3。

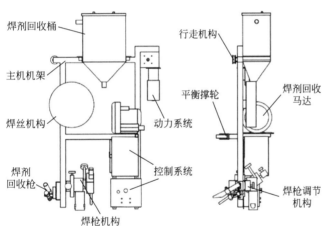

图3 挂壁式自动埋弧焊设备示意图

2）该设备采用数控、可视化微电脑、激光同步跟踪导航和坡口角度自适应技术，通过增设曲柄凸轮机构实现动力系统的方向可逆，具有轻型化、一体化特点。见图4。

3）该设备自动回收焊剂，现场施工无弧光、无有害气体，减轻劳动强度，施工效率高，符合绿色施工技术要求。见图5。

2. 技术重要性

1）建筑业劳动力人数逐年降低，通过提升自动化程度降低用工量的需求；

2）建筑高空作业条件恶劣，改善劳动环境的需求；

3）建筑业高质量发展趋势，通过自动化提高质量稳定性的需求。见图6。

3. 技术优势

1）提供的一种挂壁式自动埋弧横焊设备，通过一套由焊接电源系统、焊接控制系统、焊接设备本体及焊接工装组成的设备，实现建筑钢结构现场超长超厚板横焊缝焊接施工的自动化；

2）通过设备的轻型化、小型化、一体化集成设计，满足施工现场自动焊设备的操作性及施工工况；

图 4 焊机设备一体化设计

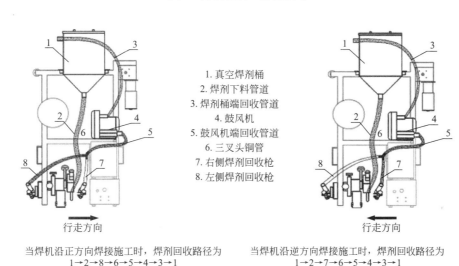

1. 真空焊剂桶
2. 焊剂下料管道
3. 焊剂桶端回收管道
4. 鼓风机
5. 鼓风机端回收管道
6. 三叉头铜管
7. 右侧焊剂回收枪
8. 左侧焊剂回收枪

当焊机沿正方向焊接施工时，焊剂回收路径为
1→2→8→6→5→4→3→1

当焊机沿逆方向焊接施工时，焊剂回收路径为
1→2→7→6→5→4→3→1

图 5 焊接施工示意图

轻型化、一体化
满足施工现场操作性及工况

行走方向可逆
厚板多层多道焊接的行走往返

坡口角度自适应
焊枪角度调节装置

激光焊缝导航
满足现场工件不平整的适应性

焊剂自动回收
焊剂回收枪、双侧双向焊剂回收系统

图 6 本专利自动化优势技术

3）焊机行走动力系统通过增设曲柄凸轮机构，实现动力系统的方向可逆，解决厚板多层多道焊接的行走往返需求；本专利通过于焊缝下方设置的磁吸附式焊剂保护装置，防止横焊缝焊接时焊剂溢出或掉落，在线施工实现横焊缝的自动焊接；

4）通过设计焊枪角度调节装置，实现焊枪"高低位、进出位、八分之一圆角度"的变位调节，增加焊接坡口角度（15°～45°）的适应性，实现对多种坡口角度的自适应；

5）在焊枪端部设置激光焊缝导航装置，指导焊缝成形沿所需位置进行，弥补现场施工工况下焊接行走轨道的水平度、焊接工件立面平整度、焊机整体稳定性的不足，提高焊缝成形质量；

6）在焊枪两侧各设置一个焊剂回收枪，并设置一套双侧双向焊剂回收系统，实现焊剂的自动回收。

综上所述，该技术实现了建筑钢结构现场超高空（530m）超长超厚巨柱高空原位现场焊接的自动化，减轻劳动强度，提高施工效率，保证施工质量，填补了国内外建筑施工现场自动化焊接的空白。

四、运用保护措施及成效

1. 知识产权风险管控

根据公司知识产权"十三五"战略规划及"十四五"战略布局，公司建立了贯穿生产经营全流程的知识产权侵权预警机制和风险监控机制，由公司知识产权管理部门联合其他部门进行市场监控，定期监控市场动态，跟踪和调查本领域上是否有产品、技术侵犯我司的知识产权，并形成知识产权被侵权监控报告；已取得国家知识产权示范企业、知识产权管理体系认证。

此外，中建科工还加入深圳南山区知识产权保护联盟，并积极配合深圳南山保护中心业务，建立建筑业知识产权维权协作机制，形成本行业公检法一体的知识产权保护机制。此外，中建科工特别发布了《关于进一步加强技术类无形资产保护的通知》，加强知识产权风险防控。

2. 专利申请与保护

建立了以本专利技术为核心的"专利池"，构建了严密、高效的专利保护网。

为全面保护本专利的成果，海外布局包括40余件PCT申请，已授权外国专利阴面对接斜立焊接方法（美国发明专利号：US15924278B2）等20余项。系列专利申请量达170件，其中发明专利65件，实用新型专利104件，外观设计专利1件，形成了周密的专利布局结构。

与本专利相关的核心专利情况如表1所示。

核心专利情况　　　　　　　　　　　　　　　　　　　　　　　　　　　　　　　　　　　　　表1

序号	专利号	专利名称	类型	申请日	授权日	法律状态
1	CN202111538246.0	一种埋弧横焊焊接工装及焊接方法	发明	20211215	2023-09-26	授权
2	CN202010427899.0	一种焊接定位线工装胎具及画线方法	发明	20200519	2023-05-23	授权
3	CN202110694145.6	自动焊接成型的MAG焊接机	发明	20210622	2023-02-28	授权
4	CN202010638047.6	一种适用于角接接头的焊接衬垫及焊接方法	发明	20200707	2022-02-15	授权
5	CN201811239338.7	一种应用焊接机器人焊接预埋件的工艺方法	发明	20181023	2021-07-16	授权
6	CN201810964191.1	降低厚壁钢结构现场焊接应力变形的焊接方法	发明	20180823	2020-09-29	授权
7	CN201710313349.4	巨型复杂多腔体试验平台基座密集焊接方法	实用新型	20170505	2020-05-08	授权

五、社会效益及发展前景

1. 社会效益状况

1）促进科学进步

参评专利提出的一种挂壁式自动埋弧横焊设备，其应用技术"建筑施工现场自动埋弧横焊技术"委托广东省住房和城乡建设厅进行科学技术成果鉴定，经鉴定本专利在国内外均属领先水平，取得了突破科技成果。本专利还委托广东省科学技术情报研究所出具科技查新报告，查新结果证明了本专利的技术在国内外属于首次公布。并且本专利获得了包括日内瓦国际发明展银奖、国家级工法、中国施工企业管理协会科学技术一等奖等多项国内外重要奖项，证明了本专利在建筑施工焊接领域的先进性，在超高层建筑自动埋弧焊接技术上取得的巨大突破。故在本专利技术的影响下，包括超高层建筑施工、钢结构现场自动埋弧焊技术取得进步和发展。以往较难完成的超高层建筑施工也可成功实施，进一步推进中国建筑业的发展。

2）安全生产、绿色施工、改善劳动条件

参评专利提出的一种挂壁式自动埋弧横焊设备，其应用技术实现了建筑钢结构超高空超厚板材原位现场焊接连接自动化，现场施工无弧光、无有害气体，可自动回收焊剂，进而稳定和提高焊接质量，减少了高空人工作业，减轻劳动强度，降低对工人操作技能的要求，提高了生产的安全性，施工效率高，符合绿色施工技术要求。本专利采用数控、可视化微电脑、激光同步跟踪导航和坡口角度自适应技术，通过增设曲柄凸轮机构实现动力系统的方向可逆，具有轻型化、一体化的特点。施工操作便捷，劳动强度低，生产安全性好。并且本专利在广州周大福金融中心等多个项目中已经运用，并且上述多个项目均已成安全、高效竣工，证明了本项目的可促进安全生产、改善劳动条件。

3）促进经济发展

参评专利的建筑施工现场自动埋弧横焊技术有利于超高层建筑的建造。广州周大福金融中心项目作为新的广州地标，在项目塔楼主体 9.7 万吨钢结构安装中应用该专利技术，其中厚板超长横立焊缝焊接，最大板厚 130mm、最长焊缝 14m；5m 以上厚板连续对接焊缝共 1658 处，10m 以上超长连续对接焊缝共 370 处，现场单个异形节点对接焊缝最大填充量为 1.5t，创造了中国建筑领域的新纪录。超高层地标式建筑往往可引入大型企业等办公、发展旅游业，促进当地的经济发展。

2. 行业影响力状况

1）技术水平国际领先

参评专利的一种挂壁式自动埋弧横焊设备，获得了国内外的多项重要奖项，如日内瓦国际发明展银奖、国家级工法、中国施工企业管理协会科学技术一等奖等。并且本专利经过了包括广东省住房和城乡建设厅、广东省科学技术情报研究所等机构的查新和鉴定，证明本专利的技术在国内外属于首次公布，领先于国际水平。

2）引领行业发展方向

本专利的一种挂壁式自动埋弧横焊设备及其应用技术，稳定和提高焊接质量，提高生产效率，改善工人劳动条件，降低对工人操作技能要求，是一种高效、安全、节能、环保的施工焊接方法。项目的实施将极大地提高施工现场钢结构焊接效率和质量，对建筑生产技术的提高，对打造节能、低碳、环保的绿色城市产生积极影响。

本专利可推进中国超高层建筑的快速发展，推动施工现场自动埋弧焊的运用，提高施工现场焊接质量、节约工程工期、降低施工成本，为我国超高层建筑施工现场焊接施工积累了宝贵的经验，在钢结构建设领域处于国际领先地位，有力地推动了国内外建筑行业的发展，推广应用前景良好。本专利的技术在《焊接技术》期刊 2017 年第 9 期中发表，标题为"便携式弧焊机器人在超高层现场焊接中的应用"，展示了本专利在现有高层建筑发展中的推进作用。

3. 政策适应性

本专利涉及一种高效、安全、节能环保的施工现场自动埋弧横焊设备，对于国家、地区打造节能、低碳、环保的绿色城市意义重大，是国家政策明确鼓励的项目，是未来建筑施工技术发展的方向。符合国务院印发"十三五"和"十四五"生态环境保护规划的规定，为国家鼓励项目。目前，中国超高层建筑快速发展，本专利能够与超高层建筑施工现场高度契合，很好地促进了新技术的应用并与其共同发展、创新。

银奖

抗浮锚杆与抗浮板变形协调的抗浮结构

推荐单位： 中国建筑西南勘察设计研究院有限公司
完 成 人： 康景文、曹春侠、钟 静、汪 凯、付彬桢、李可一、陈海东

一、立项背景

全国范围内的生态恢复和城市建设放缓，导致工程降水减少，未来我国城市地下水必将呈现出普遍上涨的态势。近年来，雨水线缓慢北移、南水北调工程建设，为北方城市既有工程建筑的地下室抗浮安全带来了新的挑战。随着我国城市地下综合体、地铁设施、城市改造和新区建设日益增多，抗浮工程已成为建设超大超深的地下空间一个重要的专项工程，抗浮工程造价占整个地下结构的 20%～70%。地下水位上涨，建筑地下室大面积滞水、结构坍塌、结构开裂等抗浮事故频发。抗浮锚杆与地下结构共同作用的研究经过十几年发展，仍然存在设计不经济的问题。改变锚杆布置方式、锚杆刚度、锚杆承载模式、地下结构底板厚度、锚杆间距，优化锚杆数量及长度等方面的分析、设计和评价方法虽然日趋成熟，但也存在不足之处。本发明专利 2016 年授权，解决了传统被动抗浮技术承载力低、材料浪费严重等现实工程问题，且保持抗浮结构长期服役良好，具有绿色建造、环保节能的优点。

二、详细科学技术内容

本发明专利是用于工程抗浮的重要技术，是中国建筑西南勘察设计研究院历经 40 余年基于地基基础工程抗浮实践的基础上开发的。本发明公开了一种抗浮锚杆与抗浮板变形协调的抗浮结构，包括基础板及连接在相邻两块所述基础板之间的抗浮板，还包括锚固于所述抗浮板上的多根抗浮锚杆，位于所述抗浮板中心位置的所述抗浮锚杆长度大于所述抗浮板其他位置的所述抗浮锚杆长度。根据抗浮板的实际受力变形，通过调整不同位置抗浮锚杆的长度，使得抗浮板与抗浮锚杆变形协同，达到抗浮板变形均匀的目的，有效地避免了在浮力较大的情况下，造成的抗浮板中间区域向上拱起变形过大，进而导致抗浮板局部开裂和地下室渗水等情况的发生，有效地延长了抗浮锚杆与抗浮板变形协调的抗浮结构的使用寿命。当抗拔桩/抗浮锚杆的间距太大时，抗浮力对底板产生的弯矩和剪力就会很大，需要加大底板的厚度来抵抗水浮力的作用，这就造成底板配筋和混凝土增加，对工程造价产生影响。进行抗浮设计时，考虑抗拔桩/抗浮锚杆与底板的共同作用，可有限度地减少底板配筋和厚度，合理分配弯矩和剪力，使结构效用最大化。

因此，本发明提供一种抗浮锚杆与抗浮板变形协调的抗浮结构，位于所述抗浮板中心位置的抗浮锚杆长度大于所述抗浮板其他位置的所述抗浮锚杆长度，所述抗浮锚杆由所述抗浮板的侧边位置至所述抗浮板的中心位置间距逐渐减小。见图1。

发明在地下结构底板设置抗水板及与其锚固的抗浮锚杆的技术（图2），使得抗水板与抗浮锚杆变形协同，达到抗浮板变形均匀的目的，按力的平衡与变形协调双控制，通过抗浮构件优化布置，保证整体抗浮要求，消除局部抗浮失败的风险；并将抗浮锚杆技术与泄水卸压等技术结合，进一步完善主动、被动结合抗浮技术。

三、发现、发明及创新点

较传统布置方式，本专利具有如下创新点与优点：

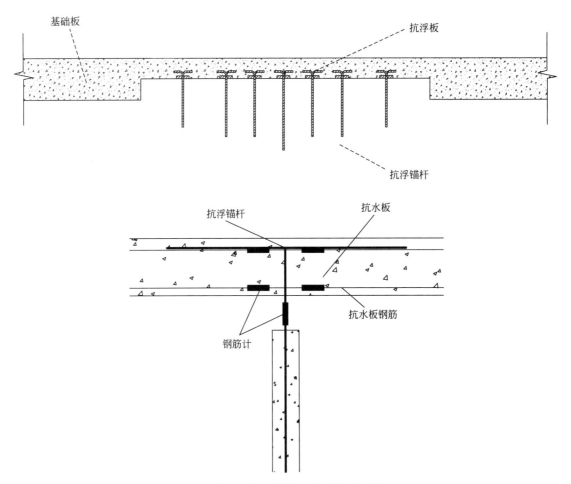

图 1 现场抗浮锚杆监测元件埋设示意图

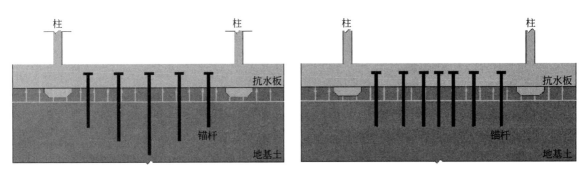

图 2 抗浮锚杆与抗水板变形协调的抗浮结构

1）将锚杆的布置集中在混凝土底板的中间区域，能使结构的应力分布更均匀，同时考虑上部结构刚度，在刚度较大的地方通过增长锚杆长度、减少锚杆数量，使工程更加经济合理。

2）通过在抗浮锚杆 3 外表面上设置防水层，有效地避免了地下水长期腐蚀抗浮锚杆 3 的锚头的情况，有效地延长了抗浮锚杆 3 的使用寿命。利用抗浮锚杆 3 的支点作用，可以有效减少抗浮板 2 的中间区域的弯矩及配筋量，降低了抗浮结构的制造成本，并且减少了后期因抗浮问题造成的加固及维修工作，更有利于地下建筑的抗浮和使用。

3）工作人员在具体施工时，基础板 1 和抗浮板 2 可以同时浇筑，有效地缩短了组合式基础板的加工时间，缩短了工期。见图 3～图 8。本专利较传统技术的优点见表 1。

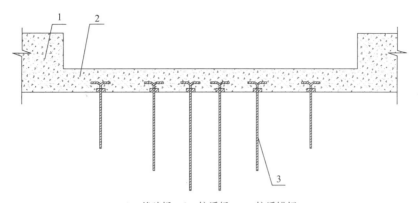

1—基础板；2—抗浮板；3—抗浮锚杆
图 3 本发明实施例所提供抗浮结构的结构示意图

图 4 抗浮锚杆施工完成后图片

图 5 抗水板与锚杆拉拔现场试验模型

图 6 抗水板与锚杆拉拔现场试验模型

图 7 抗浮锚杆施工现场图片

本专利技术较传统技术优点 表1

技术组成	本专利技术方案	现有国内外技术方案	主要优点
锚杆布置方式	锚杆的布置集中在钢筋混凝土结构底板的中间区域	锚杆按照均匀方式布置	结构底板的应力及变形分布更为均匀
锚杆长度设置	在刚度较小的地方通过增长锚杆长度、增加锚杆数量且在刚度较大的地方减小锚杆长度、减少锚杆数量	锚杆按照等长度设计，未考虑底板受力刚度	工程结构更加经济、合理

续表

技术组成	本专利技术方案	现有国内外技术方案	主要优点
锚杆外表面防水	在抗浮锚杆3顶部外表面上设置防水层	较少设置防水层	有效地避免了地下水长期腐蚀抗浮锚杆3的锚头的情况,有效地延长了抗浮锚杆3的耐久性及使用寿命
抗浮锚杆支点	抗浮锚杆3的支点作用,可以有效减少抗浮板2的中间区域的弯矩及配筋量	基底水压力控制技术、设计依据不充分	降低了抗浮结构的建造成本,减少了后期因抗浮锚杆及抗浮板变形问题造成的加固及维修工作
浇筑施工方式	抗浮板2可以采取分层浇筑的施工方式,并可对抗浮锚杆施加预应力或预紧力	施工过程中,地梁连同抗水板作为整体需要一次性浇筑,人工消耗较大,施工成本高,工期长	分层浇筑减少抗浮锚杆锚头防腐措施的同时,更为有效地控制抗浮锚杆、抗浮板使用期间的变形,进一步减少抗浮板产生隆起开裂的风险,同时可缩短施工工期,降低工程造价,减少质量隐患
承台与抗浮锚杆浇筑施工方式	独立基础承台1和抗浮板2可以采取同时浇筑的施工方式	为满足抗浮要求,抗浮板与独立基础承台一般先浇筑抗浮板,再行浇筑独立承台,但易出现冷缝	有效地减少钢筋混凝土施工冷缝的出现数量,缩短工期的同时规避结构底板宜冷缝造成的渗漏问题

针对抗浮工程控制技术不够有效、传统抗浮技术在偶发水荷载等情况下不经济等问题,以本专利为依托,布局配套主、被动联合抗浮系列专利技术7项,包括:泄水卸压抗浮结构、胶结型高压摆喷与支护桩联合阻水帷幕、抗水板与独立基础协同作用的基础结构等。该技术提供了一种施工质量有保障、施工效率高、节能环保的抗浮设计理念及方法,解决了本领域关键性、共性的重大技术难题。该专利及其专利池的核心技术"主动、被动联合抗浮技术"被评价为达到国际领先水平。

其技术特点见表2。

本专利技术特点　　　　　　　　　　　　　　　　　　　　表2

关键技术	本项目技术水平	国内外技术水平
主动、被动联合抗浮承载性能提升技术研究	1. 创新运用了排水卸压装置与被动抗浮结构组合的主、被动结合抗浮技术; 2. 针对不同的场地条件,形成了扩大头锚杆新技术、新型伞状抗拔锚新技术和玄武岩纤维筋材锚杆新技术	1. 传统被动抗浮技术承载力低、机械捡底施工困难、材料浪费严重; 2. 常规抗拔桩为混凝土与钢筋组合,混凝土受拉易开裂,不能用于具腐蚀环境的工程

图8　排水卸压主动抗浮技术

四、与当前国内外同类研究、同类技术的综合比较

该成套抗浮专利技术首次提出排水卸压装置与被动抗浮结构组合的主、被动联合抗浮理念，建立了浮力荷载分配机制，满足了常水位以上区域抗浮要求的同时，亦可保证局部常水位以下区域建筑结构抗浮稳定性，充分发挥了主动、被动抗浮技术各自优势，解决了传统被动抗浮技术承载力低、材料浪费严重等现实工程问题，可有效减少抗浮工程事故。先后荣获广东省技术发明一等奖、广西壮族自治区科学技术一等奖、四川省职工技术创新成果优秀奖。

经四川省科技成果查新咨询服务中心查新结果显示：在检索范围和时间内，除项目研究人员发表的文章涉及了查新点内容外，所检索到的其他文献报道与委托项目查新点均具有不同之处，未见与本项目查新点所述技术特征相同的报道。

五、第三方评价、应用推广情况

1. 第三方评价

2021 年 7 月 7 日，中国建筑集团有限公司组织对课题成果进行鉴定，由院士担任评价专家组组长，专家组认为该项成果整体达到国际先进水平。

2. 推广应用

本专利技术已成功应用于四川、湖北、云南、广东等地区的 30 余个重大工程项目中，近三年新增销售额 5.1 亿元，取得新增利润 5600 余万元，应用效果良好，为建设单位节省了大量的工程费用，得到了工程建设单位的高度认可。同时，本专利技术减少施工周期，有利于环境保护，完全符合国家"又好又快和节约减排"的方针，具有显著的经济和社会效益。

六、社会效益

本成套工程抗浮技术创新运用了排水卸压装置与被动抗浮结构组合的主动、被动结合抗浮技术，解决了传统被动抗浮技术承载力低、材料浪费严重等现实工程问题，且保持抗浮结构长期服役良好的优点，具有绿色建造，环保节能的优点。依托该专利技术及成套抗浮技术产品，针对所有地下结构抗浮，包括地下车库、地下广场、地下商场、地下车站、地下人防、地铁等工程，为政府监管部门提供城市地下水灾害预警与防治服务，减少抗浮工程事故，社会效益显著。

1）采用砂卵石场地高压旋喷扩体抗浮锚杆施工，对既有建筑抗浮加固，具有施工高效、成效显著，且对现有底板/抗水板破坏较小等优势。可有效降低工程造价，节约 30%～40%。配合非均匀设计方法，预留机械拣底通道，避免机械拣底与抗浮锚杆施工的冲突，节省工期，提升项目效益。

2）采用建筑智能排水卸压主动抗浮施工技术，与抗浮锚杆、桩联合应用抗浮技术，比传统抗浮底板工艺降低了约 40%～60%，节约施工成本。据统计，本专利技术在节约工程材料、缩短工期方面取得了良好的作用，在相关重大工程项目中缩短工期 193d，节约工程造价 1.5 亿元。我单位积极运用此项施工技术进行开发，并应用到实际生产项目中，取得了很好的效果。该专利成果以及后续系列专利的推广使用，将改变今后的抗浮设计与抗浮施工方式，会大量节约工程材料，缩短工程施工工期，推动绿色岩土、绿色建造的发展。

一种磷渣基环保型建筑材料及其制备方法

推荐单位：中建西部建设股份有限公司
完成人：林喜华、刘数华、班录江、袁义进、周　涛、赵士豪、何　欣、李馨慧

一、立项背景

随着我国经济高速发展，建筑、工业固体废弃物越来越多，我国每年产生超过9500万吨磷渣等固体废弃物，且呈逐年增长趋势。大多磷渣都采用露天堆放或填埋的方式处理，不仅占用大量土地，堆放的磷渣还会对土壤、水资源产生影响，污染环境。同时，旧城改造废弃混凝土、废弃玻璃等建筑固体废弃物也需要适当的处理方法。目前将磷渣应用于混凝土制备的现有技术中，对磷渣的使用量都普遍较小，仅是作为混凝土中占比较小的成分存在，对于大量堆积的磷渣的利用率依然很低。因此，寻找一种高效、绿色的建筑、工业固体废弃物处理方法，成为目前社会的迫切需求。

针对贵州大量的磷产业副产物处理需求，结合建筑固体废弃物处理工艺，可利用磷渣为主要材料，搭配废弃混凝土、废弃玻璃等建筑固体废弃物材料，制备出一种磷渣基环保型建筑材料，从而实现磷渣、废弃混凝土等工业建筑固体废弃物的大量利用，但仍存在以下问题有待解决：

（1）磷渣材料早期活性低，对混凝土早期凝结时间影响大；
（2）废弃混凝土作为骨料应用时，易引发碱骨料反应；
（3）建筑固体废弃物后难以应用于高强混凝土中；

从以上问题出发，结合已有技术成果，开展相关研究并进行总结推广。

二、专利质量

1. 技术新颖性与创新性

创新点一：改进磷渣基材料预处理技术方案

1）磷渣高效改性处理方案

针对磷渣缓凝作用强、早期活性低的问题，采用碱激发改性技术，构建碱性胶凝材料环境，打破磷化物分子内化学键，分解释放其内部活性物质，有效提高材料早期强度（图1）。

2）建筑、工业固体废弃物大规模利用方案

采用颚破、粉磨等预处理技术，有利于建筑废渣粉中惰性部分体积稳定，协助其活性部分参与二次水化反应，提高体系强度；通过蒸养处理，在热效应下进一步解离磷渣、粉煤灰中的玻璃体，加快二次水化反应提高强度；以一定温度的饱和石灰水为养护介质，利用热效应解离玻璃体的同时，也可为水化反应提供足够的 $Ca(OH)_2$。

创新点二：搭建磷渣＋固体废弃物多元环保胶凝体系

在改性磷渣的基础上，搭配不同比例的建筑废渣粉、硅铝质球体材料、纳米级硅质粉，可充分发挥硅铝质球体材料形态优势，提高新拌砂浆工作性；借助纳米级硅质粉的小尺寸效应、填充效应、晶核效应，明显改善结构孔隙，促进磷渣的水化反应。

创新点三：形成简洁、高效材料制备方案

磷渣基环保型建筑材料制备工艺简洁高效，即将粉磨后的建筑废渣粉与磷渣粉、硅铝质球体材料、纳米级硅质粉、碱性激发剂、砂、水、高效聚羧酸系减水剂搅拌均匀制得砂浆，再将砂浆采用模具浇

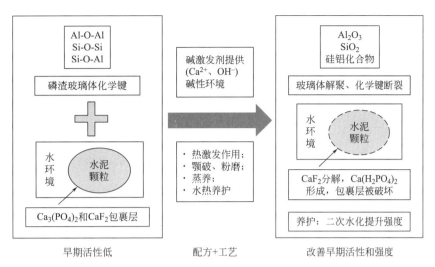

图 1　创新点介绍简图

筑、振实成型、养护脱模。

通过本专利技术可用于制备各种磷渣基水泥预制构件，大量、高效地应用废弃磷渣、建筑废渣等废弃物，减少碳排放，绿色环保，为固体废弃物的有效利用提供了新途径，避免了社会资源的浪费，可解决现有技术中建筑、工业固体废弃物利用度不高的问题，具有良好的经济效益和社会效益。

2. 技术应用性

目前，本专利技术已实现工业化生产、销售，创造了可观的收入，具有明确的可实施性，在推进专利技术成果转化的同时，专利权人配套建立了系列高强、高性能混凝土的制备技术和超高泵送混凝土技术，并将其推广应用于正习高速（图 2）、南环高速（图 3）、雷榕高速（图 4）等高速公路项目、贵阳龙洞堡机场超长桩基混凝土工程（图 5）及其他建筑项目中，为我国高速公路、基础设施项目的建设发挥了安全、高效、绿色的重要作用。

图 2　正习高速项目

图 3　南环高速项目

本专利作为基础核心技术专利于 2017 年 12 月 22 日进行申请，专利权人自 2018 年开始对核心专利外围开展专利布局工作，基于本专利申请了一系列混凝土相关专利。2018—2022 年期间，累计申请并获授权相关专利 17 件，其中，发明专利 9 件。

3. 专利文本质量

本专利针对当前我国建筑及工业固体废弃物利用现状、现有技术针对技术存在的缺陷和不足，提出了一种以磷渣为基础的环保型建筑胶凝材料，通过清楚、完整地公开磷渣基环保性建筑材料的具体配方、比例及相应的制备方法，详细阐述技术特点、技术原理和解决的技术问题以及带来的有益效果，描

图 4　雷榕高速项目

图 5　贵阳龙洞堡机场 T3 航站楼项目

述具体的实施方式，使本领域技术人员能够理解和实施。

本专利授权文本撰写规范，符合专利法及实施细则的相关规定。其中，权利要求书层次结构分明，内容完整、清楚、简要，布局合理，明确记载了解决技术问题的必要技术特征，并且权利要求均以说明书内容为依据，保护范围合理、有效；说明书公开充分、清楚详细，专利要解决技术问题的表述与要保护的技术方案相对应，能够支持权利要求书的保护范围。

三、技术先进性

1）首创了磷渣基材料改性技术，在碱性环境下解离活性物质，提升材料体系活性，改善了磷渣材料对混凝土凝结时间、强度的影响效果，保障了材料使用质量。

2）通过整合磷渣材料及其他建筑固体废弃物，提出了建筑废渣粉、硅铝质球体材料、纳米级硅质粉等材料制备环保建筑材料的专利技术，解决现有技术中对建筑、工业固体废弃物利用度不高的难题。

3）创新地形成了磷渣基材料预处理与二次水化相结合的制备工艺，激发磷渣基材料使用潜力，为固体废弃物的有效利用提供了新的途径，可充分利用磷渣及建筑废弃物资源，响应国家"双碳"及贵州省"磷产业开发"的相关政策，助力磷产业废弃物变废为宝。

4）本专利为"基础型"专利，围绕本专利，专利权人先后申请并授权了 17 件专利，与本专利技术共同构成专利技术群，并成功运用于贵州正习高速、南环高速、雷榕高速等项目。同时，基于本专利技术专利权人参编了国家标准《用于水泥和混凝土中的粒化电炉磷渣粉》GB/T 26751—2022，获得中国施工协会科技进步奖一等奖。

四、运用及保护措施

1. 专利运用

通过推动本专利落地融合，注重专利技术纵横向延伸，不断扩充和丰富专利技术应用领域，为其灵活运用注入活力。

2. 专利保护

综合产业、市场、法律等因素，以基础专利技术为核心，构筑起覆盖该技术领域严密高效的专利保护网，有效保护核心技术，以专利布局武装技术创新。目前，以本专利技术为核心，中建西部建设贵州有限公司前后陆续申请并授权了 5 项发明专利，12 项实用新型专利。

3. 制度建设及条件保障

公司高度重视专利的创造、运用、转化、保护和管理，制定了知识产权战略规划，并将其纳入到企业整体发展规划中，为公司的技术创新、专利布局、企业品牌提供有力支撑。

4. 运用成效

本专利技术现已成功实现产品工业化生产，所转化的产品可应用于房屋建筑、高速公路、桥梁等各类基础设施的建设，销售至中建四局、中铁八局、中铁隧道集团等多个同行业建筑施工单位，占贵州省内混凝土市场份额的 0.24%，应用的大型工程项目达 15 个。

所配制的超低水泥用量高性能机制砂混凝土，其水泥用量比同行业低 20%；在低水泥用量下高性能混凝土的工作性能、力学性能等各项指标均满足国家相关标准要求。

五、应用推广情况

利用本专利及相关技术成果，通过自主研发的混凝土制备工艺，形成高性能山机砂混凝土、磷矿渣高性能混凝土、超高泵送超高强混凝土、高抗渗混凝土、早强缓凝型高墩柱机制砂混凝土、超长超缓凝水下不分散机制砂混凝土、早强清水机制砂预制 T 梁混凝土等多款适用于高速公路、隧道、桥梁、超高层建筑等项目的建筑材料产品，现已应用于正习高速、南环高速、雷榕高速等高速公路项目、贵阳龙洞堡机场超长桩基混凝土工程及其他建筑项目中。

六、社会效益

本专利技术是以磷渣为主要原料，结合建筑废渣粉、硅铝质球体材料、纳米级硅质粉等材料制备环保建筑材料，解决了现有技术中建筑、工业固体废弃物利用度不高、磷渣由于其较强的缓凝作用及较低的早期活性在混凝土中用量小的问题。本专利可用于制备各种磷渣基水泥预制构件，为废弃磷渣、建筑废渣等固体废弃物的大量高效消纳提供了新途径，避免了社会资源的浪费，实现混凝土低碳绿色环保生产，提质增效。

采用本专利技术生产磷渣基环保型建筑材料，仅 2021 年就消耗磷渣 99753.03t，可有效解决磷矿渣作为贵州省内大排量工业固体废弃物处理难、大量固体废弃物再利用难的问题。同时，磷渣作为矿物掺合料可替代部分水泥、粉煤灰等材料，变废为宝，降低成本，节能降耗，对于工业废料资源化利用与环境保护有重要作用。本专利响应《"十四五"工业绿色发展规划》提出的"推进工业固体废弃物规模化综合利用"要求，为固体废弃物的有效利用提供了新途径，以节能降耗、保护环境和提升资源综合利用水平作为转变发展方式的重要着力点，进一步提高了建材行业绿色发展水平和可持续发展能力。

一种基于BIM机电模型的预制加工管理系统和方法

推荐单位：中建安装集团有限公司
完成人：王保林

一、专利质量

1. 新颖性和创造性

1）技术背景

当前机电工程工厂化预制加工大多采用手动方式在BIM模型中完成模块的切割，然后将手动绘制的平剖大样等模块预制加工图交付给预制加工生产厂家，生产厂家根据加工图完成模块的生产并装车运输到施工现场，施工现场人员再根据模块及图纸进行现场组装。这种预制＋运输＋现场组装的工厂化预制加工模式采用手动地依靠人力资源完成，手动模块拆分准确性不高、施工效率低下；过程管控难度大，不利于资金、物料、进度、图纸的管理；同时也增加了模块的运输成本，成本优势较低。

2）本发明基本信息

本发明提出了基于一套模型、一套数据的BIM预制加工全过程管理平台架构及数据交互标准，通过逐层叠加加工、运输、组装、材料定尺等BIM机电模块信息，实现了建筑机电模块预制全过程数字化管理，对实现机电工程智能建造具有深远影响价值。

3）本发明技术方案

本发明公开一种基于BIM机电模型的预制加工管理系统和方法，该系统包括BIM模块切割平台、BIM造价平台、BIM模块管理平台和BIM预制加工管理平台；所述BIM模块切割平台用于生成三次机电预制模型；所述BIM造价平台用于生成资金进度计划；所述BIM模块管理平台用于生成模块材料明细、模块编码及模块内构件编码和模块预制加工正等轴侧单线图；所述BIM预制加工管理平台用于进行物料追踪、资金管理、进度管理和图纸管理。本发明能够实现模块自动拆分，全程管控预制加工过程，实现资金、物料、进度、图纸的管理，提高了施工的效率，节约了成本。

4）本专利的新颖性和创造性

本专利在实质审查阶段、专利权人委托国家知识产权局专利检索咨询中心进行的授权专利检索，以及专利权人进行的多次专利稳定性检索分析中，均未发现影响本专利新颖性/创造性的对比文件。与本专利相关的对比文件包括以下三篇（表1）。

对比文件列表 表1

编号	申请号	专利名称	申请日期	状态
对比文件1	2017103156049	一种基于BIM的非标风管预制加工系统及其方法	2017.07.07	驳回
对比文件2	2013101324997	一种基于BIM的管道预制方法	2013.07.24	驳回
对比文件3	2017104515782	一种基于BIM的机电管网工厂预制现场装配系统及其方法	2017.09.05	驳回

对比文件1仅涉及非标风管预制；对比文件2仅提出了管道预制流程；对比文件3仅提出基于点云模型的机电预制过程。本专利相较于上述3项对比专利实现了机电工程全专业、全流程、全区域的一体化装配式施工。由此可见，本专利具有较强的新颖性和创造性。

2. 实用性

本专利技术实施主要包括五个方面：

创建一次机电模型→优化形成二次管线综合模型→通过模块切割生成三次机电预制加工模型→利用 BIM 模块管理平台关联施工进度形成 4D 机电模型→利用 BIM 造价平台关联资金成本，形成 5D 机电模型。

本专利技术已在深圳会展、南京禄口机场等 21 个机电工程中进行了成功应用，缩短项目工期 10% 以上，节约成本 4% 以上，应用效果显著。

3. 文本质量

本专利说明书明确了发明内容的技术领域、解决的技术问题，权力要求书以说明书为依据，共包含 6 项权利要求。

1）权利要求 1 对一种基于 BIM 机电模型的预制加工管理系统的组成、功能、架构进行了保护，包含实现发明目的的所有必要技术特征。权利要求 2～3 为权利要求 1 的从属权利要求。

2）权利要求 4 对一种基于 BIM 机电模型的预制加工管理方法的步骤进行了阐述保护。权利要求 5～6 为权利要求 4 的从属权利要求。

各项权利要求之间的引用关系清晰、内容清楚，保护范围合理。

二、技术先进性

1. 技术原创性及重要性

本专利属于基础型专利，结合机电系统关键共性问题提出了以下三个技术要点：

技术要点 1：在机电模块管理方面，构建了机电模块综合管理体系，实现了机电系统从虚拟建造到装配化建造的全过程精细化管控。见图 1、图 2。

图 1　机电系统虚拟建造　　　　　　　　　　图 2　机电系统装配化建造

技术要点 2：在机电模块设计方面，提出了以加工运输条件、组装条件、材料定尺为综合变量的机电模块自动切割算法，实现了机电模块的自动切割设计。见图 3。

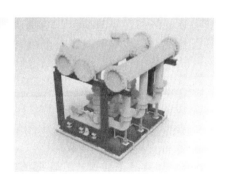

图 3　机电模块自动切割

技术要点 3：在机电模块制作方面，提出了一维下料算法及预制加工图出图方法，实现了模块自动出图的同时，减少了材料损耗、降低了预制加工成本。见图 4、图 5。

图 4　一维下料算法

图 5　预制加工图出图

2. 技术优势

1）与当前同类专利技术方案比较

截至目前，专利权人通过公开文献进行检索，发现技术方案相对较优的同类专利有以下一篇（表 2）。

专利对比技术　　　　　　　　　　　　　　　　　　　　　　表 2

编号	申请号	专利名称	申请日期	状态
对比文件 1	2022100074071	基于 BIM 的机电系统装配及管理方法、系统、存储介质及设备	2022.01.05	等待实审提案

对比文件 1 仅涉及机电 BIM 应用的流程，缺少模块切割、模块管理等关键步骤；经对比本专利从系统和方法两个维度针对机电工程的装配化设计、加工、装配、进度及成本等，实现了全面、精细化的管理。

2）第三方评价

以本专利为核心的技术成果《基于 BIM 的机电工程模块化建造技术研究与应用》，经中国安装协会组织的科技成果评价（评字〔2020〕第 12 号），专家组一致认为该成果技术达到"国际领先"水平。

3. 技术通用性

本发明可广泛适用于超高层、大型公建、市政、基础设施等各类安装领域，尤其适用于工期要求紧、信息化程度要求高的机电工程项目。

三、运用及保护措施和成效

1. 专利运用

本专利技术已在中建安装集团承接的 21 个重点工程中进行了推广应用，截止 2022 年底，基于本专利技术优势，累计新增工程合同额 85.79 亿元，新增利润 3.75 亿元，依托本专利开发的 BIM 模块切割平台、BIM 模块管理平台、BIM 预制加工管理平台等多款平台软件应用于多项职业技能大赛，对外销售 147 万元，产生了良好的经济效益。

基于本专利及相关实施成果形成了 1 项国家标准、2 项团体标准和 2 项企业标准以及 4 项省部级工法，为后续项目承接提供了直接技术依据和重要参考，推动本专利的有效实施与价值实现。

2. 专利保护

围绕本核心专利，在机电模块拆分、施工辅助装置、支吊架设计等技术领域，布局了 14 项专利，11 项软著和 1 项商标，形成了完善的机电模块建造知识产权体系。见图 6。

3. 制度建设及条件保障和执行情况

公司于 2023 年 4 月通过了知识产权管理体系认证，建立健全了包括知识产权管理办法、科技成果管理办法等知识产权制度管理体系。在日常经营活动中，建立了专利信息反馈机制及专利数据库，截至目前尚未发现侵权行为发生。

4. 经济效益

实施至 2022 年底，基于本专利技术优势，累计新增工程合同额 85.79 亿元，新增利润 3.75 亿元。

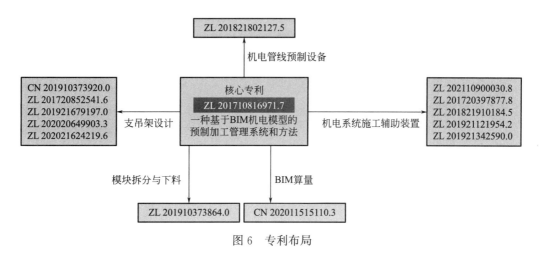

图 6　专利布局

其中，2021 年初至 2022 年底期间，新增销售额 24.29 亿元，新增利润 2.48 亿元。

四、社会效益及发展前景

1. 社会效益

通过本专利的实施，构建了机电模块高效管理体系，有效提升了机电系统装配率，和传统施工方式相比，可缩短项目工期 10% 以上，降低项目成本 4% 以上；施工现场仅需要组装作业，大大减少了环境污染，大幅提升了一次质量合格率；并为今后建筑运维的数字化管理提供了技术基础。

2. 行业影响力及政策适应性

建筑市场作为我国超大规模市场的重要组成部分，在与先进制造业、新一代信息技术深度融合发展方面有着巨大的潜力和发展空间，本专利技术致力于建筑工业化、数字化、智能化水平提升，符合国家高质量发展需要。

五、获奖情况

依托本专利的技术先后获华夏建设科学技术奖二等奖、中国安装协会科技进步奖一等奖、中国土木工程詹天佑奖、中国安装协会 BIM 技术应用国内领先等 16 项省部级奖项。

一种内爬塔吊不倒梁爬升方法

推荐单位：中建三局集团有限公司
完成人：寇广辉、何景洪、张　恩、苏　浩、刘　飞、黎　攀

一、立项背景

塔式起重机（俗称塔吊）是建筑工程施工中最重要的垂直运输设备，其安全性和使用效率格外令人关注。可附着于建筑结构进行爬升的内爬塔式起重机因其起重性能强、不受高度限制、使用相对更安全等成为建（构）筑施工垂直运输方式的首选。传统内爬塔式起重机采用两道支撑梁夹持形式，支撑梁与固定在建筑结构的钢牛腿焊接。

当塔式起重机需要爬升时，借助第二台塔式起重机在爬升井道内将最下方的非工作支撑梁解体，并从下往上越过两道支撑梁倒运、重新安装固定，塔式起重机顶升后，上方两道支撑梁形成新的支撑体系，原下道支撑梁退出工作，此转运过程简称为"倒梁"。

上述传统的内爬式塔式起重机倒梁作业存在以下几点缺陷：

1）倒梁过程所需工人多、时间久，且须额外塔式起重机配合，从而降低塔式起重机利用率和施工效率，影响建设工期；

2）核心筒内空间狭小、倒梁操作难度大；

3）支点埋件使用量大，无法周转，成本高；

4）支撑梁与埋件牛腿高空焊接作业强度高、质量不易保证、焊缝检测时间长，延迟塔式起重机爬升后启用时间；

5）支撑梁反复安拆、使用时存在安全隐患；

6）受塔式起重机夹持距离影响，爬升规划灵活性差；

7）核心筒内顶模支撑往往制约塔式起重机自由高度和爬升方式。见图1。

图1　传统塔式起重机附墙支承系统周转、固定及爬升实景图

针对以上问题，中建三局第一建设工程有限责任公司依托一批重点工程项目，研究发明"一种内爬塔式起重机不倒梁爬升方法"，满足不同建筑场景需求，实现塔式起重机自爬升，提高塔式起重机工作效率和安全性，降低施工成本和作业强度，满足绿色低碳建造的发展要求。

二、详细科学技术内容

1. 内爬塔式起重机不倒梁一体化设计与施工技术应用研究

通过对常规内爬塔式起重机受力形式、支撑方式及爬升原理进行研究，创新内爬塔式起重机不倒梁爬升新方式，内爬塔式起重机设置上、中、下3道支撑梁，通过上梁承受竖向力和水平力，中梁为爬升提供支撑，下梁承受水平力，下梁随塔式起重机爬升，实现内爬塔式起重机爬升方式创新，并模拟分析计算各工况，对内爬塔式起重机的安装、使用、爬升及拆除进行了系列技术创新，实现内爬塔式起重机2h安全、快速爬升，大幅提高了超高层建筑的施工工效。

1）内爬塔式起重机不倒梁爬升方法设计与研究

创新一种内爬塔式起重机不倒梁爬升方法，通过设置三道支撑梁及两个顶升油缸，其实现装置包括：塔式起重机上梁、塔式起重机中梁、塔式起重机下梁、爬升框、两个顶升油缸、限位导向装置、爬升节和液压控制系统。在使用工况下通过上梁承受竖向力和水平力，下梁承受水平力，爬升工况下中梁为爬升提供支撑，下梁随塔式起重机爬升，实现内爬塔式起重机爬升方法创新。见图2～图7。

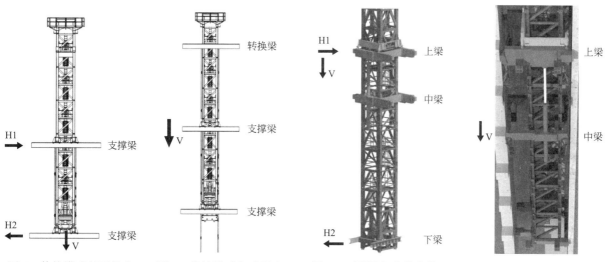

图2 传统塔式起重机在使用工况下受力形式　　图3 传统塔式起重机在爬升工况下受力形式　　图4 不倒梁爬升技术使用工况下塔式起重机受力形式　　图5 不倒梁爬升技术顶升工况下塔式起重机受力形式

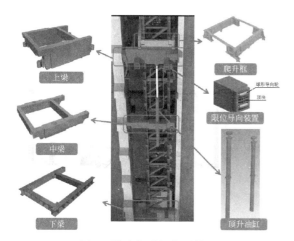

图6 塔式起重机主要装置

图7 内爬塔式起重机爬升后台操作系统

2) 内爬塔式起重机不倒梁爬升施工技术

爬升过程通过液压顶升的方式，顶升塔式起重机，主要步骤如下：

（1）塔式起重机配平，塔式起重机中梁支撑在主体结构上；

（2）操作液压控制系统，顶升油缸伸出顶升塔式起重机上梁上升，同时带动塔式起重机上升，塔式起重机上梁与主体结构脱开，塔式起重机下梁与爬升节固结，塔式起重机下梁与塔式起重机同步提升；

（3）塔式起重机上梁上升到位后与主体结构连接，塔式起重机的荷载由塔式起重机上梁承受，塔式起重机中梁与结构脱开，操作液压控制系统，顶升油缸收缩，提升塔式起重机中梁，塔式起重机中梁提升到位后完成一次爬升。见图8。

图 8　通过油缸顶升上梁，收缩油缸，提升中梁，中梁带动塔式起重机爬升

2. 内爬塔式起重机不倒梁关键节点研究与应用

为保证内爬塔式起重机不倒梁模拟受力工况得到有效实施，进行了关键节点的深化与创新，发明一种新型连接技术，高承载、全周转、免除高空焊接，连接时间由传统 0.5d 缩短至 15min，作业强度低、低碳、环保。

1) 水平恒压限位导向装置研究及应用

设置一种水平恒压限位导向装置，通过内置的油缸提供恒定的水平力，当在支撑梁同一平面内安装多个该装置时，可抵消弯矩和扭矩，达到常规内爬塔式起重机固定支座连接相同的效果。工作工况下，顶块咬合在主体结构上并保持恒压，起到限制水平荷载的作用；爬升工况在顶块收回、球形导向轮支撑在主体结构上保持恒压，起到爬升导向的作用；同时，遇到墙面不平整时，球形导向轮可自行收缩，但其压力维持不变。见图9。

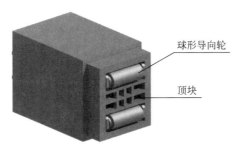

图 9　水平恒压限位导向装置

图 10　支撑梁伸缩牛腿

2) 全周转易安拆式连接技术

发明一种易安拆钢牛腿和预埋装置为塔式起重机支撑梁提供支撑，从而保证了塔式起重机的不倒梁快速安全自爬升。

支撑梁两端设置伸缩牛腿，该牛腿可通过内置的油缸实现内外伸缩，伸出时支撑在钢牛腿上受力，收缩时与主体结构脱离。见图10。

支撑梁通过钢支撑将荷载传递至主体结构，为达到铰接连接的目的，支撑梁端部的伸缩牛腿直接"搁置"在钢牛腿上，实现快速连接或脱离，该钢牛腿可周转使用。主体结构施工时，在结构内预埋内置式套筒预埋件，钢支撑通过螺杆与预埋件连接，免除焊接。见图11、图12。

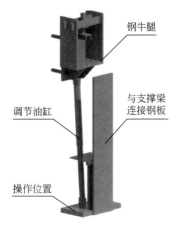

图 11　钢牛腿自动提升装置

图 12　内置式套筒预埋件

3. 基于顶模系统的框架侧顶式内爬塔式起重机不倒梁爬升方法研究与应用

通过研究超高层领域框架侧顶式内爬塔式起重机与顶模的关系，内爬塔式起重机支撑与顶模支撑相结合，解决塔式起重机与顶模支撑系统空间碰撞及塔式起重机自由高度不足的问题，并深化相应的节点，形成了框架侧顶式内爬塔式起重机的安装、使用、爬升及拆除系列技术。

上附着支撑、中附着支撑结合顶模支撑形成井字梁；下附着支撑独立设置，与塔式起重机底部固定，正常工作时由下附着支撑承受塔式起重机竖向荷载，塔式起重机爬升时利用侧向顶升油缸，以中附着支撑为支点顶升上附着支撑，以上附着支撑为支点提升中附着支撑，两者形成一次换步爬升，顶升时中附着承受竖向荷载，下附着与塔式起重机底部标准节固定连接，随塔机爬升而提升。实现中小型内爬塔式起重机与顶模共支点协同爬升。

塔式起重机爬升分为两部分：支撑系统爬升，此时塔身不动，上梁和中梁随顶模上下箱梁爬升；塔身提升，此时上中梁不动，将上梁上的塔式起重机自带单侧油缸与塔身扁担梁连接，收缩下梁的收缩牛腿，顶升塔身。见图13、图14。

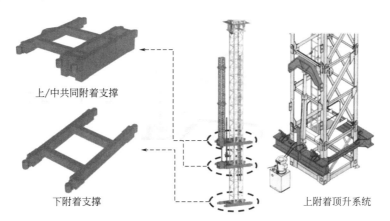

图 13　基于顶模支撑系统的自爬塔式起重机附着支撑结构组成

三、发现、发明及创新点

1）创新一种内爬塔式起重机不倒梁换步爬升方式，通过设置上、中、下 3 道支撑梁，改变塔式起重机受力形式，由两道支撑梁变为三道支撑梁，安全冗余度高，一键式爬升。爬升时，采用顶升油缸顶

塔吊爬升分两部分　　支撑系统爬升　　上梁和中梁随顶模　　收缩下梁的收缩牛腿　　顶升塔身
　　　　　　　此时塔身不动　　上下箱梁爬升

图 14　基于顶模支撑系统的自爬塔式起重机爬升步骤

升塔式起重机上梁上升，同时带动塔式起重机上升，塔式起重机下梁与塔式起重机同步提升，收缩油缸，带动中梁爬升，爬升作业时间由传统 2d 缩短至 2h，作业人员减少 50% 以上，可任意间距爬升，已授权发明专利 3 项。

2）创新一种全周转易安拆式连接技术，发明一种新型连接技术，设置一种水平恒压限位导向装置，维持塔式起重机稳定性，通过一种易安拆钢牛腿和预埋装置为塔式起重机支撑梁提供支撑，从而保证了塔式起重机的不倒梁快速安全自爬升，具有高承载、全周转、免除高空焊接的特点，连接时间由传统 0.5d 缩短至 15min，作业强度低，低碳、环保，已授权发明专利 3 项，实用新型专利 1 项。

3）创新一种基于顶模系统的框架侧顶式内爬塔式起重机不倒梁技术，实现中小型内爬塔式起重机与顶模共支点协同爬升，解决了塔式起重机与顶模支撑系统空间碰撞及塔式起重机自由高度不足的问题，已授权发明专利 1 项。

四、与当前国内外同类研究、同类技术的综合比较

该技术与国内外同类塔式起重机技术从工期、安全、绿色、低碳、成本、施工质量、作业强度等多方面综合比较，见表 1。

同类综合比较　　　　　　　　　　　　　　　　　　　　　　　　　　　　　　　　　表 1

比较项	传统方法	自爬升塔式起重机
工期	支撑梁与钢牛腿焊接及检测时间长，单台塔式起重机单次爬升耗时 2d，且须额外塔式起重机配合倒梁，影响现场施工工效	单台塔式起重机单次爬升仅耗时 2h，不占用其余塔式起重机，可利用施工闲散时间分拆作业
安全	正常使用时由 2 道附着支撑夹持，安全冗余度低；狭窄井道内倒梁易发生与模架等其他设备碰撞风险，操作人员临空作业，无可靠防护	正常使用时由 3 道附着支撑夹持，一道失效仍可工作，抗倾覆安全冗余度高；附着支撑垂直升降，无须倒梁，无碰撞风险；操作工人在附着支撑平台上作业，具有安全防护
绿色低碳	支撑架与钢牛腿连接需要焊接、拆除需要氧割，光污染和大气污染严重	可周转连接件全过程采用装配式作业，无须氧割、焊接作业，实现零污染、零排放，符合建筑业绿色、低碳发展要求
成本	埋件无法周转使用，钢牛腿也仅能使用一两次，成本高	改进的埋件和牛腿均可周转使用 20 次以上，成本降低 80% 以上，螺栓顶紧连接免除高空焊接作业成本。关键工期的缩短可节约项目大型设备及场地房屋租赁费、项目管理费用等运营成本
施工质量	现场支撑与钢牛腿焊接受工人水平影响大，高空焊接作业质量难以控制，焊接应力高，反复割除、焊接对构件自身材质造成损伤	所有部件工厂制造，现场装配，螺栓顶紧连接作业无须焊接、氧割作业，施工质量易控。通过监测系统塔式起重机运行状态可实现实时监控
作业强度	高空焊接作业强度高，倒梁时间长，人员活动空间小	作业人员仅需传统一半，劳动时间短、作业强度低，一键式爬升作业节省了零碎不统一的操作步骤，实现塔式起重机爬升流程的标准化，更有利于向自动化发展

本技术通过国内外查新，查新结果为：在所检国内外文献范围内，未见有相同报道。

五、第三方评价、应用推广情况

1. 第三方评价

2021年5月17日，湖北省建筑业协会针对基于本专利的科技成果"内爬塔式起重机不倒梁技术研究与应用"组织科技成果评价会，专家组对该成果给予了高度评价，并认定其达到"国际领先水平"。

2. 推广应用

本技术已在横琴国际金融中心大厦、岗厦天元花园6栋、武汉香港中心、南宁市天龙财富中心、广州保利天幕广场项目等超高层项目中内爬式塔式起重机爬升应用。

六、社会效益

本发明技术优化掉常用的倒梁工序，打破了传统塔式起重机几十年来传统作业形式，通过液压顶升的方式，顶升塔式起重机，并带动支撑梁及爬升框爬升，实现爬升方式创新，其操作安全（智能化控制，没有倒梁工序），时间短（爬升2d一次缩短到2h一次），节约成本（一次爬升费用从2.5万元节约到3000元），以"工厂制作、现场装配"的作业模式代替传统"现场焊接"模式，实现建筑领域关键环节中的资源节约和节能减排，附着支撑与内爬塔式起重机一体化作业方式，显著降低塔式起重机工人作业强度及增加作业安全性，提升塔式起重机使用期间抗倾覆安全冗余度，"一键式"塔式起重机顶升的实现提升塔式起重机爬升作业标准化与机械化程度，更适于塔式起重机自动化作业方向发展，进一步推进了建筑行业绿色低碳施工水平和建造水平，有利于促进施工行业技术革新与企业转型升级，推动中国建造向中国创造发展。依托该专利技术在2017年横琴国际金融中心大厦项目召开了全国智慧工地观摩会。

一种轻量化超高层施工液压顶升模架系统

推荐单位：中国建筑第七工程局有限公司

完 成 人：霍继炜、翟国政、高宇甲、胡　魁、查志宏、赵玉敏、孙　坚、李耀荣、陈金权

一、立项背景

近几年，随着住房和城乡建设部一系列指导政策的发布，我国超高层建筑的发展方向从"突破天际线"向高品质、绿色环保的新时代建筑理念转型，更加注重社会资源的有效利用、居住和办公环境的改善、材料和人力资源的节约等符合新时代中国特色社会主义发展观的转变。2020 年 7 月，住房和城乡建设部等 13 个部门联合出台《关于推动智能建造与建筑工业化协同发展的指导意见》，明确了发展智能建造的指导思想、发展目标，也明确了时间表、路线图。到 2025 年，我国智能建造与建筑工业化协同发展的政策体系和产业体系基本建立，推动形成一批智能建造龙头企业，打造"中国建造"升级版，到 2035 年，我国智能建造与建筑工业化协同发展取得显著进展，企业创新能力大幅提升，产业整体优势明显增强，"中国建造"核心竞争力世界领先，建筑工业化全面实现，迈入智能建造世界强国行列。

液压顶升模架技术一直以来是高层及超高层建造技术发展的核心，具有整体性好、封闭性强、承载力大等特点，顶模结构的整体化、绿色化、智能化被广泛应用在超高层建筑核心筒的施工中。然而传统超高层建筑施工顶升模架技术在工程使用中，存在大量以往未解决的问题，如模板的周转运输方式单一，对塔式起重机依赖性强，支模与拆模时大部分须依靠塔式起重机进行上下垂直运输；钢筋从地面到施工面的运输工作和钢筋作业面的绑扎工作未能实现有序衔接，未充分利用模架平台的集散、中转和存储功能；整个模架体系在停工、顶升和施工状态下重要监测构件部位的变形和受力等情况不能全天候实时将信息集中统一管理和数据分析，且现场施工过程中重要数据不能实现远程网络平台监测；由于工程结构形式不一，未能形成适应不同形式和通用性较强的模数化模架体系。

本专利技术针对传统顶模体系存在自重大、负载分布不均、水平度的调节难度大、顶升速度慢、构件难以周转等问题进行了技术攻关与改进升级。为了安全、高效地建造超高层，将智能物流协同平台施工技术应用到整个建筑的施工过程中，充分利用模架平台的集散、转运和储存的功能，使得施工过程有序协同工作，提高效率和节约成本，以低碳为设计准则，对模架平台进行模块化设计，在提高安装效率的同时，打破了传统施工模架中专梁专用的瓶颈，提升了构件的重复使用和通用率，为了实时掌握模架平台的运行情况，对其开展了远程安全监测与管理，既为我国后续的超高层建筑施工模架体系研究提出更多、更实用的创新解决思路，也推动了我国建筑业的高质量发展。

二、详细科学技术内容

1. 轻量化顶升模架体系设计

1）轻量化顶升模架体系整体设计

针对传统"造楼机"自身质量大、顶升速度慢、构件无法周转等弊端，研究团队采用轻量化设计理念，研发了轻量化液压顶升模架体系，整套系统设计完成总质量约 400t，只相当于传统"造楼机"自身质的 1/5，600t 的顶升力量可以抵抗 12 级大风。各系统构配件采用模块化设计，70% 以上桁架、模板、挂架、立柱及液压顶升系统可周转使用。

2）轻量化大行程顶升与支撑系统设计

研制了大行程顶升系统：针对传统造楼机的多点附着、顶升慢等弊端问题，研制了少支点、大行程的高位顶升系统，仅需 4 根大吨位长行程液压油缸主立柱即可满足 600t 的顶升力量需求；研制了纵向液压油缸与支腿处液压油缸分离设计技术，确保了顶升动力互不影响；研制了液压控制系统采用变频流量液压控制系统，实现每个液压缸独立工作，不依托集成液压站。见图 1。

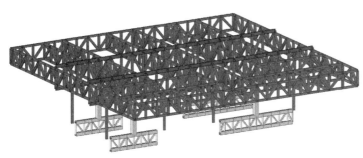

图 1　轻量化液压顶升模架体系

发明了爪形分片式顶升立柱支撑装置，可以不切断结构竖向钢筋，减少对主结构影响，减少后期结构加固补洞工作量。解决了钢筋密集部位，难以开洞问题。见图 2。

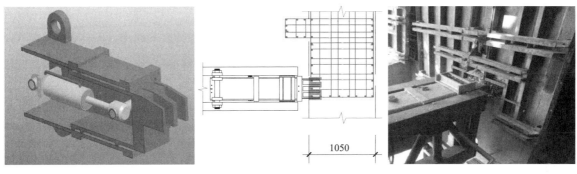

图 2　立柱支撑腿

研发了变频流量液压控制系统，每个液压缸都能独立工作，不依托集成液压站，占用空间小，维护成本低，管路简单，流控系统相对比传统阀控技术总体的体积减小了 90％以上。采用手持式终端控制器，实时监控主立柱顶升情况。见图 3～图 6。

图 3　传统阀控流控阀　　　　　　　　　图 4　新型变频流量液压控制系统

图 5　传统顶升模架体系控制台

图 6　新型手持式终端控制器

3）轻量化钢桁架及内外挂架系统设计

研制了轻量化钢桁架系统，针对轻量化的需求，采用桁架截面高度减少 20%，桁架层空间高度降低为 1～1.5 层结构层高度的设计方案，实现了整体质量减少约 30%，质量更轻、整体稳定重心更低。采用标准化连接件机械连接代替焊接方法，实现 70% 以上构件的可周转性。见图 7。

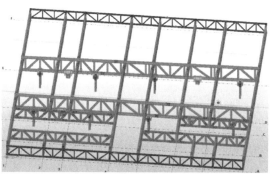

图 7　轻量化顶升模架桁架系统

4）研制了轻量化顶升模架内外挂架系统，仅需满足工人施工和临时材料堆放，相较传统造楼机挂架系统用钢量减少 70% 以上。见图 8。

图 8　轻量化顶升模架内外挂架系统

5）悬挂式模板系统设计

研制了悬挂式模板系统：采用内外壁的墙模挂在一个特殊设计的高度可调式挂钩上，挂钩可以沿着桁架或外加的工字梁水平移动，解决了传统需要垂直运输设备吊装的难题；采用移动滑车可以让模板在上方的次桁架或是下挂的 H 型钢上滑动，解决了高大模板拆合费时、费力的难题；采用钢框木模板，模板及悬挂架体与桁架系统采用标准化连接件通过机械连接代替焊接的方法，实现材料多次周转。见图9。

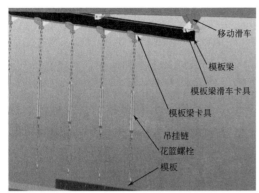

图9　模板悬挂系统

2. 智能物流协同平台施工技术与应用

1）可调滑动附墙式施工电梯技术

研制了可调滑动附墙式施工电梯，解决了轻量化平台平面晃动对施工电梯的影响；研制了基于轻量化顶升模架体系的核心筒内部硬质防护与行吊集成系统，解决了核心筒安全隐患，优化了材料运输途径。见图10、图11。

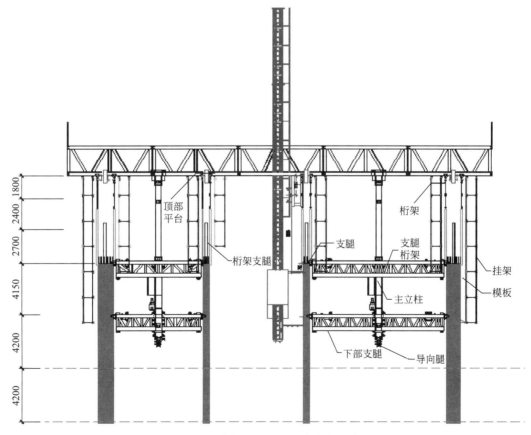

图10　顶升模架与电梯滑动附墙位置关系图

2）超高层建筑核心筒内部硬质防护与行吊集成系统

内爬塔式起重机下方通高井道内部垂直交叉作业，设置定型化兜底钢平台，减少垂直交叉作业风险。见图12、图13。

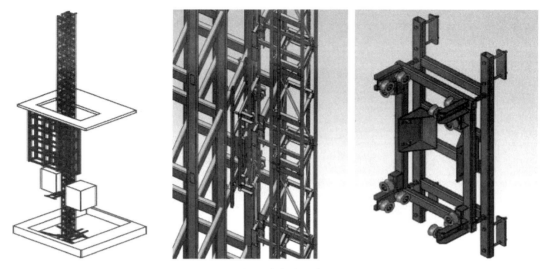

图 11　电梯滑动附墙设计示意图

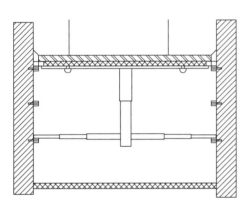

图 12　核心筒内部硬质防护与行吊集成系统

图 13　塔式起重机兜底防护和作业平台

3）内爬塔式起重机设计、安全验算与力学分析

针对核心筒内的内爬动臂塔式起重机在爬升与调运工作中可能对结构和顶升模架体系产生影响，对轻量化顶升模架体系进行安全验算，又针对内爬动臂塔式起重机对结构及内爬动臂塔式起重机与顶升模架体系共同对结构产生影响的力学分析，用最不利的动态工况分析本项目的结构安全性。见图14。

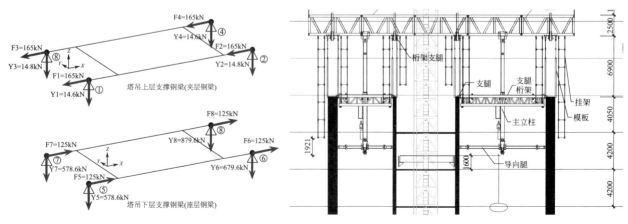

图 14　塔式起重机支座应力模拟及结构加强示意图

3. 轻量化顶升模架体系标准化施工流程

1）轻量化顶升模架系统安装流程

基于轻量化顶升模架安装，构建了与其相匹配的标准化安装技术，总结形成了《轻量化液压顶升模架工程技术规程》企业标准。

2）轻量化顶升模架体系标准化施工流程

实现了轻量化顶升模架的创新应用，系统研究了轻量化顶升模架的工作机理，总结形成了一套标准化施工技术；创制了钢框拼合加固技术，大大提高了钢框木模板体系整体性。

3）轻量化顶升模架体系拆卸技术及安全验算

基于轻量化顶升模架拆除，构建了与其相匹配的标准化拆除技术，涵盖了标准化拆除流程、标准化分区等；研发了外挂架临时加固技术、轻量化顶升模架构件分割吊装技术、悬挂式桁架拆除平台施工技术、卡箍式临时安全带固定技术等；并利用有限元分析软件构件模型，揭示了拆除工程各工况下受力性能。见图15～图17。

图15　外挂架临时加固

图16　悬挂式桁架拆除平台

4. 轻量化顶升模架体系安全运行技术

1）轻量化顶升模架体系智能监控技术

针对轻量化顶升模架体系应力应变安全问题，采用安全运行监控系统，实现对顶升模架体系各构件运行中应力-应变情况的监控。

安全监测系统主要功能是对系统的变形和应力的实时监测，可以实现实时监测、超限预警、危险报警、趋势预测的监测目标。除了能感知外围情况，智能传感器的使用可方便监测体系的变化曲线，实时监测警报，排除影响安全的不利因素，如有安全隐患时提前发出预警，提醒现场作业人员停止施工，迅速撤离，并通过管理平台云通知现场项目负责人、项目总监和安全监督员等。

2）轻量化顶升模架体系机械防坠与安全验算

研发了创新型防坠装置，以机械锁止的形式最大程度保证顶升模架在特殊情况下的安全稳定性，解决了因主立柱液压千斤顶突发泄压、漏油而发生下坠或因外部因素使得主立柱有失稳风险。见图18。

3）基于轻量化顶升模架的高效建造技术

创新设计Z形串筒，合理设置管道直径与弯管角度，直接在平台上部开洞后将串筒穿入平台洞口，串筒筒身位于剪力墙侧壁，筒身上半部分避开模板悬挂梁，不受顶平台预留洞口净宽影响，在拟浇筑混凝土的墙顶1.5m以下设置之字形转向头，将混凝土引流至剪力墙内。不影响钢筋绑扎，实现钢筋绑扎

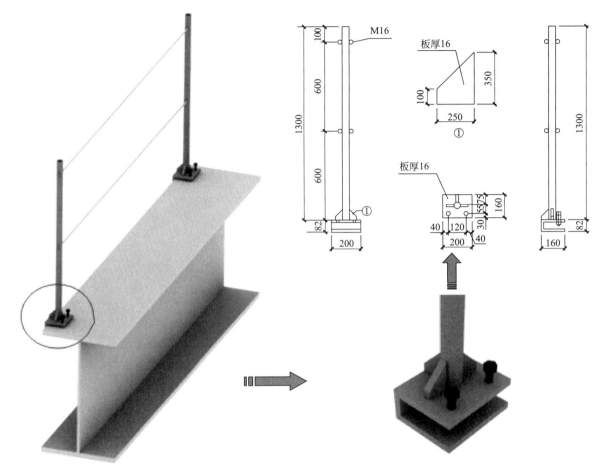

图 17　卡箍式临时安全带固定装置

图 18　机械防坠装置

穿插进行，每层钢筋占用时间由原来的 5d 减少到 1d，核心筒剪力墙由每月完成 3 层提高到每月完成 5 层以上。见图 19。

图 19　Z 形自行串筒 BIM 设计和现场实景对比

三、发现、发明及创新点

1）本专利采用"轻量化"设计理念，整套系统设计完成总质量约 400t，相较传统"造楼机"用钢量减少约 70%，总造价减少 60%；600t 的顶升力量和抵抗 12 级大风的能力完全可满足施工需要。主立柱液压系统额定工作压力 21MPa，单个主立柱的额定起重能力 1200kN。桁架顶升速度 0.3m/min，支撑腿自爬速度：1m/min。

2）轻量化液压顶升模架模拟移动式建筑车间，将全部的施工工艺过程，集中、逐层地在空中完成，采用机械操作、智能控制手段与悬挂模板、悬挂施工挂架、混凝土超高泵送技术等相配合，实现现浇钢筋混凝土空中工业化穿插施工。同时，创新的轻量化设计理念使得轻筑机用钢量更少、自重更轻、操作更便利、更加绿色环保。

3）采用少支点，长行程轻量化液压顶升模架，钢框架系统通过支撑与顶升系统支撑在同层核心筒墙体上，模板、挂架及附属设施悬挂或附着在钢框架系统顶部及四周。作业人员利用钢框架系统作为作业面吊焊钢构件、绑扎钢筋、支设模板、浇筑混凝土。模架整体随着核心筒施工高度的增加利用支撑与顶升系统不断向上爬升。

4）模板及悬挂架体与桁架系统采用标准化连接件机械连接，代替焊接，实现材料多次周转。各系统构配件采用模块化设计，70% 以上桁架、模板、挂架、立柱及液压顶升系统可周转使用。

5）设置 Z 形串筒，合理设置管道直径与弯管角度，直接在平台上部开洞后将串筒穿入平台洞口，串筒筒身位于剪力墙侧壁，筒身上半部分避开模板悬挂梁，不受顶平台预留洞口净宽影响，在拟浇筑混凝土的墙顶 1.5m 以下设置之字形转向头，将混凝土引流至剪力墙内。不影响钢筋绑扎，每层钢筋占用时间由原来的 4d 减少到 1.5d。串筒与顶平台固定节点采用铰接，串筒左右摇摆时可增加覆盖范围，减少一半串筒的设置数量，减少串筒费用投入的同时减少顶平台荷载。

6）在陕西西安荣民金融中心、河南曲江云松间、湖南长沙北辰三角洲项目等重大工程的成功应用过程中新形成了发明专利 14 项，实用新型专利 16 项，软件著作权 3 项，参编标准 2 项，发表专著 2 篇，论文 18 篇（SCI 收录 2 篇，核心 9 篇），国家级工法 1 项，省部级科技进步奖和优秀专利奖 4 项，省部级工法 2 项。

四、与当前国内外同类研究、同类技术的综合比较

见表1。

国内外相关技术的综合比较 表1

体系名称	爬升模架体系	超高层建筑施工钢平台模架体系	液压滑模体系	传统模板脚手架体系	轻量化顶升模架体系
动力装置	多个小型液压爬升油缸	大体积、大吨位液压动力系统	提升机	依靠下层已养护高强度的混凝土结构墙体	小体积、大吨位、长行程液压动力系统
平台承载力	一般	高	低	低	高
模架周转率	40%	10%	50%	60%	70%
通用性	高	低	高	高	高
适应墙厚变化	弱	弱	弱	强	强
应用高度范围	100m左右	500m以上	100m以下	100m以下	200m以上

本专利技术与当前国内外同类研究、同类技术的综合比较如上图所示，其优势在于：将智能物流协同平台施工技术应用到整个建筑的施工过程中，充分利用模架平台的集散、转运和储存的功能，使得施工过程有序协同工作，提高效率和节约成本，以低碳为设计准则，对模架平台进行模块化设计，在提高安装效率的同时，打破了传统施工模架中专梁专用的瓶颈，提升了构件的重复使用和通用率。同时，设计采用小体积、大吨位、长行程液压动力系统，使其平台承载能力大大提升，模架各部件周转率达到70%，轻量化顶升模架应用过程中具有对各种结构形式的建筑通用性高、对墙厚变化适应性强等优点。

本技术通过国内外查新，查新结果为：在所检国内外文献范围内，未见有相同报道。

五、第三方评价、应用推广情况

1. 第三方评价

2023年5月18日，经陕西省土木建筑学会组织多位专家评价："超高层建筑轻量化顶升模架体系及其示范应用"成果整体技术达到国际先进水平，其中轻量化液压顶升模架体系达到国际领先水平。

2. 推广应用

本专利技术曾应用于陕西西安荣民金融中心、河南曲江云松间、湖南长沙北辰三角洲项目等重大工程的设计与施工，并将其关键技术进一步总结和集成，使其具有更加显著的推广价值和应用前景。

本专利技术所应用的工程，均成为各省市地区的技术创新、绿色建造标杆项目和观摩工地，先后迎接住建部、省市级、中建协和其他建筑业专家来项目进行考察和技术交流；获评省、市级观摩工地期间，观摩人数超过20000人次，知名传媒机构纷纷进行相应报道，获得社会各界一致好评。

科技创新团队

中建八局纤维增强复合材料（FRP）土木工程应用创新团队

团队带头人： 亓立刚、马明磊、白　洁
推 荐 单 位： 中国建筑第八工程局有限公司

一、团队简介

中建八局纤维增强复合材料（FRP）土木工程应用创新团队于 2012 年依托中国建筑第八工程局有限公司工程研究院（原中建八局技术中心）成立。创新团队成立的目的是研发土木工程领域碳纤维复合材料产品，推动国产碳纤维复合材料在土木工程领域的应用，培养造就高水平的科技创新人才。同时，借助新材料的应用研究，提升中建八局特色的高品质工程结构建造技术，拓展企业在存量时代的业务领域。

创新团队以中建八局工程研究院骨干研发成员为班底，联合局属二级单位相关技术负责人组建，目前拥有主要创新人员 28 人，其中博士 19 人，硕士 7 人，学士 2 人；正高级职称 4 人，高级职称 13 人，中级职称 11 人；拥有上海市政公路行业"领军人才"1 名，上海市青年拔尖人才 1 名，上海市启明星/扬帆人才 4 名。团队成员均活跃在建筑工程设计和施工一线，主要围绕以碳纤维复合材料为代表的纤维增强复合材料在土木工程领域的应用开展理论研究、技术创新和应用拓展。

在多年的发展过程中，团队围绕我国《"十三五"国家战略性新兴产业发展规划》《新材料产业发展指南》《产业结构调整指导目录（2019 年）》《关于扩大战略性新兴产业投资培育壮大新增长点增长极的指导意见》《重点新材料首批次应用示范指导目录（2021 年版）》以及《中华人民共和国国民经济和社会发展第十四个五年规划和 2035 年远景目标纲要》等系列国家政策导向，立足企业的高质量发展和行业的革新进步，根据企业自身特色和优势，坚持开展高性能纤维增强复合材料（FRP）在土木工程领域的应用研究及创新拓展，研究方向涵盖高性能 FRP 产品的制备和基本性能、FRP 在结构加固领域的应用以及 FRP 在新建工程中的应用。具体的研究方向包括：

1）碳纤维复合材料耐高温性能提升；
2）国产大丝束碳纤维复合材料性能研究及应用；
3）碳纤维复合材料先进加固技术；
4）FRP 筋混凝土结构研究及应用；
5）桥梁用大吨位碳纤维索锚体系研究及应用；
6）碳纤维板索研究及应用；
7）预应力碳纤维锚杆（索）研究及应用。

自成立以来，团队始终以提高自主创新能力、研究成果转化应用为目标，高度重视科研成果对推动行业科学发展和技术进步、保障国家安全、促进民生和生态文明建设、推动经济社会发展等方面的作用。截至 2023 年 5 月，团队主要成员共主持/参与 FRP 相关省部级科技研发项目 11 项，承担央企攻关任务 1 项，累计获得资助经费达 11360 万元，自筹经费达 12750 万元。已结题 5 项，在研 6 项。研究成果经鉴定均达到国际先进水平及以上。团队在 FRP 土木工程应用领域累计发表期刊论文 42 篇（其中 SCI 检索 14 篇），申请专利 79 项（其中授权发明 16 项，实用新型 13 项），获批省部级工法 3 项、局级工法 4 项，发布国家/行业/团体标准 6 部，另立项 6 部标准。

近年来依托中建集团重点研发课题，团队取得了多项突破性进展，打造了一批具有里程碑式意义的行业标杆工程，如我国首座、世界最大跨千吨级碳纤维索斜拉桥——山东聊城市兴华路跨徒骇河大桥；首座应用3000MPa高强度碳纤维吊杆的滨海桥梁工程——青岛市凤凰山路跨风河大桥；首座应用大丝束碳纤维吊杆的滨海桥梁工程——青岛市海口路跨风河大桥；首个采用大型碳纤维板索幕墙结构的大跨空间结构——厦门白鹭体育场；首次在高海拔地区应用国产碳纤维预应力锚索的工程——CZ铁路工程。系列突破性创新示范，极大地拓展了碳纤维复合材料在土木工程领域中的应用场景，提振了行业发展信心，为我国高性能公共建筑及基础设施项目建设提供了新的解决方案。

二、创新能力与水平

创新团队长期致力于围绕以碳纤维复合材料为代表的纤维增强复合材料在土木工程领域的应用开展理论研究、技术创新和应用拓展。

1. 主要研究方向

1）桥梁用大吨位碳纤维索锚体系研究与应用

针对大吨位碳纤维索的高效锚固及其配套防火、设计和施工问题开展研究，形成成套应用技术。

（1）研发了桥梁用大吨位碳纤维索锚固系统，实现了大吨位碳纤维索的高效锚固，形成了我国首个千吨级碳纤维索锚体系、首个3000MPa级高强度碳纤维索锚体系和首个48K大丝束碳纤维索锚体系，为碳纤维索桥的建设奠定了基础。

（2）明确了碳纤维索体的防火设防目标，提出了碳纤维索柔性防火材料与分离式防火钢管协同防火技术，解决了桥梁工程中碳纤维索的抗火难题，提高了碳纤维索实际工程应用的抗火灾能力。

（3）形成了涵盖"材料-构件-体系"的大吨位碳纤维索桥梁结构设计方法，保证了碳纤维索与钢索的协同受力可靠，解决了碳纤维索及碳纤维索桥风振特性不明确的问题，弥补了国内大吨位碳纤维索桥结构标准规范内容的缺失，为大吨位碳纤维索在桥梁中的广泛应用提供设计参考。

（4）系统建立了大吨位碳纤维索的制作、运输、吊装和检验监测技术，形成了大吨位碳纤维索成套施工技术，克服碳纤维筋不宜扭转、弯折以及碰撞的难题，确保了大吨位碳纤维索施工的安全与高效，为碳纤维索的应用推广奠定了基础。

2）FRP筋混凝土在盐碱环境下的耐久性与施工技术

从FRP筋的基本性能出发，开展一系列基础研究、理论创新、设计及施工工艺创新，为盐碱环境下的高耐久混凝土结构提供了解决方案。

（1）通过检测FRP筋的基本性能，明确了FRP筋的合理纤维体积分数，探明了其吸水率与时间的相关规律以及高温失效温度。

（2）通过试验验证了盐碱侵蚀环境下FRP筋的拉伸强度和弹性模量随浸泡时间和碱性强度的变化规律，为FRP筋混凝土的耐久性设计提供了可靠依据。

（3）基于可靠度理论，建立了FRP筋增强混凝土结构的寿命预测模型和服役状态的评估方法，为工程应用提供了理论依据

3）碳纤维复合材料预应力先进加固技术

（1）研发了基于新型夹片式锚具的预应力CFRP板反向张拉锚固系统，并提出了配套施工技术，实现了预应力CFRP板的高效锚固和张拉施工，大幅降低了对端部空间的需求，提高了加固技术的施工场地适应性。

（2）研发了椭圆轴锚具预应力CFRP布锚固技术，提出了CFRP布间隔预浸渍协同性能提升技术，解决了碳纤维丝束应力不均匀、协同受力差的问题，CFRP布强度利用率可达90%；同时，保持其折叠运输的灵活性，实现对混凝土梁的高效加固，降低运输成本。

（3）应用CFRP布对正交异性钢桥面板的典型疲劳细节进行修复，具有优异的形状适应性；利用SMA-CFRP贴片高效引入预应力，不需要额外的锚固装置及重型张拉设备，可大幅提升构件的疲劳

寿命。

（4）针对体外张弦式预应力碳纤维筋，提出新型配套锚固技术，解决了现有转向装置锚固连接困难的问题，避免了张拉及使用过程中 CFRP 筋劈裂破坏，充分利用了 CFRP 的材料强度，实现了对直（曲）线混凝土桥梁的高效加固。

（5）提出适用于钢梁桥及钢-混组合梁桥加固的体外张弦式预应力 CFRP 板张拉锚固系统，克服了纵向张拉 CFRP 板时的梁端操作空间有限的难题，并具备预应力损失快速补偿功能，可有效增大桥梁的抗弯刚度和抗弯承载能力。

4）碳纤维板索结构研究与应用

（1）研发了大吨位碳纤维板索变曲率波形夹持式锚具，分析受力机理并提出设计方法，进一步提高了 CFRP 板索的锚固效率和承载力。

（2）提出了 CFRP 板索的强度概率模型，掌握了 CFRP 板索的失效模式和破坏机理，进一步提出了强度预测模型，可实现对不同几何尺寸 CFRP 板强度的预测，获得了 CFRP 板索极限抗拉强度与扭转弧度的关系曲线。

（3）研制了适用于大跨度、多折角碳纤维板索的可转动索夹，研究了空间张弦式碳纤维板索幕墙结构体系的受力性能，提出了相应的建造技术，并实现首次应用。

5）预应力碳纤维筋束增强混凝土梁应用技术

研发了一套适用于混凝土梁的预应力 CFRP 筋束的锚固系统，提高了 CFRP 筋之间受力的均匀性，提出了预制预应力 CFRP 筋束混凝土梁施工技术，解决了 CFRP 筋束施工现场锚固难等问题，实现了预应力 CFRP 筋束增强混凝土梁的高效制备。

2. 标志性成果简介

1）桥梁用大吨位碳纤维索锚体系研究与应用

研发了我国首个千吨级碳纤维索锚体系，突破"卡脖子"技术，并基于国产高强度、大丝束等不同品类碳纤维，建立了多层次碳纤维拉索产品体系，以聊城市兴华路跨徒骇河大桥为载体，解决了桥梁用大吨位碳纤维索的防火技术，形成了设计方法和成套施工技术。该成果还应用于青岛凤凰山路跨风河桥、青岛海口路跨风河桥等项目，突破性进展提振了行业信心，推动了行业发展。该技术达到整体国际先进、部分国际领先水平。见图1。

图 1　创新示范工程

2）FRP 筋混凝土在盐碱环境下的耐久性与施工技术

FRP 筋具有轻质高强、耐腐蚀、抗疲劳、抗电磁辐射等特点，在盐碱环境下的海工、水工混凝土结构中采用 FRP 筋替换传统钢筋，可以在不增加混凝土保护层厚度的情况下从根本上解决腐蚀环境钢筋锈蚀问题，延长结构寿命，降低运维成本，节约淡水资源，保护环境，服务国家，海洋强国战略。该成果在青岛港董家口港区工作船码头、重庆两江四岸朝天门片区治理提升等项目中成功应用。

3）碳纤维复合材料预应力先进加固技术

通过预应力主动加固技术，可充分发挥 CFRP 的超高强度。基于 CFRP 布、板、筋等不同制品形式，形成了预应力 CFRP 板/布、张弦式预应力 CFRP 板/筋、SMA-CFRP 组合贴片在混凝土梁加固、钢混组合梁加固、钢箱梁疲劳裂纹修复技术等适用多种场景的先进加固技术，满足既有结构复杂加固需求，显著提高结构承载力和耐久性，可节约工期 20% 以上、减少能耗 40%，助力我国城市更新低碳化、高质量发展。该技术达到整体国际先进、部分国际领先水平。

4）碳纤维板索结构研究与应用

碳纤维板索具有抗腐蚀性能优、温度敏感性低、使用阶段维护成本少等优势，在大跨度结构中应用可降低施工难度、节省大型机械、加快安装速度。针对碳纤维板索结构，从锚固系统、索体力学性能、专用索夹和施工技术等方面开展研究，为碳纤维板索结构体系的应用奠定基础。该成果成功应用于厦门白鹭体育场，开辟了纤维复合材料在建筑结构领域应用的新航道。见图 2。

图 2　创新示范工程

5）预应力碳纤维筋束增强混凝土梁应用技术

依托京台高速改扩建工程，采用预应力碳纤维筋束替代原钢绞线作为预应力混凝土 T 梁中的受拉筋，形成预应力碳纤维筋束增强混凝土梁。采用工厂预制组装、同步张拉技术，可节约现场工期 20%，实现节能减排，同时显著提高混凝土构件的极限跨径、承载效率和耐久性，助力国家交通强国战略。完成了相应的省部级工法，促进碳纤维复材在土木工程中的应用。

3. 科技成就综述

创新团队具有良好的创新能力、优异的学术水平，在碳纤维复合材料研究领域具有雄厚的研究基础与丰富的研究经验。自成立以来，团队始终以提高自主创新能力、研究成果转化应用为目标，目前累计在 FRP 土木工程应用领域发表期刊论文 42 篇（其中，SCI 检索 14 篇），申请专利 79 项（其中，授权发明 16 项、实用新型 13 项），获批省部级工法 3 项、局级工法 4 项，发布国家/行业/团体标准 6 部，另立项在编标准 6 部。

三、学术影响与社会贡献

近年来，团队在 CFRP 加固领域多维度创新，形成了规模化应用；在新建工程领域取得行业重大突破，打造了具有里程碑式意义的标杆工程，提振了整个土木工程行业对推广应用国产 CFRP 的信心。同时，通过大力推动碳纤维国产化、释放应用场景、推动行业标准和技术工艺进步，有力促进了相关国有企业的 CFRP 产业化制备能力进步，支撑了产业链发展，为碳纤维国产化、保障国家产业链、供应链安全稳定做出了突出贡献。

此外，团队联合上海石化等外部企业和高校，组建了多个省部级科技创新平台，旨在以工程建造为龙头，拉通从设计、生产到施工、运维的全产业链，形成"产-学-研-用"一体化的创新链，建立土木工程应用为导向的国产碳纤维上下游企业协同攻关和成果转化机制，打造碳纤维土木工程应用的研究平台、交流平台、推广平台，建设碳纤维技术服务中心、标准制定中心和人才培养中心，为解决碳纤维产业链的"卡脖子"问题贡献中建力量。见图3。

图3　省部级科技创新平台

四、持续发展与服务能力

自成立以来，团队成员共主持/参与 FRP 相关省部级科技研发项目11项，承担并高质量完成相关央企攻关任务1项，具备较强的承担重大科研任务的能力。

未来，团队将继续践行中建八局"令行禁止，使命必达"的铁军精神，发扬"协同合作、不畏艰难、勇于创新"的团队精神，围绕高性能 FRP 在土木工程领域的应用，积极研制新产品、探索新理论、开创新技术、拓展新场景，进一步升级 FRP 在土木工程领域创新应用的专利池，在更多重点研究方向上达到国际先进/领先水平，为 FRP 在土木工程领域的创新应用和可持续发展不断赋能。团队将继续加强队伍建设，加大人才培养力度，培养一批高水平人才，使团队成为有国际竞争力的科技研发团队，在此基础上积极申报国家级科技创新平台。

中建八局作为本创新团队的支持单位，将为团队开展科技研发工作提供强有力的经费支持。另外，公司拥有5个院士工作站（室）、1个工程研究院、1个设计管理总院、1个博士后工作站、10个省部级技术研发中心、7个甲级设计院，为团队开展科技研发工作提供了强有力的专家团队和人才支持。此外，中建八局每年在建项目近2000个，具有强大的项目优势，为团队的科技研发工作提供了强有力的项目载体支持，例如目前在建的上海美的全球创新园区、厦门翔安国际机场、济南黄河体育中心、武汉光谷八路斜拉桥等。

本创新团队将继续以服务国家战略、服务企业高质量发展为己任，提高团队科技研发能力和技术水平，不断提升服务能力，通过开展科技成果推广、生产技术服务、科技咨询和科技开发以及科技成果的转化应用等工作，更好地为国家战略、企业发展和行业进步服务。

中建产研院大型工程结构实验室创新团队

团队带头人： 黄　刚、唐　亮、张旭乔

推荐单位： 中建工程产业技术研究院有限公司

一、团队建设情况

近年来，土木工程领域"高、大、特、新"工程越来越多，新型、复杂、巨型结构给工程设计施工带来巨大挑战。现有土木工程大型试验设备、装配式结构技术、新材料和绿色低碳等领域还存在诸多亟待解决的迫切问题，已成为我国工程结构领域当前面临的重大难题。

中建产研院大型工程结构实验室创新团队长期专注于大型复杂试验系统研制与应用、新型结构技术与产品、高性能材料-结构一体化关键技术等技术研发与推广，形成了一批兼具引领性和实用性的技术成果，建立了一支具有较强技术实力的科研团队。

创新团队以黄刚、唐亮、张旭乔为带头人，现有骨干成员 48 人，其中中国工程院院士 1 人，中建集团首席专家 2 人，国务院政府特殊津贴专家 2 人，博士 9 人，高级职称及以上 9 人，专业覆盖结构工程、桥梁工程、机械自动化、材料等多领域，40 岁以下中青年骨干 33 人。与大连理工大学、北京航空航天大学、中国矿业大学等联合培养工程博士及研究生。曾获"中央企业青年文明号""中国建筑青年文明号""中建集团先进基层党组织"和"中建集团建功十四五青年突击队"等称号。

团队带头人黄刚是中建集团首席专家、国务院政府特殊津贴专家、教授级高工，现任中建技术中心副主任、中国建筑高性能工程结构试验分析与安全控制重点实验室主任。获国家科技进步奖 1 项和国家优秀专利奖 1 项，省部级奖 24 项。带领团队在大型复杂试验系统研制与应用、新型结构技术与产品研发等方面取得突出成果。

团队带头人唐亮是清华大学博士、教授级高工，现任中国建筑高性能工程结构试验分析与安全控制重点实验室执行主任。参与并主持国家重点研发计划课题等 20 余项，发表论文 40 余篇，授权发明专利 10 余项，获省部级特等奖 3 项、一等奖 2 项。带领团队在大型复杂试验系统研制与应用、高性能材料-结构一体化技术研发与应用方面取得突出成果。

团队带头人张旭乔是清华大学博士、高级工程师，现任中国建筑高性能工程结构试验分析与安全控制重点实验室执行副主任。作为骨干参与国家重点研发计划课题 3 项，省部级课题 3 项，发表学术论文 20 余篇，参与编写国家标准 1 部、企业标准 1 部，获省部级一等奖 1 项、二等奖 1 项。带领团队在大型复杂试验系统研制与应用、新型结构技术与产品研发等方面取得突出成果。

利用平台优势，创新团队积极整合集团内外优势资源，深化"产学研用"科研模式。2022 年，与中建路桥集团有限公司共建河北省装配式桥梁产业技术研究院，共同推动装配式桥梁领域相关产业技术发展。2023 年，与军事科学院国防工程研究院签署战略合作协议，共同推动国防工程领域的基础性和应用性研究。在 3D 打印技术领域，成立了"3D 打印建筑技术中东研发中心"（迪拜）和"中国混凝土与水泥制品协会 3D 打印分会"，推动我国 3D 打印产业创新发展。

二、创新能力与水平

多年来，创新团队主持省部级以上课题 23 项（其中国家课题 7 项），主（参）编标准 23 部（其中国家标准 7 部），授权专利 96 项（其中发明专利 65 项），发表论文 145 篇，获省部级及以上科技奖 10

项（其中国家奖 3 项）。

1. 大型复杂试验系统研制与应用

1）万吨级多功能试验系统

创新团队瞄准大型土木工程试验装备国产化、智能化和工程化的国家重大战略需求，自主研制了全球加载能力最强、加载空间最大、加载功能最全的万吨级多功能试验系统（图 1），被誉为"大国重器"。通过作动器冗余智能控制技术实现了大吨位、多自由度、高精度智能控制，打破工程结构重大试验装备国外垄断，形成具有自主知识产权的高端、复杂试验系统设计及制造核心技术。经聂建国等四位院士一致评价：万吨级多功能试验系统研制难度高，创新性强，成果总体达世界领先水平。项目成果获"第二十四届中国专利优秀奖""2022 年中建集团科技进步一等奖"和"2022 年中施企协工程建设十大新技术"。见图 1。

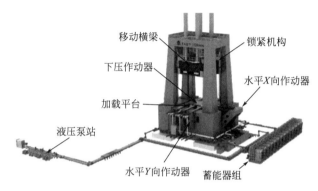

- 加载能力：垂向最大加压10800t，水平X向600t，最大位移±1500mm，水平Y向900t，最大位移±500mm
- 加载空间：最大净试验空间9.1m×6.6m×10m，高度在0.5～10m之间自动可调
- 加载功能：压、弯、剪、扭复合工况加载
- 控制技术：18个作动器冗余控制实现六自由度加载

图 1 万吨级多功能试验系统

2）反力墙反力地板试验系统

创新团队瞄准大型工程结构试验领域需求，致力于提升我国工程化试验能力，成功建成世界规模最大的反力墙反力地板试验系统（图 2），反力墙平面布置呈 L 形，最高 25.5m，长 66.7m，宽 16.7m，是目前世界最高的反力墙，反力地板面积 3800m²，拥有 35 套静态作动器、6 套动态作动器、4 套多通道控制系统，可满足 8 层或高度达 25m 的足尺建筑物的拟静力、拟动力抗震性能试验需求。

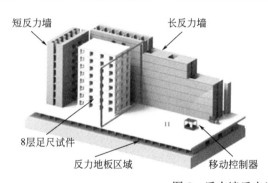

- 场地规模：反力墙平面布置呈L形，最高25.5m，反力地板面积3800m²，可满足8层或高度达25m的足尺建筑物的拟静力、拟动力抗震性能试验需求
- 加载控制：拥有35套静态作动器、6套动态作动器、4套多通道控制系统，具备大型结构高精度混合试验加载控制能力

图 2 反力墙反力地板试验系统

3）多功能盾构管片试验系统

自主研制大型足尺多功能盾构管片试验系统（图 3），其反力框架最大外径 20.5m，内径 16.5m，采用模块化装配式设计，可进行自由组装和拆卸，可满足直径 3～15m 单环、双环及三环的足尺盾构管片加载试验，项目成果经院士评价达国际先进水平，获"2020 年华夏建设科学技术奖"。

依托中建大型工程结构实验室，成功完成了 100 多项大型复杂结构试验及产品测试，包括多项"世界之最"，如张靖皋长江大桥（世界主跨最长悬索桥，2300m）新型钢管混凝土塔柱试验、世界首例万吨级（10032t）加压成型钢管混凝土叠合柱加载试验、世界首例室内足尺预制装配桥墩（雄安-大兴机场快线）双向拟静力试验等，为国家重大工程项目建设和前沿技术研究提供技术支撑，保障了核电、航

- 加载规模：反力框架最大外径20.5m，内径16.5m，采用模块化装配式设计，可进行自由组装和拆卸，可实现直径3～15m单环、双环及三环盾构管片的力学性能测试
- 加载控制：环向采用12点等效加载，单点最大出力200t，可实现36通道力与位移全伺服液压协同控制

图3　多功能盾构管片试验系统

天等国家重大战略项目的试验数据安全。

2. 新型结构技术与产品研发

1）装配式结构建造技术

创新团队紧紧围绕行业需求，研发了大直径钢筋装配式混凝土框架结构体系（钢筋直径28mm以上，图4），形成了大直径钢筋装配式框架结构的成套设计方法，解决了现有装配式框架结构节点处钢筋过密导致浇筑困难等难题。研发了新型竖向分布筋不连接装配式剪力墙体系，剪力墙内钢筋不需要灌浆套筒连接，解决了装配式剪力墙内竖向钢筋接头过多导致的安装困难问题，相关成果达国际先进水平，获"2021年中建集团科技进步一等奖"，推动装配式结构的安全、高效发展。

研发了装配式结构用新型预制构件机械连接技术（图5），形成了新型钢筋机械连接＋高性能混凝土湿接缝连接方案，解决了现有钢筋连接技术对钢筋位置要求高、安装工序复杂、成本高的难题，有力地提升了装配式建筑的工业化水平。

图4　大直径钢筋框架抗震试验

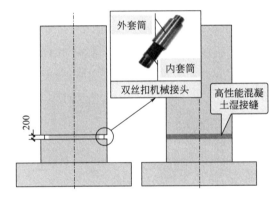

图5　新型湿接缝连接方案

2）高精度混合试验技术及新型耗能产品研发

自主研发了大型复杂结构高精度混合试验系统（图6），将建筑物中受力复杂的部分建立试验子结构，剩余部分建立数值子结构，通过两者耦合获得结构在地震下的动力响应。攻克了高精度多作动器双向冗余控制技术，可实现24套伺服作动器同步加载，位移精度达0.2mm；开发了模型更新混合试验模块，相比传统混合试验，模型更新混合试验结果精度提升10%。自主研制了新型复合剪切型阻尼器（图7），并首次将混合试验技术应用于阻尼器产品检测，主编了国家首部混合试验标准《工程结构抗震混合试验方法标准》，有力地提升了混合试验技术的工程化试验能力。

3. 高性能材料-结构一体化关键技术研究

1）高强高韧混凝土材料-结构一体化技术

创新团队围绕工程应用实际需求，研发了以超高性能混凝土等为代表的0.1～200MPa系列高性能混凝土材料，攻克了降粘、减缩、高保坍、超早强等核心技术，发展了集材料研发、结构优化、生产供应、现场施工于一体的新材料成果转化模式，支撑了江苏某防护工程项目等多个重大工程建设，累计实现工程应用3万余m³。

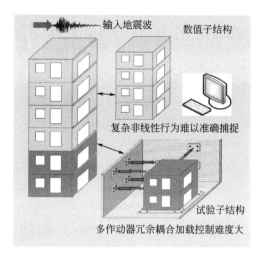

图 6　高精度混合试验系统

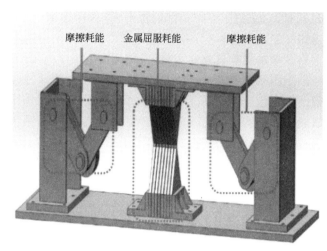

图 7　新型复合剪切型阻尼器

研发了高保坍、免蒸养、粗骨料等 UHPC 系列产品，研究了钢-粗骨料免蒸养 UHPC 组合桥面关键技术，在保证结构受力性能和耐久性前提下，减小钢筋配筋率，降低养护难度，有力支撑了山东聊城跨徒骇河大桥（UHPC140，铺装面积 12700m²，图 8）、江西赣州蟠龙大桥（UHPC120，铺装面积 8300m²）等项目建设。

研发了大体积防护工程用低热超高强高韧混凝土，攻克了高强-低水化热控制、高强-低粘控制和高强-高韧控制技术，将混凝土绝热温升控制在 50℃以下，抗压强度超 200MPa，有效抑制大体积混凝土开裂，外观质量优异，支撑了江苏某防护工程（C100，浇筑总方量 12000m³）、四川某防护门（UHPC200）等项目建设。

图 8　山东聊城跨徒骇河大桥项目

研发了高强低收缩超韧性混凝土 A-ECC，相比传统 ECC 材料，强度高（50～70MPa）、收缩小（≤400με）且韧性适宜（极限拉应变 0.8%～1.2%），研发了基于 A-ECC 材料的桥梁负弯矩区抗裂技术、钢-ECC-FRP 组合桥面关键技术等，充分发挥 A-ECC 材料强度高、韧性好、裂缝细而密的特点，有力地支撑了太行山高速匝道桥负弯矩区抗裂、北京林业大学轻型木结构房屋等项目建设。

2）新型结构自防水一体化技术

研发了减缩效果显著、抗渗性能强、耐久性能好的高效减缩剂和可使混凝土/砂浆自愈合的渗透结晶防水材料，建立了混凝土屋面工程耐久性评价体系及防水失效概率计算方法，研发了适用于建筑渗漏快速诊断与治理的智能检测系统，实现精确诊断建筑物渗漏点，形成了集新型防水材料、建筑渗漏快速诊断与治理系统、耐久性评价于一体的结构防水新技术，有力地支撑了连云港石化基地项目等工程建设。主编了我国防水行业首部全文强制通用规范《建筑与市政工程防水通用规范》GB 55030—2022，为建筑和市政防水工程质量提供有力保障。

3）3D 打印建造技术

研发了环境敏感度低、凝结时间可控、打印性能优异的建造用 3D 打印材料，形成了集 3D 打印材料、打印设备及系统、结构设计及施工于一体的建筑 3D 打印成套技术体系，研发了基于月壤原位打印的月球基地材料制备技术（图 9），完成了世界首座 7.2m 高两层办公楼（广东）的原

图 9　月壤基地原位 3D 打印技术

位 3D 打印，主编了全球首部混凝土 3D 打印标准《混凝土 3D 打印技术规程》T/CECS 786—2020，成果达国际先进水平。

三、学术影响与社会贡献

创新团队历经十几年技术积累，研制出全球领先的万吨级多功能试验系统，建设成世界一流的大型工程结构实验室，成功完成了 100 多项国家重大工程试验，如国家重大专项 CAP1400 核电机组隔振支座试验等，有力支撑了核电、航天、房建和桥隧等领域重大工程建设和前沿科学技术研究，保障了国防重大战略项目的信息安全。取得了一批以新型结构技术及产品、高性能材料-结构一体化为代表的技术原创成果，相关成果成功应用于 60 多个桥隧、铁路和蓄能储电等领域的重大工程建设，如山东聊城跨徒骇河大桥等，有力推动了相关领域技术与产业的发展，助推"交通强国""一带一路"等国家战略的实现。

创新团队和国内知名高校、工程局、科研院所等密切交流，平均每年接待各单位领导、专家莅临参观超过 100 次，积极扩大中建大型土木工程实验室在国内外的影响力。定期参加全国高层建筑结构学术交流会、建筑可持续发展国际大会等国内外知名学术会议并做主题报告，大大提升了中建大型土木工程实验室在行业内的知名度。2022 年，创新团队协助集团成功举办驻华使节"步入中国建筑"活动，接待了 73 个驻华使馆和国际组织驻华代表机构的外交大使代表，彰显"中国建造"创新实力，擦亮"中国建筑"科技品牌，进一步扩大了中国建筑行业高端试验平台和核心关键技术的国际影响力。

四、持续发展与服务能力

未来，团队将聚焦结构试验前沿技术研究，形成世界领先的工程试验能力；聚焦高性能材料-结构技术及专用产品研发与产业化，支撑重大工程绿色、高效建造。紧跟国家战略，聚焦行业需求，开展前沿技术研究，助力集团打造央企原创技术策源地。

科研任务方面，创新团队在研课题 15 项，其中国家级课题 2 项（"大跨桥梁钢板-混凝土组合结构体系及其关键技术研究，2022YFC3802003""轻量化可重构月面建造方法研究，2021YFF0500301"）。

支撑条件方面，中建产研院是中建集团唯一的直属科技研发机构和国家级企业技术中心。2021 年，创新团队成功获批"中国建筑高性能工程结构试验分析与安全控制重点实验室"（总经费 3900 万元），推动工程结构领域的基础性和应用性研究。

社会服务方面，先后成立了中建工程试验检测（北京）有限公司和中建产研院材料科技分公司，围绕大型结构试验检测及高性能工程结构技术两大板块进行产业孵化，推动相关领域技术及产品的工程应用。2021—2022 年，创新团队顺利取得中国合格评定国家认可委（CNAS）实验室检测资质和中国计量认证（CMA）检测资质，提升社会服务能力。

发展规划方面，创新团队坚持研发与应用双轮驱动，建立高性能材料-结构-试验检测业务三位一体的产业化新模式。未来将充分利用高端试验平台，进一步提升工程化试验能力和产业化新技术，力争获批国家级重点实验室。创新团队持续提升科技成果竞争力，以技术引领营销，通过共建研究中心、签署战略协议和技术交流等形式与高校、企业等建立多层级对接合作机制，助推国家重大工程高质量建设。

中建安装集团有限公司能源化工低碳清洁技术创新团队

团队带头人：刘福建、黄益平、刘长沙
推荐单位：中建安装集团有限公司

一、团队简介

中建安装集团有限公司（以下简称"中建安装"）能源化工低碳清洁技术创新团队成立于2013年，团队成员涵盖化工、材料、焊接和电气自动化等专业，是"中国建筑绿色建造工程研究中心（能源化工低碳清洁技术）"的重要基础力量。团队紧跟节能减排、智能制造和"双碳"国家重大战略规划，立足能源化工产业发展需求，以低碳清洁工艺、装备智能制造等技术创新，推动行业转型升级。聚焦低碳清洁技术研发、工程设计、装备制造和数字化建造全产业链科技攻关，填补中建集团在能源化工领域低碳清洁技术产业链空白，为中建集团实现"一创五强"战略目标贡献不可或缺的专业力量。见图1～图4。

图1 技术研发　　　图2 工程设计　　　图3 装备制造　　　图4 数字化建造

目前，团队已形成以3位行业专家领衔、4位教授领阵的52人年轻科研梯队，其中博士14人，正高级职称7人，特聘顾问专家5人；1人入选教育部"长江学者"特聘教授，1人入选中组部"万人计划"科技创新领军人才，1人入选教育部"新世纪优秀人才计划"，4人入选江苏省"333高层次人才"，4人入选江苏省"双创博士"计划，1人获得"兵团服务锻炼优秀博士"荣誉称号。团队先后获得"首批中国建筑科技创新平台""中国建筑青年创优集体""中国石油工程建设协会科技创新先进团队""南京市高端人才团队引进计划""南京市企业专家工作室"等荣誉，是一支以知识和年龄结构合理的杰出人才为核心、多学科交叉的科研团队，在能源化工低碳清洁工艺、装备智能制造及绿色建造技术等方面具有扎实的基础和创新能力。见图5。

团队近十年承担了国家科技支撑计划、国家重点基础研究发展计划（863、973计划子课题）、中建股份科研项目和中国石油和化学工业联合会科技指导计划等国家及省部级项目10余项，积极开展能源化工低碳清洁技术产业链核心技术攻关，形成了"催化精馏成套工艺技术研究及应用""二氧化碳减排及高值化利用关键技术""精细化工连续化绿色工艺技术""丙烷脱氢装置成套建造技术"和"覆土式液化烃类储罐建造关键技术"等标志性成果，实现了工程化应用与辐射推广。

团队依托重大项目，先后获批国家企业技术中心、中国建筑绿色建造工程研究中心（能源化工低碳清洁技术）、江苏省高效精馏工程技术研究中心、江苏省重工装备焊接工程技术研究中心及江苏省绿色工厂等科技创新平台，建立了国家级博士后科研工作站、江苏省企业研究生工作站、中建安装—天津大学能源化工双碳技术联合研究中心等人才培养平台，推进能源化工低碳清洁工艺小试及中试、装备研

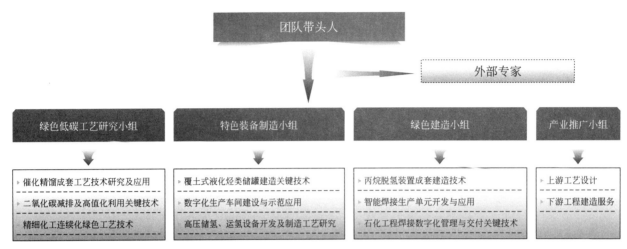

图 5　组织架构

发、管道预制及检测分析试验基地建设，现有能源化工科研设施与研发场地约 1 万 m²，为中国建筑能源化工低碳清洁技术领域开展技术攻关、人才培养及产业孵化提供了重要平台支撑。

二、创新能力与水平

团队面向"碳达峰碳中和"国家重大需求，聚焦能源化工低碳清洁技术领域，开展反应精馏过程强化、高端精细化学品生产等绿色工艺及装备研发、工程化设计和产业化应用研究，形成一批具有国际先进水平及以上的标志性成果。

标志性成果 1：催化精馏成套工艺技术研究及应用

针对能源化工生产过程高能耗、高碳排的现状，团队重点围绕催化精馏工艺优化设计、高效催化精馏设备内件开发和成套工艺技术开发开展攻关，开发了高转化率、高选择性、低能耗、低物耗的六大系列具有自主知识产权的催化精馏成套工艺技术，并实现工业化应用。其中叔丁醇脱水、甲缩醛生产和异丁烯叠合催化精馏三项技术均实现国内首套应用。

本成果获行业协会专有技术认定 2 项，授权发明专利 12 项，实用新型专利 8 项，发表核心期刊论文 14 篇（SCI/EI 检索 9 篇），制订团体标准 1 项，获得软件著作权 2 项，整体技术处于国际先进水平。近三年服务公司承揽能源化工 EPC 项目工程合同额约 100 亿元，利润约 10 亿元，社会和经济效益显著。该成果被认定为"中国建筑第三批重大科技成果"，获省部级科技奖 10 项。见表 1。

六大系列催化精馏成套工艺　　　　　　　　　　　　　　　　　　　　　表 1

序号	技术名称	技术优势
1	模块化反应精馏填料	反应和分离整体效率提升 15%
2	轻汽油醚化技术	异戊烯转化率达 86% 以上，较国外技术提高 15% 以上
3	醚化合成 MTBE 技术	催化剂寿命提升 50%，装置产能提升 20%
4	叔丁醇脱水技术	实现国内首套应用
5	甲缩醛合成技术	实现国内首套应用
6	丙二醇甲醚酯化技术	丙二醇甲醚的单程转化率提高 20% 以上

标志性成果 2：二氧化碳减排及高值化利用关键技术

针对我国化工行业碳排放高且 CCUS 项目欠缺的现状，积极开展碳高效捕集及资源化转化利用关键技术攻关。在膜分离法捕集二氧化碳方面，设计开发了具有高渗透速率、高选择性及高稳定性的二氧化碳捕集膜材料，建成膜法碳捕集单元示范装置，实现二氧化碳高效捕集及高纯度回收。在二氧化碳高值转化利用方面，开发了二氧化碳基聚碳酸酯多元醇、碳酸乙烯酯等系列产品工艺包，实现了工业应用。

在绿色生物基材料开发及应用方面，开发了生物基聚氨酯防腐涂料、建筑结构胶等高性能新产品，形成了生物基聚氨酯及其关键制作技术并实现示范应用。见图6、图7。

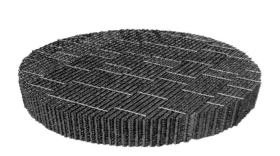

图6　催化精馏模块

图7　MTBE生产装置

本成果获协会专有技术认定1项，授权发明专利7项，发表核心论文9篇（SCI检索3篇），参编行业标准2项，团体标准1项，形成工艺包6套，实现工业化示范应用1项，整体技术处于国际先进水平，承揽全国首个30万t/a聚碳酸酯多元醇EPC项目。见图8、图9。

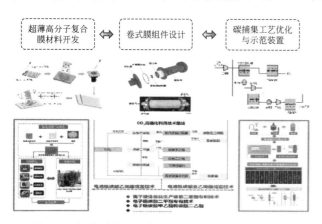

图8　二氧化碳减排及高值化利用关键技术路线图

图9　国内首套二氧化碳基聚碳酸酯多元醇项目

标志性成果3：精细化工连续化绿色工艺技术

针对精细化工传统间歇工艺装备落后、安全隐患大的问题，开发了高效、节能、绿色的连续化生产工艺技术包及安全控制技术，开发了配料混合、反应以及控制系统高度集成的智能化、连续化系列反应装备，首创了大通道微反应器等核心撬装装备，实现本质安全，首次工业化应用于多种高端化学品的连续化装置。

本成果受理发明专利5项，国际专利1项，获授权发明专利4项，实用新型专利4项，发表核心期刊论文3篇（SCI检索1篇），形成千吨级连续化工艺包3套，实现示范应用2项，累计签订相关技术开发及咨询合同达500余万元，服务公司承揽精细化工相关工程合同13亿元，经济效益和社会效益显著。见图10、图11。

标志性成果4：丙烷脱氢装置成套建造技术

围绕重要石化基础原料丙烯生产核心反应器制造技术长期受国外垄断问题，开发了丙烷脱氢反应器国产化制造技术、产品分离塔现场建造技术和工艺管道工业化建造技术等五项核心技术，实现了完全国产化替代。

图 10　大通道微反应器撬装装备

图 11　首套硫双威连续化装置

本成果获授权发明专利 6 项，实用新型专利 35 项，发表核心期刊论文 12 篇（SCI/EI 检索 2 篇），出版专著 3 部，参编行业标准 1 项，获得省部级工法 9 项，中建股份科技创新示范工程 1 项，获得软件著作权 8 项，整体技术处于国际先进水平。丙烷脱氢核心装备荣获国家工业和信息化部颁发的"全国制造业单项冠军产品"荣誉称号。累计在河北海伟、大连恒力石化等项目中应用，营业收入逾 50 亿元。见图 12。

标志性成果 5：覆土式液化烃类储罐建造关键技术

针对国内液化烃类危化储罐事故频发且建造技术受国外标准限制等问题，自主开发大型覆土式储罐热处理、分布式光纤监测、固化施工和 SPMT 运输等七项核心技术，在山东京博建成国内首个大型液化烃覆土罐智能储运一体化示范项目。

本成果获授权发明专利 3 项，实用新型专利 4 项，发表核心期刊论文 3 篇，参编行业/团体标准 2 项，省部级工法 3 项，整体技术处于国际先进水平。本成果近三年为应用企业新增产值 5828.1 万元，新增利润 697.07 万元，为化工企业结构转型与产业升级提供了支持，提高了危化品储存装备的本质化安全水平。见图 13。

图 12　国产化反应器制造技术

图 13　国内首例覆土丙烯罐

三、学术影响与社会贡献

1）团队围绕能源化工绿色工艺、特色装备制造及绿色建造领域出版专著 3 部，发表核心期刊论文 41 篇，其中 SCI 检索 11 篇，EI 检索 4 篇，获得软件著作权 14 项，省部级工法 12 项。

2）团队受邀出席 ACS National Meeting and Exposition、The International Conference on Separation Science and Technology 和全国化工过程强化大会等国际/国内行业会议 50 余次，做学术报告 45 次，其中国际会议学术报告 12 次。

3）团队累计授权发明专利 32 项，实用新型专利 51 项，参编国际标准 1 项、国家标准 5 项、行业标准 4 项和团体标准 10 项，获得行业专有技术认定 3 项。

4）团队近 5 年累计承担国家级、省部级等科研项目 16 项，研发经费约 1.6 亿元，包括首批中国建筑绿色建造工程研究中心（能源化工低碳清洁技术），获批经费 1.08 亿元。见表 2。

科研课题　　　　　　　　　　　　　　　　　　　　　　　　　　　　　　　　　　　表 2

序号	项目来源	项目名称
1	中国建筑科技创新平台	中国建筑绿色建造工程研究中心（能源化工低碳清洁技术）
2	化学工程联合国家重点实验室开放课题	催化-萃取精馏过程的耦合机理及过程强化研究
3	中国石油和化学工业联合会科技指导计划	基于传递现象构造的催化精馏技术开发及工程化应用
4	江苏省科技厅项目	不同工况反应精馏生产甲基丙烯酸甲酯和丙酸丙酯成套工艺技术开发
5	江苏省科技厅项目	超高纯度碳酸甲乙酯和碳酸二乙酯连续反应精馏绿色合成工艺开发
6	中建科创平台课题	新型离子液体催化环氧乙烷生产电池级碳酸乙烯酯及碳酸亚乙烯酯工艺技术开发
7	中建科创平台课题	膜分离法捕集 CO_2 关键装备及工艺技术研究
8	中建股份科技研发课题	精细化工连续化绿色工艺及关键设备开发与应用
9	中建安装科技研发计划	混合脱氢工程丙烷脱氢成套关键施工技术
10	中建科创平台课题	石化工艺管道自动化组焊装备与数字化管理系统研制及应用
11	南京市建设行业科技计划项目	大型覆土式储罐制造及安装技术研究

5）团队获辽宁省科学技术奖一等奖、中建集团科学技术奖一等奖等省部级科技奖 20 余项，获中建集团技术发明奖银奖等省部级专利奖 10 余项。

6）团队积极践行新发展理念，以技术创新成果服务项目优质履约。自主开发的绿色工艺支撑国内首套非光气法聚碳酸酯装置、叔丁醇脱水装置等 EPC 项目，实现化工产业链全覆盖。攻克的丙烷脱氢装置成套建造技术助力打造全球最大混合脱氢装置、全球最高的丙烷丙烯分离装置等 14 项行业标杆项目，占据国内市场份额的 58%。研发的创新成果保障了"一带一路"国家重点项目-恒逸文莱 PMB、山东省 1 号工程-裕龙岛炼化一体化等重点工程。见图 14～图 18。

图 14　宁波浙铁大风聚碳酸酯项目

图 15　恒力石化 2000 万 t/a 炼化一体化项目

图 16 万华蓬莱 90 万 t/a 丙烷脱氢项目

图 17 裕龙岛炼化一体化（一期）项目

图 18 恒逸（文莱）PMB 石油化工联合装置工程

7）截至目前，团队创新成果应用于近七十项工程，被中国化工报、人民网和央广网等主流媒体广泛报道，行业影响力大、社会效益显著。

四、持续发展与服务能力

1. 科研团队及人才培养规划

围绕能源化工领域，通过"内培外引"方式充实和提升团队整体实力，建立以带头人为主、跨学科和专业方向、老中青相结合、优势互补的科技创新团队。"内培"即以梯队建设为核心，充分发挥带头人和高层次人才的"传、帮、带"作用，落实青年科研骨干导师制，全面提高团队的整体素质；"外引"即积极与天津大学、南京理工大学等专业优势高校联合开展人才培养和高层次人才引进。

未来三年，力争引进院士、国家杰出专业技术人才、省级以上勘察设计大师、突出贡献的中青年专家、"双创团队"等领军人才 1 人，培养享受国务院特殊津贴人才 1 人，中国建筑首席专家/专家 1 人以上，联合培养博士/博士后 5 人以上，发展核心技术团队至 80 人以上。

2. 科研设施建设及对外服务机制

计划三年内投入不低于 4000 万元，建立涉及工艺技术研发、工程化开发及工业化示范应用的各类实验室、中试平台及示范装置，总科研场所面积不低于 20000m²；涉及流程模拟、流程分析、力学分析、工程化设计软件不低于 5 套，专业实验室面积不少于 5000m²，其中，建立面积不低于 200m² 能源化工领域工艺技术研发实验室，建立反应精馏试验验证平台和催化剂工业放大中试平台，对外承接反应精馏工艺验证以及催化剂中试验证服务业务；建立面积不低于 600m² 的焊接测试和分析平台，实现焊缝特征的自动识别与工艺规划、焊接过程数字化管控和焊接质量动态评价；建立面积不低于 1000m² 能源化工装备制造数字化车间，构建"工艺-生产-质量-成本"全流程、全要素的闭环数据关联及分析模型，实现装备制造全流程数据的互联互通及可追溯管理。

依托国家级博士后科研工作站、江苏省研究生工作站、南京市企业专家工作室和南京市人才定制实验室等平台，将团队对外服务功能与人才引进培养交流紧密结合，搭建起企业与高校产学研合作与科技成果转化的重要平台，积极承揽二氧化碳膜分离捕集技术、精细化工连续化绿色技术、反应精馏过程强化技术等领域的可行性研究分析、HAZOP 分析、流场分析等咨询业务，打造能源化工低碳清洁技术科研培训、人才交流、对外服务和政策宣贯综合示范基地。见图 19。

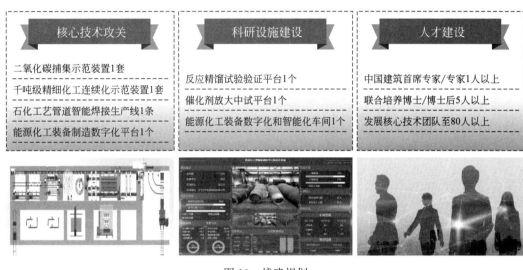

图 19　战略规划